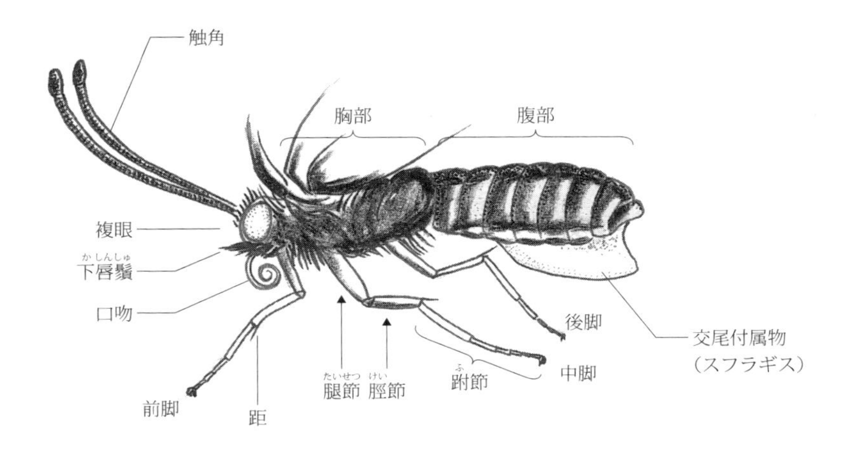

［成虫体の各部名称］

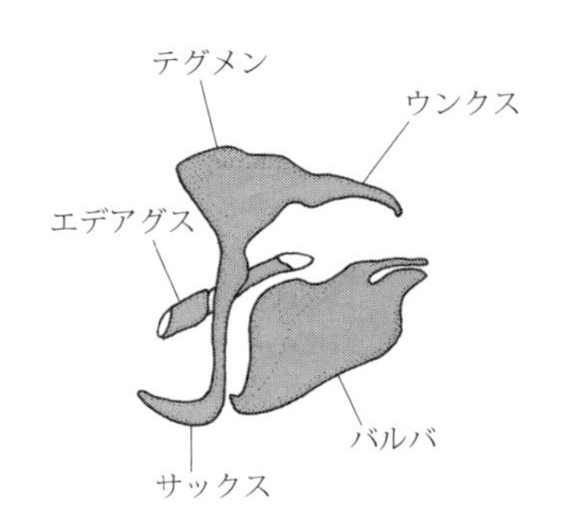

［♂の交尾器（ゲニタリア）］

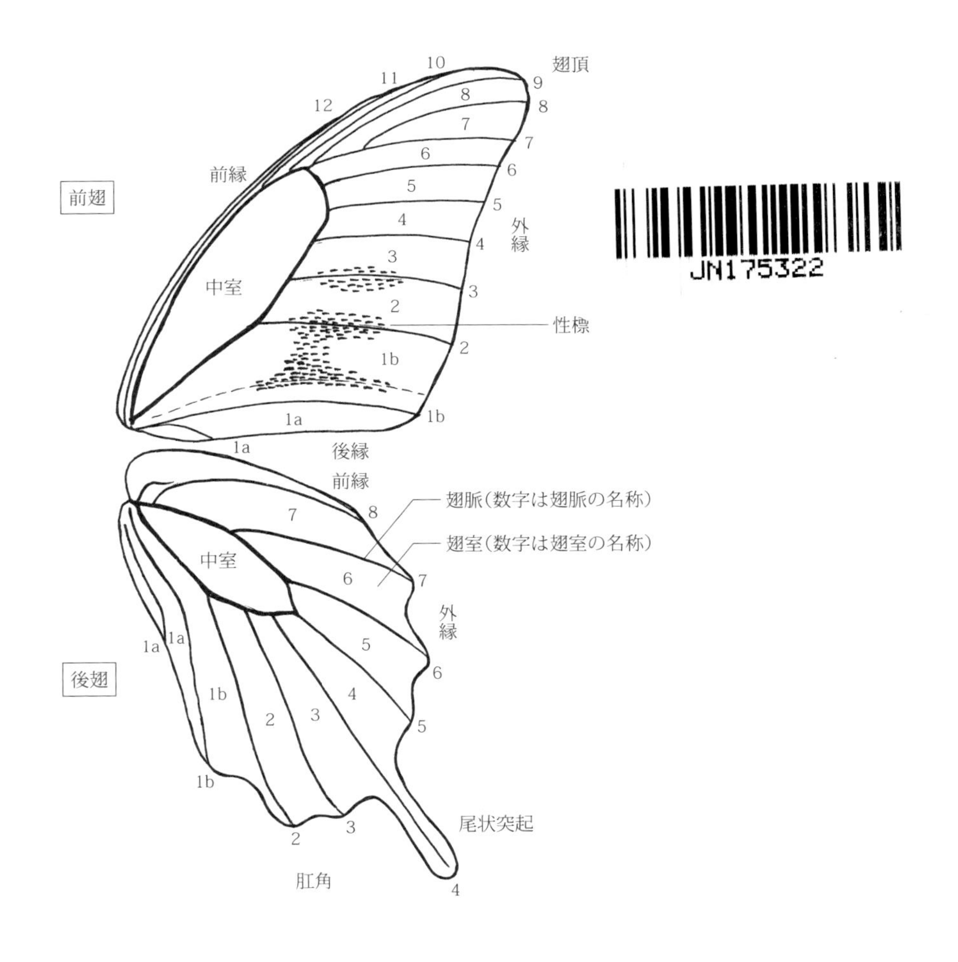

［翅の各部の名称］

完本
北海道蝶類図鑑

The Complete Guide to Butterflies of Hokkaido, Japan

永盛俊行
永盛拓行
芝田　翼
黒田　哲
石黒　誠
著

北海道大学出版会

The Complete Guide to Butterflies of Hokkaido, Japan

はじめに

わたしたちは幼いころから野山で遊び，泥まみれになって魚をすくい昆虫を追いかけてきました。野外で見る蝶は美しく，図鑑で見た未知の種を求めて探し回り，あこがれの蝶をネットに入れた瞬間は興奮し，三角紙に入れる手も震えたのを覚えています。それは子供には十分に知的好奇心や探究心をくすぐりわくわくさせるものでした。

やがて私たちは，卵や幼虫の飼育を始め，蝶の生態をカメラで記録することも始めました。観察を繰り返すと蝶が何を求めているのかがわかってきました。♀を見ていると，食草を見つけ出し卵を産む瞬間に出会うことができました。なるほどこれを食べて育つのかと気づき，そこで幼虫が見つかりました。幼虫たちは葉を巧妙にまるめて巣をつくったり，枯れ葉そっくりの姿をしていたり，葉の先に切り取った葉をぶら下げてそこにまぎれていたりします。奇妙な行動やその意味を考え，面白さに引き込まれていきました。

食草はどこにでもあるのに，なぜこの蝶はここだけにいるのだろう？　そんな謎も湧いてきました。

食草の知識も欠かせません。高山帯から身近な草原といった生態系の背景にある地史や，同じ種類がどうして別の道を歩き始めて新たな種がうまれてきたのかという種分化(進化)にも興味が深まり，いつのまにか専門書にも手を伸ばすようになりました。

わたしたち永盛拓行と俊行は 1986 年，仲間と共に北海道新聞社から『北海道の蝶』という生態図鑑を出しました。一定の評価を得ましたが，分布の不確実さや，幼生期の未解明な部分も多いと感じました。再版を望む声も聞きながら日本各地で蝶の生息地がどんどん消えていきました。本道にもその波は押し寄せ，前著で紹介した蝶たちの生息環境も次々に失われていきました。どこかの段階で今の北海道の蝶の生息状況と生態解明の到達点を明らかにする必要を感じました。

一昨年，私たちの気持ちが石黒誠さん芝田翼さんという新進気鋭の写真家に伝わり，さらに北海道の蝶に精通する黒田哲さんがバックアップしてくれることになり，北海道大学出版会の暖かいご支援のもと，新たな図鑑の刊行に向かってスタートを切ろうと決意しました。

著者たちは全員プロではありません。博士号を持つ学者でもありません。みな仕事のかたわら時間をつくって道内を歩き回っているアマチュアです。小さいころから身近な北海道の蝶に魅せられ，各々が課題を持って蝶と接してきた仲間です。この出版を期にそんな仲間が，互いの長所を生かしあえるチームをつくりました。

蝶の生態はほとんどがアマチュアによって解明されてきました。その一部は近年プロの学者の研究テーマとされています。そのベースには純粋な眼で蝶を見つめてきたアマチュアの観察があります。アマチュアが蝶を追いかけて蓄積してきた情報は膨大で貴重なものです。ただ，観察したことのほんの一部しか共有されていません。この本で分布を詳しく示したのも，「ここには記録がない？　そんなはずはない，私は見つけたぞ」という新記録が出てくることを期待したからです。生態も細かいところまで書きました。それも「私はここには書かれていないこんな行動を見た」とか，「いや越冬のようすはそうじゃない」という記録がどんどん出てきて，この本の内容を更新してほしいからです。さらにわからないことを積極的に取り上げました。「解明されていない」「新たな記録が望まれる」などと書いたのは，自然のなぞ解きという共通の興味を通して，一緒に参加してみようとチャレンジしてほしいからです。

誰でも「発見者」になれるのです。この本が読者のみなさんの観察のベースとなり，この本を超える調査が進むことを期待しています。もし，その中で新しい発見があったらぜひ雑誌などに発表して下さい。情報が共有され，互いに刺激しあって，蝶たちに対する理解が深まっていくはずです。

蝶を見つめることは，自然科学の扉を開くことになります。日本人のノーベル賞級の科学者の多くが昆虫少年だったことからもそれは証明されています。

身近に触れることのでき，種名がわかる蝶たちは，自然科学や環境教育の素材として大変優れていると思います。趣味として蝶の生態を追いかける仲間になってほしい，蝶とそれを取り巻く自然を理解しようとし，その大切さに気付く理解者になってほしい。なにより野山で虫を追う昆虫少年少女が全国に復活してほしい。そして蝶に限らず生命科学や環境問題の研究の世界に進もうとする人が現れてほしい。そんな仲間たちが増えてくれることが筆者として一番嬉しいことです。この本の読者，特に若い人たちにとっての第一歩として本書が役立ってくれることを切に願っています。

（永盛俊行・永盛拓行）

この本の使い方

本書は標本図版・各種解説・食草・食樹図版・生態観察のすすめの4つから構成されています。本道に土着している115種と，土着とはいえないが毎年確実に見られるヒメアカタテハを含めて計116種を中心に紹介しています。各科と種の配列は猪又敏男ほか(2013)『日本産蝶類和名学名便覧』に従って，アゲハチョウ科からシロチョウ科，シジミチョウ科，タテハチョウ科，現在はタテハチョウ科に含まれるジャノメチョウ亜科，セセリチョウ科の順に並べています。和名は研究者に最も親しまれているものにしました。学名や亜種名は，国際的な共通が望ましいのですが，実は学者によって違うことが多いのです。そこで黒田が，いくつかの最新説の中から，妥当と考えたものを選び，共著者で確認し掲載しました。色々な説があることから，最近発行された他の図鑑などとも，必ずしも一致しない点をお断りいたします。また道内の個体群が複数の亜種に分割できると考えたものは，分布地域とともに記述しました。

(1)標本図版について

①116種の♂♀表裏をすべて原寸で示しました。大型種は翅の半分だけ示したものもあります。
②すべての標本の産地を市町村名で示しました。
③第1化，第2化で形態が変わるもの(いわゆる春型・夏型，高温期型・低温期型)を紹介しました。
④亜種と区別されるような重要な地理的変異や特に特徴的な個体変異(突然変異)を紹介しました。
⑤同定に注意の要する近似種との区別点を詳しく示しました。種によっては交尾器や発香鱗など翅の斑紋以外の区別点も図示しました。
⑥天然記念物で採集禁止になっている種については，法規制前の古い採集品を使用せざるを得ず，退色しているため本来の美しい色彩が表現できていないことをご了解ください。

(2)解説について

①**写真**は野外で撮影した生態写真を基本に構成しました。生息環境が写しこまれたものを左ページのメイン写真とし，右ページの上段に成虫の行動をとらえたもの，下段に卵から蛹までの各ステージの写真を紹介しました。すべて撮影年月日と撮影地を記しました。地名は市町村までとし，～産と記したものは，その産地からの飼育個体を意味しています。(　)内のイニシャルは撮影者のものです。なお，大雪山などの高山は境界がまたがるため，市町村名で示さず山名で示してあります。

②**分布図**は，黒田が，現地調査を中心に，文献記録や友人達が捕獲した標本などを基につくった資料から，構成担当の芝田と制作しました。生息地と考える確認地点を赤い点，近年の記録がなく生息確認ができない地点や偶産と考えるものは黒い点，連続して生息すると考える地域はオレンジで塗りました。過去の文献のうち，データ不備でプロットだけのもの，誤同定と判断した記録や捕獲追認がなく信憑性に疑問を持つ記録，報告者が不明な雑誌の採集情報，販売目的の標本のラベルなどは，プロットには反映しませんでした。記録のない地域は，あえて空白としました。この中には生息していると推測する地域も広く含まれます。分布調査に活用してください。なお，赤丸には文献にない未発表の初記録確認市町村が，たいへん多く含まれています。

スペースに制約があることから全ての膨大なデータ記載が困難なため，現段階では，生息地の解説の参考図とお考えください。

③**分布・生息地**は道内の分布の解説と，その種の生息環境を紹介しました。分布図を合わせて見ると理解が深まります。
④**周年経過**は，成虫の発生時期，化性，越冬態について解説しました。発生時期など各地域で異なる場合が多く，地域の特性がわかるように書きました。なお，周年経過の一覧表を巻末に載せましたので活用してください。
⑤**食餌植物**は筆者が確実に記録したものを中心に書き，他の報告種も紹介しました。どのような植物なのかは，食草・食樹図版に主なものを載せてありますので確認してください。
⑥**成虫**は野外での成虫の行動の様子を書きました。訪花植物は多数記録していますが特徴的なものに留めました。配偶行動，産卵行動についてはなるべく詳しくわかっていることを書きました。
⑦**生活史**は卵，幼生期，蛹の各ステージの特徴を書きました。特に幼生期の野外での行動観察を中心

に書きましたが，不明なところは飼育での観察で補完しました。調査が進むことを期待し，未解明な点を積極的に紹介しました。
⑧各解説は担当者の観察に基づいて書きましたが，重要な観察記録は，誰の観察記録なのかわかるように紹介しました。
⑨ページ左端に参考までに，編者独自の判断で，個体数・局地性・観察難易度・絶滅危険度を☆マーク５段階で示しましました。マークが多いほど個体数が多く，限られたところでしか見られず，観察が難しく，絶滅の危険が高いものです。
⑩追補種としてすでに北海道では絶滅したと考えられるもの２種，主な飛来種(一時的に土着しているか，その可能性が高い種)５種，迷蝶と採集された記録のある種に分けて解説しました。
⑪希少種等について，以下の資料を基に種名の横に示しました。
・文化財保護法(文化庁，1950)
・絶滅のおそれのある野生動植物の種の保存に関する法律(環境省，1992)
・日本の絶滅のおそれのある野生生物レッドデータブック 2018　5　昆虫類(環境省，2018)
・北海道の希少野生生物　北海道レッドデータブック 2016(北海道，2016)
なお，アサマシジミ北海道亜種とヒメチャマダラセセリは，「種の保存法」に基づく，国内希少野生動物種に指定され，捕獲や譲渡などが禁止されましたので追記しました。
⑫日本で北海道にだけ生息している蝶について，種名の上に北海道特産種と表記しました。

(3)食草・食樹図版について

①標本図版，各種解説で紹介した 116 種の食餌植物について，草本，木本それぞれ大まかな科の分類ごとにまとめ，なるべく自然状態がわかるように，野外で撮影した写真で紹介しました。
②卵や幼虫の静止位置，食痕もわかるように図示しました。
③幼虫が写しこまれたものは，それを矢印で示しました。
④卵や幼虫を探すことを踏まえ，花や若葉，葉を中心に示しましたが，種によっては食樹などの樹皮や冬芽の特徴も示しました。
⑤近似種がある場合は同定のポイントについても簡単に示しました。
⑥幼虫探索の参考までに，最後のページにイネ科植物の食痕を示しました。

(4)生態観察のすすめについて

①野外での観察について，準備から成虫や幼生期の観察のポイントについて解説しました。
②分布と生息環境，種間関係などについては，筆者のオリジナルな観察記録や考察を紹介しました。
③周年経過一覧で，月ごとの各種の発育段階が推定できるようにしました。また各地域での調査の参考になるよう各種の発生の最早，最遅記録を紹介しました。

(5)執筆の分担

本書は，各項目を次の執筆者で分担執筆し永盛俊行が編纂しました。

Ⅰ．標本図版：石黒誠・芝田翼
類似種の見分け：黒田哲・永盛俊行
Ⅱ．各種解説全体構成：芝田翼
①分布図：黒田哲
②分布・生息地：黒田哲
③周年経過：黒田哲・永盛俊行
④食餌植物・成虫・生活史：永盛拓行・永盛俊行
[永盛拓行担当]
アゲハチョウ科：ヒメウスバシロチョウ・ウスバシロチョウ・アゲハ・カラスアゲハ・ミヤマカラスアゲハ
シロチョウ科：ヒメシロチョウ・オオモンシロチョウ・モンシロチョウ・エゾスジグロシロチョウ・スジグロシロチョウ・エゾシロチョウ
シジミチョウ科：ゴイシシジミ・ムモンアカシジミ・オナガシジミ・ミズイロオナガシジミ・ウスイロオナガシジミ・ウラミスジシジミ・ウラナミアカシジミ・オオミドリシジミ・フジミドリシジミ・トラフシジミ・カバイロシジミ・ゴマシジミ
タテハチョウ科：コヒョウモン・ヒョウモンチョウ・クモガタヒョウモン・ウラギンヒョウモン・ギンボシヒョウモン・アカタテハ・ヒメアカタテハ・ゴマダラチョウ・オオムラサキ
ジャノメチョウ亜科：ジャノメチョウ・クロヒカゲ・ヒメキマダラヒカゲ・ヒメジャノメ
セセリチョウ科：キバネセセリ・ミヤマセセリ・ギンイチモンジセセリ
[永盛俊行担当]
上記以外の種
Ⅲ．食草・食樹図版：石黒誠・芝田翼
利用種解説：永盛俊行
Ⅳ．生態観察のすすめ：永盛拓行・永盛俊行

(6)各生態写真の撮影者

種別解説と生態観察のすすめに使用した生態写真の撮影者は次の通りです。
S：芝田翼，N：永盛俊行，H：永盛拓行，K：黒田哲，I：石黒誠，T：辻規男，W：渡辺康之，KW：川田光政，IG：茨木岳山，KN：川合法子，TM：対馬誠，TI：辻功，IZ：泉田健一，M：三藤理恵子，MA：

前田和信，SR：薩来俊彦，KK：岸一弘

(7) 協力者について

本書を著すにあたってお世話になった方々を紹介し心から感謝の意を表します。

前著『北海道の蝶』の共同執筆者である横浜在住の辻規男氏には全面的な支援をいただきました。特に昨年は12度も来道し，私たちと同行，また単独で調査され，難関種の生態解明に多大な貢献をいただきました。

世界の蝶の生態解明に素晴らしい業績を挙げられている渡辺康之氏にもヒメチャマダラセセリ，アサマシジミなどの調査に同行いただき，またオオゴマシジミ，ツマジロウラジャノメなどの生態調査についてアドバイスをいただきました。またライフワークともいえる高山蝶の生態写真について多数の提供をいただきました。

芝田翼の生態写真のよきアドバイザーであった(故)茨木岳山氏の素晴らしい写真をご家族のご了承を得て紹介できたことも大変ありがたいことでした。

笠井啓成氏には生息地を案内していただき，芝田の撮影を支えていただきました。

本道の蝶の生態研究の大先輩川田光政氏にも貴重な生態写真を快く提供いただきました。対馬誠氏・薩来俊彦氏・川合法子氏・前田和信氏・三藤理恵子氏・泉田健一氏からも，私たちには撮れなかった道南の蝶など貴重な生態写真の提供を受けました。また神奈川県の辻功氏，岸一弘氏には追補種関連の生態写真の提供をいただきました。

朝日純一氏には，黒田が選択した学名の妥当性について，私たちでは及ばない世界的な見地からの検討などを含め，様々なご指導を頂きました。

日ごろから蝶研究のアドバイスをいただいている北原曜氏からは最新の研究情報の提供と，貴重な助言をいただきました。

夕張市の福本昭男氏には調査にも同行いただき，貴重な標本の貸与もいただきました。

食草・食樹図版では佐藤孝夫氏に樹木について誤りのないよう監修いただきました。イネ科，カヤツリグサ科の同定には北海学園大学の佐藤謙先生のご協力を仰ぎました。

大野雅英氏には，ゴマシジミ，オオゴマシジミの寄主となるアリの同定をいただきました。

この他，分布や各生息地の発生状況，生態などの記録は，多くの研究仲間の協力によるものです。日ごろ私たちの活動を支えてくれている方々のご氏名をここに表し，心よりお礼申しあげます。

井口和信・井上昭雄・(故)植田俊一・遠藤雅廣・角谷聡明・笠井啓成・神野泰彦・神田正五・久保健一・桜井正俊・寒沢正明・志村進・城生吉克・澄川大輔・高野秀喜・(故)田川眞熙・千葉哲也・中川忠則・西本笑美子・野田佳之・樋口勝久・松本侑三・三島直行・水谷穣・森谷武男・山内英治・山田邦雄・山本直樹・義久侑平・吉原利之

（五十音順・敬称略）

最後になりましたが北海道大学出版会の成田和男氏からは本書の企画段階から様々なアドバイスをもらい“完本”となるよう叱咤激励いただきました。氏の熱意がなければ本書は完成できなかったでしょう。改めてお礼申し上げます。

（著者一同）

目　次

はじめに　i
この本の使い方　ii

第Ⅰ部　標本図版

アゲハチョウ科　2
アゲハチョウ科の類似種の見分け方　12
シロチョウ科　13
シロチョウ科の類似種の見分け方　18
シジミチョウ科　20
シジミチョウ科の類似種の見分け方　27
タテハチョウ科　30
タテハチョウ科の類似種の見分け方　45
ジャノメチョウ亜科　48
ジャノメチョウ亜科の類似種の見分け方　54
セセリチョウ科　55
セセリチョウ科の類似種の見分け方　57

第Ⅱ部　各種解説

アゲハチョウ科　58
シロチョウ科　76
シジミチョウ科　94
タテハチョウ科　168
セセリチョウ科　262
追補種　290

第Ⅲ部　食草・食樹図版

ウマノスズクサ科・ケシ科　296
セリ科・ミカン科　298
アブラナ科・バラ科　300
バラ科　302
マメ科　304
モクセイ科・マンサク科　306
ブナ科　308
カバノキ科・クルミ科　312
クロウメモドキ科・トチノキ科・ミズキ科・シナノキ科　314
バラ科・タデ科・シソ科・ベンケイソウ科　316
キク科・ガンコウラン科・ツツジ科・バラ科・スミレ科　318

バラ科・イラクサ科・ヤマノイモ科・クワ科・ユリ科　320
マメ科・カエデ科　322
スイカズラ科・ミツバウツギ科　324
ヤナギ科　326
カバノキ科　328
ニレ科・ウコギ科　330
イネ科・カヤツリグサ科　332
イネ科　334
イネ科・カヤツリグサ科の食痕から幼虫を探す　336

第Ⅳ部　生態観察のすすめ

1. 観察を始める前に　338
服装・足回り 338/道具 338/記録のとり方 338/カメラの活用 339/フィールドを選びテーマを持つ 339/バタフライガーデンでの観察 340/注意すべきことなど 341
2. 成虫の行動を調べる　341
訪花と吸汁 341/生殖にかかわる行動 343/移動と拡散 348
3. 蝶の生活史を調べる　349
野外で卵や幼虫を探す 349/幼虫と食草 350/卵 352/幼虫 352/周年経過と越冬 358
4. 種間関係を調べる　361
近似種とニッチ 361/種間関係の例 362
5. 生息環境と分布　368
蝶と生息環境 368/生息環境による区分 369/分布による区分 372/蝶たちのルーツ探る 373/絶滅に瀕する蝶たち 376

各種の周年経過一覧　377
用語解説　379
参考文献　381
和名索引　391
学名索引　393
食草・食樹索引　395

標本図版

各種解説

Ⅲ

食草・食樹図版

♂
旭川市
ヒメギフチョウ
♀
富良野市
ヒメギフチョウ
♂裏
旭川市
ヒメギフチョウ
♀裏
富良野市
ヒメギフチョウ
遺伝型♂裏
静内町
ヒメギフチョウ
（イエローテール）
遺伝型♀裏
静内町
ヒメギフチョウ
（イエローテール）
♂
大雪山
ウスバキチョウ
♀
大雪山
ウスバキチョウ
♂裏
大雪山
ウスバキチョウ
♀裏
大雪山
ウスバキチョウ

♂
鶴居村
ヒメウスバシロチョウ

♀
標茶町
ヒメウスバシロチョウ

♂裏
鶴居村
ヒメウスバシロチョウ

♀裏
標茶町
ヒメウスバシロチョウ

♂
中標津町
ウスバシロチョウ

♀
標茶町
ウスバシロチョウ

♂裏
中標津町
ウスバシロチョウ

♀裏
標茶町
ウスバシロチョウ

第1化（春型）♂
旭川市
キアゲハ

第1化（春型）♀
富良野市
キアゲハ

第2化（夏型）♂
夕張市
キアゲハ

第2化（夏型）♀
夕張市
キアゲハ

第1化（春型）♂裏
旭川市
キアゲハ

第1化（春型）♀裏
富良野市
キアゲハ

第2化（夏型）♂裏
夕張市
キアゲハ

第2化（夏型）♀裏
夕張市
キアゲハ

第1化(春型)♂
富良野市
アゲハ

第1化(春型)♀
岩見沢市
アゲハ

第2化(夏型)♂
夕張市
アゲハ

第2化(夏型)♀
夕張市
アゲハ

化(春型)♂裏
富良野市
アゲハ

第1化(春型)♀裏
岩見沢市
アゲハ

第2化(夏型)♂裏
夕張市
アゲハ

第2化(夏型)♀裏
夕張市
アゲハ

第１化（春型）♂
黒松内町
オナガアゲハ

第１化（春型）♂裏
黒松内町
オナガアゲハ

第１化（春型）♀
富良野市
オナガアゲハ

第１化（春型）♀裏
富良野市
オナガアゲハ

第 2 化（夏型）♂
浦臼町
オナガアゲハ

第 2 化（夏型）♂裏
浦臼町
オナガアゲハ

第 2 化（夏型）♀
富良野市
オナガアゲハ

第 2 化（夏型）♀裏
富良野市
オナガアゲハ

第１化（春型）♂
標茶町
カラスアゲハ

第１化（春型）♂裏
標茶町
カラスアゲハ

第１化（春型）♀
標茶町
カラスアゲハ

第１化（春型）♀裏
標茶町
カラスアゲハ

第 2 化（夏型）♂
奥尻町
カラスアゲハ

第 2 化（夏型）♂裏
奥尻町
カラスアゲハ

第 2 化（夏型）♀
奥尻町
カラスアゲハ

第 2 化（夏型）♀裏
奥尻町
カラスアゲハ

第１化(春型)♂
富良野市
ミヤマカラスアゲハ

第１化(春型)♂裏
富良野市
ミヤマカラスアゲハ

第１化(春型)♀
富良野市
ミヤマカラスアゲハ

第１化(春型)♀裏
富良野市
ミヤマカラスアゲハ

第２化（夏型）♂
富良野市
ミヤマカラスアゲハ

第２化（夏型）♂裏
富良野市
ミヤマカラスアゲハ

第２化（夏型）♀
富良野市
ミヤマカラスアゲハ

第２化（夏型）♀裏
富良野市
ミヤマカラスアゲハ

アゲハチョウ科の類似種の見分け方
ヒメウスバシロチョウ側面，ウスバシロチョウ側面以外の写真 90%
カラスアゲハ
第１化（春型）♂裏
白帯は，ぼやけながら前方へ広がる
白帯はない
ミヤマカラスアゲハ
第１化（春型）♂裏
白帯は広がらない
白帯がある（太さは様々）
ミヤマカラスアゲハ
第２化（夏型）♂裏
白帯は第２化（夏型）では，ほぼ消失することもある
キアゲハ
第１化（春型）♂
中室基部は一様に黒い
アゲハ
第１化（春型）♂
中室基部は黒いスジ状
ミヤマカラスアゲハ
第１化（春型）♂
♂は性標を持ちここに鱗粉がないカラスアゲハも同様
ヒメウスバシロチョウ
♂
♀（未交尾）
♀（交尾済）
黄色
黄色
体毛は灰白色
ここだけ灰黄色
交尾付属物は大きい傾向
♂
♀
ウスバシロチョウ
♂
♀（未交尾）
♀（交尾済）
体毛は橙黄色
交尾付属物は小さい傾向
♂
♀

第１化（春型）♂
苫小牧市
ヒメシロチョウ

第１化（春型）♀
苫小牧市
ヒメシロチョウ

第１化（春型）♂裏
苫小牧市
ヒメシロチョウ

第１化（春型）♀裏
苫小牧市
ヒメシロチョウ

第２化（夏型）♂
千歳市
ヒメシロチョウ

第２化（夏型）♀
函館市
ヒメシロチョウ

第２化（夏型）♂裏
千歳市
ヒメシロチョウ

第２化（夏型）♀裏
函館市
ヒメシロチョウ

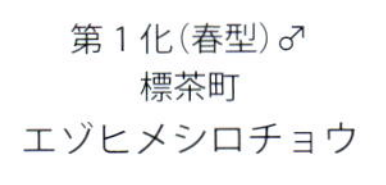

第１化（春型）♂
標茶町
エゾヒメシロチョウ

第１化（春型）♀
富良野市
エゾヒメシロチョウ

第１化（春型）♂裏
標茶町
エゾヒメシロチョウ

第１化（春型）♀裏
富良野市
エゾヒメシロチョウ

第２化（夏型）♂
美幌町
エゾヒメシロチョウ

第２化（夏型）♀
美幌町
エゾヒメシロチョウ

第２化（夏型）♂裏
美幌町
エゾヒメシロチョウ

第２化（夏型）♀裏
美幌町
エゾヒメシロチョウ

第１化（春型）♂
富良野市
モンキチョウ

第１化（春型）♀
富良野市
モンキチョウ

第１化（春型）黄色タイプ♀
富良野市
モンキチョウ

第１化（春型）♂裏
富良野市
モンキチョウ

第１化（春型）♀裏
富良野市
モンキチョウ

第１化（春型）黄色タイプ♀裏
富良野市
モンキチョウ

第２化（夏型）♂
富良野市
モンキチョウ

第２化（夏型）白タイプ♀
富良野市
モンキチョウ

第２化（夏型）♂裏
富良野市
モンキチョウ

第２化（夏型）白タイプ♀裏
富良野市
モンキチョウ

第２化（夏型）黄色タイプ♀
富良野市
モンキチョウ

♂
標茶町
ツマキチョウ

♀
標茶町
ツマキチョウ

♂裏
標茶町
ツマキチョウ

♀裏
標茶町
ツマキチョウ

第１化（春型）♂
札幌市
オオモンシロチョウ

第１化（春型）♀
札幌市
オオモンシロチョウ

第１化（春型）♂裏
札幌市
オオモンシロチョウ

第１化（春型）♀裏
札幌市
オオモンシロチョウ

第２化（夏型）♂
富良野市
オオモンシロチョウ

第２化（夏型）♀
岩内町
オオモンシロチョウ

第２化（夏型）♂裏
富良野市
オオモンシロチョウ

第２化（夏型）♀裏
岩内町
オオモンシロチョウ

第１化（春型）♂
白老町
モンシロチョウ

第１化（春型）♀
富良野市
モンシロチョウ

第１化（春型）♂裏
白老町
モンシロチョウ

第１化（春型）♀裏
富良野市
モンシロチョウ

第２化（夏型）♂
富良野市
モンシロチョウ

第２化（夏型）♀
富良野市
モンシロチョウ

第２化（夏型）♂裏
富良野市
モンシロチョウ

第２化（夏型）♀裏
富良野市
モンシロチョウ

第１化（春型）♂
富良野市
エゾスジグロシロチョウ

第１化（春型）♂裏
富良野市
エゾスジグロシロチョウ

第１化（春型）♀
興部町
エゾスジグロシロチョウ

第１化（春型）♀裏
興部町
エゾスジグロシロチョウ

第２化（夏型）♂
長万部町
エゾスジグロシロチョウ

第２化（夏型）♂裏
長万部町
エゾスジグロシロチョウ

第２化（夏型）♀
旭川市
エゾスジグロシロチョウ

第２化（夏型）♀裏
旭川市
エゾスジグロシロチョウ

第１化（春型）♂
札幌市
スジグロシロチョウ

第１化（春型）♂裏
札幌市
スジグロシロチョウ

第１化（春型）♀
札幌市
スジグロシロチョウ

第１化（春型）♀裏
札幌市
スジグロシロチョウ

第２化（夏型）♂
標茶町
スジグロシロチョウ

第２化（夏型）♂裏
標茶町
スジグロシロチョウ

第２化（夏型）♀
札幌市
スジグロシロチョウ

第２化（夏型）♀裏
札幌市
スジグロシロチョウ

♂
夕張市
エゾシロチョウ

♀
富良野市
エゾシロチョウ

♂裏
夕張市
エゾシロチョウ

♀裏
富良野市
エゾシロチョウ

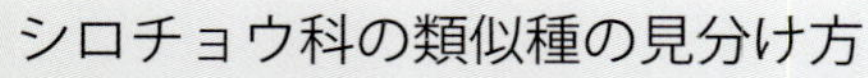

シロチョウ科の類似種の見分け方

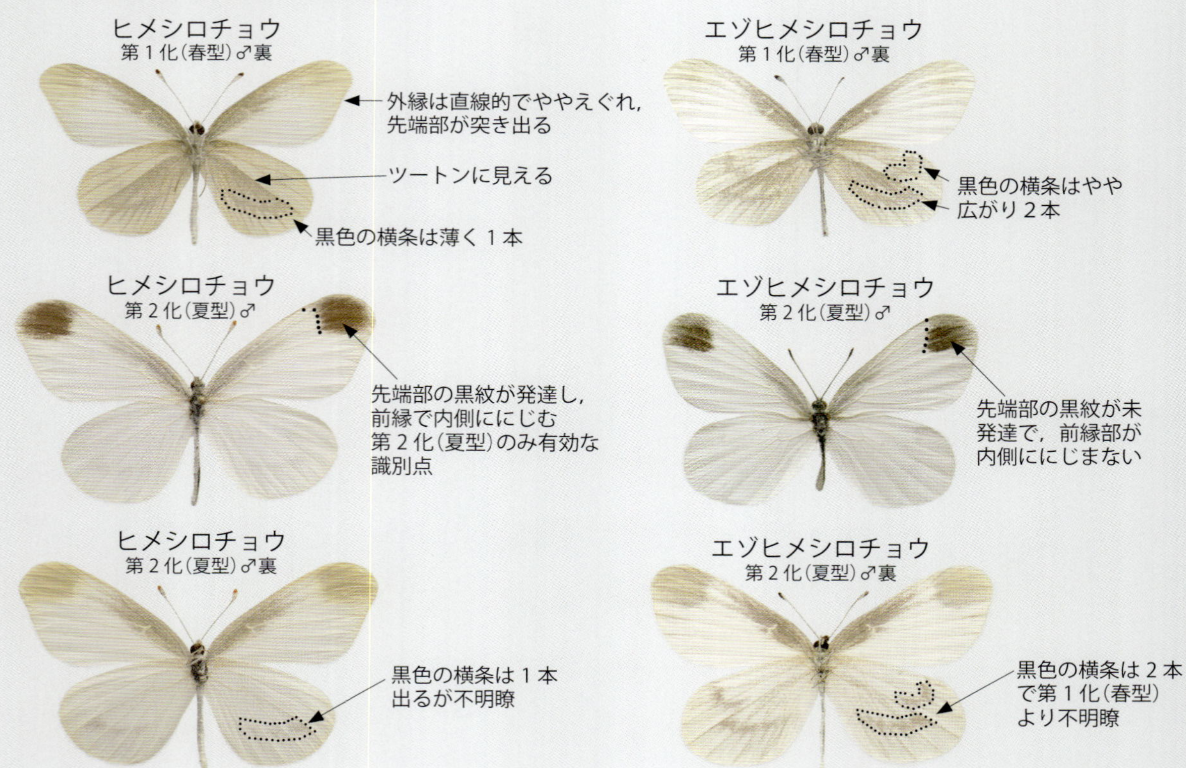

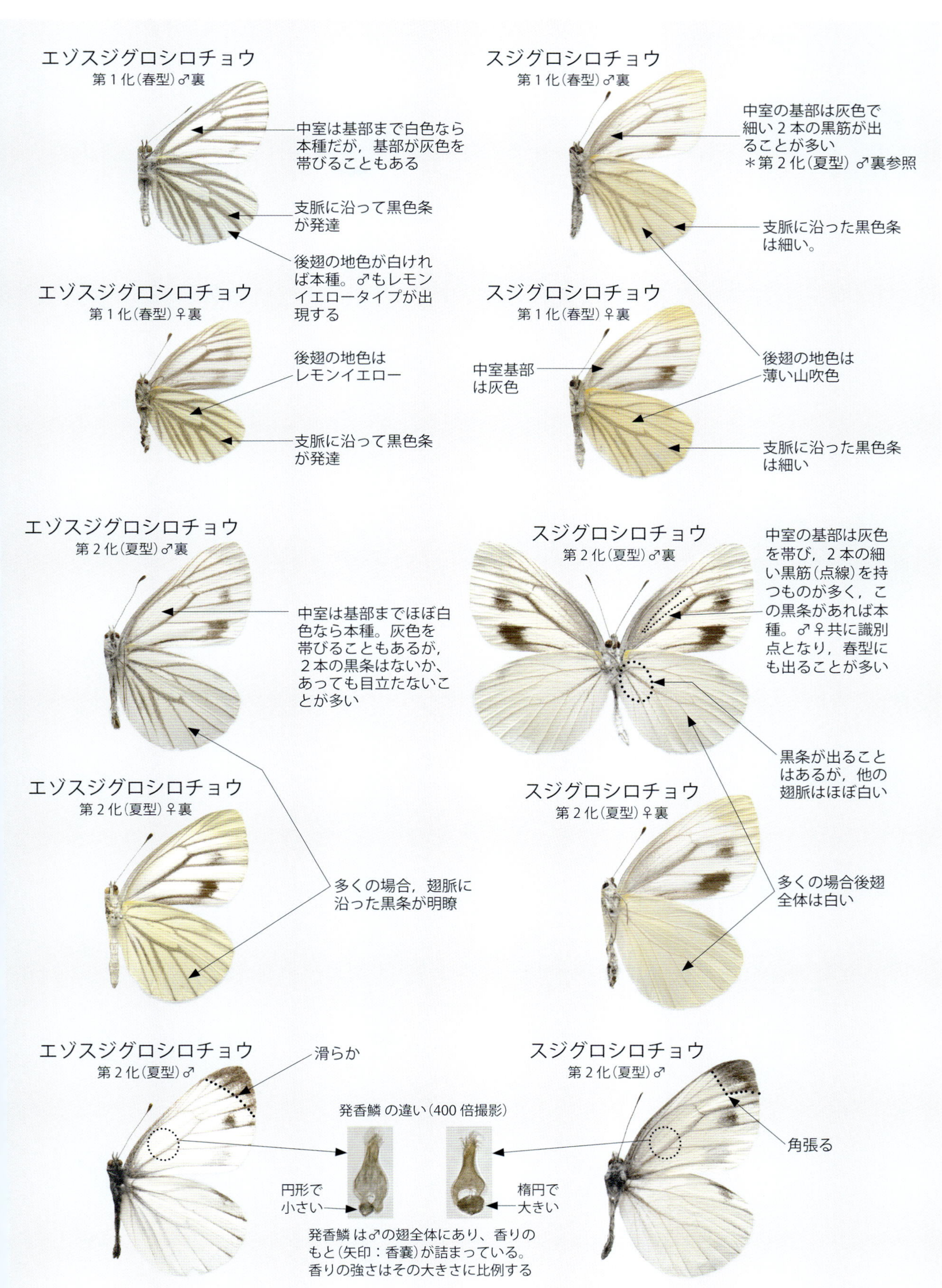
エゾスジグロシロチョウ
第１化（春型）♂裏
中室は基部まで白色なら本種だが，基部が灰色を帯びることもある
支脈に沿って黒色条が発達
後翅の地色が白ければ本種。♂もレモンイエロータイプが出現する
エゾスジグロシロチョウ
第１化（春型）♀裏
後翅の地色はレモンイエロー
支脈に沿って黒色条が発達
スジグロシロチョウ
第１化（春型）♂裏
中室の基部は灰色で細い２本の黒筋が出ることが多い
＊第２化（夏型）♂裏参照
支脈に沿った黒色条は細い。
スジグロシロチョウ
第１化（春型）♀裏
中室基部は灰色
後翅の地色は薄い山吹色
支脈に沿った黒色条は細い
エゾスジグロシロチョウ
第２化（夏型）♂裏
中室は基部までほぼ白色なら本種。灰色を帯びることもあるが，２本の黒条はないか、あっても目立たないことが多い
エゾスジグロシロチョウ
第２化（夏型）♀裏
多くの場合，翅脈に沿った黒条が明瞭
スジグロシロチョウ
第２化（夏型）♂裏
中室の基部は灰色を帯び，２本の細い黒筋（点線）を持つものが多く，この黒条があれば本種。♂♀共に識別点となり，春型にも出ることが多い
黒条が出ることはあるが，他の翅脈はほぼ白い
スジグロシロチョウ
第２化（夏型）♀裏
多くの場合後翅全体は白い
エゾスジグロシロチョウ
第２化（夏型）♂
滑らか
発香鱗 の違い（400 倍撮影）
円形で小さい
楕円で大きい
発香鱗 は♂の翅全体にあり、香りのもと（矢印：香嚢）が詰まっている。香りの強さはその大きさに比例する
スジグロシロチョウ
第２化（夏型）♂
角張る

シジミチョウ科

ゴイシシジミ　ウラゴマダラシジミ　ウラキンシジミ　ムモンアカシジミ　オナガシジミ　ミズイロオナガシジミ
ウスイロオナガシジミ　ウラミスジシジミ　アカシジミ　キタアカシジミ　ウラナミアカシジミ　ウラクロシジミ

♂
札幌市
ゴイシシジミ

♀
安平町
ゴイシシジミ

♂
伊達市
ウラゴマダラシジミ

♀
伊達市
ウラゴマダラシジミ

♂裏
札幌市
ゴイシシジミ

♀裏
安平町
ゴイシシジミ

♂裏
伊達市
ウラゴマダラシジミ

遺伝型♀裏
江差町
ウラゴマダラシジミ
(カニタ型)

♂
伊達市
ウラキンシジミ

遺伝型♀
伊達市
ウラキンシジミ

♂
北斗市
ムモンアカシジミ

♀
標茶町
ムモンアカシジミ

♂裏
伊達市
ウラキンシジミ

♀裏
伊達市
ウラキンシジミ

♂裏
北斗市
ムモンアカシジミ

♀裏
標茶町
ムモンアカシジミ

♂
木古内町
オナガシジミ

♀
伊達市
オナガシジミ

♂
稚内市
ミズイロオナガシジミ

♀
当別町
ミズイロオナガシジミ

♂裏
木古内町
オナガシジミ

♀裏
伊達市
オナガシジミ

遺伝型♂裏
北広島市
ミズイロオナガシジミ
(ネオアッテリア型)

♀裏
当別町
ミズイロオナガシジミ

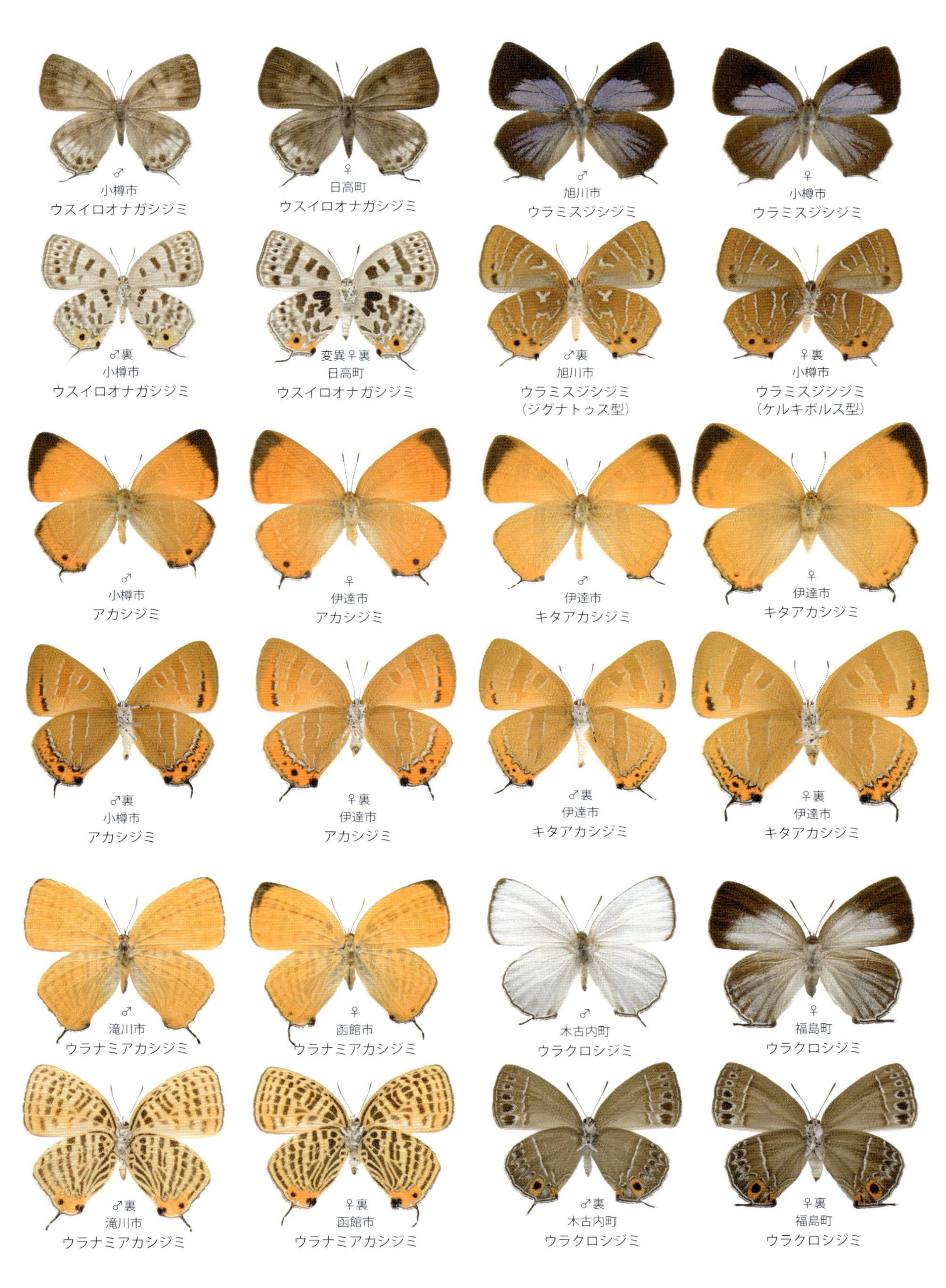
♂
小樽市
ウスイロオナガシジミ
♀
日高町
ウスイロオナガシジミ
♂
旭川市
ウラミスジシジミ
♀
小樽市
ウラミスジシジミ
♂裏
小樽市
ウスイロオナガシジミ
変異♀裏
日高町
ウスイロオナガシジミ
♂裏
旭川市
ウラミスジシジミ
（ジグナトゥス型）
♀裏
小樽市
ウラミスジシジミ
（ケルキボルス型）
♂
小樽市
アカシジミ
♀
伊達市
アカシジミ
♂
伊達市
キタアカシジミ
♀
伊達市
キタアカシジミ
♂裏
小樽市
アカシジミ
♀裏
伊達市
アカシジミ
♂裏
伊達市
キタアカシジミ
♀裏
伊達市
キタアカシジミ
♂
滝川市
ウラナミアカシジミ
♀
函館市
ウラナミアカシジミ
♂
木古内町
ウラクロシジミ
♀
福島町
ウラクロシジミ
♂裏
滝川市
ウラナミアカシジミ
♀裏
函館市
ウラナミアカシジミ
♂裏
木古内町
ウラクロシジミ
♀裏
福島町
ウラクロシジミ

♂ 標茶町 ミドリシジミ

AB型♀ 富良野市 ミドリシジミ

B型♀ 富良野市 ミドリシジミ

変異♂ 函館市 ミドリシジミ

♂裏 標茶町 ミドリシジミ

♀裏 富良野市 ミドリシジミ

A型♀ 函館市 ミドリシジミ

O型♀ 弟子屈町 ミドリシジミ

♂ 白老町 メスアカミドリシジミ

♀ 旭川市 メスアカミドリシジミ

♂ 小樽市 アイノミドリシジミ

♀ 富良野市 アイノミドリシジミ

♂裏 白老町 メスアカミドリシジミ

♀裏 旭川市 メスアカミドリシジミ

♂裏 小樽市 アイノミドリシジミ

♀裏 富良野市 アイノミドリシジミ

♂ 旭川市 ウラジロミドリシジミ

♀ 伊達市 ウラジロミドリシジミ

♂ 富良野市 オオミドリシジミ

♀ 旭川市 オオミドリシジミ

♂裏 旭川市 ウラジロミドリシジミ

♀裏 伊達市 ウラジロミドリシジミ

♂裏 富良野市 オオミドリシジミ

♀裏 旭川市 オオミドリシジミ

♂ 小樽市 ジョウザンミドリシジミ
♀ 旭川市 ジョウザンミドリシジミ
♂ 標茶町 エゾミドリシジミ
♀ 富良野市 エゾミドリシジミ

♂裏 小樽市 ジョウザンミドリシジミ
♀裏 旭川市 ジョウザンミドリシジミ
♂裏 標茶町 エゾミドリシジミ
♀裏 富良野市 エゾミドリシジミ

♂ 旭川市 ハヤシミドリシジミ
♀ 旭川市 ハヤシミドリシジミ
♂ 奥尻町 フジミドリシジミ
♀ 木古内町 フジミドリシジミ

♂裏 旭川市 ハヤシミドリシジミ
♀裏 旭川市 ハヤシミドリシジミ
♂裏 奥尻町 フジミドリシジミ
♀裏 木古内町 フジミドリシジミ

第１化（春型）♂ 札幌市 トラフシジミ
第１化（春型）♀ 遠軽町 トラフシジミ
第２化（夏型）♂ 札幌市 トラフシジミ
第２化（夏型）♀ 札幌市 トラフシジミ

第１化（春型）♂裏 札幌市 トラフシジミ
第１化（春型）♀裏 遠軽町 トラフシジミ
第２化（夏型）♂裏 札幌市 トラフシジミ
第２化（夏型）♀裏 上ノ国町 トラフシジミ

♂
芦別市
コツバメ

♀
芦別市
コツバメ

♂
伊達市
カラスシジミ

♀
標茶町
カラスシジミ

♂裏
芦別市
コツバメ

♀裏
芦別市
コツバメ

♂裏
伊達市
カラスシジミ

♀裏
標茶町
カラスシジミ

♂
江差町
ミヤマカラスシジミ

♀
森町
ミヤマカラスシジミ

♂
札幌市
リンゴシジミ

♀
札幌市
リンゴシジミ

♂裏
江差町
ミヤマカラスシジミ

♀裏
森町
ミヤマカラスシジミ

♂裏
札幌市
リンゴシジミ

♀裏
札幌市
リンゴシジミ

第１化（春型）♂
稚内市
ベニシジミ

第１化（春型）♀
標茶町
ベニシジミ

第２化（夏型）♂
富良野市
ベニシジミ

第２化（夏型）♀
富良野市
ベニシジミ

第１化（春型）♂裏
稚内市
ベニシジミ

第１化（春型）♀裏
標茶町
ベニシジミ

第２化（夏型）♂裏
富良野市
ベニシジミ

第２化（夏型）♀裏
富良野市
ベニシジミ

第１化（春型）♂
標茶町
ツバメシジミ

第１化（春型）♀
標茶町
ツバメシジミ

第２化（夏型）♂
帯広市
ツバメシジミ

第２化（夏型）♀
富良野市
ツバメシジミ

第１化（春型）♂裏
標茶町
ツバメシジミ

第１化（春型）♀裏
標茶町
ツバメシジミ

第２化（夏型）♂裏
帯広市
ツバメシジミ

第２化（夏型）♀裏
富良野市
ツバメシジミ

第１化（春型）♂
富良野市
ルリシジミ

第１化（春型）♀
旭川市
ルリシジミ

第２化（夏型）♂
富良野市
ルリシジミ

第２化（夏型）♀
富良野市
ルリシジミ

第１化（春型）♂裏
富良野市
ルリシジミ

第１化（春型）♀裏
旭川市
ルリシジミ

第２化（夏型）♂裏
富良野市
ルリシジミ

第２化（夏型）♀裏
富良野市
ルリシジミ

♂
富良野市
スギタニルリシジミ

♀
当別町
スギタニルリシジミ

♂
小樽市
カバイロシジミ

♀
旭川市
カバイロシジミ

黒化型♀
せたな町
カバイロシジミ

♂裏
富良野市
スギタニルリシジミ

♀裏
当別町
スギタニルリシジミ

♂裏
小樽市
カバイロシジミ

♀裏
旭川市
カバイロシジミ

黒化型♀裏
せたな町
カバイロシジミ

第1化（春型）♂
白糠町
ジョウザンシジミ

第1化（春型）♀
雄武町
ジョウザンシジミ

第2化（夏型）♂
札幌市
ジョウザンシジミ

第2化（夏型）♀
札幌市
ジョウザンシジミ

第1化（春型）♂裏
白糠町
ジョウザンシジミ

第1化（春型）♀裏
雄武町
ジョウザンシジミ

第2化（夏型）♂裏
札幌市
ジョウザンシジミ

第2化（夏型）♀裏
札幌市
ジョウザンシジミ

♂
標茶町
ゴマシジミ

♀
伊達市
ゴマシジミ

黒点減退型♂
標茶町
ゴマシジミ

黒点減退型♂裏
中標津町
ゴマシジミ

♀裏
伊達市
ゴマシジミ

黒化型♀
深川市
ゴマシジミ

♂
仁木町
オオゴマシジミ

♀
月形町
オオゴマシジミ

♂裏
仁木町
オオゴマシジミ

♀裏
月形町
オオゴマシジミ

♂
旭川市
ヒメシジミ

♀
清里町
ヒメシジミ

変異♀
安平町
ヒメシジミ

♂裏
旭川市
ヒメシジミ

♀裏
清里町
ヒメシジミ

変異♀
幕別町
ヒメシジミ

♂
根室市
アサマシジミ

♀
更別村
アサマシジミ

♂
大雪山
カラフトルリシジミ

♀
羅臼岳
カラフトルリシジミ

♂裏
根室市
アサマシジミ

♀裏
更別村
アサマシジミ

♂裏
大雪山
カラフトルリシジミ

♀裏
羅臼岳
カラフトルリシジミ

シジミチョウ科の類似種の見分け方

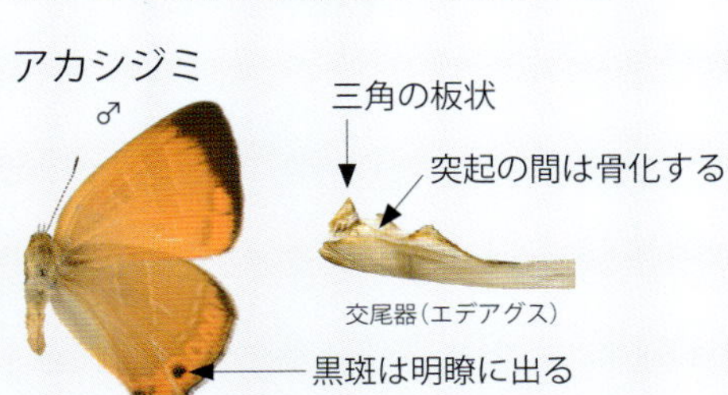

両種の正確な同定のためには翅の模様だけではなく，♂の交尾器を調べる必要がある

シジミチョウ科の類似種の見分け方

オオミドリシジミ （*Favonius* 属）

♂　♀　♂裏　♀裏

断続する細い白線が目立つ

中室端の短条は明瞭 ♂もその傾向

黒色の縁取りはごく細い

青緑色の光沢は最もにぶい

♀は，O 型のみ

橙色斑はつながらないことがほとんど。♀も同様

ジョウザンミドリシジミ （*Favonius* 属）

♂　♀　♀　♂裏　♀裏

A 斑

弱い B 斑

黒条のこの部分が尖る

白線が入ることがある

黒縁は中央部で細くなる

♀は，O 型が基本。弱い AB 斑を持つ個体もいる

橙色斑は上部で接することが多いが，この橙色斑が縦長に発達することがある。♀も同様

地色は褐色味が強い

エゾミドリシジミ （*Favonius* 属）

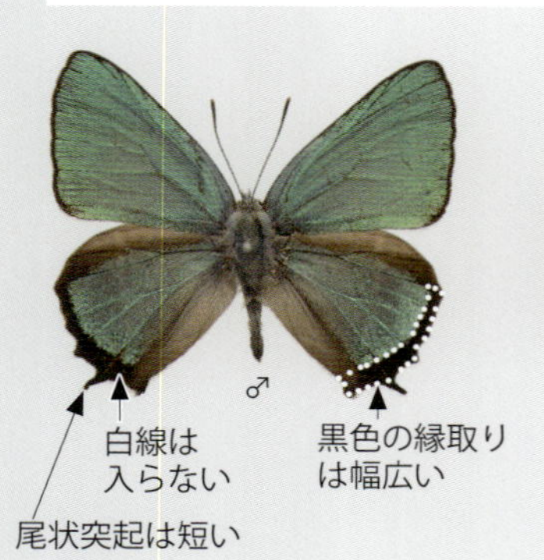

♂　♀　♀　♂裏　♀裏

弱く広がる B 斑

白線はやや太い ♀も同様

波形になる傾向 ♂も同様

白線は入らない

黒色の縁取りは幅広い

尾状突起は短い

♀は，O 型が基本。弱く広がる B 斑を持つ個体もいる

橙色斑はつながる。♀は橙斑が発達しないことがあり，地色など他の識別点にも注意

ハヤシミドリシジミ （*Favonius* 属）

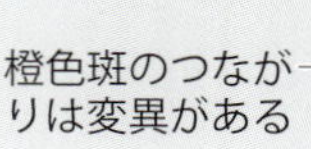

♂　♀　♀　♂裏　♀裏

白帯は太い ♀も同様

直線的な傾向 ♂も同様

黒色の縁取りは幅広い

緑色の光沢は最も青みが強い

♀は，O 型と A 型が基本

橙色斑のつながりは変異がある

メスアカミドリシジミ

アイノミドリシジミ

カラスシジミ

ミヤマカラスシジミ

リンゴシジミ

♂裏

白い縁取
りのある
黒紋が前
翅まで並
ぶ

ルリシジミ第１化（春型）

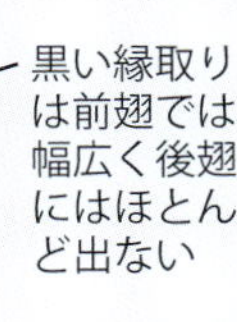

ツバメシジミ

第１化（春型）♂裏

スギタニルリシジミ

黒い縁取りが前
翅，後翅で同じ
幅なら本種。
後翅にほとんど
出ないこともあ
るので注意

ヒメシジミ

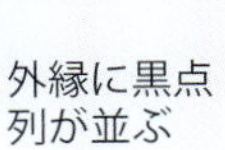

アサマシジミ

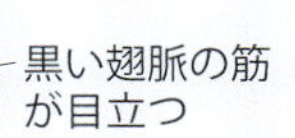

♂
白糠町
ホソバヒョウモン

♀
上川町
ホソバヒョウモン

♂裏
白糠町
ホソバヒョウモン

♀裏
上川町
ホソバヒョウモン

♂
白糠町
カラフトヒョウモン

♀
新得町
カラフトヒョウモン

♂裏
白糠町
カラフトヒョウモン

♀裏
芦別市
カラフトヒョウモン

♂
大雪山
アサヒヒョウモン

♀
大雪山
アサヒヒョウモン

♂裏
大雪山
アサヒヒョウモン

♀裏
大雪山
アサヒヒョウモン

♂
芦別市
コヒョウモン

♀
富良野市
コヒョウモン

♂裏
芦別市
コヒョウモン

♀裏
富良野市
コヒョウモン

♂
厚岸町
ヒョウモンチョウ

♀
根室市
ヒョウモンチョウ

♂裏
厚岸町
ヒョウモンチョウ

♀裏
根室市
ヒョウモンチョウ

♂
富良野市
ウラギンスジヒョウモン

♀
芦別市
ウラギンスジヒョウモン

♂裏
富良野市
ウラギンスジヒョウモン

♀裏
芦別市
ウラギンスジヒョウモン

♂
標茶町
オオウラギンスジヒョウモン

♀
芦別市
オオウラギンスジヒョウモン

♂裏
標茶町
オオウラギンスジヒョウモン

♀裏
芦別市
オオウラギンスジヒョウモン

♂
標茶町
ミドリヒョウモン

♀
富良野市
ミドリヒョウモン

♂裏
標茶町
ミドリヒョウモン

♀裏
富良野市
ミドリヒョウモン

♂
標茶町
メスグロヒョウモン

♀
標茶町
メスグロヒョウモン

♂裏
標茶町
メスグロヒョウモン

♀裏
標茶町
メスグロヒョウモン

♂
厚岸町
クモガタヒョウモン

♀
日高町
クモガタヒョウモン

♂裏
厚岸町
クモガタヒョウモン

♀裏
日高町
クモガタヒョウモン

♂
富良野市
ウラギンヒョウモン

♀
標茶町
ウラギンヒョウモン

♂裏
富良野市
ウラギンヒョウモン

♀裏
標茶町
ウラギンヒョウモン

♂
標茶町
ギンボシヒョウモン

♀
標茶町
ギンボシヒョウモン

♂裏
標茶町
ギンボシヒョウモン

♀裏
標茶町
ギンボシヒョウモン

♂
富良野市
オオイチモンジ

♀
富良野市
オオイチモンジ

♂裏
富良野市
オオイチモンジ

♀裏
富良野市
オオイチモンジ

♂
芦別市
イチモンジチョウ

♀
標茶町
イチモンジチョウ

♂裏
芦別市
イチモンジチョウ

♀裏
標茶町
イチモンジチョウ

♂
むかわ町
コミスジ

♀
北見市
コミスジ

♂裏
むかわ町
コミスジ

♀裏
北見市
コミスジ

♂
札幌市
ミスジチョウ
♀
富良野市
ミスジチョウ
♂裏
札幌市
ミスジチョウ
♀裏
富良野市
ミスジチョウ
♂
余市町
オオミスジ
♀
札幌市
オオミスジ
♂裏
余市町
オオミスジ
♀裏
札幌市
オオミスジ

♂
標茶町
フタスジチョウ

♀
標茶町
フタスジチョウ

♂裏
標茶町
フタスジチョウ

♀裏
標茶町
フタスジチョウ

第１化♂
旭川市
アカマダラ

第１化♀
標茶町
アカマダラ

第２化（夏型）♂　標茶町
アカマダラ

第２化（夏型）♀
標茶町
アカマダラ

第１化♂裏
旭川市
アカマダラ

第１化♀裏
標茶町
アカマダラ

第２化（夏型）♂裏　標茶町
アカマダラ

第２化（夏型）♀裏　標茶町
アカマダラ

第１化♂
富良野市
サカハチチョウ

第１化♀
標茶町
サカハチチョウ

第２化（夏型）♂　富良野市
サカハチチョウ

第２化（夏型）♀　富良野市
サカハチチョウ

第１化（春型＆低温期型）♂裏
富良野市
サカハチチョウ

第１化（春型＆低温期型）♀裏
標茶町
サカハチチョウ

第２化（夏型＆高温期型）♂裏
富良野市
サカハチチョウ

第２化（夏型＆高温期型）♀裏
富良野市
サカハチチョウ

第 1 化（高温期型）♂
富良野市
シータテハ

第 1 化（高温期型）♂裏
富良野市
シータテハ

第 1 化（高温期型）♀
富良野市
シータテハ

第 1 化（高温期型）♀裏
富良野市
シータテハ

第 2 化（低温期型）♂
富良野市
シータテハ

第 2 化（低温期型）♂裏
富良野市
シータテハ

第 2 化（低温期型）♀
富良野市
シータテハ

第 2 化（低温期型）♀裏
富良野市
シータテハ

♂
富良野市
エルタテハ

♀
弟子屈町
エルタテハ

♂裏
富良野市
エルタテハ

♀裏
弟子屈町
エルタテハ

♂
島牧村
キベリタテハ
♀
別海町
キベリタテハ
♂裏
島牧村
キベリタテハ
♀裏
別海町
キベリタテハ
♂
旭川市
ヒオドシチョウ
♀
札幌市
ヒオドシチョウ
♂裏
旭川市
ヒオドシチョウ
♀裏
札幌市
ヒオドシチョウ

♂
富良野市
ルリタテハ

♀
旭川市
ルリタテハ

高温期型♂裏
奥尻町
ルリタテハ

♂裏
富良野市
ルリタテハ

♀裏
旭川市
ルリタテハ

高温期型♀裏
奥尻町
ルリタテハ

♂
富良野市
クジャクチョウ

♀
富良野市
クジャクチョウ

♂裏
富良野市
クジャクチョウ

♀裏
富良野市
クジャクチョウ

♂
富良野市
コヒオドシ

♀
富良野市
コヒオドシ

♂裏
富良野市
コヒオドシ

♀裏
富良野市
コヒオドシ

♂
富良野市
アカタテハ

♀
富良野市
アカタテハ

♂裏
富良野市
アカタテハ

♀裏
富良野市
アカタテハ

♂
稚内市
ヒメアカタテハ
♀
旭川市
ヒメアカタテハ
♂裏
稚内市
ヒメアカタテハ
♀裏
旭川市
ヒメアカタテハ
♂
富良野市
コムラサキ
♀
遠別町
コムラサキ
♂裏
富良野市
コムラサキ
♀裏
遠別町
コムラサキ

♂
札幌市
オオムラサキ
♂裏
札幌市
オオムラサキ
♀
札幌市
オオムラサキ
♀裏
札幌市
オオムラサキ
♂
変異
栗山町
オオムラサキ

第１化♂
上ノ国町
ゴマダラチョウ

第１化♂裏
上ノ国町
ゴマダラチョウ

第２化♂
上ノ国町
ゴマダラチョウ

第１化♀
札幌市
ゴマダラチョウ

第１化♀裏
札幌市
ゴマダラチョウ

第２化♂裏
上ノ国町
ゴマダラチョウ

タテハチョウ科の類似種の見分け方

タテハチョウ科の類似種の見分け方

コヒョウモン，ヒョウモンチョウの写真 120%

エルタテハ，ヒオドシチョウの写真 95% アカマダラとサカハチチョウの写真 115%

タテハチョウ科
ジャノメチョウ亜科

ヒメウラナミジャノメ　ベニヒカゲ　クモマベニヒカゲ　ジャノメチョウ
ダイセツタカネヒカゲ　シロオビヒメヒカゲ

♂
富良野市
ジャノメチョウ
♀
富良野市
ジャノメチョウ
♂裏
富良野市
ジャノメチョウ
♀裏
富良野市
ジャノメチョウ
♂
大雪山
ダイセツタカネヒカゲ
♀
大雪山
ダイセツタカネヒカゲ
♂裏
大雪山
ダイセツタカネヒカゲ
♀裏
大雪山
ダイセツタカネヒカゲ
♂
標茶町
シロオビヒメヒカゲ
♀
標茶町
シロオビヒメヒカゲ
♂裏
定山渓亜種
札幌市
シロオビヒメヒカゲ
♂裏
標茶町
シロオビヒメヒカゲ
♀裏
標茶町
シロオビヒメヒカゲ
♀裏
定山渓亜種
札幌市
シロオビヒメヒカゲ

タテハチョウ科
ジャノメチョウ亜科

♂
日高町
ツマジロウラジャノメ

♀
日高町
ツマジロウラジャノメ

第２化♂裏
平取町
ツマジロウラジャノメ

♂裏
日高町
ツマジロウラジャノメ

♀裏
日高町
ツマジロウラジャノメ

第２化♀裏
平取町
ツマジロウラジャノメ

♂
標茶町
ウラジャノメ

♀
旭川市
ウラジャノメ

♂
利尻島亜種
利尻町
ウラジャノメ

♂裏
標茶町
ウラジャノメ

♀裏
旭川市
ウラジャノメ

遺伝型♀裏
旭川市
ウラジャノメ
（メナシ型）

♂
伊達市
キマダラモドキ
♀
奥尻町
キマダラモドキ
♂裏
伊達市
キマダラモドキ
♀裏
奥尻町
キマダラモドキ
♂
旭川市
オオヒカゲ
♀
旭川市
オオヒカゲ
♂裏
旭川市
オオヒカゲ
♀裏
旭川市
オオヒカゲ

タテハチョウ科
ジャノメチョウ亜科

♂
標茶町
クロヒカゲ

♀
富良野市
クロヒカゲ

♂裏
標茶町
クロヒカゲ

♀裏
富良野市
クロヒカゲ

♂
標茶町
ヒメキマダラヒカゲ

♀
富良野市
ヒメキマダラヒカゲ

♂裏
標茶町
ヒメキマダラヒカゲ

♀裏
富良野市
ヒメキマダラヒカゲ

♂
標茶町
サトキマダラヒカゲ

♀
標茶町
サトキマダラヒカゲ

♂裏
標茶町
サトキマダラヒカゲ

♀裏
標茶町
サトキマダラヒカゲ

♂
清水町
ヤマキマダラヒカゲ

♀
旭川市
ヤマキマダラヒカゲ

♂裏
清水町
ヤマキマダラヒカゲ

♀裏
旭川市
ヤマキマダラヒカゲ

タテハチョウ科
ジャノメチョウ亜科

ジャノメチョウ亜科の類似種の見分け方

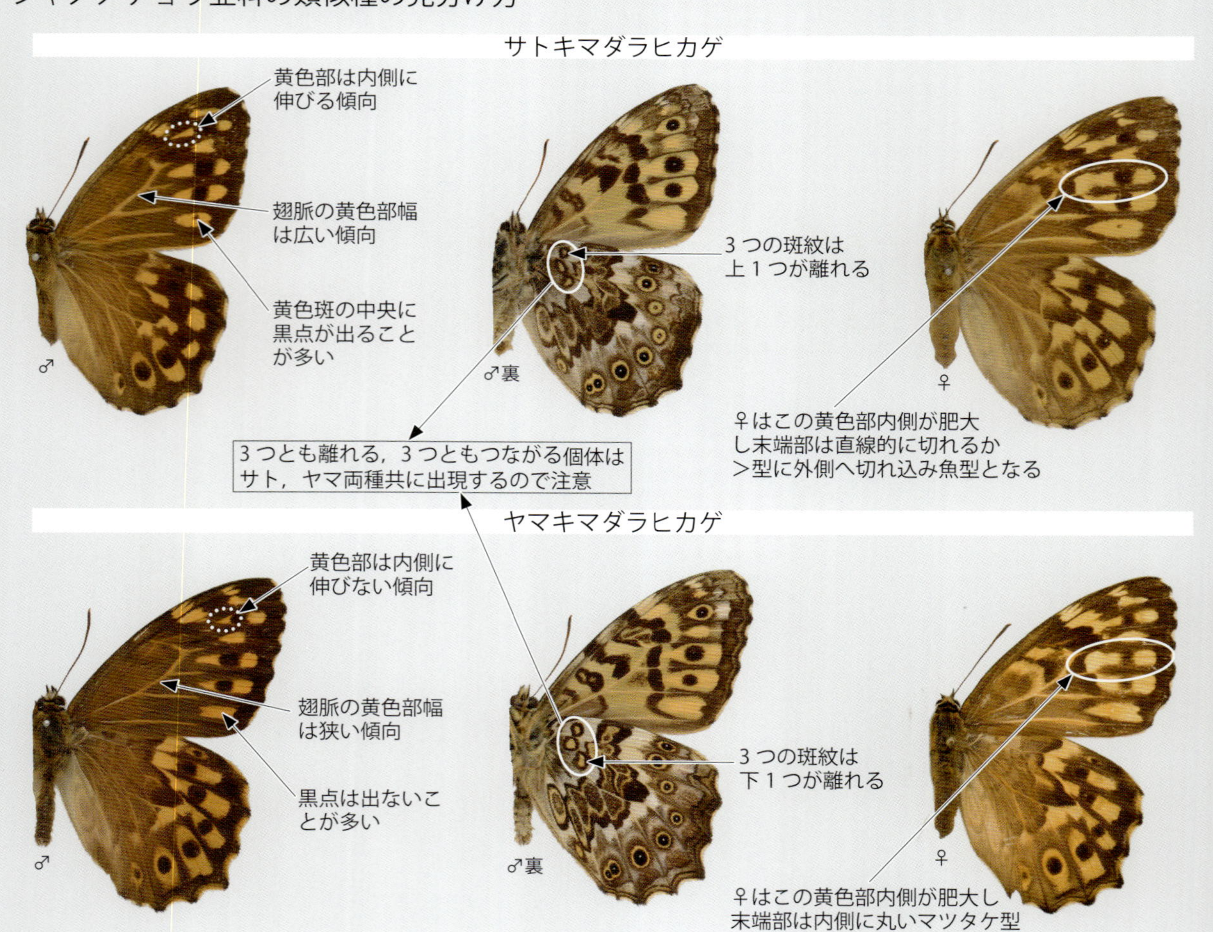

♂
富良野市
キバネセセリ

♀
芦別市
キバネセセリ

第1化♂
江差町
ダイミョウセセリ

第1化♀
江差町
ダイミョウセセリ

♂裏
富良野市
キバネセセリ

♀裏
芦別市
キバネセセリ

第1化♂裏
江差町
ダイミョウセセリ

第1化♀裏
江差町
ダイミョウセセリ

第2化♂
江差町
ダイミョウセセリ

第2化♀
乙部町
ダイミョウセセリ

♂
標茶町
ミヤマセセリ

♀
函館市
ミヤマセセリ

第2化♂裏
江差町
ダイミョウセセリ

第2化♀裏
乙部町
ダイミョウセセリ

♂裏
標茶町
ミヤマセセリ

♀裏
函館市
ミヤマセセリ

♂
様似町
ヒメチャマダラセセリ

♀
様似町
ヒメチャマダラセセリ

♂
標茶町
チャマダラセセリ

♀
標茶町
チャマダラセセリ

♂裏
様似町
ヒメチャマダラセセリ

♀裏
様似町
ヒメチャマダラセセリ

♂裏
標茶町
チャマダラセセリ

♀裏
標茶町
チャマダラセセリ

♂
標茶町
ギンイチモンジセセリ

♀
旭川市
ギンイチモンジセセリ

♂
標茶町
カラフトタカネキマダラセセリ

♀
中標津町
カラフトタカネキマダラセセリ

♂裏
標茶町
ギンイチモンジセセリ

♀裏
旭川市
ギンイチモンジセセリ

♂裏
標茶町
カラフトタカネキマダラセセリ

♀裏
中標津町
カラフトタカネキマダラセセリ

♂
旭川市
コチャバネセセリ

♀
福島町
コチャバネセセリ

♂
富良野市
スジグロチャバネセセリ

♀
富良野市
スジグロチャバネセセリ

♂裏
旭川市
コチャバネセセリ

♀裏
福島町
コチャバネセセリ

♂裏
富良野市
スジグロチャバネセセリ

♀裏
富良野市
スジグロチャバネセセリ

♂
函館市
ヘリグロチャバネセセリ

♀
函館市
ヘリグロチャバネセセリ

♂
紋別市
カラフトセセリ

♀
紋別市
カラフトセセリ

♂裏
函館市
ヘリグロチャバネセセリ

♀裏
函館市
ヘリグロチャバネセセリ

♂裏
紋別市
カラフトセセリ

♀裏
紋別市
カラフトセセリ

セセリチョウ科の類似種の見分け方

コキマダラセセリ，キマダラセセリの写真 120%

スジグロチャバネセセリ，ヘリグロチャバネセセリの写真 125%

ヒメギフチョウ

Luehdorfia puziloi yessoensis Rothschild, 1918　環：準絶滅危惧(NT)

北海道亜種とされる。遺伝型も多く赤斑が黄色に置換わるイエローテール，黒筋が一部消えるオニヒメギフなど，春の女神には愛好者に通じるフォーム名がある。

木々が芽吹く前の明るい林床を飛ぶ♂同士の小競り合い
'10.5.4 旭川市(S)

個体数★★☆☆
局地性★★★☆
観察難易度★★☆☆
絶滅危険度★★★☆

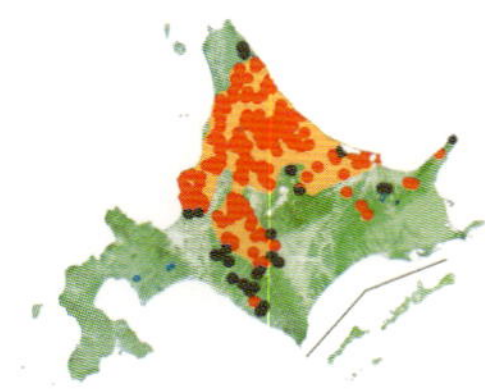

【分布・生息地】 石狩低地帯以東。確実な北限は宗谷管内猿払村，東限は斜里町知床半島，南限は新ひだか町静内，西限は増毛町雄冬から石狩市厚田区にかけての地域である。稚内市と浦河町の報告があるが，懐疑的と考える。留萌，上川，北見市より北側のオホーツク管内では多産地も多い。その一方，ほべつ町，栗山町，由仁町，平取町，旧新冠，門別，三石などは近年の記録がない。積雪の少ない胆振，日高管内の産地では消息が途絶えているところが多い。自然度が高く明るい低山地から山地の落葉広葉樹林に発生地が多い。

【周年経過】 年1回春期のみに発生。カタクリやリュウキンカが咲き揃うころに出現し，石狩市厚田や浜益や旭川市近郊などでは4月下旬。留萌管内や道北では5月上旬～中旬。亜高山や豪雪地帯の渓谷などでは6月になってから発生する。春の訪れが遅い年は，多くの地域で一斉に発生することもある。初夏に蛹化，そのまま蛹で越冬する。

【食餌植物】 ウマノスズクサ科のオクエゾサイシン。

【成虫】 雪解け直後の明るい二次林を飛び回り，最も早い開花となるアキタブキからエゾエンゴサク，カタクリ，ニリンソウなど早春の花で吸蜜する。活動を始めるには日差しが重要で，日が昇り気温が7～8℃くらいに上がったころから日光浴を始め体温を上昇させ活動を開始する。♂は吸蜜，日光浴後すぐに探雌飛翔に入る。交尾は日中に30分～1時間ほどかけて行われる。この間♂は♀の腹部交尾器周囲にスフラギスを分泌する。これにより♀の次の交尾は妨げられることになる。♀は吸蜜後，食草の生える林床周囲を飛び回り産卵活動を始める。何度か葉に脚で触れ食草を確認し，葉に脚をかけ腹部を葉の裏に回し入れ産卵を始める。約10秒間に1個ぐらいのペースで産み，5～20個程度の，間隔のあいた平面的な卵塊をつくる。

【生活史】 卵は直径1㎜弱で真珠光沢を持つ。産卵直後は黄白色でしだいに銀色に変わる。孵化直前には黒くなり，約2週間で孵化する。孵化時，幼虫は卵の上部から少しずつ穴を広げ，その後脱出する。孵化後すぐに葉の裏から摂食を始め葉に穴をあける。食草の食痕は本種以外のものは少なく，生息地での幼虫の発見は比較的容易である。幼虫同士は体を密着させるように集合し，摂食，休息も同時に行うようになる。この集合性は集合フェロモンが信号になっているといわれ，4齢まで見られる。終齢(5齢)になると腹部の側面に黄色の斑紋が並ぶようになり，摂食量は著しく増加し，移動性も増し分散して次々に葉を食べ尽くすようになる。全幼虫期間は約50日程度で，老熟幼虫は落葉や石の下に潜り込み，帯糸をかけ体を縮め前蛹となる。前蛹期3～5日を経て蛹となる。自然状態での蛹の発見は難しいが石の下で見つかった例がある。蛹のまま休眠に入るが，内部での成虫への分化は秋になって始まり，越冬前に成虫形成が完了している。

日光浴する♂ '11.4.30 旭川市(S)

アキタブキを訪花した♂ '09.4.25 当麻町(S)

カタクリを訪花した♂ '11.5.6 旭川市(N)

交尾 '11.4.30 当麻町(S)

早春の林床で産卵 '09.4.28 石狩市(S)

集合する 1 齢 '14.5.21 旭川市(N)

卵塊(部分) '09.5.17 旭川市(S)

葉裏の卵塊 '09.5.17 旭川市(S)

集合する 2齢 '13.6.8 富良野市(N)

終齢 '11.6.27 旭川市(N)

孵化した 1 齢 '11.6.1 旭川市(N)

蛹 '10.6.27 旭川市産(N)

北海道特産種

ヒメウスバシロチョウ

Parnassius stubbendorfii hoenei Schweitzer, 1912

ウスバシロチョウ属は愛好者も多く，種を細分する傾向が強い。日本産を独立種 *hoenei* とする説もあるが，大陸のヒメウスバシロチョウと同一種であるという説を支持する。類似 P.012

渓流沿いのアザミ類を訪花した♂
'11.7.9 日高町(S)

個体数★★★☆
局地性★★★☆
観察難易度★★☆☆
絶滅危険度★☆☆☆

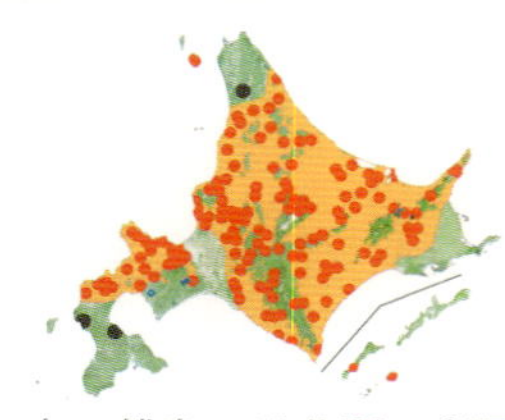

【分布・生息地】道南の狩場山山麓以東，道北の北見枝幸町以南，道東の知床や釧路川以西の低山地から山地にかけ多く見られる。稀に大雪や日高の高山帯に飛来。離島では北限の利尻島が唯一。概ね各地で普通に見られるが，道南では八雲町上の湯と旧大成町臼別に古い記録があるが追認はない。また，根釧原野の大部分，遠別町と枝幸町神威岬を結ぶ線より北側では記録がない。次種との混生地も多く，雑交個体を千歳市，札幌市，厚真町，ほべつ町，新得町，清水町，上士幌町，標茶町などで確認している。

【周年経過】年 1 回発生。札幌市近郊などでは 5 月末から。胆振地方や日高地方，十勝地方などでは 6 月上旬～中旬。利尻島や標高 800 m以上の渓谷では 7 月から発生する。卵内で，2 週間くらいで幼虫体が形成されそのまま越冬に入る。

【食餌植物】ケシ科のエゾエンゴサクのみ。エゾキケマンの記録があるが確認できない。

【成虫】渓流や林道沿いのオオイタドリなどが覆う斜面や草地の上を，時々滑空を交えてゆったりと飛び，アザミ類，セリ科植物などで吸蜜する。活動を終了するころ，♂♀共訪花し，触れても逃げないほど吸蜜に執着することがある。♂は，地表付近をせわしなく飛び回り，♀を見つけると，翅を広げる♀の背中に止まるようにして腹部を強く曲げ交尾した。♂はスフラギスをつくるので交尾は 1 時間以上かかり，交尾中の個体はよく見つかる。スフラギスがある♀にも♂は盛んにまとわりつく。♀は，晴れた日の日中，まだ枯れ葉の多い食草群落付近をゆったりと飛び，地表に降り歩いて産卵場所を捜す。産卵時は腹を強く曲げて地表の枯れ枝などの下面に 1 ～数卵ずつ産卵する。

【生活史】卵はまんじゅう型で表面に目立つくぼみがある。卵殻が厚く乾燥に強い。雪解けとともに幼虫が見つかり，積雪の下で孵化していることが多いようだ。多雪地に多いので，雪解けが遅い分，摂食の開始は遅れる。孵化した幼虫は食草を捜して長距離を歩くようだ。葉の縁から食べた半円形の食痕を目当てに捜すと，近くの枯れ葉の上や陽の当たる枯れ葉の中にいるのが見つかる。枯れ葉の下は周囲よりかなり暖かく，ここで体を温めて，食草に移動して素早く食べる。葉を食べている間に体温が下がるので，摂食は中断されることが多い。このため野外の日陰と同程度の気温で飼育すると，成長が非常に遅れる。5 月中旬頃終齢になり，陽が当たる環境では非常に素早く行動する。摂食は日中にもよく見られ，食草一株を食べつくした幼虫は隣接する株に移動する。幼虫を刺激すると他のアゲハチョウ科同様，橙色の臭角を伸ばす。摂食時は活発で，花や茎までほぼ植物体全体を食べることが多い。蛹化前には長距離地表を移動するようだ。その後，枯れ葉を吐糸で結び合わせた後，内部の壁に糸を吐き非常に丈夫な繭をつくる。蛹は，脱皮殻とともに繭の中に腹面を上にして見つかる。蛹期は長く 20 日以上になる。

チシマフウロを訪花した♂ '11.6.17 幕別町(S)

飛翔する♀ '09.6.5 新十津村(IG)

交尾済みの♀に交尾を迫る♂ '15.6.8 札幌市(H)

1時間 40 分続いた交尾 '13.6.26 共和町(S)

産卵 '06.6.17 旭川市(KN)

産卵 1 週間後の卵 '15.6.15 遠軽町産(N)

摂食する 3 齢 '15.4.23 富良野市(N)

産卵直後の卵 '15.6.21 札幌市産(H)

2 齢 '15.4.10 富良野市(N)

繭をつくる終齢 '15.4.24 富良野市産(N)

繭内の前蛹 '15.4.26 富良野市産(N)

繭内の蛹 '15.4.29 富良野市産(N)

ウスバシロチョウ

Parnassius citrinarius citrinarius Motschulsky, 1866

北海道は日本で唯一ウスバシロチョウ属２種類が混生する。斑紋が少ないため，未交尾♀は前種との誤同定もある。混生地では雑種も加わり，同定はさらに困難となる。類似 P.012

芽吹きの季節，林内空間で探雌飛翔する♂
'14.5.30 函館市(S)

個体数★★☆☆
局地性★★★★
観察難易度★★★☆
絶滅危険度★★☆☆

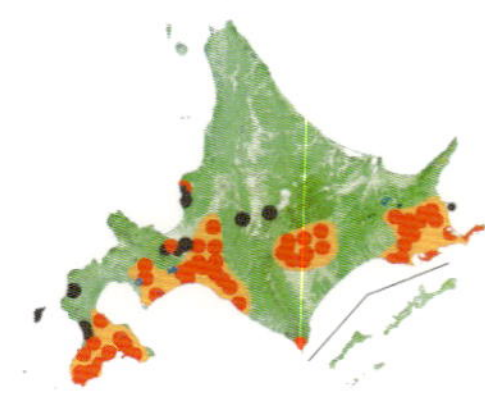

【分布・生息地】渡島半島や胆振日高管内，十勝平野部，根釧原野などに生息。渡島半島を除く日本海側では石狩管内の札幌市や石狩市厚田・浜益などが知られていたが，近年の報告はほとんどない。離島では奥尻島が知られるが，1991 年永盛(拓)の採集例を最後に確認されてない。報告者以外の追認がない地域も多く，十勝では中札内村，広尾町，大樹町，十勝三股など。網走管内でも遠軽町，美幌町。低標高の落葉広葉樹林の明るい林内草地や小川沿いに多い。雑木林の間伐後の草地で一時的に多発することもあるが，灌木や高茎草本の繁茂に伴い，やがて発生地は消滅する。高標高記録は少なく，確実なのは大千軒岳(1,072m)山頂付近のみである。

【周年経過】年 1 回発生。渡島管内など暖かい地域では 5 月末から，胆振地方や日高地方，十勝地方などでは 6 月上旬～中旬，寒冷な根釧原野では 7 月中旬以降に発生。発生が始まると数日で急激に個体数が増える産地が多い。発生から 2 週間を経過すると汚損個体が目立ち，♂♀共，そのような個体は，発生地を離れることもある。卵で越冬する。

【食餌植物】ケシ科のムラサキケマン，エゾエンゴサクの２種。

【成虫】陽の当たる林間草原をゆったりと飛び，一定の範囲を循環するように飛び続けることが多い。またよく葉の上で日光浴をする。セリ科，アブラナ科植物などで吸蜜する他，湿地で吸水することがある。♂は地表や葉上で羽化したばかりの♀を見つけ，交尾しようとする。前種同様，交尾中の個体はよく見つかる。本州では，スフラギスさえはずして交尾する♂がいることから複数回交尾することが報告された。♀は，すでに枯れた株が多い食草の分布域付近をゆったりと飛び，時おり地表に降り歩いて腹部を強く曲げて地表の枯れ枝，石などの下面に 1 ～数卵ずつ，時に 7 個程度の卵を 1 列に産む。産卵した後，さらに歩いて産卵を続けることも多い。産卵する範囲は食草群落の一部に集中する。

【生活史】卵は前種同様だが直径 1.5mm 程度と大型である。雪解けが始まるころ，積雪の下で孵化していることが多く，1 齢幼虫は長距離を歩き回って同時に芽吹く食草を捜し出す。その後も幼虫は前種同様陽が当たると枯れ葉下に隠れていることが多い。5 月中旬ごろ終齢に達し，黒色の毛に覆われた体に淡黄色と赤色部が交互に並ぶ細い帯がある。非常に素早く歩き回り，食草の株に這い上がり花や葉を食べる。前種同様植物体全体を食べ，株を食べ尽くした幼虫は時に 10m 以上も歩いて，別の食草にたどり着くこともある。蛹化前には地表を歩き回った後，枯れ葉の間で頭を振って多量に吐糸し，淡黄色の紙袋のような非常に丈夫な繭をつくった。この作業には 2 時間近くかかった。蛹は，繭の中に転がるように見つかる。

カンボクを訪花した♀ '14.6.22 千歳市(S)

ハルザキヤマガラシを訪花した♂ '10.6.13 千歳市(S)

シロウマアサツキを訪花した♂ '15.6.14 札幌市(H)

交尾(左♀)'14.6.22 千歳市(S)

草むらに潜り込み産卵 '08.6.14 千歳市(S)

卵 '15.6.22 千歳市産(S)

日光浴する 1 齢 '15.4.18 千歳市(S)

終齢 '09.5.14 標茶町(N)

繭 '15.5.14 千歳市産(N)

枯葉上の 2 齢 '15.4.18 千歳市(N)

エゾエンゴサクの花を食べる終齢 '15.5.11 安平町(T)

繭内の蛹 '15.5.14 千歳市産(N)

北海道特産種　天然記念物

ウスバキチョウ

Parnassius eversmanni daisetsuzanus Matsumura, 1926

環：準絶滅危惧(NT)
北：留意種(N)

本道産は小型で黄色と黒の鮮やかなことから亜種とされる。厳しい高山の環境で，黄色に赤紋の派手な翅が見事にとけ込み，お花畑の飛翔中でも驚くほどの保護色となる。

風衝地を飛翔する♂
'11.6.26 大雪山(IG)

個体数★☆☆☆
局地性★★★★
観察難易度★★★☆
絶滅危険度★★☆☆

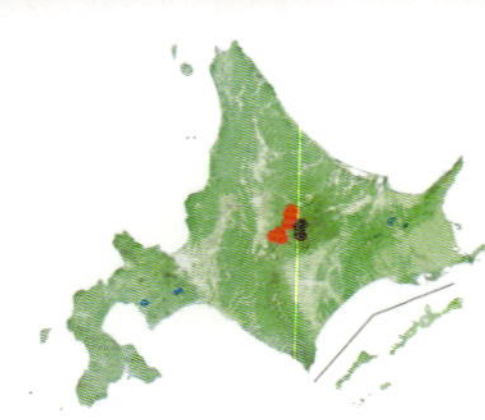

【分布・生息地】大雪山系にのみ分布。黒岳，赤岳から高根が原を経てトムラウシ山。十勝連山ではオプタテシケ山から富良野岳にかけて，主に 1700 m以上のコマクサの生える風衝地や砂礫地に生息する。かつてはニペソツ山や音更山，石狩岳などの石狩山地にも生息していたが，1999 年の石狩ジャンクションピークでの観察を最後に途絶えている(寒沢，2004)。赤岳銀泉台付近や美瑛富士山腹など森林限界付近での目撃例もあるが，いずれも発生地から飛来した個体と思われる。

【周年経過】赤岳コマクサ平などの標高の低い発生地では 6 月中旬。標高が 2,000 m付近では 7 月初めごろに盛期を迎える。7 月中旬以降は汚損個体が目立つ。生き残りの♀は 8 月初めまで見られることもある。発生地が積雪の少ない風衝地であるため，高山での残雪状態よりも，晩春の季節進行によって発生時期が左右される。1 年目は卵越冬。2 年目は蛹で越冬し，翌夏羽化。

【食餌植物】ケシ科のコマクサのみ。

【成虫】好天時，成虫は午前 6 時頃より飛び始め，主に午前中に活発に活動する。盛んに吸蜜し，イワウメ，ミネズオウ，エゾツガザクラなど多くの高山植物を訪花する。翅を広げて吸蜜することが多い。湿地で吸水したり葉の上の水滴を吸うこともある。♂は早朝から，1 ～ 2 mの高さで探雌飛翔を続ける。♂は羽化したての飛翔中の未交尾の♀に，後ろから追突するように体当たりし，♀と共に地上に降り，♀の広後方に回り込み交尾が成立するという。交尾中♂は♀の腹部にスフラギスを分泌する。

母蝶はコマクサ群落を確認し，コマクサ周辺の岩礫や砂礫の中に 1 個ずつ卵を産み付ける。食草の葉裏や茎，周辺の枯れ枝や枯葉にも産付される。

【生活史】卵は乳白色でまんじゅう型，表面にごく小さな凹部が覆う。卵は越冬前には産付位置から脱落し，砂礫に混じった状態で越冬するという。コマクサは風衝地の砂礫に生育するため，深い積雪に覆われることなく，越冬中は厳しい気象条件下となる。5 月上旬から卵の側面を食い破って孵化する。6 月上旬には 2，3 齢の幼虫が岩礫上で日光浴しているのが見つかる。摂食は主に日中の天気のよい時に行われる。葉や花を食べ，茎を切断して落とした葉を食べることも多い。摂食時以外は付近の岩礫上で日光浴をし，天候の悪い時は岩礫の下に潜り込んでいる。老熟した終齢幼虫は，クロマメノキ，ミネズオウ，ガンコウランなどのヒースやハイマツの中に潜り込み，枝部に枯葉や砂粒を集め，吐糸してまとめあげた長さ 3 ㎝ほどの繭をつくり，その中で蛹化する。繭をつくるのに 2，3 日を要し，さらに繭の中で背面に帯糸をかけ，腹面を上にして前蛹になり 4，5 日後に蛹になるという。この状態で 2 回目の越冬に入り翌夏羽化する。

羽化した♂ '11.6.17 大雪山(KN)
産卵場所を探し風衝地を低空飛翔する♀ '12.6.18 大雪山(S)
イワウメを訪花した♂ '12.6.18 大雪山(S)
交尾 '11.6.17 大雪山(KN)
食草付近の石下へ産卵 '07.7.1 大雪山(S)
終齢と切り落としたコマクサの花 '81.7.29 大雪山(W)
孵化 '88.6.6 大雪山(W)
根際の繭 '90.6.11 大雪山(W)
繭内の蛹 '81.6.15 大雪山(W)
日光浴する3齢 '83.7.7 大雪山(W)
摂食する終齢 '07.7.1 大雪山(S)

キアゲハ

Papilio machaon hippocrates C. Felder et R. Felder, 1864

全道の町で最も身近なアゲハ類がキアゲハだ。*Papilio* 属の幼虫の食性の中心はミカン科であるが本種のみがセリ科を食べている。これにより広範囲の生息地を獲得した。類似 P.012

道端の草むらで探草飛翔する♀
'10.6.7 千歳市(S)

個体数★★★★
局地性☆☆☆☆
観察難易度☆☆☆☆
絶滅危険度☆☆☆☆

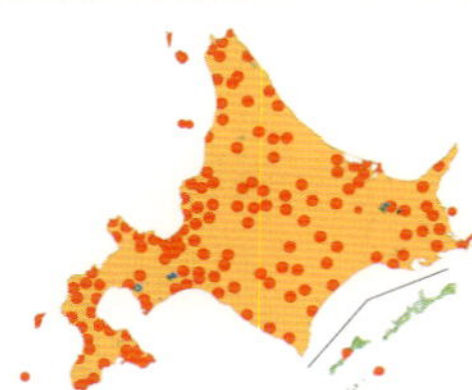

【分布・生息地】 道内では水平分布，垂直分布とも最も広い種であり，北部では稚内市宗谷岬から東部の知床半島，根室半島，道南では松前町白神岬や亀田半島の恵山岬。離島でも渡島大島を含む全ての島に生息する。海岸沿いの原生花園や市街地の庭から低山地の里山環境，山地の渓谷，亜高山帯や高山帯のお花畑まで，幅広く見られる。丘や山の頂上にある空間を占有する姿もよく見かける。

【周年経過】 年２回発生。温暖な地域では５月上旬から発生。寒冷な宗谷地方や根釧原野でも６月上旬。残雪の多い渓谷や高山などでは，７月中旬でも新鮮な第１化が見られる。温暖な地域では７月中旬に大型の第２化が発生。多くの地域で第２化は８月末まで見られ，９月以降部分的な第３化の可能性がある。蛹で越冬する。

【食餌植物】 セリ科のエゾニュウ，オオハナウド，オオバセンキュウ，アマニュウ，ハクサンボウフウ，セリ，ドクゼリ，ミツバ，帰化種のノラニンジン，栽培種のパセリ，ニンジンなど。

【成虫】 明るい草原，堤防，畑，公園緑地などを活発に飛び回り各種の花で吸蜜する。吸水行動も♂で見られる。♂は山頂占有性があり一定のなわばりを持ち侵入する同種や他の蝶を追いかける。♀も羽化後山頂をめざし移動し，山頂で交尾に至るという報告がある。♀は食草を見つけると葉や花を前脚で叩くように触れて確認した後，羽ばたきながら花穂や葉の裏に１個ずつ産卵する。

【生活史】 卵は黄白色の球形で孵化が近づくと褐色斑が透けて見えるようになる。卵期約１週間で孵化した幼虫は卵殻を食べる。アマニュウなどの散形花序につく若齢幼虫は花序の柄に静止し，果実になるまで食べ続けることが多い。１～２齢までは体色は黒褐色で白色紋が斜行する鳥糞状幼虫となる。４齢では淡黄緑色の地色に黒，橙色の斑紋が混じりあった色彩になる。終齢は全体が鮮やかな黄緑色となり，目玉模様も加わり警戒色とされる目立つ色彩となる。終齢になると摂食量が著しく増えるため，ミツバなど小さい株の食草は食い尽くされることが多く，他の株へ地面を伝って移動する個体もよく見られる。幼虫はサシガメやアシナガバチの仲間に捕食される。これらの捕食者に対し幼虫は頭部を曲げ前胸部から臭角を伸ばし威嚇抵抗する。次頁左下の写真はエゾアカヤマアリに抵抗する３齢幼虫で，アリは数分間幼虫を持ち去ろうとしたが，この抵抗を受け立ち去った。身近な蝶であることから教材などとして飼育するとよいが，市販のパセリなどを与えると残留農薬のため死亡することが多いので注意が必要。蛹は食草を離れ付近の木や草の茎，人家の壁などで見つかる。褐色系と緑色系があり，前蛹時の周囲の色や表面のざらつき，日長や温度などの要因が絡みあって決定されるという。

アヤメを訪花した集団 '10.6.16 幕別町(S)

第2化の求愛飛翔(下♂)'15.8.6 札幌市(IG)

山頂で占有する♂ 08.5.18 様似町(S)

産卵 '10.6.7 千歳市(S)

羽化 '14.5.6 伊達市(N)

アマニュウの卵 '14.7.6 富良野市(N)

臭角を伸ばした葉上の4齢 '07.7.14 苫小牧市(S)

セリの葉上の3齢 '13.8.28 伊達市(N)

オオハナウドの終齢 '07.9.4 札幌市(H)

アリと戦う3齢 '14.7.15 富良野市(N)

前蛹 '13.9.7 伊達市(N)

蛹 '13.9.18 伊達市(N)

アゲハ

Papilio xuthus Linnaeus, 1767

誰もが知るアゲハチョウは本種をさす。札幌市内では30年以上前は珍しい蝶だったが，近年は身近になった。オホーツク圏内などの寒冷地では相変わらず珍しい。類似 P.012

住宅地の路傍で，ねぐら入りした♀
'11.6.1 苫小牧市(S)

個体数★★☆☆
局地性★★★☆
観察難易度★★☆☆
絶滅危険度★☆☆☆

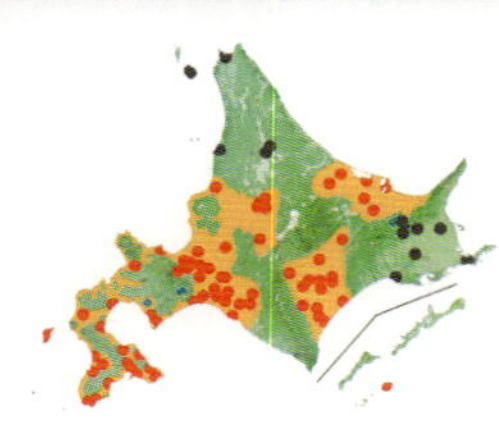

【分布・生息地】 渡島半島や胆振地方，石狩低地帯より西側の地域では，市街地の庭園や耕作地などの平野部や丘陵地帯を中心に多く見られる。旭川市を越える道北や，北見市などのオホーツク管内，十勝平野を越えた釧路根室地方では，低山地で記録があるが，比較的稀な種となる。離島では奥尻島と利尻島に記録がある。比較的広範囲に報告があり，北は稚内市，東は根室市まで記録はあるが，これらの地域は偶産の可能性が高いと考える。

【周年経過】 年2回発生する地域が多く，渡島半島や勇払原野などでは第1化は5月中旬から。胆振地方や日高地方，十勝地方などでは5月下旬～6月上旬にかけて発生する。温暖な地域では第2化が7月中旬からお盆にかけて発生する。道南では9月に小型の新鮮個体を見ることもあり，部分的に第3化の可能性がある。蛹で越冬する。

【食餌植物】 人里では植栽されたサンショウ，様々なミカン類，自然林では主にキハダ。

【成虫】 ♂は人家の庭の陽の当たる環境を飛び回り蝶道をつくる。♂♀共，ヒヨドリバナ，アワダチソウ，庭のツツジなどを訪花し，♀はホバリングし同じ樹に繰り返し産卵することが多い。そのため幼虫の食害でサンショウなどが丸坊主になるほどである。庭に植えた1m以下のキハダやサンショウの苗にも産卵した。自然林では林道沿いの高さ1mほどのサンショウの枝先に産卵した。

札幌市内で羽化個体にマーキングをして調査したところ，羽化直後，食樹付近を巡回するように飛び，発生環境を確認するように見えた。♀はほとんどのマーク個体が繰り返し食樹に回帰し，最長22日以上も産卵を続けた。一方マーク♂は，食樹付近に戻るものは少なかった。集団吸水することは稀。

【生活史】 卵はほぼ球形で平滑。産卵直後は淡黄色でやがて黄色と変わり孵化前は黒ずむ。1齢幼虫は全体が黒いが，2齢以降は中央に白帯のある鳥糞状の斑紋になる。カラスアゲハなどに比べると体表に光沢がない。直射日光下では体の前半を持ち上げて静止する。終齢(5齢)幼虫は黄緑色で腹部に写真のような帯がある。歩脚部分の白斑が目立ちこれで他のアゲハ類と区別できる。老熟幼虫は時には20m以上移動し，枝や石の側面で蛹化するため蛹は見つけづらい。蛹の色には緑色系，黄褐色系，暗褐色系があり，蛹化前の条件によって，色が決定されることが詳細に研究されているが，決定条件は複雑である。寄生蜂のアゲハヒメバチは，サンショウの付近を飛び葉上に降りると素早く様々な大きさの幼虫に抱きつくようにして産卵する。蛹化後，ハチは蛹に丸い穴をあけて脱出する。

第1化からの幼虫期は30～40日くらい。前蛹期間約1日で蛹になり，第2化となる場合の蛹期は12～17日。

林道の湿りで吸水する♂ '10.7.25 苫小牧市(S)

吸水する♂(左)とキアゲハ '10.7.25 苫小牧市(S)

ヒヨドリバナを訪花した第２化♀ '10.8.4 札幌市(IG)

交尾(右♂) '09.6.8 札幌市(H)

サンショウへの産卵 '12.6.10 札幌市(H)

サンショウに産付された卵 '10.8.10 江別市(IG)

4齢 '12.8.25 伊達市(N)

3齢への脱皮 '12.8.25 伊達市(N)

蛹の色彩変異 '08.10.11 札幌市産(H)

キハダの終齢 '02.7.6 富良野市(N)

越冬蛹 '08.12.24 札幌市(H)

終齢と寄生蜂 '07.8.20 札幌市(H)

オナガアゲハ

Papilio macilentus macilentus Janson, 1877

道内で見られる唯一の黒いアゲハで緩やかに飛翔する。本道産は表面の後翅後角の赤紋が発達せず三日月型になる。本州のようなC文字型は稀。黒鱗の発達もやや悪い。

渓流沿いのムシトリナデシコを訪花した♂
'11.7.9 日高町(S)

個体数★☆☆☆
局地性★★★☆
観察難易度★★★★
絶滅危険度★★★☆

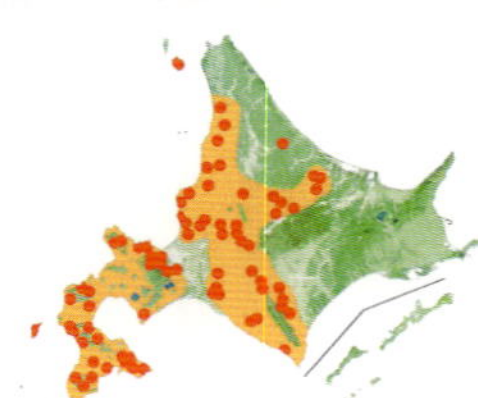

【分布・生息地】本道の中央部より西側を中心に，渡島地方，夕張山地，日高山脈や天塩山地などの自然度の高い清流渓谷に見られる。十勝地方では芽室町から広尾町にかけた日高山脈山麓に限られ，それより東側では見られない。オホーツク管内では遠軽町の丸瀬布，白滝など湧別川沿いの地域で稀。留萌管内，定山渓方面，狩場山山麓などでは割と多く見かける。離島では利尻と奥尻に記録がある。いずれも自然度の高い渓谷だ。山沿いの住宅街，皆伐採後の二次林ではほとんど見たことがない。

【周年経過】基本的に年1回発生。第2化は石狩管内や渡島半島では安定して見られるが，ごく少ないことから部分的第2化と考える。第1化は渡島半島など温暖地域では5月末，多くの地域でも6月中旬には発生する。利尻では6月末～7月。第2化は第1化の発生が6月前半より早い地域で7月末からお盆にかけて発生する。蛹で越冬する。

【食餌植物】本道ではミカン科のツルシキミが唯一の食草として記録されている。ツルシキミは常緑の種で，冬期間は雪の下では葉が凍結しないため日本海側の多雪地帯に多いとされ，本種の分布とも符合する。

【成虫】低山の渓流沿いをゆったりと飛び，しばしば湿った地面に降りて吸水する。吸蜜植物はツツジ類，タニウツギ，第2化はクサギやユリ類など。林道ではやや暗めの林縁を，午前と午後で蝶道を変えながら飛ぶことが多い。特に♀は訪花時以外は日当たりを避けるように樹間を飛ぶことが多い。ねぐらに入る前に，盛んに吸蜜する。生息地での個体数が少ないため配偶行動の記録はない。母蝶は谷沿いの半日蔭の樹林内を縫うように飛び，地表を這うツルシキミの株を見つけると葉に触れながら何度か株の周りを飛び回る。食草の若芽や展開した葉の裏に1個ずつ卵を産み付ける。

【生活史】卵は球形で葉の接着面のみ扁平となる。黄白色で孵化が近づくにつれ褐色味を帯びる。孵化した1齢は休息後卵殻を半分ほど食べる。頭部は黒色で体は淡黄色で同色の前胸部の1対の突起や体全体を覆う刺毛が目立つ。株の先端部に展開した若い葉の縁から食い始める。2～4齢はいわゆる鳥糞状の形態となり，葉の表面に静止している。体色は暗褐色でつやがあり，腹部に側面と末端に白い斑紋が流れるように入る。4齢は腹部の末端部8，9節の上面に白い斑紋が広がり他種とはっきり区別ができる。中齢以降は葉の中央部に糸を吐き台座をつくり体の前半を起こして静止する。終齢(5齢)になり体色は黄緑色に変わる。腹部に黒褐色の帯状の模様が斜めに入るが，この帯は本州産では背面で切れるというが本道産ではつながっている。終齢は頭を上にして茎に静止することが多くなり，株の基部に着く硬化した葉も食べ，株全体の葉を食い尽くすことも多い。蛹は緑色型と褐色型があるというが本道での記録は乏しく野外での蛹化位置なども不明。

吸水する♂ '06.6.17 札幌市(IG)

求愛飛翔する第２化(下♂)'10.8.14 八雲町(IG)

羽化した♂ '15.7.20 富良野市産(N)

タニウツギを訪花した♂ '06.6.17 札幌市(IG)

３齢 '15.6.26 富良野市産(N)

終齢 '15.7.5 富良野市産(N)

ツルシキミの葉裏の卵 '15.6.22 富良野市(N)

２齢と食痕 '15.7.2 富良野市(N)

４齢 '15.7.12 富良野市(N)

蛹 '15.7.12 富良野市産(N)

終齢 '15.7.19 富良野市(N)

カラスアゲハ

Papilio bianor dehaanii C. Felder et R. Felder, 1864

国内では九州トカラ列島や八丈島など，美しい個体群が知られるが，本道のカラスアゲハでも後翅の青が映える個体をたまに目にする。渡島地方以外の第２化は珍しい。類似 P.012

河川敷の水溜りで吸水する♂
'12.6.9 旭川市(S)

個体数★★☆☆
局地性★☆☆☆
観察難易度★★☆☆
絶滅危険度★☆☆☆

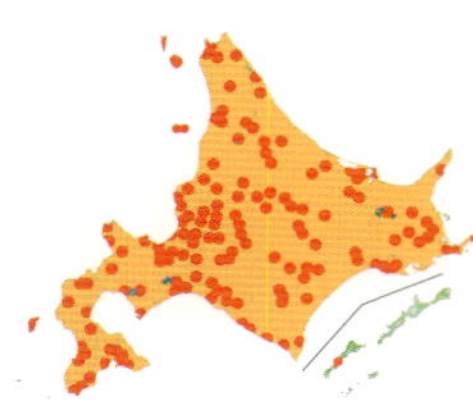

【分布・生息地】道内では広く分布し，主に温暖な地域で多く見られる。寒冷地では，北は稚内市，東は根室市などに記録があり，離島の利尻，礼文，天売，焼尻，奥尻でも少なくない。比較的高標高の峠や山頂にも飛来するが，よく目にするのは低山地の林道や渓谷で，平野部住宅街の庭や公園では，次種よりも本種の方が多いと感じる。

【周年経過】年２回発生だが，第１化に比べて個体数が少ないことから一部が第２化すると考える。道北や根釧原野などの寒冷地では，暑い年に稀に第２化する。第１化は渡島半島など温暖地域では５月末，多くの地域でも６月中旬には発生する。宗谷管内や根釧原野では発生が７月中旬になることもある。第２化はお盆過ぎから９月にかけて見られるが，安定して第２化が見られる地域は，概ね旭川市や帯広市以西である。蛹で越冬する。

【食餌植物】本道ではミカン科のキハダ，ツルシキミ。一般的にはキハダを選好する。

【成虫】林縁を次種より低いところを飛ぶ。林道を飛ぶことも多い。ツツジ類，タニウツギを訪花することが多くユリ類，アザミ類に来ることも多い。第２化はクサギやユリ類，アザミ類で吸蜜する。♂は湿地などで吸水するが，普通次種ほどの大集団をつくらない。♂は♀を見つけるとまとわりつくように飛び，♀は上昇して逃げ，しだいに高いところで飛び続けるのがよく観察される。しかし，配偶行動の観察は難しい。母蝶は林縁の低いところの半日蔭の樹間を飛び，少し奥の葉に羽ばたきながら止まり，葉裏に１卵ずつ産むが，続けて付近の葉に産むことが多い。ただ，産卵行動をとっても卵が産み付けられていない例は多い。

【生活史】卵はほぼ球形で黄白色。孵化が近づくと灰褐色を帯びる。ミヤマカラスアゲハよりわずかに小型。北広島市産の両種の♀が 2008 年７月１日に産卵した卵を，野外に似た環境で飼育した経過をミヤマカラスアゲハと比較した。卵期７日(ミヤマカラスアゲハでは５～６)，１齢期７～８(５～６)日，２齢期５～６(５)日，３齢期４～６(４～５)日，４齢期７～８(５～６)日，５齢期 11 ～ 12(10 ～ 11)日，となり産卵から蛹化まで合計で 41 ～ 44(35 ～ 39)日と本種の方が成長は遅かった。この差が本種に第２化が現れにくい原因か。第２化が現れる地域や時期についても記録が乏しい。孵化した幼虫の習性などはミヤマカラスアゲハとほぼ同様である。終齢はミヤマカラスアゲハと似るが，青味が強い。越冬蛹には緑色型と淡褐色型がある。ミヤマカラスアゲハとは印象が異なり，色彩の多様性も少なく，暗褐色の蛹は見られない。野外での蛹化位置は，キハダの場合，葉裏や中肋の裏側で行われることもあるが，中には食樹を遠く離れ，枝などで蛹化するものもある。

クサギを訪花した♂ '10.8.18 せたな町(S)

ミツバウツギを訪花した♂ '14.5.29 函館市(S)

日光浴する第２化(夏型)♀ '08.8.8 札幌市(H)

日光浴する第２化(夏型)♂ '10.8.7 札幌市(H)

求愛飛翔 '12.6.9 旭川市(S)

産卵直後の卵(キハダ) '08.8.8 札幌市(H)

２齢 '07.7.1 札幌市(H)

３齢 '14.7.25 富良野市(N)

終齢 '10.8.30 札幌市(H)

前蛹 '10.9.2 札幌市(H)

蛹 '10.9.10 札幌市(H)

ミヤマカラスアゲハ

Papilio maackii Ménétriès, 1858

人気投票で一番美しい蝶とされ，特に本道産第１化は，稀に強い緑色光沢を呈し，同好者には憧れだ。本道産の第２化でも，稀に後翅裏面の白帯が消える個体がいる。類似 P.012

吸水のため渓流沿いに集まってきた♂
'11.6.19 新得町(S)

個体数★★★☆
局地性★★☆☆
観察難易度★★☆☆
絶滅危険度★☆☆☆

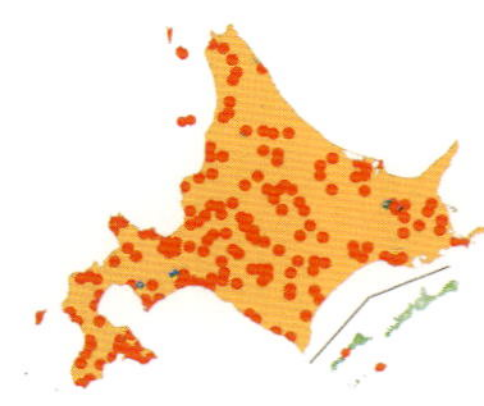

【分布・生息地】道内全域に分布し，北は稚内市，東は根室市，南は松前町まで生息する。離島では利尻，礼文に天売，焼尻，奥尻に記録があるが，永盛(拓)によると奥尻では全く見ない年もある。公園の雑木林，里山環境などの低山地から大雪山系や日高山脈の高山花畑でも見られる。集団吸水は山地の渓流沿いに多く見られる。キアゲハと同様，本種♂も見晴しのよい丘や山の頂上を，よく占有飛翔する。

【周年経過】年２回発生。第１化は渡島半島など温暖地域では５月連休から見られ，多くの地域でも５月中・下旬には発生する。宗谷管内や根釧原野では６月，深い渓谷では７月に第１化の新鮮個体を見ることもある。大型の第２化は道南や暑くなる盆地では７月中旬から見られ，多くの地域で，お盆過ぎには汚損する。蛹で越冬する。

【食餌植物】本道ではミカン科のキハダを強く選好する。ただ，ツルシキミ，サンショウを食するという記録がある。

【成虫】林縁や林間の樹冠付近を飛ぶことが多く，林道などに蝶道をつくる。渓流沿いを飛ぶことも多い。第１化はセイヨウタンポポ，ツツジ類，タニウツギを訪花することが多く，第２化はユリ類，アザミ類などに来る。♂は湿地で吸水することが多く，山地の渓流沿いなどで，数十個体が集団をつくることもある。お互いの姿に引かれるようで，採集した個体の翅表が見えるように置くと，付近を飛ぶ個体が集まってくる。また鶏糞を湿地の地表に置き湿らせておくと飛来する個体が増える。ただ乱獲は避けたい。♂が♀を追って高くを飛ぶ求愛飛翔はカラスアゲハより頻繁に見られる。母蝶は高い林の，樹冠近くの半日蔭の葉を歩いて，翅を振るわせながら葉裏に１卵ずつ産み，その後，続けて付近の葉に産むことが多い。ただ，産卵行動をとっても卵が産み付けられていないことは多い。

【生活史】卵は球形で接着面が平坦である。直径1.38mm，高さ1.20mmと，黄色系アゲハチョウより大型である。黄白色で孵化が近づくにつれ灰褐色を帯びる。孵化後幼虫は葉の縁から食い始めるが特に若芽だけを選ぶことはないようである。２齢は褐色で鳥糞状になる。体色は暗緑色でつやがあり，腹部に白い斑紋が目立つ。４齢幼虫はさらに緑色が強まり終齢に近づく。終齢はカラスアゲハに似るが，胸にある黄色の帯が目立ち背中で連続するので区別はやさしい。越冬蛹には緑色型と淡褐色型，黒褐色型がある。黒褐色のものは，太枝や石の上などで蛹化するものに現れる。野外でキハダの中肋の裏側で蛹化することもあるが，その場合，落葉しそのまま地表で越冬するらしい。カラスアゲハも含め，飼育下での羽化時，蛹を転がしておいても，歩き回って登るところを捜してから翅を伸ばし正常に羽化するので，蛹が地表に落ちても問題はないと思われる。

ムラサキツメクサを訪花した♀ '05.7.5 富良野市(N)

第 2 化の集団吸水 '10.7.31 苫小牧市(S)

求愛飛翔 '10.8.13 上ノ国町(IG)

キハダへの産卵 '05.8.15 札幌市(IG)

吸水と同時排水する♂ '10.7.30 共和町(S)

キハダに産み付けられた卵 '14.6.9 富良野市(N)

2 齢 '14.6.18 富良野市(N)

終齢 '14.7.25 富良野市(N)

地表で蛹化場所を探し彷徨う終齢 '14.7.16 ニセコ町(IZ)

キハダの前蛹 '10.9.30 北広島市(H)

地面に落下した蛹 '14.11.3 苫小牧市(IZ)

ヒメシロチョウ

Leptidea amurensis vibilia (Janson, 1878)

環：絶滅危惧ⅠB類(EN)
北：絶滅危惧Ⅱ類(Vu)

空地が多かった昭和のころは身近な蝶だった。札幌市では1978年以降記録がなく，道内の限られた生息地でも絶滅の危機にある。人間の影響を最も受けやすい蝶の1つだ。類似P.018

食草群落で探雌飛翔する第3化♂
'10.8.25 苫小牧市(S)

個体数★☆☆☆
局地性★★★★
観察難易度★★★☆
絶滅危険度★★★★

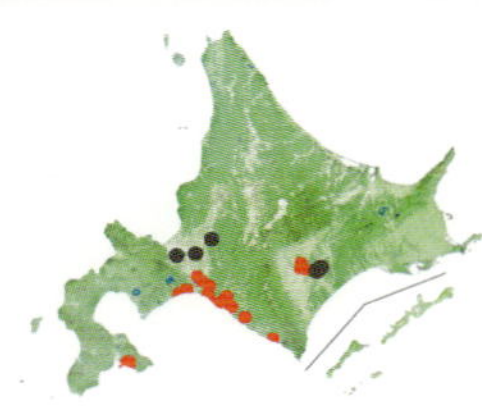

【分布・生息地】道内では局所的に生息し，渡島半島では函館市の五稜郭から函館空港にかけての低山地，胆振では苫小牧市～様似町の勇払原野や太平洋側平野部，十勝管内では音更町や池田町に記録がある。ほとんどが次種との混生地である。道南では江差町や七飯町，鹿部町，道東では津別町，小清水町，別海町野付などに古い記録があるが追認もなく，次種の誤同定の可能性が高い。明るい草地や道路沿いの荒れ地，河原などで発生し，草刈などが滞り灌木や高茎植物が繁茂するようになると生息数が激減・消滅する。逆に発生地の近くで切土・盛り土，河川氾濫などの環境変化により食草が増えると，夥しく発生することもある。

【周年経過】年に2～3回発生。第1化は4月末～5月，第2化は7月中旬～末にかけて見られ，日高沿岸など寒冷な場所では5月中旬になる。函館市では8月末～9月にかけて第3化個体が発生する。暑い年には勇払原野や十勝地方でも部分的に第3化が見られる。次種との混生地では，春は本種が若干早く発生する場合が多いが，第2化以降はほぼ同時期になる。蛹で越冬する。

【食餌植物】マメ科のツルフジバカマのみ。クサフジの記録は確認できない。

【成虫】第1化はまだ草原がほとんど枯れ葉に覆われているころ発生し，枯れ葉の間に新葉を伸ばし始めたツルフジバカマの芽の付近を独特のごくゆったりした飛び方で飛び回っている。第2化はツルフジバカマの開花前の7月中旬ごろから羽化し，ツルフジバカマ，ツリガネニンジンやセイヨウタンポポなどで吸蜜する。♂は夏には地表で吸水集団をつくることがある。求愛行動はエゾヒメシロチョウとよく似て，♀と正対し，触角を♀の頭部に向かって差し出すように動かし，口吻も伸ばした。♀も触角を動かして応じたが，翅を開いたあと飛び去り交尾には至らなかった。♀は食草群落付近をまとわりつくようにごくゆっくりと飛び，再三静止し，産卵位置が決まると，腹部を大きく輪をつくるように強く曲げ，主に葉表に1卵ずつ産卵する。産卵行動は，吸蜜をはさんで長時間に及ぶことが多い。

【生活史】卵は細長い紡錘形で上部は細まる。しばしば混じって得られるモンキチョウ卵は，上部が細まらないので区別できる。産卵直後は乳白色で，時間がたつと橙黄色を帯びる。1～2齢幼虫は葉裏から葉脈を残して食い，褐色の網目状食痕を残す。この食痕から次種などと区別できる。終齢(4齢)幼虫は，食草の茎とよく似た淡緑色で気門を連ねるような黄色の帯を持つ。幼虫は食草の中肋(小葉を連ねる脈)に静止していて，中肋に非常に似ており見つけにくい。摂食時は止まっている複葉の葉を切り取るように食べる。このため中肋だけが残り，やや目立つ。蛹は年内羽化のものは緑色で，食草の茎で見られることが多い。越冬するものは淡褐色で，食草を離れ地表付近の他植物の茎などで見られるという。

口吻を伸ばし頭を左右に振り求愛する♂(右)'10.8.27 苫小牧市(S)

芽吹く草地でキジムシロを訪花した第1化♀ 11.5.20 苫小牧市(S)

第3化の交尾(右♂)'10.8.27 苫小牧市(S)

第1化の産卵 '13.6.2 苫小牧市(S)

第3化の産卵 '10.8.31 苫小牧市(S)

産卵直後の乳白色の卵 '11.5.25 苫小牧市(S)

色づいた卵 '15.8.2 同右(S)

T字微毛をもつ1齢 '15.8.27 同下(S)

若齢と褐色網目状食痕 '15.8.11 苫小牧市(S)

食草を徘徊する終齢 '15.9.6 苫小牧市産(S)

脱皮直前の前蛹 '15.9.13 苫小牧市産(S)

蛹化直後の蛹 '15.9.13 苫小牧市産(S)

北海道特産種

エゾヒメシロチョウ

Leptidea morsei morsei (Fenton, [1882])

春の弱い日差しの草地を弱々しく飛ぶ姿は可憐だ。身近に見られた旭川市や夕張市などの，空知・上川管内の地域からは，21世紀を待たずにほとんどが姿を消した。類似 P.018

初夏の草原で探草飛翔する第1化♀
'11.6.16 幕別町(S)

個体数★★☆☆
局地性★★★☆
観察難易度★★☆☆
絶滅危険度★★★☆

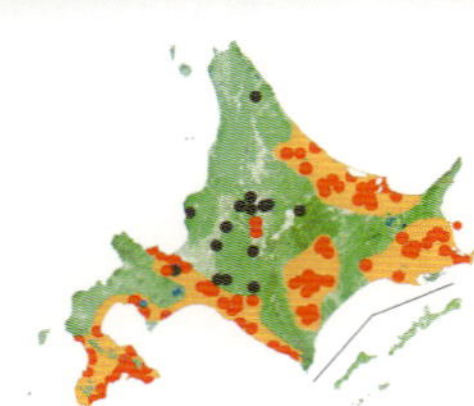

【分布・生息地】道内では平野部や低山地を中心に，渡島地方，勇払原野，日高太平洋側，十勝平野，根釧原野，北見盆地などに生息する。北はオホーツク管内興部町で確認したが，道北の記録は少ない。離島や留萌管内の全域では記録がない。1990年代ごろは空知管内や上川管内でも比較的普通に見られたが，近年は富良野盆地の一部地域で生息するのみとなった。生息地となる河川や道路沿いの草地は，草刈によってしばしばダメージを受ける。

【周年経過】年に2～3回発生。第1化は4月末～5月，日高沿岸所では5月中旬，根釧原野，十勝地方の山地などでは6月になることもある。発生が早い地域では第2化が7月中旬から見られ，道東でも7月末～8月にかけて発生する。函館市では8月末～9月にかけて第3化が発生する。第3化は暑い年に札幌近郊や勇払原野，十勝地方の平野部でも部分的に発生する。次種との混生地では，春は本種が若干遅れて発生する場合が多いが，第2化以降は双方ともほぼ同時期になる。蛹で越冬する。

【食餌植物】マメ科のクサフジ。ヒロハクサフジ，エゾノレンリソウもところによって利用。ツルフジバカマの記録もある。

【成虫】生息地である草原上をゆっくりと飛翔する。セイヨウタンポポ，クローバ類，クサフジなどで吸蜜する。♂は湿地で吸水することがある。数頭の吸水集団をつくることもあり，驚いて飛び立っても1頭が戻ってくると，他の個体も次々に再飛来する。♂は吸蜜時以外は長時間，生息地をゆっくりと低く探雌飛翔を続ける。求愛時は，♂♀互いの触角が触れ合うようにして，♂は口吻を伸ばした首を往復約2秒のペースで大きく左右に振り続ける。この時に♀は口吻を伸ばすこともある。その後，♂は横から腹を曲げて交尾に至る。交尾は下草で行われ，♂は♀にぶら下がるような形になる。交尾拒否時は♀は一瞬翅を水平に開く。産卵は日中に行われ，盛んに食草付近を飛び食草に触れ確認ながら，産卵位置を決めると腹部を大きく曲げ，葉の表面や裏面，ときに茎に1個ずつ産む。草むらの中の小さな株にも好んで産卵する。産卵行動は吸蜜をはさみながら連続的に行われる。

【生活史】卵はシロチョウ科特有の細長い形だが，葉に付着する下部も細くくびれている。産卵直後は乳白色で，日が進むにつれ黄色味が強くなる。卵期は10日前後。若齢は葉の表に静止し葉の縁から摂食する。胴部背面にT～Y字型を呈する1対の微毛縦列を持つ。この微毛列は，日本産シロチョウ科では，本種と前種のみに見られる。中齢期から複葉の中肋に静止することが多くなる。成熟幼虫は小葉を連続的に食い尽くした食痕を残すが，幼虫の発見は擬態効果により難しい。幼虫期間は40日前後で4齢で蛹化する。第2化の蛹は食草や周囲の植物の茎で見つかる。越冬蛹はササの茎や岩石の縁で見つかったが発見は困難である。

第２化産卵(クサフジ)'15.7.24 札幌市(H)

早春の草原を飛翔する第１化♂ '10.5.10 帯広市(S)

求愛する♂(右)'15.8.30 札幌市(H)

交尾拒否する♀(左)'15.8.30 札幌市(H)

ねぐらの第３化♂ '15.8.30 札幌市(H)

タンポポを訪花した第１化 '07.5.20 安平町(S)

産卵直後の卵(クサフジ)'11.6.16 幕別町(S)

若齢幼虫(クサフジ)'15.8.8 札幌市(H)

１齢の摂食(クサフジ)'15.8.6 札幌市(H)

卵 '05.5.7 帯広市産(S)

終齢の摂食(クサフジ)'14.7.23 富良野市(N)

越冬蛹 '09.9.11 札幌市(H)

蛹 '14.8.1 富良野市(N)

モンキチョウ

Colias erate poliographa Motschulsky, [1861]

古くは越年蝶と呼ばれたとおり，成虫越冬するタテハ類を除くと，最も遅くまで見られる蝶。積もった初雪がとけた後の，小春日和に元気に飛ぶ姿には感動すら覚える。

早朝の河川敷でねぐらに佇む♂
'10.8.27 共和町(S)

個体数★★★★
局地性☆☆☆☆
観察難易度☆☆☆☆
絶滅危険度☆☆☆☆

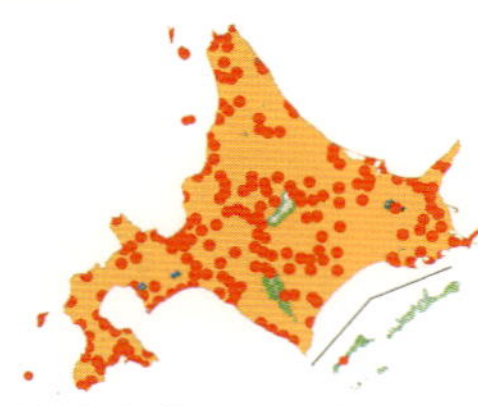

【分布・生息地】 まさに道内全域分布といっても過言ではない。北の宗谷岬〜根室半島，襟裳岬〜白神岬まで。利尻，礼文，天売，焼尻，奥尻の主な離島に加え渡島大島でも記録がある。海岸草地，民家の庭，河原，牧草地，山地の渓谷から沢の源頭のお花畑など，クローバの生える明るい草地環境にはどこにでも見られる。だが本州と違い本道では，森林限界を越える高山帯での目撃談をあまり聞かない。

【周年経過】 多くの地域で年に３回発生。道央部以南だと第１化は５月上旬，第２化は７月中旬〜８月にかけて見られ，９月になって再び数が増える。道南・道央に限らず帯広市でも，枯葉の舞う 10 月末まで新鮮個体が飛ぶことから，部分的に第４化の可能性がある。稚内市でも９月上旬の牧草地でも比較的多数の個体が見られることから，少なくとも第３化と考える。2，３齢で越冬するが，４月の成虫確認もあることから成熟幼虫で越冬する可能性がある。

【食餌植物】 マメ科を広く利用しているが特に多く依存しているのは牧草として移入されたシロツメクサ，アカツメクサ，ムラサキウマゴヤシ，コメツブウマゴヤシなど，木本ではニセアカシア。在来種ではクサフジ，センダイハギを食べておりこれらが従来の食草と推定されている。

【成虫】 道端や開けた空き地から草むらを活発に飛び回る。♂♀共にクローバー類など様々な花で吸蜜する。♂は，♀を探して休むことなく飛び回り，♀を見つけるとまとわりつくが，交尾後の♀は，翅を水平に開き腹部を持ち上げるようにして交尾拒否行動をとる。♀が飛び立っても追い続け，１頭の♀に数頭の♂が絡みながら地表１〜数 m の高さを飛び続けることもよく見られる。産卵行動はよく観察され，♀は低く食草付近を飛び，食草を確認すると葉表に止まり，主に葉の表面に１個ずつ産卵する。背丈の高い大きな株よりも，露出した地面に這うような小さな株を好んで産卵する。低温に強く，晩秋には５℃以下でも翅をたたんで日光に対し垂直に体を傾けて体を温め，陽だまりで産卵を続ける。

♀には，白色型と黄色型の２型があり，既交尾の黄色型は♂に干渉されにくいという。

【生活史】 卵は細長い砲弾型。卵期は約１週間で，孵化した幼虫は卵殻を食べ食草の葉の中央に台座をつくり周囲の表面から葉脈に沿ってなめるように食べる。このため，すだれ状の食痕が残る。幼虫は脱皮もふくめ葉の表面に静止しているので食痕を目当てに探すと発見は容易。中齢以降は複葉であれば中肋，単葉では茎上に静止することも多い。終齢では株の根際に降りることもある。蛹化はクサフジなど複葉を持つ大型の株では株の茎や葉裏などで行われるが，シロツメクサなどの背丈に低い株では食草を離れ周囲の枯草の内部などで行われる。富良野では霜のおりる 11 月になっても産卵を続けるが，卵や１齢幼虫は越冬後すべて死亡していた。

海岸のオオハンゴンソウを訪花した♀ '12.9.8 室蘭市(S)

住宅地での求愛飛翔(左♂)'10.9.20 室蘭市(S)

センダイハギに産卵 '10.7.10 栗山町(S)

交尾 '14.9.28 室蘭市(S)

訪花した♀ '15.5.26 函館市(S)

卵(シロツメクサ)'14.11.9 富良野市(N)

若齢と食痕(シロツメクサ)'14.9.6 富良野市(N)

糞をする 2 齢 '14.9.12 富良野市(N)

終齢 '14.9.3 富良野市(N)

シロツメクサを摂食する 3 齢 '14.11.5 富良野市(N)

霜に当たる越冬幼虫 '14.11.26 富良野市(N)

クサフジの茎の蛹 '90.7.4 富良野市(N)

ツマキチョウ

Anthocharis scolymus scolymus Butler, 1866

東京近郊では園芸種ムラサキハナナに食性転換して増えたと聞く。1991年を最後に消息の途絶えた札幌近郊でも，その様な変化があれば，再び姿が見られるかもしれない。

林内空間に咲くコンロンソウを訪花した♂
'12.5.27 安平町(S)

シロチョウ科

個体数★☆☆☆
局地性★★☆☆
観察難易度★★☆☆
絶滅危険度★★☆☆

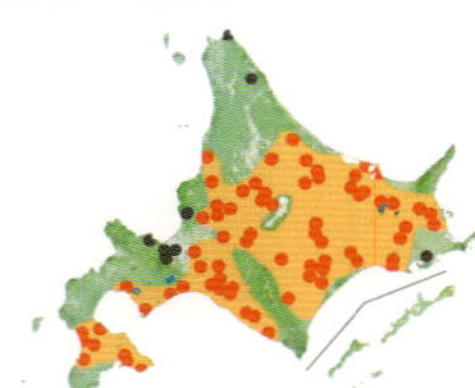

【分布・生息地】道内では低山地から山地を中心に広く分布し，南は函館市，東は浜中町，北は名寄市に記録があるが，手元には稚内市の標本(中川忠則，未発表)がある。各地の自然度の高い里山雑木林の小川沿いや山地の落葉広葉樹の多い渓谷沿い林道で見られる。渡島半島や勇払原野，遠軽町の湧別川沿いの林縁草地には多く見られる地域もある。オホーツク管内では平野部でも見られるが，標高800 mを越える渓谷や亜高山ではあまり見ない。

【周年経過】年1回，晩春の新緑のころに発生する。温暖な地域では5月中旬，多くの地域で5月下旬に発生する。春の遅い山間部の渓谷や根釧原野では6月になってから発生し，7月まで生き残りが見られることもある。蛹で越冬するが，例外的に蛹で冬を2回越した記録もある。

【食餌植物】アブラナ科のコンロンソウ，タネツケバナ，ハタザオ，スカシタゴボウ，ジャニンジンなど。ハルザキヤマガラシにも産卵するが終齢まで成長できない可能性がある。

【成虫】人の背丈ほどの高さを一定に保ち，小刻みに羽ばたきながら直線的に飛ぶ。他のシロチョウ科とは，より小型であることと，この特徴的な飛び方から見極めることができる。♂♀共に休まず蝶道を飛び続ける習性がある。♂が先導する求愛飛翔も見られ，♂同士の追飛もよく見られる。訪花植物はコンロンソウ，ハルザキヤマガラシなどのアブラナ科植物が主なものとなる。陽射しに敏感で日が陰ると翅をたたみ触角を前方にそろえ独特の姿勢で葉陰に静止する。この時は後翅裏面の斑紋が隠ぺい効果を発揮する。産卵は食草の花に強く執着し，つぼみや花梗に1個ずつ行われる。旭川市では耕作放棄地に繁茂したハルザキヤマガラシで吸蜜を数回行なった後，湿地に生えるタネツケバナの花に止まり，翅を半開きにして腹部を曲げ，つぼみの側面に1卵ずつ産み付けた。この生息地に多数生えるハルザキヤマガラシやナズナからは卵を確認できなかった。コンロンソウは広く利用されるが，混生するジャニンジンを選択する地域もあり，各地域での食性の嗜好性は異なっているようで調査が望まれる。

【生活史】卵はシロチョウ科特有の紡錘形で縦に入る筋が目立つ。約1週間で孵化しつぼみや花の内部を食べ始める。食草の花序は下方から次第に果実になっていくが，花がなくなると果実を食するようになる。幼虫は淡緑色で細長い果実に静止すると発見は難しい。幼虫は移動能力が乏しく，1本の花に多数の卵が産み付けられた場合は餌不足となり共食いを始める。終齢は5齢で3週間から1か月の幼生期を経て蛹となる。多くは食草を離れた周囲の低木や草本の茎などで行われる。蛹は淡褐色と暗緑色があり，緑色のものは，その後褐色になるという記録もある。強く「く」の字型に曲り，頭部の先端が著しく伸びた特異な形で，褐色の枯れ枝に付着すると枝に紛れて見つけづらい。

求愛する♂(左)と交尾拒否する♀ '15.5.26 函館市(S)

コンロンソウへの産卵 '13.6.3 安平町(S)

クモに捕らわれた♀ '11.6.5 安平町(S)

葉上で休む♀ '08.6.5 標茶町(N)

エゾタンポポを訪花した♂ '12.5.25 安平町(S)

コンロンソウを摂食する終齢
'02.6.16 富良野市(N)

色づいた卵(ハルザキヤマガラシ) '15.6.8 函館市(S)

卵(タネツケバナ) '14.5.21 旭川市(N)

産卵当日の卵 '15.6.8 函館市産(S)

終齢(ジャニンジン) '15.6.20 富良野市(T)

蛹 '87.7.25 津別町(H)

オオモンシロチョウ

Pieris brassicae brassicae (Linnaeus, 1758)

海外からの飛来個体が発生し1997年以降急速に分布を拡大した。高温時には定着し，気温が20℃を下回ると移動が活発化するという。

ユウゼンギクを訪花した♀
'10.9.3 室蘭市(S)

シロチョウ科

個体数★★☆☆
局地性★★☆☆
観察難易度★★☆☆
絶滅危険度★★☆☆

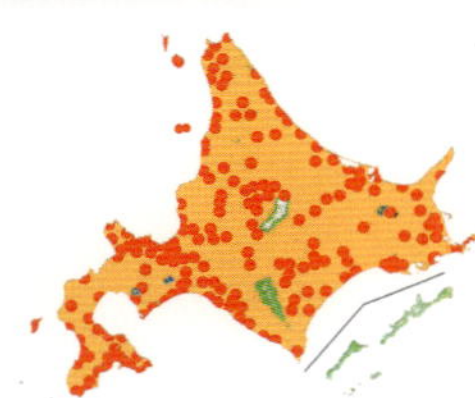

【分布・生息地】近年(標本の記録としては1994年)の発見以来，2000年までにはほぼ全道の市町村で確認された。離島でも利尻，礼文，天売，焼尻，奥尻と記録された。1999年ごろまで多くの市街地の家庭菜園ではキャベツなどが壊滅的状態になったが，2007年ごろには庭に飛来するシロチョウ類のバランスが回復し2012年以降，道東や道北では，普通だった本種が近年減少傾向にある。農薬に弱いため管理されたアブラナ科の畑では，成虫は見られても発生しないことが多い。2015年も道央・道南の都市部で見かけるが，その機会は少なくなった。

【周年経過】年に4回発生と推定。第1化は4月中旬，第2化は6月中旬，第3化は7月末～8月に発生し，9月になって再び数が増える。道北などほとんどの都市部で9月下旬まで新鮮個体が見られたことから第4化，温暖な地域では一部が第5化の可能性がある。札幌市西区八軒では1998～2009年にかけて年内発生の初蝶は本種だった。蛹で越冬する。

【食餌植物】アブラナ科のキャベツ(カリフラワーなどの変種を含む)，ダイコン，ハクサイ，コマツナ，ワサビダイコン，ワサビなど栽培種，ハルザキヤマガラシなどの外来植物，低山地では野生種のコンロンソウなど。

【成虫】♂は非常に素早く高所を飛び続ける。♀はアブラナ科植物に止まると前脚で葉を叩く。前脚の跗節に感覚器がありカラシ油配糖体に反応して産卵を始めるという。札幌市では，13時ごろ産卵を始めた♀は，休止を挟んで約10秒に1個のペースで産卵を続け，13分かけて26個の密集した卵塊をつくった。♂は交尾時，♀に揮発性物質をつけて，その後の♂のアプローチを減らすという。♀は他のシロチョウ同様，♂が近づくと腹部を上げる。♂♀共多くの植物を訪花する。

【生活史】卵は黄色で，高さ1.06mm×幅0.86mmとモンシロチョウよりわずかに大きい。普通数十個，時に100個以上まとめて主に葉裏に産付される。ほぼ一斉に孵化して集団をつくり，中齢では地色に黒点，終齢は黄色と黒の目立つ斑紋を持つ。集団を維持したまま一斉に激しく食害する。葉脈を残して食うが，不足すると，茎も食うことがある。幼虫は非常に目立つが，食餌植物由来のカラシ油配糖体が有毒で鳥などに対する警戒色となっているようで，鳥に与えると嫌うようになるという。

蛹化前に幼虫は長距離を歩き，分散して民家の壁や石の側面などで蛹化する。蛹の黒斑は蛹化部位によって違うようだ。

1996年に本種が発見された岩内町では，当時から終齢幼虫に寄生するコマユバチの仲間が確認されていたが(川田光政，黒田哲，未発表)，おおむね，2000年以降から寄生蜂が増加し始め，本種の個体数がコントロールされるようになったようだ。

路傍の草地を飛翔する♂ '10.9.2 中札内村(S)

セイヨウタンポポを訪花した♀ '09.5.19 千歳市(S)

交尾 '10.7.11 旭川市(S)

コンロンソウにタッチングする♀ '15.5.7 札幌市(H)

産卵(コンロンソウ)'15.5.7 札幌市(H)

卵塊 '09.6.18 標茶町(N)

1 齢の摂食 '09.6.27 標茶町(N)

蛹化場所を探し彷徨う終齢 '15.6.20 同上

3 齢の摂食 '07.8.25 標茶町(N)

民家の壁で越冬する蛹 '07.1.7 芽室町(MA)

モンシロチョウ

Pieris rapae crucivora Boisduval, 1836

童謡にも登場する最も身近なチョウ。親しみもある反面キャベツの害虫でもあり，人類の農耕とともに分布が拡大し，野菜の苗の移入などで各地に広がったと考えられる。

田んぼの水路脇で求愛飛翔する♂(左)
'12.8.12 比布町(S)

個体数★★★★
局地性☆☆☆☆
観察難易度☆☆☆☆
絶滅危険度☆☆☆☆

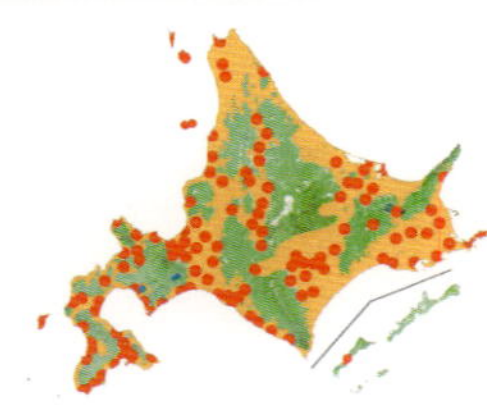

【分布・生息地】 道内では全域に生息し，北は稚内市〜南は函館市，松前町，東は根室市，離島でも利尻，礼文，天売，焼尻，奥尻で普通に見られる。アブラナ科帰化植物よりも栽培野菜への依存率が高く思われ，主な生息地も住宅街や耕作地など人間との関わりが深い。概ね人里から離れる程，見かけなくなる。

【周年経過】 発生回数は不明だが，多くの地域で4回発生すると考える。第1化は4月中旬，第2化は6月末から，第3化以降は7月末から連続して発生し，10月下旬の霜が降りるころまで見られる。根釧原野や稚内市など宗谷管内などの寒冷地でも9月中ごろまで新鮮個体が見られることから第4化と考える。蛹で越冬する。

【食餌植物】 アブラナ科のキャベツ，ダイコン，ハクサイ，タイサイ，カブなど多くの栽培種，ハルザキヤマガラシ，キレハイヌガラシ，スカシタゴボウなどの外来植物，野生種のコンロンソウ，ハタザオなど。フウチョウソウ科のセイヨウフウチョウソウや，ノウゼンハレン科のキンレンカも食うという。オオモンシロチョウより農薬に強く，畑地では本種が優占する。

【成虫】 上下左右に頻繁に方向転換しながら活発に飛び，驚くとさらに頻繁に方向転換をして飛ぶ。この飛び方は *pieris* 属にある程度共通だが，スジグロシロチョウ，エゾスジグロシロチョウより激しい。これは白く目立つこのグループを，捕食者が捕らえにくくする行動と思われる。♂は♀を探して食草群落の低いところを飛び，♀を見つけるとまとわりつくが，交尾後の♀は，腹部を持ち上げるようにして交尾拒否姿勢をとる。他の♂もしばしば追飛し，もつれて飛ぶ。様々な花で吸蜜し，セイヨウタンポポなど耕地付近の外来植物が選ばれることが多い。吸水はスジグロシロチョウなどよりはるかに少なく，大きな集団をつくらない。産卵時，♀は低く食草付近を飛び，多くの場合，葉表に止まり，葉裏に1個ずつ産卵する。♀は産卵のため，羽化した場所を離れる個体がスジグロシロチョウなどよりはるかに多い。栽培植物という，変化の激しい資源を利用するために進化した生態とされる。

【生活史】 卵は黄色で砲弾型，産卵総数は飼育箱での飼育データで産卵数757個と，エゾスジグロシロチョウ(228個)，スジグロシロチョウ(348個)の2倍以上であるという。一方，卵の体積では半分くらいになる。つまり本種が小さな卵を多数産み，発生回数がスジグロシロチョウより1回多いとすると，理論上の年増加率は非常に大きくなる。葉が不足すると花や果実，茎なども食べる。幼虫は他の *pieris* 属より明るい緑色で，気門線上に橙黄色紋が2個あり区別できる。蛹は葉裏などに蛹化した時は緑色で，枝などでは灰褐色になる。蛹化前，しばしば幼虫から天敵の寄生蜂，アオムシコマユバチの幼虫が多数脱出し，幼虫の周囲で黄色いマユをつくる。卵〜蛹化までは，室内飼育で3週間ほど。

エゾスジグロシロチョウ(右)に求愛する集団 '10.9.11 札幌市(IG)

産卵 '14.6.23 富良野市(N)

ねぐらの第1化(春型)♂ '11.5.9 旭川市(N)

交尾 '08.9.8 美唄市(S)

ラベンダーを訪花 '10.7.7 富良野市(S)

産卵場所 '15.5.5 札幌市(H)

卵を食べる1齢 '15.8.21 札幌市(H)

孵化が近い卵 '15.5.2 札幌市(H)

2齢 '15.8.28 札幌市(H)

ハルザキヤマガラシ葉上の終齢 '14.9.3 富良野市(N)

4齢 '15.8.30 札幌市(H)

羽化が近い蛹 '15.6.17 札幌市(H)

エゾスジグロシロチョウ

Pieris napi nesis (Fruhstorfer, 1909)

近年 m-DNA 分析により，道内に外見で区別できない，2 種の *napi* 群が生息すると，新種の発表があった。しかし，交配実験により，生殖的隔離は存在しないことが判明した。類似 P.019

道路沿いに植栽されたラベンダーを訪花した♂
'10.7.7 富良野市(S)

個体数★★★★
局地性★☆☆☆
観察難易度☆☆☆☆
絶滅危険度☆☆☆☆

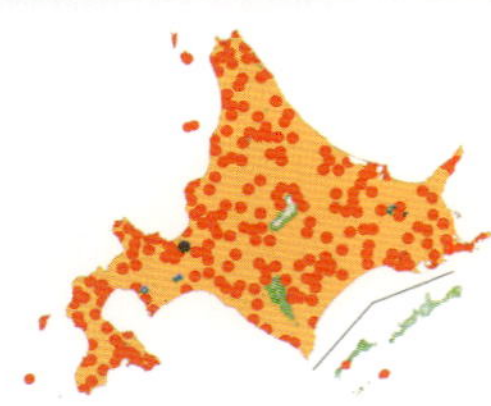

【分布・生息地】 北海道全域に広く分布する。離島では利尻，礼文，天売，焼尻，奥尻に加え，渡島大島にまで記録がある。生息環境は広く，亜高山帯，沢筋の林道，森林縁の草地や耕作地から都市近郊に及ぶが，札幌市内の平野部に広がる住宅地からは，1990 年以降，本種が見られなくなった地域が多い。道東や道北では海岸沿いでも見られるが，次種より山地に生息する傾向が強く，標高 1,000 m を越える峠や山地では，本種だけが見られることが多い。

【周年経過】 年 3 回発生。道央や渡島半島では 4 月中旬に第 1 化が発生し 6 月初めまで見られる。7 月上旬に第 2 化が発生以降，ほぼ連続続して見られるようになり，新鮮個体は 10 月まで見られることから，一部は第 4 化の可能性がある。一方初夏まで残雪が残る渓谷では，7 月上旬に新鮮な第 1 化を確認する産地もある。秋の訪れも早いこのような地域は年 2 化と考えられる。蛹で越冬する。

【食餌植物】 第 1 化は，山間部では林縁のコンロンソウ，日当りのよい環境でミヤマハタザオ，清流沿いではオランダガラシによく産卵する。林間ではジャニンジン，オオバタネツケバナ，荒れ地や海岸近くでハタザオ，ハマハタザオを食べる。第 2 化以降は人里付近で帰化植物のスカシタゴボウ，キレハイヌガラシ，ハルザキヤマガラシなどによく産卵する。畑地ではキャベツ，ダイコンなども食べるが，里山的環境では，開放的空間よりも林道の空き地に多く，モンシロチョウより栽培種に対する依存は弱い。本州では原則として野生種，特にハタザオ属に強く依存するとされ，この生態の違いは興味深い。

【成虫】 アキタブキや，セイヨウタンポポ，各種セリ科などで吸蜜する。♂は吸水行動が極めて盛んで，集団もスジグロシロチョウより大きなものが見られる。♂は♀にまとわりつくが，♀は腹部を上げて交尾拒否とされる行動をとる。ただ，飼育個体を室内で飛翔させた場合，未交尾の♀は自分に接近する個体が現れると，接近個体の♀♂に関係なく翅を広げ，腹端の交尾口を広げて腹部を立て，飛来個体が通過すると元に戻るという観察例があり，この行動が交尾拒否行動と断定できないようだ。

食草への産卵位置は葉裏が多いが，コンロンソウの場合は花穂によく産む。スジグロシロチョウよりは開けた環境で産卵するが，モンシロチョウよりは一般にやや日陰を選ぶ傾向が強い。夏以降のハルザキヤマガラシでは，地表に接するような小さな株を選ぶことが多い。同じ場所に執着しながら複数の卵を産み続けることも多い。

【生活史】 卵はスジグロシロチョウより少し小さい。孵化した幼虫は，初め葉裏から小さな穴をあけながら食べるが，次第に縁から食べるようになる。それ以降も葉裏に静止し葉や茎，花を食べることも多い。年内羽化の蛹は，植物上の枝などで蛹化することも多く，緑色型が多い。越冬蛹は発生植物を離れることが多く灰褐色のものしか観察していない。

第２化（夏型）の吸水集団（次種との混群）'10.8.5 富良野市(N)

♀が先頭の交尾飛翔第１化（春型）'10.5.29 千歳市(S)

キレハイヌガラシに産卵 '07.9.1 富良野市(N)

腹部を上げ交尾拒否する♀ '14.8.6 富良野市(N)

訪花した第１化♂ '09.4.30 石狩市(IG)

卵（ハルザキヤマガラシ）'14.6.9 富良野市(N)

1齢と食痕（ハルザキヤマガラシ）'14.8.22 富良野市(N)

孵化 '14.9.2 富良野市(N)

終齢（ハルザキヤマガラシ）'14.9.6 富良野市(N)

ジャニンジンの終齢 '15.6.24 富良野市(N)

コンロンソウの蛹（♀）'15.7.4 富良野市(N)

スジグロシロチョウ

Pieris melete melete Ménétriès, 1857

前種と区別が難しいとされるが♂では簡単だ。捕獲して翅のにおいを嗅ぐとよい。本種の方がハッカ臭が，はるかに強烈だ。
類似 P.019

木々芽吹く林道沿いで，セイヨウタンポポを訪花した第1化
'09.5.19 千歳市(S)

個体数★★★☆
局地性★☆☆☆
観察難易度★☆☆☆
絶滅危険度☆☆☆☆

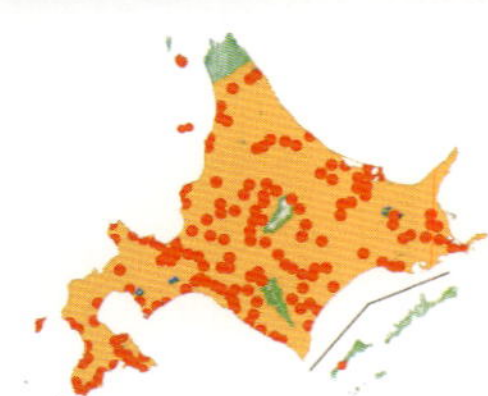

【分布・生息地】道内では平地～山地まで分布する。上川管内の名寄市より南の多くの市町村で普通だが，宗谷管内では利尻以外の記録がない。離島では奥尻，利尻，天売，焼尻に記録がある。海岸段丘の草地，住宅街や里山の公園，河川敷や低山地の遊歩道など林の疎らな明るい環境に多い。標高 500 mを越える峠の法面などにも見られる。前種と混生する地域も多いが，主な生息標高は本種の方が低い。

【周年経過】道内では年３回発生の地域が多い。温暖な地域では５月から発生し，７月に第２化，第３化は８月以降連続して９月いっぱい見られる。新鮮個体が 10 月に入っても見られることから一部第４化の可能性がある。根釧原野など寒冷地では第１化の発生が６月になることもあり，そのような地域では年２回発生となるようだ。蛹で越冬する。

【食餌植物】様々なアブラナ科の植物を食する，特に第１化は民家周辺では帰化したセイヨウワサビ，山地ではコンロンソウに産卵することが非常に多い。野生種では，イヌガラシ，タネツケバナ，オオバタネツケバナ，ハタザオ，ミヤマハタザオ，ワサビ，帰化種では清流沿いでオランダガラシ，低山地でキレハイヌガラシに発生することが多い。この他，セイヨウワサビ，セイヨウアブラナ，スカシタゴボウ，ハルザキヤマガラシ，ダイコン，キャベツなど多数が記録されている。

【成虫】日当りのよい空き地を飛ぶことが多い。第１化はコンロンソウを特に選択し，アキタブキや，セイヨウタンポポなどきわめて多様な植物の花を訪れ活発に吸蜜する。♂は吸水行動が見られる。吸水集団は驚くと飛び立つが，次第に戻ってきて再度集団をつくり，特定の場所にこだわる。

♂は♀を探して食草群落の低いところを飛び，♀にまとわりつく。これに対し♀は腹部を立てて交尾拒否姿勢をとる。産卵は葉裏に行われることが多いが，葉表にも見られ，モンシロチョウ同様小さな株を選択するが，樹林下のコンロンソウなど，より日陰の株を選ぶことが多い。また同じ植物に固執し，同じ株に繰り返し産卵することも多い。♀は遠くへ移動することは少ないようだ。ただ，荒れ地に発生する場合は移動が多いようだ。自然な安定した環境では，その後も食草が確保される可能性が高いので移動しない方が有利なためと思われる。

【生活史】卵はエゾスジグロシロチョウより先細りの砲弾型。短期間で孵化，成長する。第２化でも飼育下では産卵後 35 日くらいで羽化する。２齢までは葉裏から穿孔するように葉肉のみを食べるが，次第に縁から食べるようになる。属の幼虫の体表には１齢から液滴が見られる。刺激すると分泌するとされるが，中齢では常に存在する。寄生蜂から身を守るともされる。蛹はエゾスジグロシロチョウに似るが、前胸部の突出部が大きい。越冬蛹は全て植物を離れ，日陰の石の表面などで蛹化した。

日陰のコンロンソウに産卵する第１化(春型)'15.6.6 安平町(S)

カセンソウを訪花した第２化(夏型)'14.8.1 室蘭市(S)

第２化(夏型)の交尾 '10.8.4 札幌市(IG)

交尾拒否する♀(下)'15.8.30 札幌市(H)

崖で吸水する第２化♂ '15.8.6 伊達市(S)

コンロンソウの卵 '15.5.24 札幌市(H)

若齢と食痕(コンロンソウ)'15.5.28 札幌市(H)

羽化直前の蛹 '15.6.24 札幌市(H)

果実を食べる終齢 '08.6.18 札幌市産(H)

越冬蛹 '13.11.2 札幌市(H)

北海道特産種

エゾシロチョウ

Aporia crataegi adherbal Fruhstorfer, 1910

新緑の梢を優雅に飛ぶ姿に，昆虫少年は清楚なイメージを抱いた。だが庭の桜を丸裸にして垂れ下がる毛虫の正体を知ったとき，外見に騙されてはいけないと，少年は学んだ。

交尾ペアと，羽化した♀の周りで探雌飛翔する♂。
'14.6.21 室蘭市(S)

個体数★★★☆
局地性★☆☆☆
観察難易度★☆☆☆
絶滅危険度★☆☆☆

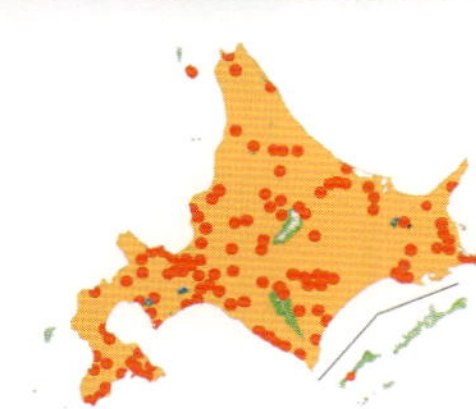

【分布・生息地】日本では北海道特産で道内に広く分布する。北は稚内市，南は函館市，松前町，東は根室半島まで分布する。離島では利尻島にのみ記録がある。生息環境は広く，オホーツク海沿岸の原生花園，住宅街の庭，比較的乾燥した灌木の多い原野において，発生木周辺に乱舞する姿を見る。山地の林間草地や渓谷，時には高山のお花畑でも見られる。津軽海峡に面した住宅街でも普通に見られるが海峡を越えた記録はほとんどない。

【周年経過】年1回発生。道央や渡島半島では6月中旬に発生し，道東や道東では6月下旬となる。多くの地域では7月に入ると汚損した個体が目立ち7月中旬を過ぎるころにはほとんど姿を消す。巣をつくり3齢幼虫で集団越冬する。

【食餌植物】バラ科の植栽されたリンゴ，ナシ，カイドウ，ボケ，ナナカマド，各種サクラ類など。自然状態では本来の食樹と推定されるシウリザクラ，エゾサンザシなど。各地の栽培種の利用は1970年代以降に広がったと推定される。

【成虫】市街地や林道などをゆったり飛び各種の花を訪れ吸蜜する。また♂は吸水活動が盛んで，林道の湿った地面などで数十頭の吸水集団をつくることがある。また♂は時に大集団をつくって移動する。1974年旧丸瀬布町の谷沿いの道路を新鮮な個体だけが下流側に1分間に20～30個体が9時～11時の間で総数5,000個体以上が移動したのを観察している。このような移動はロシアではしばしば観察されているが，北海道では他に記録がない。♂は羽化直後は発生樹にまとわりつくように飛び，♀の羽化を待ち，まだ翅の柔らかいうちから交尾する。交尾個体にも次々別の♂がまとわりつく。数日すると一部が食樹を離れ拡散する。花などに止まっている交尾済みの♀に対し，♂が乗りかかるように交尾を迫る光景が良く見られる。♀は時おり羽ばたきながら交尾を拒否するが，♂は執拗に交尾を迫る。この時，♂の脚で引っ掻かれて鱗粉を失うことがある。産卵は葉の裏に並べて産み付けられる。

【生活史】卵塊の大きさは，札幌市では数十個から最大320個，平均88個であった。15日程度で孵化した幼虫は集団を維持し数枚の葉で巣をつくり，基部を枝に止めるために厳重に吐糸する。この後，巣の葉脈を残して食い進み巣は拡大を続ける。糞も巣の中に残る。9月には大量に吐糸して非常に丈夫な繭状の部屋をつくりその中で休眠に入る。雪解け後の4月には巣を出て枝の分岐部などで集団で日光浴をする。食樹が芽吹くのを待って盛んに食べ始める。終齢では集団はやや分散するが，葉やつぼみ，花などを食べ5月中旬ころ老熟する。このころから寄生蜂が脱出した個体が増え始める。やがて食樹の枝先で前蛹期間約1日で蛹になる。市街地などでは食害を受けた樹木の枝先に，鈴なり状態の蛹群をよく見る。蛹期は12～17日。野生種が食性を拡大して，害虫になった経緯は極めて興味深い。

渓流沿いのムシトリナデシコを訪花した♂ '11.7.9 日高町(S)

交尾を迫る♂により前翅基部の鱗粉がなくなった♀ '11.7.9 日高町(S)

集団吸水 '11.7.9 日高町(S)

♀の羽化と蛹 '09.6.28 苫小牧市(S)

ナシへの産卵 '15.6.21 札幌市(H)

卵塊 '10.7.7 富良野市(S)

越冬前の若齢の摂食 '15.7.31 札幌市(H)

越冬巣の固定糸 '15.3.21 札幌市(H)

越冬巣内の3齢 '15.12.26 札幌市(H)

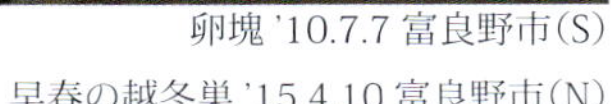

早春の越冬巣 '15.4.10 富良野市(N)

越冬巣上で日光浴する3齢 '15.4.18 苫小牧市(S)

蛹化が近い終齢 '15.5.14 苫小牧市(S)

ゴイシシジミ

Taraka hamada hamada (H. Druce, 1875)

幼虫が一貫してアブラムシを食べる純肉食性の蝶。林床のササに突然発生し，翌年には消えることが多い。翅の裏面の細かい碁石模様は安定していて意外にも異常型が少ない。

林床のササ葉裏に付くアブラムシから吸汁する集団
'13.8.25 苫小牧市(S)

シジミチョウ科

個体数★★★☆
局地性★★★★
観察難易度★★★☆
絶滅危険度★★☆☆

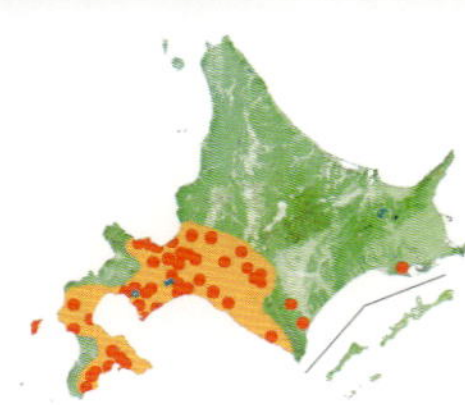

【分布・生息地】石狩平野より西側では多い。渡島半島，胆振管内，勇払原野，石狩平野南西部などで発生することが多い。北限は岩見沢市。旭川市の記述があるが正式報告はない。十勝では日高山脈南部の大樹町に記録がある。東限は釧路地方厚岸町。離島では奥尻に記録がある。発生地では暗い林内や林縁のクマイザサに多数の個体を見る。ほとんどが平野部や低山地だが平取町では深山の林道で得られている。厚岸町では数年発生が続いたが，これは稀な例で，多くの場合，発生の翌年には見なくなる。

【周年経過】発生は年3回と推定。第1化は6月中旬から発生し，第2化は8月中旬から。それ以降，卵から成虫までの全ステージが見られ，世代の切れ目は不明。9月に入り個体数が増えることから，おそらく第3化と考える。耐寒性は強く，厚岸町では霜の降りた10月まで見られた。越冬態は永盛(拓)の観察によると主に3齢とされる。

【食餌植物】ササの葉裏に寄生するササコナフキツノアブラムシの幼虫，成虫。イタドリに発生したイタドリオオアブラムシ群に産卵した記録がある。

【成虫】ササ群落に執着して弱々しく飛ぶが，♂は15～17時に占有行動をとる。♂♀共に葉裏のアブラムシに集まり，分泌物を吸う他，葉の上の鳥糞から吸汁する。札幌市での観察では♂は♀に後方から接近し，横から腹端を強く曲げて交尾した。♀はササの葉付近を飛び，アブラムシがいる葉を選び葉裏に産卵する。多くの♀が集まり10卵以上が集中して産み付けられることも多い。その中で群落を離れ一方向へ飛び去る個体が時おり見られた。

【生活史】卵は薄い缶詰めのような形で，直径0.35mm，高さ0.13mm程度と極端に小さい。産卵場所はアブラムシ群内と葉縁が多い。卵は6日程度で孵化し，1齢は，アブラムシ群から離れたところに薄膜状の巣をつくる。この巣の隙間はゴイシシジミの幼虫は潜り込めるが兵隊アブラムシは通れない。素早く歩き，アブラムシ幼虫を食べて巣に戻る。摂食時は，アブラムシの背面から食いつき，身体を持ち上げて振るようなこともある。その後体液を吸い取る。従来の記述にある若齢幼虫がアブラムシの分泌物をなめるという行動は見られなかった。2，3齢以降の幼虫は，アブラムシの群の付近に粗めのしっかりした巣をつくる。2齢までは透明感のある灰白色だった幼虫は，3齢からは緑色に変化し，アブラムシの集団の中に潜り込み，アブラムシの白粉をまとうため目立たない。終齢(4齢)幼虫は灰白色で側面が黄色，全体に黒い斑紋がある。大型のため攻撃されず巣の外で長時間を過ごす。蛹化脱皮は9月中旬には18時ごろ観察され，蛹期は7日であった。蛹はササの葉上や葉裏で見つかる。秋に発生した幼虫は12月に入ると2齢と3齢だけになり，特に3齢の割合が80%を超えていた。また，巣の中から動けなくなった2齢幼虫が見つかった。基本的な越冬態は3齢と思われる。

産卵 '13.8.11 苫小牧市(S)

占有する♂。翅表は時に虹色に輝く '07.9.30 苫小牧市(IG)

鳥糞から吸汁する♂ '13.8.18 苫小牧市(S)

交尾(右♂)'08.9.28 苫小牧市(S)

白斑が出現した♀ '04.7.15 苫小牧市(IG)

摂食する 1 齢 '07.8.25 札幌市(H)

若齢の巣 '07.9.30 苫小牧市(IG)

卵 '13.8.25 苫小牧市産(S)

終齢 '07.9.4 札幌市(H)

ササ葉上の蛹 '13.8.25 苫小牧市(S)

前蛹 '07.9.9 札幌市(H)

羽化が近い蛹 '07.9.22 同上産(H)

蛹化 '07.9.14 札幌市産(H)

ウラゴマダラシジミ

Artopoetes pryeri pryeri (Murray, 1873)

ゼフィルス（ギリシャ神話の西風の精）と呼ばれる仲間では，原始的な特徴を持つ。道南の江差，乙部町では後翅裏面黒点列が1列になる遺伝型（カニタ型）が出現する。

♂同士の追飛（イボタノキの生垣で発生）
'11.7.11 札幌市(IG)

シジミチョウ科

個体数★★☆☆　局地性★★☆☆　観察難易度★★☆☆　絶滅危険度★☆☆☆

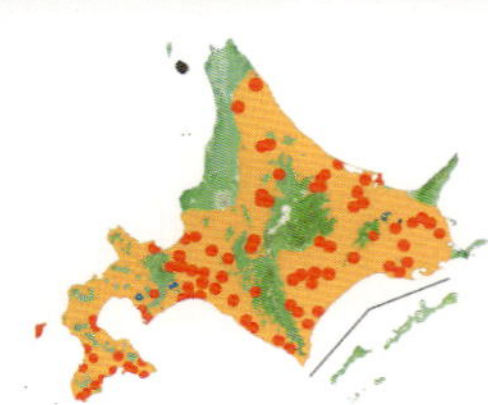

【分布・生息地】 留萌市～旭川市～遠軽町を結ぶラインより南側では，市街地や公園，低山地を中心に生息地が多い。落葉広葉樹林の林道の他，放棄耕作地や離農跡のイボタ類で多発する。都市部住宅街のセイヨウイボタ生垣でも発生する。名寄市を越える道北や，釧路川より東の根釧原野では稀となる。離島では奥尻の他，故人の標本から発見された利尻産の図示報告がある。これについては再確認が必要と考える。

【周年経過】 年1回発生。成虫は7月初めから発生し，多くの地域では中旬前に盛期を迎えるが比較的短期間で姿を消す。道北や寒冷な地域では7月下旬に発生する。卵で越冬する。

【食餌植物】 モクセイ科のイボタノキ，ミヤマイボタ，ハシドイ。外来種のセイヨウボタの他ムラサキハシドイ（ライラック）に産卵されることがあるという。

【成虫】 林縁を縫うように飛ぶが午前中は不活発。ゼフィルスの仲間では訪花性が強く晴天時にはハシドイ，ノリウツギなどの花によく集まる。♂は夕方に活発な飛翔が見られる。交尾に至る配偶行動は本道では不明。産卵は日中に行われる。林縁の食樹を見つけた♀は，葉先から枝沿いに歩き始め時々腹部を曲げ産卵位置を探す。枝の分岐点などの産卵位置を定めると，通常，複数個産み付ける。小樽市での観察では2006年7月23日10時43分に母蝶はイボタノキの周囲をまとわりつき始め，10時47分に葉先から小枝伝いに産卵位置を探し内部に降りていく。そこから一度別の枝に移り同様の行動をとり10時49分から約30秒かけて細枝の分岐点に2卵産み付けた。ハシドイ，イボタノキにも同様な産卵行動をとり，横に張り出した枝の下面に多く産み付けるが，イボタノキやハシドイの幼木では幹に10個程度産み付けることもある。

【生活史】 卵は赤味を帯びるがしだいに色あせて白化する。中央部が突出した形で特異である。しかし食樹の小枝にある葉の脱落痕に似ており慣れるまでは見つけづらい。孵化した幼虫は卵殻を食べずに，膨らみ始めた芽に穴をあけ，内部にもぐりこむように食べ始める。葉が展開し始める2齢以降は葉の周囲からかじり始める。このころからトビイロケアリの他，何種類かのアリがつきまとうようになる。アリは盛んに幼虫の背面を触角で触れ回るのに対し，幼虫は何らかの分泌物を出すようだが詳しいことは不明である。アリの存在はコマユバチなどによる寄生率を低下させているという報告もある。幼虫は摂食時以外は葉の形に似た体を葉の裏に台座をつくり静止していることが多い。特に終齢（4齢）幼虫では腹部前半が膨らんだ体型で体色も葉と似ており隠ぺい効果が高い。

蛹化は食樹の葉の裏で行われることが多く，その際には葉脈をかじり葉をしおらせ，入念に吐糸し台座をつくる。蛹は初め淡黄緑色で次第に褐色味を帯びてくる。蛹は刺激すると腹節をすり合わせて発音する。蛹の期間は約3週間。

♀の羽化と蛹殻 '15.7.5 函館市産(S)

イボタノキへの産卵 '06.7.23 小樽市(N)

求愛(♂下)'11.7.11 札幌市(IG)

ヒヨドリバナを訪花した♀ '10.7.30 札幌市(H)

飛翔する♂ '13.7.20 苫小牧市(S)

終齢と食痕 '15.5.15 函館市産(S)

卵 '11.9.7 苫小牧市産(S)

1齢 '11.4.11 同上(S)

水辺のイボタノキ細枝で越冬する卵 '11.2.15 苫小牧市(S)

静止する2齢 '15.4.23 函館市(S)

葉に吐糸で固定した葉の前蛹 '15.5.28 函館市産(S)

蛹 '15.5.31 函館市産(S)

ウラキンシジミ

Ussuriana stygiana (Butler, 1881)

年によって発生量の増減が激しい。道内でも遺伝型として前翅中央部に橙色斑が出現するアキオ型や稀に裏面亜外縁の黒色斑が消失するオダイ型が見られる。

林縁のヒメジョオンを訪花した♀
'12.7.22 札幌市(IG)

個体数★☆☆☆
局地性★★★☆
観察難易度★★★☆
絶滅危険度★★☆☆

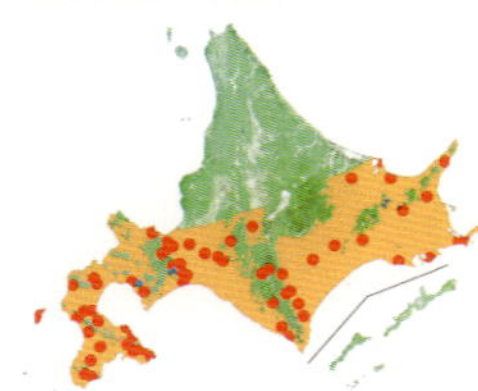

【分布・生息地】 道内では中央より南側半分に分布し，道南の亀田半島，支笏湖周辺，日高山脈南部の渓谷，白糠丘陵，根室地方海岸段丘など，野球バットの木で知られるアオダモの分布と重なる。北限は網走市，南限は福島町，東では根室半島基部や知床半島羅臼町，道の中央部では富良野市周辺に分布。離島では奥尻島が唯一となる。

【周年経過】 年 1 回の発生。多くの地域で 7 月中旬から発生し，生き残りは 8 月下旬まで見られる。道東の寒冷地域では 8 月に新鮮個体が見られることもあると聞く。卵で越冬する。

【食餌植物】 モクセイ科のアオダモ。

【成虫】 谷沿いや林縁を飛翔するが，全体的に活動は不活発である。午前中から日中にはクリ，ノリウツギなど，汚損した♀(8 月中旬ごろ)はヨツバヒヨドリに吸蜜によく訪れる。湿った地面や露のついたササの葉などで吸水することがある。薄暗くなってからは活発に飛び始め，♂は夕方飛翔性のゼフ類が活動停止する日没後でも飛んでいる姿を見かける。黒田の観察では北広島において 18 時半～ 19 時の薄暗くなった落葉樹林縁で，交尾飛行や，他にもイタヤカエデの地上 2m の葉上で交尾する個体を確認した。このことから求愛などは夕刻行われると考える。産卵行動は芦別市で 2015 年 7 月 31 日に新鮮な♀で観察され，このことから産卵は発生期間の早いうちから行われることがわかった。

【生活史】 卵は灰白色で直径 0.7㎜前後で小さく，表面全体に円いへこみが多数並んでいる。アオダモの枝は表面が平滑で卵が脱落しやすいためか，産付位置は枝の分岐点や枝や葉の脱落した窪みや樹皮の裂け目などが選ばれ，平面的，時に重なり合うように塊で産み付けられている。伊達市での観察では地上 1 ～ 3 m の枝から 18 か所の卵塊を見出した。1 か所当たりの卵数を調べたところ，3 ～ 7 個の場合が多く最多は 17 個であった。江別市では高さ 5m 程度の枝からも見つかり，最多 28 個の卵群を見つけている。

孵化した幼虫は卵殻を食べずに膨らんだ芽に穴をあけながら入り込む。葉が展開するまでは芽の内部で摂食し糞を穿孔した部分から外に押し出す。2 齢になると葉は展開し始め，折りたたまれた複葉の内側や鱗片の内部に隠れながら葉の先端部から側面を食べる。3 齢になるころは葉が十分展開しており，小葉の表や枝の分岐点に台座をつくり，枝の分岐点では体を巻きつけて静止する。摂食は主に夜間に行われる。葉以外にもつぼみや花,果実もよく食べる。中齢以降は種名不明の小型のアリがまとわりつく。蛹化が近づくと幼虫は複葉の主脈を切り落とし葉と共に落下する(パラシュートと呼ばれる)奇妙な習性を持っている。この時，葉の先端 3 枚を切落すことが多いが 5 枚のこともあり，落下後も切落した葉を摂食する。飼育下での蛹の期間は 20 ～ 25 日で羽化に至る。

産卵行動をとる♀ '15.7.31 芦別市(N)

静止する♀ '09.7.20 苫小牧市(IG)

ヒヨドリバナを訪花した♂ '07.8.12 清里町(N)

林縁のススキに静止 '10.7.17 苫小牧市(IG)

静止する♀ '12.7.21 苫小牧市(S)

食樹の幹のコブで越冬する卵 '11.2.19 苫小牧市(S)

卵塊 '11.3.25 苫小牧市産(S)

孵化した幼虫 '13.5.6 伊達市(N)

葉と共に落下した終齢と食痕 同左下(S)

鱗片に隠れる２齢 '15.5.9 芦別市(N)

葉上の終齢幼虫 '11.6.11 苫小牧市(S)

蛹 '13.6.6 伊達市産(N)

ムモンアカシジミ

Shirozua jonasi jonasi (Janson, 1877)

ゼフィルス類発生期の幕を引くクローザーは半肉食性の変わり者。羽化直後の集団が桜の木に群がる様子は，オレンジの炎で燃えているようだった。

オオイタドリを訪花した♂
'15.9.3 札幌市(S)

個体数★★☆☆
局地性★★★☆
観察難易度★★☆☆
絶滅危険度★★★☆

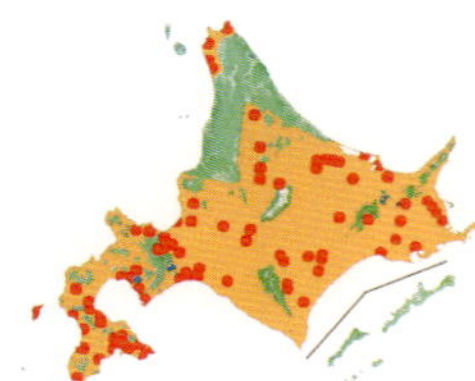

【分布・生息地】北は稚内市宗谷岬から南は松前町，函館市恵山，東の根釧原野では厚岸町や別海町と広い範囲で確認されているが，調査不足のためか未確認の空白域も多く記録集積が望まれる。離島では奥尻島が唯一。カシワ・ミズナラの海岸林，落葉広葉樹の低山地や里山環境，山地の渓谷などで見られる。防風林，公園の二次林などで大量発生する時があるが，翌年に訪れても，全く見られないことも多い。

【周年経過】年 1 回の発生で，本道のゼフィルスの中では最も遅い発生。道内の多くの地域では 8 月上旬に発生が始まり，お盆を過ぎたころでも新鮮個体を見る時もある。汚損した個体は 9 月になっても見られる。卵で越冬する。

【食餌植物】若齢時は，ミズナラ，カシワで見つかり，新芽も食べるようだが，各種アブラムシ類とその分泌物，カイガラムシ類を食する。周囲のアリはクサアリ亜科のクロクサアリ近似種(*Lasius* 属)を記録した。シラカンバなど食樹とは思われない樹のアリ道にも幼虫が見られることがある。

【成虫】林縁で葉上に静止していることが多く，枝や葉の表面のアブラムシの分泌物と思われる「汚れ」に口吻を伸ばす。15 時ごろから飛び始め梢の高いところを追いかけあうように飛び回り，その付近を離れない活動は 19 時を過ぎ薄暗くなっても続く。この時間帯には交尾した個体が見られることも多い。樹上をまとわりつくように飛んでいた♀が枝伝いに降り，樹高 1 ～ 2 m 程度のアリの通り道に 1 卵ずつ産み付ける。生き残った成虫は，発生樹を離れ，林縁のオオハンゴンソウなどで吸蜜していることが多い。

【生活史】卵は独特の色彩で，樹皮上に生み付けられるため非常に見つけづらい。複数年にわたり，同じ木の同じような所から見つかることもある。卵にもアリがまとわりつき，孵化前には卵を触角でたたくという。孵化した幼虫は新芽を食べるとされるが，葉を食しているところは見たことがない。2 齢からはアブラムシの群れの中にいて，始めは小さなアブラムシを選び，次第に大きなアブラムシに食いつき，はぎ取って抱え込むように食べる。終齢では 1 分に 1 匹以上のスピードで食べ続ける。枝に張り付くカイガラムシも食べるようだ。枝上を長い距離移動するが，その間も常にアリが触角で幼虫の体に触り続ける。しかし幼虫から蜜を与えることなく，アリは幼虫の分泌する臭い物質に反応していると考えられている。6 月末，老熟した幼虫は，地表付近のアリの巣の中にいて地表を歩いていた。その付近の樹皮の裏でアリにつきまとわれた前蛹が見つかり，翌日には蛹化していた。幼虫を固定する帯糸や尾端の吐糸も見られない。蛹を持ち帰って，樹木の根元に樹皮と共に置くと 21 日後，脚に多量の糸をつけて羽化した。成虫は 3 分以上歩いて樹皮に静止し翅を伸ばした。

本道でのアリとの共生関係など，生態的観察は乏しく調査の進展が望まれる。

コナラの幹への産卵 '15.8.1 札幌市(H)

占有する♂ '15.8.9 札幌市(H)

ヒメジョオンを訪花した♀ '07.7.28 札幌市(H)

交尾(右♂)'15.8.9 札幌市(H)

アワダチソウを訪花 '15.8.25 札幌市(H)

2齢幼虫 '86.5.21 札幌市(H)

アブラムシを食べる終齢 '87.6.25 札幌市(H)

越冬卵 '11.3.1 愛別町産(S)

越冬前の卵 '15.8.31 札幌市(H)

ミズナラの葉を食べる終齢 '17.6.21 東川町(N)

蛹化直前の終齢 '87.6.29 札幌市(H)

石の裏の蛹 '17.7.5 東川町(N)

オナガシジミ

Araragi enthea enthea (Janson, 1877)

複雑に見える裏面斑紋は割と安定していて変異に乏しい。盛夏の斜陽ころにクルミの梢を銀色に輝き乱舞する光景は，雑木林存続を訴えているみたいだ。

ディスプレイ時間外は葉上で休むことが多い
'11.8.13 札幌市(IG)

個体数★★☆☆
局地性★☆☆☆
観察難易度★★☆☆
絶滅危険度★☆☆☆

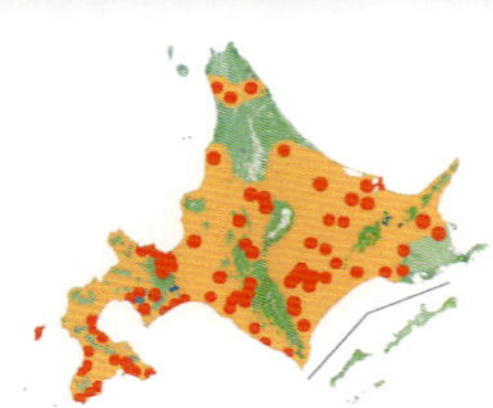

【分布・生息地】 道内に広く分布し，北は豊富町，南は松前町，東は知床羅臼岳山腹や中標津町に記録がある。離島では奥尻島が唯一である。網走北見地方や十勝地方よりも西側地域では多産する場所も多い。道北では中頓別町や幌延町でも確認したが寒冷地では少ないようで，根釧原野では記録がない。里山の耕作地にある数本のオニグルミでも発生するが，低山地〜山地の落葉広葉樹林や渓谷沿いに良好な発生地が多い。年により発生数の変動が大きい。

【周年経過】 年 1 回発生。例年だと温暖な地域で 7 月中旬すぎ，7 月末には多くの地域で盛期を迎える。寒冷地域では 8 月に入ってから発生し，9 月まで見られる。卵で越冬する。

【食餌植物】 クルミ科のオニグルミのみ。サワグルミの記録は再確認を要する。

【成虫】 川沿いに生えるオニグルミの高いところを午後に飛び回るが，普通は下の葉の上に止まっていて見つけづらい。活動は 16〜17 時ころから始まる。この時間帯の飛翔はオニグルミの樹冠の高いところを巡り活発になる。ただ，食樹の周囲だけにいて移動しない。訪花はヤブガラシで見ているが稀。葉の上のアブラムシの分泌物やクワの実で吸汁しているのを観察している。芝田は 2009 年 8 月 14 日今金町で 16 時ごろに他の♂が盛んに飛び交う中，下草で交尾個体を見ている。このほかの配偶行動は観察されていない。産卵時，♀は林縁の枝先を飛び食樹の葉に静止した後，頂芽付近で静止し，腹端を長い時間産卵対象に押しつけていた。再度飛んで枝の下面に移動し，基部に向かって歩き腹端で探るように樹皮を探り続けた。ときどき静止した位置の一部には産卵されていた。

【生活史】 卵は表面に細かな三角柱が並ぶ特異なもので，頂芽付近から幹にまで産み付けられる。産卵位置はオニグルミの周囲の環境により異なり，開けたところの樹では枝なども多くなるが，発見しやすいのは頂芽から当年枝の葉の脱落痕周辺や 2 年目の枝にかけての皺部である。産み付けられた卵塊は 1〜5 卵程度が多く，最多は 22 個の卵塊であった。オニグルミの芽は，4 月ごろ展開する前に最外層の芽鱗がはずれて落ちるので，卵は芽そのものには産み付けられない。5 月に入って孵化した幼虫は展開しきっていない芽に深く食い込んで食べるので外からは全く見えない。芽は 2 つに分かれているが，その境に穴をあけて深く食い入っている。この時期採集して飼育する時は，食樹の日持ちが悪いので卵のついた枝を芽も含めて長く切り取る必要があり，さらに黒化した葉を頻繁にとりかえる必要がある。2 齢もまだ芽の中にいるが，3 齢からは芽が開くので，その幼葉の小葉の上面に静止しているので見つけやすい。7 月 5 日に江別市で採集した終齢は飼育下で老熟すると 7 月中旬枝を降り地表に降りて葉裏で蛹化したが，始め緑色だった蛹が半日以内に黒褐色になった。幼生期は 60 日以上とゼフィルスの中では長い。

ディスプレイフライト(16時23分)'09.8.5 札幌市(IG)

占有する♂ '12.8.12 札幌市(IG)

ヒヨドリバナを訪花した♀ '10.7.28 札幌市(IG)

日光浴する♀ '11.8.5 札幌市(H)

葉上の♀ '11.7.31 札幌市(H)

越冬前の卵 '11.10.3 札幌市(H)

亜終齢 '12.6.3 富良野市(N)

三角柱が並ぶ卵 '11.2.28 苫小牧市産(S)

3齢 '13.5.31 札幌市(H)

当年枝で越冬する卵 '07.4.3 苫小牧市(S)

芽に食込む1齢 '12.5.11 伊達市(N)

羽化が近い蛹 '12.6.17 伊達市産(N)

ミズイロオナガシジミ

Antigius attilia attilia (Bremer, 1861)

道外産に比べ北海道産は非常に小型で可愛らしい。勇払原野や十勝の一部では裏面の黒帯が太く発達するネオアッテリア型が見られる。

ミズナラ葉上に静止するネオアッテリア型
'07.7.21 苫小牧市(S)

個体数★★☆☆
局地性★★☆☆
観察難易度★★☆☆
絶滅危険度★★☆☆

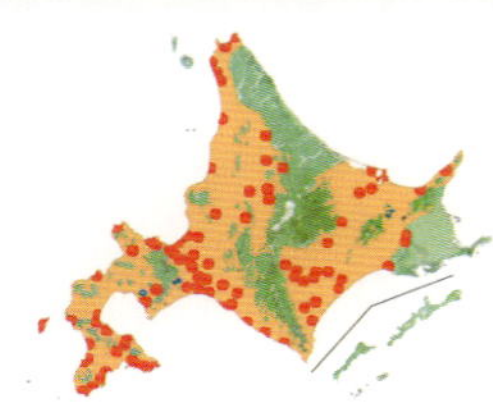

【分布・生息地】 道内では北は稚内市から南は松前町，道東では知床の羅臼岳山腹まで記録があり，離島では奥尻島が唯一となる。広域分布ではあるが，釧路川より東側に記録はなく根釧原野は非分布地域と考える。道内ではそれほど多くないが，稚内方面のモンゴリナラ主体の海岸林では本種が最普通種であった。発生直後には多数が下草に止っていたという話もよく聞く。海岸のカシワ防風林，里山雑木林から山地の広葉林にかけて生息する。

【周年経過】 年１回発生で，平年では温暖地域では７月上旬に出現し，中旬には盛期を迎える。寒冷地では７月末から，遅い年では８月に入り発生する。多くの地域がお盆過ぎには見なくなる。発生初期には羽化して間もない個体が，林床や林縁のササの上に多数止まっている姿を見かける。卵で越冬する。

【食餌植物】 ブナ科のコナラ，ミズナラ，一部カシワ，モンゴリナラ。札幌付近では多くがコナラ。バラ科のミヤマザクラ，ニレ科のハルニレ，モクセイ科のハシドイなどにも産卵の記録がある。サクラ類での飼育で羽化が確認されている。

【成虫】 林縁をゆっくりと飛ぶのが日中に見られるが，江差町のカシワ林で早朝５時ごろ，まだ薄暗い林冠を次種に混じって飛び交う本種を観察，採集した。この林には，ミズナラや，ミズナラとカシワの交雑種と思われる株も混じっていた。14 時ごろ～ 16 時前が活発な活動時間となるが，それ以外は全般に不活発で葉上に静止することが多い。晴天時には稀にヒメジョオン，セリ科植物などを訪れる。葉上のアブラムシの排泄物と思われる「黒い汚れ」に口吻を伸ばしていることもある。配偶行動は確認していない。産卵時，♀は林縁をゆっくり飛び食樹の低い部分の葉に止まり，頂芽に移動してその側面に産卵した。

【生活史】 卵は頂芽には少なく，低い位置の細枝の分岐部やしわなど窪んだところに多いが，太い枝や幹でも見つかることがある。上から見た形は楕円形で，はっきりした突起が並ぶ。孵化した幼虫は，膨らみ始めた芽に穴をあけて潜り込み，尾部のみが見えることが多い。２齢から緑色に変わり，終齢まで背面が光ったように盛り上がっている。次種とよく似ているが，褐色の部分がない。中齢以降は展開した葉表中央や葉裏に止まっているところが見られる。江別市での観察では，終齢末期に蛹化が近づくと体色が赤褐色に変わり，日中も枝や幹の上を歩き回り葉を食べない。そのまま６日も静止と移動を繰り返し，７日後突然落下し，初認から 11 日後に枯れ葉の裏で蛹化した。蛹を刺激すると，擦れるような音を立てる。羽化した成虫は枯れ葉の裏から歩き出て，数 m 歩いて林床の芽生えに登り，翅を展開して羽化した。

ゼフィルス(P.096 ～ 135)の卵は，ムモンアカシジミを除き，秋には卵内で幼虫が形成されており，卵殻は越冬用のシェルターの役割を果たす。

下草に静止する♀ '07.7.21 苫小牧市(S)

カシワ葉上に静止する♂ '05.7.14 小樽市(IG)

飛び古した♂ '04.8.18 札幌市(IG)

日光浴する♀ '14.7.23 小樽市(S)

葉上の♂ '07.7.15 苫小牧市(S)

越冬卵 '15.4.10 北広島市産(S)

前蛹 '08.6.1 標茶町産(N)

蛹 '13.6.6 伊達市産(N)

終齢 '08.6.1 標茶町産(N)

ミズナラの細枝の窪みで越冬する卵 '11.2.7 苫小牧市(S)

ウスイロオナガシジミ

Antigius butleri butleri (Fenton, [1882])

夕方，金属光沢に輝くゼフィルスに混じって飛ぶ，小型で薄茶色の本種は目立たない。勇払原野や日高沿岸は裏面黒班が乱れる遺伝型が見られる。

下草で占有姿勢をとる♂
'07.7.15 苫小牧市(S)

個体数★★☆☆
局地性★★★☆
観察難易度★★☆☆
絶滅危険度★★☆☆

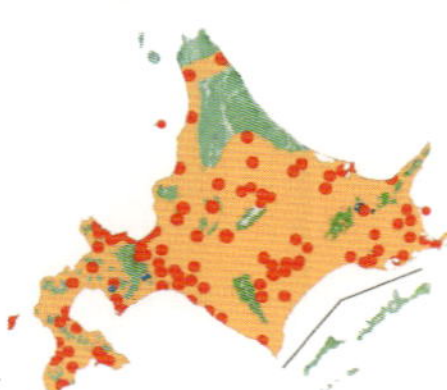

【分布・生息地】 道北では宗谷管内猿払村や幌延町などの採集例があるが，旭川市より北では記録が少ない。道北以外の地域では，各地のカシワミズナラ海岸林や，コナラ・ミズナラの低山地，落葉広葉樹の渓流沿いの林道などで見られる。根釧原野ではゼフ類普通種の1つとなる。離島では焼尻，奥尻に生息し，変わった場所では別海町野付半島に捕獲例がある。

【周年経過】 年1回発生。温暖な地域では，前種と同時に7月上旬から発生し，道内の多くの地域では7月中旬に盛期となる。寒冷な道東・道北では8月に入ってから発生する年もある。9月まで見られる。卵で越冬する。

【食餌植物】 ブナ科のカシワ，ミズナラ，一部コナラで発生する。カシワとの混生林ではカシワが好まれる傾向にある。道央部の山地ではミズナラで発生しているところが多い。前種のようなコナラ属以外への異常産卵はきわめて少ない。

【成虫】 前種同様占有行動も見せず，長時間葉上に止まっていることが多く，個体数の割には見かけることが少ない。日中に林縁をゆっくりと飛ぶのが見られるが，早朝6時ごろからと16～18時にかけて活発に飛ぶことが多い。訪花行動はノリウツギ，クリ，セリ科植物で見ている。葉上のアブラムシの排泄物にも来る。配偶行動は確認していない。♀は林縁の低いところを飛び，食樹の樹幹に直接止まることが多いが，産卵しているところを観察したことはない。

【生活史】 卵は林縁の比較的若い木の幹から太い枝の分岐部，横に張り出した太い枝を探すと見つかる。とくに樹皮のしわや，めくれた皮の内側に卵塊が隠されているように産付されており発見には慣れが必要となる。カシワに産み付けられた卵塊は5～15卵程度が多く，最多は22個の卵塊であった。ミズナラでは1～8卵程度で卵数は少ない。非常に大きな卵塊は卵の色が違うものもあり，複数の♀の卵が混じることがある。卵は前種に似るが真円形でより多くの突起と窪みがある。カシワの場合，孵化した幼虫は，膨らみ始めた大きな芽に潜り込み，外からは見えない。ミズナラの場合は3齢まで芽の基部に残る鱗片の中に隠れていることが多い。2齢から体色が緑色に変わり，終齢まで突出した背面に，褐色の毛が体節ごとに生える。終齢になるとカシワの場合は，葉の付け根付近に静止することが多いが，ミズナラでは葉表中央で静止していることが多い。江別市での観察では，前種と同様終齢末期になり蛹化が近づくと摂食をやめ体色が赤褐色に変わり，日中も枝や幹の上を歩き回る。それを持ち帰り木陰で飼育したところ，地表に降り枯れ葉の裏で6日も経ってから蛹化した。枝や幹などから突然，自発的に落下する個体も多い。このような習性は，本種の他，ジョウザンミドリシジミ，オオミドリシジミ，エゾミドリシジミなどでも観察しており，通常の生態のようだ。

カシワ葉上に静止する♀ '09.7.16 石狩市(IG)

下草に静止する♀ '09.7.16 石狩市(IG)

葉上に静止する♂ '11.7.23 旭川市(N)

日光浴する♀ '09.7.16 石狩市(IG)

黒斑がやや乱れた♀ '07.7.15 苫小牧市(S)

2齢と食痕 '15.5.13 室蘭市(S)

蛹化場所を探す終齢 '86.6.26 江別市(H)

卵塊(孵化殻，孵化前兆含む)同下(S)

孵化直後の1齢 '15.5.1 愛別町産(S)

中脈を噛み切った葉上に静止する中齢 '15.5.28 室蘭市(S)

終齢 '15.6.7 札幌市(H)

蛹 '15.5.28 富良野市産(N)

ウラミスジシジミ

Wagimo signatus (Butler, [1882])

本道産は“うら”の白線が“みすじ”になるケルキボルス(quercivorus)型は少なく，白線が乱れるシグナトゥス(signatus)型のほうが多い。

日没後まで続いた交尾(19 時 23 分)
'11.8.4 小樽市(S)

個体数★★☆☆
局地性★★☆☆
観察難易度★★★☆
絶滅危険度★★☆☆

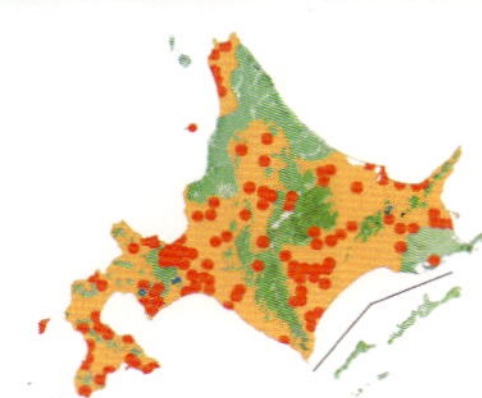

【分布・生息地】北は豊富町だが稚内市大岬(2001年8月14日，中川忠則，未発表)の捕獲標本を確認した。南は函館市をはじめ道南各地で見られる。東は中標津町の記録があるが根釧原野からの記録はほとんどなく浜中町の例(高野秀喜，私信)が知るところの唯一だ。網走北見地方や白糠丘陵より西の地域では少なくない。離島の記録は奥尻だが，焼尻(1991年8月11日，辻規男，未発表)の撮影例を確認した。海岸沿いのカシワ林～里山の落葉広葉樹林に多いが，深い山地でも見られ，表大雪高山帯に飛来した確認例もある。

【周年経過】年1回発生。温暖な地域では早い年には7月初めから発生し，例年だと道央部では7月中旬に盛期を迎える。寒冷地では7月下旬から発生。9月中旬まで見られる。越冬形態は卵。

【食餌植物】ブナ科のカシワ，ミズナラ，コナラ。宗谷地方沿岸ではモンゴリナラで発生する。

【成虫】活動は15時ころから始まり，17時ごろから増え，暖かい日は日没後まで続く。この時間帯は活発に飛び，樹から樹へ移動し，1か所に留まらず追飛も少ない。通常非常に不活発で葉上に静止することが多い。訪花行動は稀でクリでしか見ていないが，ヒメジョオン，エゾヤマハギなどの観察例がある。この他，クワの実で吸汁しているのを観察している。芝田の観察では交尾個体は日没前後に多く見られるという。産卵時，♀は林縁の枝先を飛び食樹の葉に静止した後，頂芽付近で静止し腹端を頂芽に押しつけていたが卵を確認できなかった。

【生活史】卵は頂芽基部付近に産まれることが圧倒的に多いが，とくに幹や太い枝から出た枝先の芽に多い。1卵のこともあるが2～4卵産み付けられることが多い。5月に入って孵化した幼虫はまだ硬い芽にもぐり込んで食べる。カシワでは外からは見えない。2齢もまだ芽の中や鱗片の内側にいるが，3齢からは芽が開き，若葉の上面に静止していることもあるので見つけやすくなる。終齢幼虫は，幹の方に移動することが多くなり，独特の色彩が環境に溶け込んで大変見つけづらい。幼虫は葉脈や枝に噛傷を入れてしおらせることが多い。オオミドリシジミの巣のように目立つわけではないが，これを目当てに見つけることができる。摂食は主に夜間だが，石狩市では日暮れごろ，葉の表に出たり，花を食う個体が見られた。日中も花穂に静止する個体がいて，花穂に吐糸が見られることも多い。6月に入り老熟した幼虫は，摂食を止め蛹化場所を求め幹に移動する。この時体色は緑色から紫褐色へと変わっていく。カシワでは幹の樹皮のコルク層をかじり窪みをつくり蛹化することが多い。6月中旬には枝から地表に降りて下草の葉裏で蛹化したが，始めは緑色だった蛹が半日以内に黒褐色になった。幹への移動から，蛹化までに6日程度を要することが多い。幹の上では静止した後もしばしばコルク層をかじる。蛹期は約30日である。

カシワ葉上に静止 '09.7.16 石狩市(IG)

葉上に静止する♀ '12.7.21 苫小牧市(S)

ケルキボルス型♀ '06.7.23 石狩市(IG)

訪花したシグナトゥス型 '04.8.18(IG)

日光浴する♂ '06.7.23 石狩市(IG)

蛹化のため幹を降りる終齢 '85.6.7 江別市(H)

越冬卵(カシワ)'11.3.2 小樽市産(S)

2齢（カシワ）'11.5.29 旭川市(N)

樹皮の蛹 '85.7.7 江別市(H)

卵塊(ミズナラ)'14.11.30 標茶町(N)

3齢 '15.5.6 標茶町産(N)

アカシジミ

Japonica lutea lutea (Hewitson, [1865])

ゼフィルスのトップバッター。夕暮れが遅い季節の渓谷で，西日に輝く複数の本種がオレンジの塊となり梢から梢を渡って行く様子は，浮世疲れを忘れさせてくれる。類似 P.027

早朝の林床を飛翔する♀
'10.7.17 旭川市(S)

個体数★★☆☆
局地性★★☆☆
観察難易度★★☆☆
絶滅危険度★★☆☆

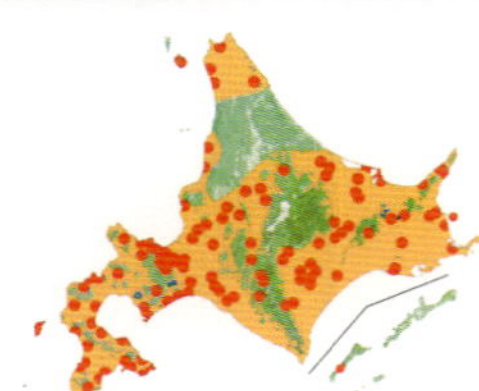

【分布・生息地】道内では広く分布し北限は稚内市，南限は松前町，温暖な渡島半島～寒冷な根釧原野まで広く生息し，里山環境の雑木林～山地の深い渓谷まで見られ，時には大雪山系や日高山脈の稜線に現れることもある。離島は利尻と奥尻に記録がある。日本海側では，留萌市以北や寿都町以南のカシワ純林では，次種との混生は確認できず，本種が単独で生息していた。

【周年経過】年 1 回の発生。道内に生息するゼフィルス中では最も早く発生する。温暖な地域では 7 月上旬からよく見られるが，道北や道東では他の多くのゼフィルスとほぼ同時に 7 月下旬から発生する。発生が遅れる渓谷などでは 8 月末まで生き残りが見られる。卵で越冬する。

【食餌植物】ブナ科のミズナラ。コナラ，カシワもミズナラと混じる林では利用している。

【成虫】午前中は不活発で林縁の葉上に静止していることが多い。薄暮飛翔性が強く 16 時ごろから日没まで活発に飛翔する。ゼフィルスの仲間では訪花性が強く特にクリの花に集まり吸蜜する。白色系のハシドイ，ノリウツギ，シシウド，ヨツバヒヨドリなどの花にも飛来する。またミズナラの葉に付着したアブラムシの分泌物や水滴をなめる。産卵は，札幌市での観察では，7 月 12 日 13 時過ぎに，崖部に生えた高さ 1.5 m のミズナラの枝の先端に止まり，隣の葉先に移動し，葉が重なり冬芽が隠れている部分で下向きに止まり腹部の先端を冬芽と葉の基部の隙間に押し付け，1 卵産み付けた。10 数秒後卵の周囲に腹部を押し付け卵に枝の表面の毛やごみをかぶせる行動を 40 秒ほど行い飛び去った。

【生活史】卵は灰白色で他のミドリシジミにある表面の突起はなく，円形の弱い凹部が全体を覆っている。越冬卵はジョウザンミドリシジミと同じようなミズナラの枝先の頂芽から見つかるが，ジョウザンミドリシジミやアイノミドリシジミでは頂芽基部の芽の間に産み付けられているのに対し，本種では，それより少し下側の枝の凹部に産付されている。また側芽でも同様な位置である。前述のごみ様の付着物に隠れており発見には慣れが必要である。1 卵ずつ産まれキタアカシジミのように複数個産付されていることは稀である。

4 月下旬～ 5 月上旬に芽が縦に伸び始めたころ孵化し，鱗片の柔らかいところから内部に穿孔する。1 齢幼虫はやや赤味を帯びた褐色で，2 齢以降は淡黄緑色に変化する。葉が展開するまでは折りたたまれた葉の内部や鱗片の内部に潜っている。3 齢以降は葉が展開し始め若葉の裏の中脈付近に静止するようになる。葉身に穴をあけたり，葉の縁から葉脈を残した食痕を残す。摂食は主に夕方から夜間に行われる。蛹化は摂食していたところからあまり離れずに食痕のない葉の裏で行われる。蛹は葉の色に似せた淡黄緑色で孵化が近づくとしだいに翅の部分が白色から濃い橙色に透けて見えるようになる。蛹期は約 20 日。

ディスプレイフライト(17時25分)'10.7.24 石狩市(IG)

ミズナラ細枝への産卵 '04.7.9 札幌市(IG)

下草に静止 '10.7.17 旭川市(S)

下草に静止 '09.8.9 東川町(IG)

羽化した♀ '12.7.8 白老町(N)

細枝の分岐に産み付けられた卵 '08.3.1 標茶町産(I)

卵殻と1齢が芽に食込んだ跡 '14.5.6 富良野市(N)

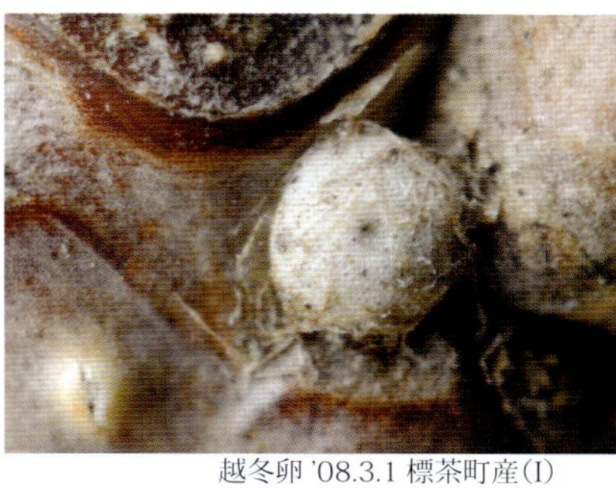

越冬卵 '08.3.1 標茶町産(I)

2齢 '12.6.2 富良野市(N)

葉の付け根の終齢 '85.6.28 江別市(H)

ミズナラ葉裏の色づいた蛹 '08.7.14 標茶町(N)

枝を歩く3齢 '86.6.12 江別市(H)

キタアカシジミ

Japonica onoi onoi Murayama, 1953　環：絶滅危惧Ⅱ類（VU）

北海道に生息する蝶の中では最も新しく，1993年に新種となった日本で25番目のゼフィルス。道内のアマチュア同好者たちが，その正体を解明した。類似 P.027

活動時間外は林床のササに静止していることが多い
'12.7.11 伊達市(N)

個体数★★☆☆　局地性★★★★　観察難易度★★★☆　絶滅危険度★★☆☆

【分布・生息地】 北限は湧別町，西限は森町。内浦湾～十勝にかけての太平洋沿岸，十勝平野，根釧原野，旭川や北見盆地，サロマ湖～知床半島基部にかけてのオホーツク沿岸に局地的に生息する。日本海側ではカシワ林も多いが，石狩湾以外からは確認できない。留萌管内小平町，根室市明郷にも記録があるが，誤同定の可能性があるので♂交尾器の確認が必要。オホーツク沿岸の旧常呂町，斜里町。十勝地方の帯広市，音更町，浦幌町。駒ヶ岳山麓の森町でアカシジミとの混生を確認したが，両種とも良好な発生年という条件が整わなければ，混生することは少ない。

【周年経過】 年1回発生。温暖な地域では7月上旬から発生し，日高太平洋側や北見地方では7月中旬に発生する。多くの地域では7月のうちに姿を消すが，別海町では遅い年だと8月に入ってから発生することもあるという（遠藤雅廣，未発表）。卵で越冬する。

【食餌植物】 カシワ。カシワとミズナラの雑種（カシワモドキ）からも卵が得られている。カシワとミズナラ混合林では，良好な発生年にはミズナラにも産み付けることがある。

【成虫】 生息地であるカシワ林から離れることなく，樹間を飛ぶ。早朝から午前中は下草に止まっていることが多い。最も活動が活発になるのは15時ごろから日没前後で，♂は樹冠部上方まで飛び回る。ササの葉についた水滴などを吸うことを見るが，花の蜜を吸うことは少ない。交尾は14時以降に観察されている。羽化して翅を伸ばしながら歩く♀が，数分後に翅が伸びきって静止している時に♂が飛来し，腹部を曲げて側面から歩み寄り，比較的短時間で交尾が成立した。産卵は日中から午後にかけて食樹の枝先に行われる。伊達市の観察では2012年7月28日14時56分～15時11分にかけて5卵産み付けられた。母蝶は枝先から歩き始め当年枝上の側芽に産付位置を決め，1卵ずつ産み付けては尾端で枝に生えている微毛をかき集め卵の表面を覆い隠す行動をとった。

【生活史】 卵はアカシジミに似るが，複数の卵が重なるように産み付けられる。カシワの枝の毛と産卵後からのゴミが付着し発見は慣れないと難しい。2012年伊達市で95例の卵塊について産付様式も調べたところ，産付位置は休眠芽の付け根から当年枝の上面に限られ，休眠芽1卵塊当たりの平均の卵数は5.3個で，最小数は1個，最大数は14個であった。孵化した幼虫は新芽に食い込むが，芽が固いうちは周辺に静止していることもある。若齢は芽の中に潜入しているので発見は難しい。中齢からは葉の裏や表に静止する。葉が大きくなり硬くなると中脈をかじり葉をしおらせる。摂食は昼夜問わずに行われる。蛹化は食樹の葉の裏で行われる場合と，下草，特にササの葉の裏面の場合がある。2013年に伊達市で発見した27個の蛹では葉に付着したものが11例，ササなどの下草に16例であった。

ディスプレイフライト（15 時 36 分）'12.7.13 小樽市(S)

セリ科を訪花した集団 '13.7.13 小樽市(M)

羽化 '13.7.8 伊達市(N)

交尾（右♂）'12.7.11 伊達市(N)

産卵 '12.7.28 伊達市(N)

卵塊 '11.2.28 小樽市産(S)

終齢と食痕 '12.6.14 伊達市(N)

孵化を待つ卵塊 '12.5.15 伊達市(N)

当年枝で越冬する卵 '11.2.28 小樽市(S)

カシワ葉裏の蛹 '13.7.6 伊達市(N)

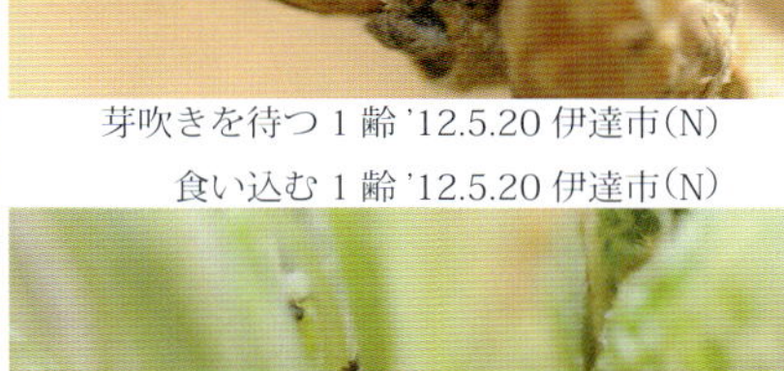

芽吹きを待つ 1 齢 '12.5.20 伊達市(N)

食い込む 1 齢 '12.5.20 伊達市(N)

ウラナミアカシジミ

Japonica saepestriata saepestriata (Hewitson, [1865])

古くから知られた採集地の函館市で，人気ある本種を田川眞熙氏が発見したのは，1878 年にフェントンが採集に訪れてから 120 年後だった。

活動時間を前にコナラの葉裏で休む♀
'13.7.14 北広島市(S)

個体数★★☆☆ 局地性★★★★ 観察難易度★★★☆ 絶滅危険度★★★☆

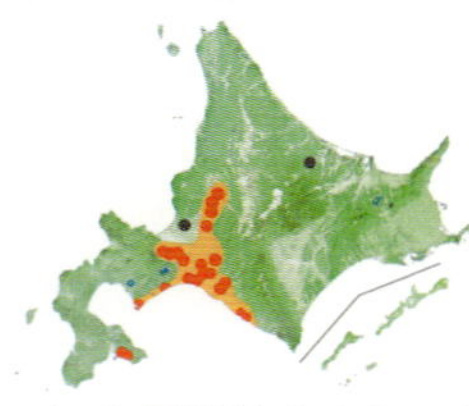

【分布・生息地】渡島管内では南限の函館市西部のみ。太平洋に沿って室蘭市〜東限の日高管内新ひだか町三石まで局地的に生息する。勇払原野〜馬追丘陵沿いに生息地は北上し，北限の滝川市に至る。多くがコナラ雑木林の里山環境で，高速道路の道央自動車道や高速日高道の工事では多くの生息地が失われた。飛び離れた古い記録に遠軽町丸瀬布がある。当地には自生か植栽か不明だが，細いコナラもあることは興味深い。

【周年経過】年 1 回発生。道南，道央のほとんどの地域が 7 月中旬から発生するが，日高太平洋側の地域では 7 月下旬になる。8 月に入るとほとんどが汚損するが，生き残りは 9 月まで見られる。卵で越冬する。

【食餌植物】北海道ではコナラのみが確認されている。

【成虫】林縁で葉上に静止していることが多く，他のゼフィルスと共にクリの花に飛来，吸蜜する。本種を含め多くのゼフィルスが，食樹の葉の表面のアブラムシの分泌物と思われる「汚れ」に口吻を伸ばす。また，葉表の水滴を吸う。14 時過ぎから飛び始め 18 時ごろまでが活動時間だが，地形や天候による変化が大きい。梢の高いところを緩やかに追いかけあうように飛び，付近を離れない。産卵行動は，北広島市でやや高いところの枝を歩く♀が見られ，そのうち 1 個体は，枝を下に向かって歩き，1 m ほど移動した後，細枝の分岐点で数十秒間，腹端を押し付けるようにしたが，詳細は遠くて見えなかった。二度そのような行動をとった後，確認すると 1 卵が産み付けられていた。

【生活史】卵は灰白色で弱い窪みがある。母蝶が腹端で周囲から寄せ集めた「ゴミ」に覆われきわめて見つけづらい。産卵位置は細枝やその分岐点，やや太めの枝のしわや窪みなどに 1 個ずつ，時に数個産み付けられる。非常に似たアカシジミの卵も混じることが多いが，本種の卵の方が頂上部が広く窪む。翌春に孵化した幼虫は新芽に食い込み，しばらくは若葉の中に潜んでいる。その際，1 〜 2 齢は新芽を巻きつけるように吐糸する。糸により葉の展開は妨げられ写真のような巣が形成される。

このギョウザのような巣を目あてに幼虫の発見は容易。3 齢は最初の巣に留まりながら，巣の葉も周囲の葉も食べる。4 齢(終齢)になると造巣性は失われ(巣は食べられてぼろぼろになるが残る)，幼虫は葉裏中脈沿いに静止し，葉を縁から食べる。終齢幼虫は赤褐色の突起を持ち，アカシジミとの区別はやさしい。むしろウスイロオナガシジミとの混同に注意したい。

6 月初め，老熟個体が枝や幹を長時間歩き続けていたので，翌日探すと離れた枝の葉の裏で蛹化していた。少数は樹を降りる個体があるのを観察している。透明感のある緑色の蛹で，葉裏でも目立たない。

蛹は 20 日以上経過し羽化した。

コナラの細枝に産卵 '06.7.28 北広島市(S)

羽化のようす '15.6.27 札幌市産(H)

クリを訪花した異常型 '13.7.14 北広島市(S)

ディスプレイフライト(15時46分)'15.7.25 札幌市(H)

飛翔 '13.7.14 北広島市(S)

卵 '15.4.10 北広島市産(S)

2齢の巣と通常の若葉 '15.5.20 北広島市(S)

巣内の2齢 '15.5.20 北広島市(S)

前蛹 '15.6.11 北広島市産(S)

終齢と食痕 '15.5.31 北広島市(S)

終齢とアリ '15.5.31 札幌市(H)

蛹化6日目の蛹 '15.6.18 北広島市産(S)

ウラクロシジミ

Iratsume orsedice orsedice (Butler, [1882]) 北：情報不足種(Dd)

北海道産ゼフィルスの最稀種。津軽海峡に面した市町村限定。ほとんどの蝶が活動を終える夕暮れ時まで真珠色をチカチカさせて飛ぶ。

発生木の下草に静止する♀
'12.7.7 福島町(IG)

個体数☆☆☆☆
局地性★★★★
観察難易度★★★★
絶滅危険度★★★★

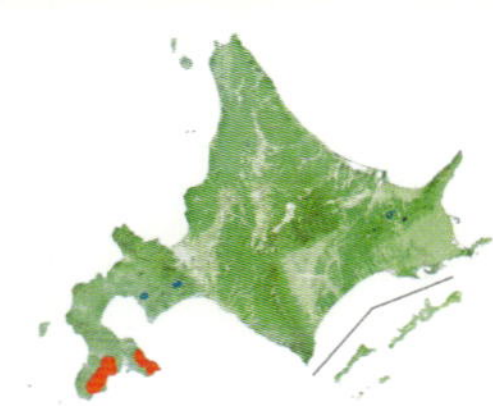

【分布・生息地】 渡島地方の南部に限られ，渡島半島では北斗市上磯町，上磯，厚沢部間の梅漬峠，木古内町，知内町，福島町。亀田半島側では函館市南茅部町が唯一であったが，旧戸井町産が手元にある(木野田君公，未発表)。生息地となるマルバマンサクの生える急峻な渓流沿いの雪崩斜面は，成虫発生期の接近が困難な場所も多く，まだ未発見の発生地も多いと考える。

【周年経過】 年1回の発生。比較的地形が緩やかな生息地では7月上旬から発生するが，急峻で日当たりの悪い渓谷では7月末に発生する。最遅の捕獲は1992年8月2日の上磯町(水谷穣未発表)だが，♂の綺麗な個体なので，お盆ごろまで生き残る可能性がある。卵で越冬する。

【食餌植物】 マンサク科のマルバマンサク。与えればコナラ属のミズナラなどで全幼虫期間を成育させることができるという。

【成虫】 日中は低木や下草の上に静止しており，捕虫網などで木を叩くと飛び立つ程度で，ほとんど姿を見せない。♂は15時ごろから少しずつ飛び始め，日没前後が活動のピークとなる。樹冠を飛ぶことはなく林縁からやや内側の林間を一定の高さを縫うように飛ぶ。蝶道を形成しているふしもある。はばたきにより翅の表の銀白色がキラキラとフラッシュのように輝く。この輝きは占有行動あるいは配偶行動などの信号刺激になっていると考えられるが研究報告はない。♀は発生地周辺の下草や低い枝に止まっているのが見られ，弱々しい飛翔や日光浴をしている個体も見た。♂♀共にクリ，ノリウツギなどでの吸蜜が観察されている。求愛から配偶行動，産卵行動については不明。

【生活史】 卵は灰白色で直径0.8㎜前後と小さく，表面全体に細かな突起がある。産付位置は休眠芽の基部に1個，稀に2個産み付けられている。食樹は谷沿いの斜面に生える低木～亜高木であるが，林内の低木より林縁の谷側に伸びた枝先から見つかることが多い。幼虫の生態記録は野外では非常に少ない。飼育すると3月下旬に孵化した幼虫は卵殻を食べずに，伸び始めた葉裏の葉脈の溝の中に体をうずめ，表面に穴をあけながら食べ始める。葉の展開が進んでもこの静止位置は変わらない。食痕は若齢～終齢の初めころまで葉に孔をあけた特徴的なものである。2015年5月18日，福島町で観察した3齢は葉の裏の葉脈の間に静止していた。食痕は静止する葉に古いものがあったが，別の葉に新しい食痕が多数残されていた。終齢では摂食量の増加とともに，周囲へ移動し葉縁から食べるようになることは飼育でも観察された。幼虫の体色は孵化直後は淡灰色であるがすぐに葉の色と同化した淡黄緑色となる。蛹化は葉の裏で行われる。芝田が2011年7月2日，福島町で観察した蛹は，樹高2mの枝先の食痕のない葉の裏面の先端部に，頭を葉の付け根の方に向けて帯蛹で付着していた。

ディスプレイフライト（17時10分）'09.7.4 福島町（IG）

日光浴する♀ '15.7.9 福島町（S）

静止する♀ '10.7.4 福島町（IG）

樹上に静止する♀ '15.7.9 福島町（S）

越冬卵 '15.3.28 福島町産（S）

終齢 '15.4.24 福島町産（H）

早春の越冬卵とマンサクの花 '11.4.13 福島町（S）

芽に食い込む1齢 '15.4.11 福島町産（H）

マルバマンサク葉裏の蛹 '11.7.2 福島町（S）

マルバマンサク葉裏の3齢と食痕 '15.5.18 同上（T）

前蛹 '15.4.29 福島町産（H）

ミドリシジミ

Neozephyrus japonicus japonicus (Murray, 1875)

♀の斑紋のタイプを人の血液型同様４つに分けた解説が多い。実際はＯ型に近いＡ型とか，Ｂ型に近いＡＢ型などがあり明確な区分などできない。

夕日を浴びながら占有する♂(17時31分)
'13.8.3 苫小牧市(S)

個体数★★★☆　局地性★★☆☆　観察難易度★☆☆☆　絶滅危険度★★☆☆

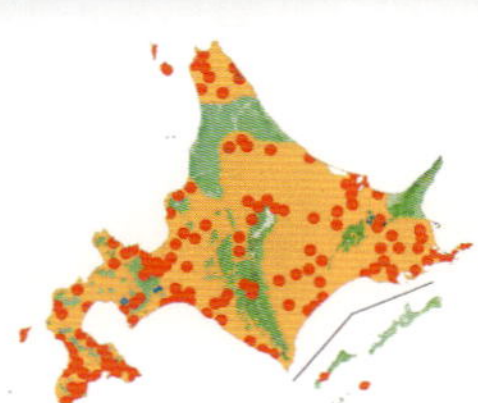

【分布・生息地】北は稚内市～南は松前町，函館市椴法華村，東は根室半島先端部付近。離島では礼文，利尻，奥尻に生息する。平野部の湿地ハンノキ林～ケヤマハンノキのある山地の林道，亜高山帯のミヤマハンノキ林まで水平・垂直ともに広く生息する。だが市街地の湿地は埋め立てられ公園やゴミ処理施設となり，昔はあった近所の生息地はほとんど消滅した。北海道産を亜種とする説もあるが，津軽海峡を挟んだ地域の比較を詳細に行うべきだと考える。本道の♀のタイプはＢ型が多いが渡島地方では稀にＯ型が見られる。

【周年経過】年１回の発生。温暖地域では７月中旬から，宗谷地方や根釧地方も含め，多くの地域では７月下旬には発生が始まる。根釧原野では，冷夏だと９月に入っても新鮮個体が見られる。卵で越冬する。

【食餌植物】カバノキ科のハンノキ，ケヤマハンノキ，ミヤマハンノキ。

【成虫】早朝はハンノキ林のササなどの下草に止まっている。日が昇り始めると♂♀とも地面やササの葉の上での吸水，ハンノキの葉の上のキジラミなどの分泌物などで吸汁する他，ホザキシモツケ，クリなどを訪花する個体も見られるようになる。日が高くなると梢の上に移動し不活発になる。♂は夕方16時ごろから19時過ぎにかけて，開けた空間の枝先に静止し見張り占有行動を活発に行う。黒田の観察によると湿原などの多産地では，ハンノキ林内の空間を，複数の♂が蚊柱のように縦長の集団となり巴飛翔を行うのが見られた。求愛から交尾に至る観察例はない。産卵は，主に午後に行われる。伊達市では８月３日15時過ぎに，♀がカシワ林の縁にあるハンノキの地上２ｍの枝の先端部の葉に止まり，そこから葉の裏に回り込み，腹部を曲げ腹端を枝にこすりつけながら枝の付け根に向かって移動。一度葉の脱落痕の部分で静止した後，また10㎝ほど移動し枝の分岐部に１卵産み付けた。

【生活史】卵は灰白色でゼフィルスの中では小さい。冬芽の基部や当年枝の葉の脱落痕，枝の分岐部から太枝のひだや凹みの部分など様々な箇所に１，２個，ときに10数個産み付けられている。越冬卵の産付位置はハンノキのひこばえなどの低い枝が選ばれる。また高木の高い枝先にも産付されるがギャップ部に生えた幼木や萌芽に集中的に産み付けられることが多い。芽ぶきに合わせて孵化し，１齢幼虫は膨らんだ芽に食い込む。２齢幼虫以降は葉の内側に糸を吐き密着させ葉を折りたたんだ巣をつくる。初めは葉の表面を食べ，その後巣の外側の葉も食べ始める。富良野市で越冬卵222個から幼虫の生存率を追ったところ１齢85％，２齢13.5％，３齢3.2％，終齢0.9％であった。さらに同地から採集した終齢幼虫から50％の割合で寄生バエが脱出した。蛹は，本州ではハンノキの根ぎわの枯葉の裏などで発見されている。蛹からも寄生蝿やヒメバチ類が脱出する。

ハンノキ細枝に産卵 '07.9.14 苫小牧市(S)

卍飛翔(17時10分)'10.8.5 苫小牧市(S)

ホザキシモツケを訪花した異常型♀ '15.8.2 同右(S)

B型♀ '10.8.25 苫小牧市(S)

AB型♀ '15.8.9 標茶町(N)

終齢の巣 '15.5.30 富良野市(N)

巣内の終齢 '15.6.18 苫小牧市(T)

越冬卵 '11.2.16 苫小牧市産(S)

湿地のハンノキ枝先で越冬する卵 '11.2.7 苫小牧市(S)

芽に食い込む1齢 '14.5.8 同右(N)

巣内の終齢 '15.6.7 富良野市(N)

蛹 '04.7.10 富良野市産(N)

メスアカミドリシジミ

Chrysozephyrus smaragdinus smaragdinus (Bremer, 1861)

金緑色の強い光沢の♂，大型の橙色紋を持つ♀。幼虫はサクラ類を食べ，出したばかりの糞は桜餅のような香り。美しい蝶は糞さえ香しい。類似 P.029

木漏れ日さす林内空間での卍飛翔
'12.7.7 旭川市(S)

個体数★★☆☆
局地性★★☆☆
観察難易度★☆☆☆
絶滅危険度★★☆☆

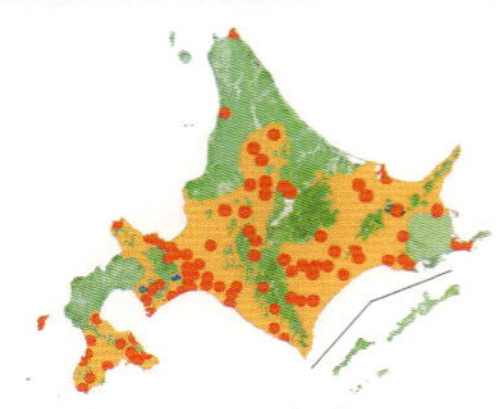

【分布・生息地】 北は士別市付近より北の記録はないが，稚内市で捕獲した（中川・黒田，未発表）。道北以外では記録地も多く，渡島半島をはじめ各地で普通に見られる。根釧原野では太平洋側海岸段丘には生息するが，広い原野部分ではほとんど見られない。離島で確実なのは奥尻のみ。焼尻の記録は追認も標本もないため，再確認が必要。生息地は里山環境や低山地に多いが，日高山脈の深山渓谷にも多い。

【周年経過】 年 1 回発生。光沢のあるゼフィルスの中では最も早く見られ，7 月上旬から発生し，多くの地域で 7 月中旬ごろには盛期を迎える。汚損個体は 8 月に入っても見られるが，根室管内では 8 月になってから発生する可能性もある。卵で越冬する。

【食餌植物】 バラ科のサクラ属のミヤマザクラ，エゾヤマザクラ，チシマザクラ，シウリザクラなど。栽植された桜の各品種も食べる。低山の落葉樹林ではエゾヤマザクラよりミヤマザクラを好む傾向がある。

【成虫】 活動時間は 9 時～ 16 時と比較的長く，♂は 10 時～正午にかけて，張り出した枝先に占有行動を行う姿をよく見かける。♂は枝先に開けた空間の方を向き，翅を水平からやや閉じた角度を保ち他の個体の侵入を見張る。♂が侵入すると卍巴に絡み合い数秒～数分間にわたって飛び続ける。占有期間が長い個体ほど闘争に勝つ傾向があり，早期に羽化した♂が有利になるという。♂♀ともクリなどの花で吸蜜し，葉の上の露やアブラムシの泡で吸水する個体も見られる。♀は林内のやや暗い空間を低く飛ぶ姿を見かけるが，♀の観察機会は少ない。求愛から交尾に至る配偶行動や産卵についての観察例はない。

【生活史】 卵は白色でゼフィルスの仲間では大型の部類で表面の突起が目立つ。越冬卵の産付位置は林縁の幼木やひこばえなどの低い枝が選ばれることが多い。ミヤマザクラでは特にその傾向は強く，人の背に満たない幼木の細い枝から多数見つかることがある。細い枝の分岐部や主に下面の葉痕に 1 ～ 2 個産付される。

孵化は他のゼフィルスより早く 4 月下旬ごろ，桜の芽の膨らみを待って始まる。1 齢幼虫は膨らんだ芽の表面をかじり穴をあけ，頭から中に入りこみ内部を食い始める。花芽に食いついた場合はつぼみの内部を食べ尽くす。ミヤマザクラの低木では花芽がつくことはほとんどなく，若葉に穴の空いた食痕を残しながら食べる。2 齢以降は淡黄色という，近縁の仲間とは異なる体色を持つ。2 ～ 3 齢は鱗片の内部や折りたたまれた若葉の内部に静止するが，終齢は葉の裏面の基部に静止することが多い。主に夜間に摂食し成長は多種に比べ早く，6 月上旬から蛹化する。蛹化位置の詳しい記録はないが，根ぎわの枯葉などで行われるようである。自然状態では蛹期は比較的長く 30 日程度。

飛翔する♀ '11.7.18 苫小牧市(IG)

占有する♂ '12.7.7 旭川市(S)

占有する♂ '12.7.7 旭川市(S)

葉の上の♀ '11.7.20 札幌市(H)

占有する♂ '12.7.13 札幌市(H)

葉裏の終齢と食痕 '13.6.8 白老町(S)

葉上の 3 齢 '15.5.20 苫小牧市(T)

越冬卵 '11.4.5 苫小牧市産(S)

前蛹 '11.5.21 伊達市産(N)

エゾヤマザクラのひこばえで越冬する卵 '11.2.5 苫小牧市(S)

芽に食込む 1 齢 '15.4.22 旭川市(N)

蛹 '11.5.21 伊達市産(N)

アイノミドリシジミ

Chrysozephyrus brillantinus (Staudinger, 1887)

ミドリシジミ属の中では最も金属光沢が強い。晴れた早朝に縄張り活動する♂はため息がでるほど美しい。空飛ぶ宝石を見るためには早起きが必要だ。類似 P.029

早朝の林道で吸水する♂
'12.7.21 苫小牧市(IG)

個体数★★☆☆
局地性★★☆☆
観察難易度★★★☆
絶滅危険度★★☆☆

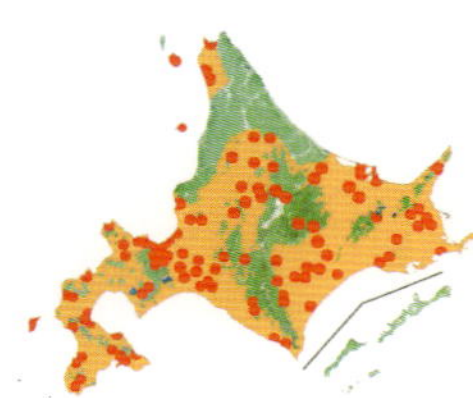

【分布・生息地】 本道では北は稚内市～南は松前町や函館市まで。離島では利尻，焼尻，奥尻と広く分布するが，根釧原野では稀となり，浜中町や別海町などで少数得られているに留まる。生息環境はカシワ，ミズナラのある海岸林から，低山地や都市郊外の公園，深山渓谷の上流部など亜高山帯までと幅広い。

【周年経過】 成虫は多くの地域では7月中旬に盛期を迎えるが，温暖地域では7月上旬，寒冷な地域では8月に入ってから発生が始まる年もある。現時点の最遅捕獲が2014年10月2日石狩市で，道内ゼフィルスの生き残り確認では最も遅い。卵で越冬する。

【食餌植物】 ブナ科のコナラ属のミズナラ，時にコナラ，カシワも利用する。

【成虫】 メスアカミドリシジミと同様に♂は開けた空間の枝先で，占有活動を活発に行う。この占有行動の活動時間は，早朝6時ごろ～10時ころがピークでゼフィルスの仲間では最も早い部類に入る。占有場所は林間では地上1mくらいの低いところもあるが，一般的には地上2～10m以上の高い梢の先になることが多い。侵入する他の蝶やハチ，トンボなどや投げた小石など動くものに反応し追い払うが，輝く翅を持つ他の♂には激しく絡み，特に同種の個体とは向かい合いながら卍巴飛翔に入る。この時，翅のはばたきにより強い金属光沢が点滅するように輝くが，この羽ばたきの回数で優劣が決まるという報告がある。見張りをする姿勢は他種のように全開にすることは少なく，翅を半開にすることが多い。♂♀共クリなどの花で吸蜜するが観察例は少ない。地面での吸水はよく見られる。交尾や産卵についての観察例は少ないが，茨木岳山は2006年8月2日仁木町で9時ころに下草葉上の交尾を観察している。

【生活史】 卵は白色でゼフィルスの仲間では大型の部類で表面の突起が目立つ。産付位置は林縁の梢の先の最も先端部の冬芽の基部で，同じような場所に産み付けるジョウザンミドリシジミやウラミスジシジミなどより高い枝先が選ばれる。2個以上の複数産付されることも多く，ミズナラ主体の若い二次林で，谷筋の緩やかに傾斜する林縁の林道や開けた空間に張り出した枝には多数の♀が同じ芽に産み付けることがあり，1か所に10個以上の卵が付着することもある。芽ぶきに合わせて孵化した幼虫は膨らんだ芽に食い入る。葉が伸び始めてからは，鱗片の内側をゆるく吐糸し，雄花の花穂がある場合はこれも寄せ集め体を隠す。脱皮もここで行われるが幼虫の色が鱗片や枝と酷似し見つけづらい。

永盛(拓)は1990年6月23日に蛹化について札幌市で次のような興味深い行動を観察した。老熟幼虫は枝の上をうろつき，そのうち突然地表に落下し，近くの枯葉の裏に潜って静止し約1週間後に蛹になった。樹上から歩いて地面に降り蛹化することもある。

樽前山山頂に吹き上げられた♀ '12.8.14 苫小牧市(S)

葉上の♂ '12.7.16 札幌市(H)

羽化した♂ '10.7.15 更別村(S)

日光浴する♀ '08.8.1 標茶町(N)

♂の羽化 '08.6.13 標茶町産(N)

霧氷をまとう越冬卵 '15.2.21 富良野市(N)

越冬卵 '11.2.10 苫小牧市産(S)

終齢 '08.6.1 標茶町産(N)

芽に食込む 1 齢と卵殻 '08.5.10 標茶町(N)

3 齢 '15.5.12 富良野市(N)

前蛹 '08.6.2 標茶町産(N)

蛹 '15.5.28 富良野市産(N)

ウラジロミドリシジミ

Favonius saphirinus saphirinus (Staudinger, 1887)

青緑の金属光沢を持つゼフィルスは，どれも区別が難しいが，裏面が銀白色の本種だけは，蝶に興味を持ち始めた初心者でも同定には困らない。

占有する♂
'05.7.'20 旭川市(N)

個体数★★☆☆
局地性★★★☆
観察難易度★★☆☆
絶滅危険度★★☆☆

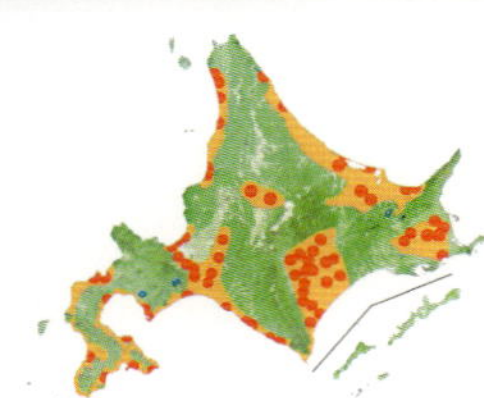

【分布・生息地】北は豊富町，南は函館市恵山や上ノ国町，東は別海町。主に道北～渡島半島までの海岸線や原野のカシワ林に生息する。道北の天塩川河口以北の海岸線にカシワ林はなくモンゴリナラで発生する。豊富町稚咲内と同じ景観である隣町の稚内市海岸林からは，数回調査したが見出せない。札幌市以南の石狩南部，勇払原野，十勝平野，旭川盆地，網走北見地方など，カシワ分布域では少なくない種と考える。

【周年経過】年 1 回発生。道南や石狩湾岸では 7 月上旬から発生し，多くの地域では 7 月 20 日前後に盛期となる。道北や道東など寒冷地域で 7 月末～8 月初めに発生する。♀の生き残りは 9 月に入っても見られる。卵で越冬する。

【食餌植物】ブナ科のカシワ。モンゴリナラ，カシワとミズナラの交雑種(カシワモドキ)も利用する。

【成虫】活動は午後が中心となる。♂は 16 時ごろ～日没後薄暗くなるまで樹幹部をなめるように絶え間なく飛び続ける。占有活動は午前中に稀に見られる。午前～日中にかけてシナノキ，クリ，ヒメジョオンの花で吸蜜することがある。日中は地面で吸水したり，葉表のアブラムシの分泌物やヤマグワの果実を吸汁する個体も見られる。配偶行動は交尾個体を見ただけである。産卵行動の観察例は少ないが，伊達市の観察では，15 時 45 分から♀は林縁の樹高 6 m程度の木の周りをやや活発に飛び回った後，地面から 2 m前後の横に張り出した枝先の葉に止まり，当年枝の方へ移動を始めた。枝の下の面に沿って腹端を時折曲げながら 30㎝ほど移動し 2 年目の枝の葉痕部に 1 卵産み付けた。産卵後は隣接する他の木に移り，同様の行動を 30 分間繰り返し，1 卵ずつ枝の分岐部など 3 か所に産付した。以上は発生から 1 か月程度たった 8 月 25 日の観察で，他にも産卵する個体が多く見られた。

【生活史】卵は横に張り出した比較的下の方の枝の分岐点に多いが，太い枝から出た微毛が密生する当年枝の表面や側芽にも見られる。1 卵のこともあるが 2 ～ 3 年目の枝では複数卵が産付されることが多く，10 個以上のこともある。ハヤシミドリシジミと同じような箇所から見つかるが，本種の卵の方が小型で表面の細かな突起の数も少ないことで区別ができる。5 月に入って孵化した幼虫は，膨らみかけた芽に食い込んで内部を食べる。2 齢以降は，展開した葉の基部に残る鱗片を，伸び始めた柔らかい枝に糸で絡めた台座をつくり静止場所とする。幼虫の体色は淡黄緑色で周囲の色に似ている。カシワの葉の基部周辺に穴をあけたり葉の縁から食べていくが，縮れたような食痕を残す。終齢は台座が壊れ始め葉の裏面に静止している幼虫も見られようになる。摂食時間の詳しい記録はないが日中摂食する個体も見ており，昼夜を問わず摂食すると推定される。蛹は他種と比べてやや小型でずんぐりしている。道内では野外の蛹の発見例はない。

♀の飛び立ち '09.7.17 石狩市(IG)

カシワの細枝への産卵 '12.8.25 伊達市(N)

朝露を吸水する♂ '12.7.23 旭川市(N)

交尾 '03.7.23 石狩市(IG)

早朝に日光浴する♂ '06.7.27 帯広市(MA)

越冬卵 '11.2.16 苫小牧市産(S)

葉上の 3 齢 '13.6.14 伊達市(N)

越冬卵 '08.3.2 旭川市産(I)

3 齢 '13.6.14 伊達市(N)

鱗片に隠れる 1 齢 '11.5.29 旭川市(N)

終齢 '11.5.31 旭川市産(N)

蛹 '11.6.4 旭川市産(N)

オオミドリシジミ

Favonius orientalis (Murray, 1875)

北の離島に裏がプラチナ色の本種が棲むという。ロマンをかき立てる話には胸躍るが，尾ひれのついた話はチョット困ると，手元の標本を見てため息をつく。類似 P.028

真昼の葉上で占有する♂
'07.7.22 苫小牧市(S)

個体数★★☆☆
局地性★★☆☆
観察難易度★★☆☆
絶滅危険度★★☆☆

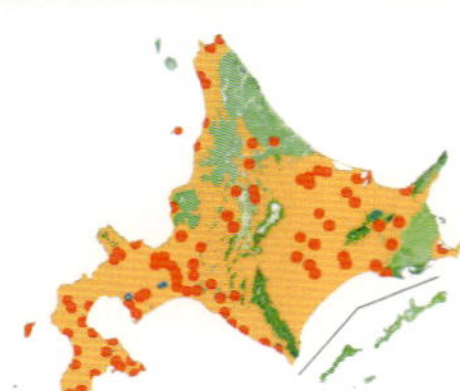

【分布・生息地】北は稚内市～南は福島町，東は根釧原野と広く生息し，離島では焼尻と奥尻に記録がある。多産する地域はあまりないが，海岸のカシワ防風林～市街地の雑木林，里山遊歩道～低山地の山頂で見られる。峠や山地渓谷の林道でも見られるが，そのような場所では多くない。♂は午前中活動するゼフィルスの中では比較的遅い時間にテリトリーを張り，♀は夕方でも林内を飛ぶ。

【周年経過】年 1 回発生。成虫は早い年には 7 月初めから発生し，例年だと多くの地域で 7 月中下旬に盛期を迎える。道北など寒冷地では 8 月になってから発生することもある。生き残り♀は 9 月中旬まで見られる。卵で越冬する。

【食餌植物】ブナ科のミズナラ，カシワ，コナラ。

【成虫】♂の活動は好天時，7 時ごろから始まり，8 ～ 10 時ごろに活発に樹冠や林縁を，卍どもえ飛翔を交えて飛び続け，枝先を占有する。少し早くから飛ぶ次種ジョウザンミドリシジミと混じって飛ぶこともあるが，同一地点では次種の占有活動が終盤になったころ本種が入れ替わり占有し，次種など他種ともふくめ，飛ぶ時期を違えて「時間的棲み分け」をしていると考えられる。♀の活動は不活発で葉上に静止していることが多いが，10 ～ 13 時にはやや活発に飛ぶ。時に葉表のアブラムシの分泌物を吸汁している。訪花行動はクリ，ノリウツギでしか見ていないが，ヒメジョオン，オオイタドリ，エゾヤマハギなどの観察例がある。配偶行動は交尾した個体を見ただけである。産卵は午後に見られ，♀は林縁の低い位置の枝先を飛び，枝に静止した後，腹端を枝にすりつけながら移動し，頂芽付近で静止し産卵した。

【生活史】卵はひこばえや幼樹の頂芽付近と小枝の分岐点に産み付けられることが多く見つけやすい。幹や太い枝から出た小さな枝先の芽にも産付され，1 卵のことが多いが 2 ～ 3 卵，最多で 6 卵であった。ミズナラよりカシワで産卵される時，卵数が多い傾向がある。5 月に入って孵化した卵は展開しきっていない芽に食い込んで内部を食べる。2 齢からは芽が開くので，その幼葉の裏にいるが，3 齢になると，低い位置の小さな枝の葉の基部に噛傷をつけしおらせて，閉じかけた傘のような巣をつくる。葉を吐糸で 2 ～ 3 枚綴じ合わせることもある。しおれた葉が乾いて黒褐色になった部分を選んで隠れている。この巣はよく目立ち見つけやすい。特定の摂食時間はなく昼夜を問わず時々摂食する。巣で守られているためか，枝に静止する個体もいて，細い枝に丸く巻き付いていることがある。蛹化前の 6 月中旬，摂食を止め，枝を歩き回っていた幼虫が突然落下し，その後も地表を歩き続けて 10m 以上移動し，地表の枯れ葉の裏に静止し 6 ～ 11 日後蛹化した。野外では，前蛹の期間が飼育下に比べこのように長いことはジョウザンミドリ，エゾミドリでも見られ，意外である。蛹期は約 30 日と推定される。

ミズナラの葉から吸汁する♀ '15.7.11 札幌市(H)

ミズナラの細枝への産卵 '03.8.2 富良野市(N)

占有する♂ '11.7.18 旭川市(N)

下草に静止する♂ '12.7.4 札幌市(H)

日光浴する♀ '12.7.21 苫小牧市(S)

若齢の巣 '14.5.15 富良野市(N)

終齢 '07.6.6 富良野市(N)

越冬卵 '11.2.15 苫小牧市産(S)

終齢 '15.5.30 札幌市(H)

ミズナラの細枝で越冬する卵 '11.2.15 苫小牧市(S)

2齢と食痕 '14.5.15 富良野市(N)

蛹 '15.6.7 札幌市(H)

ジョウザンミドリシジミ

Favonius taxila taxila (Bremer, 1861)

学名の種小名 *taxila* がミドリシジミでないことに未だ違和感を覚える。タイプ標本が実はジョウザンミドリシジミだったとか。世界共通の学名ゆえ馴染むしかない。類似 P.028

公園のミズナラで発生し，卍飛翔する♂
'10.7.11 帯広市(MA)

個体数★★☆☆
局地性★☆☆☆
観察難易度★★☆☆
絶滅危険度★☆☆☆

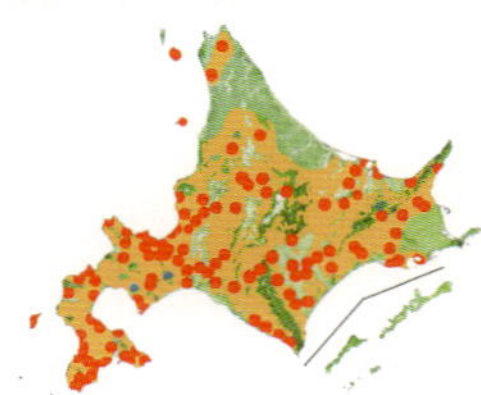

【分布・生息地】 道北は稚内市～道南は松前町や函館市恵山まで生息するが，釧路川より東の根釧原野では稀となり，多くが釧路～標茶町の国道391号沿いだ。厚岸半島の記録は追認が望まれる。離島では利尻，焼尻，奥尻に生息する。海岸沿いのカシワ，ミズナラ林～深山渓谷の落葉広葉樹林まで普通に見られる。

【周年経過】 年1回発生。成虫は早い年には7月初めから発生し，例年だと多くの地域で7月中旬に盛期を迎える。道北の寒冷地では7月末に発生することもある。生き残り♀は9月下旬まで見られる。卵で越冬する。

【食餌植物】 ブナ科のミズナラ，カシワ，コナラ。このうちミズナラが主要食樹。

【成虫】 活動は午前7時ころから始まり，正午近くまで活発に林縁を，卍巴飛翔を交えて飛び回り，林間に向いた枝先を占有する。占有活動の時間のピークは同じく午前中に活動するオオミドリシジミやアイノミドリシジミなど他種との関係で変わるとされるが本道での詳しい調査記録はない。最も普通に見られる本種から，各地で占有活動の記録を集積し，他種との「時間的棲み分け」の研究が進むことを期待したい。♀の活動は不活発であるが♂と共にクリ，ノリウツギ，ヨツバヒヨドリなどで吸蜜し，ミズナラなどの樹液を吸うこともある。また特に午前中は，地面や道路わきのフキの葉などの上に止まり盛んに吸水する。産卵の観察例は少ないが，富良野市で9月13日の13時30分過ぎに，郊外の農地の縁に生える3本のミズナラ(樹高約3m)に♀が飛来し，約10分間枝先を飛び回り，枝の先端に数回とまり産卵位置を探し，4回目に，形成され始めた冬芽の隙間に腹端を押し込み1卵産み付けた後，飛び去った。この近くの人家の庭に植えられた樹齢10～18年の若いミズナラにも8～9月末まで♀は時おり飛来し，毎年10数卵産み付けている。この地域の最も近い生息地は約300m離れた公園周辺のミズナラ疎林で，さらに離れた市街地でも♀の姿を見ることがある。この地域の例のように，♀は発生時期の後半に，発生地から数百m，時に数㎞は移動し産卵活動を行う可能性がある。

【生活史】 卵は比較的低い枝の頂芽基部に1卵ずつ産み付けられる例が最も多く，ゼフィルスの越冬卵調査では最も発見が容易である。分岐した枝先にある頂芽の中では，主軸先端の最も太く側芽も多い部位より，主軸から分かれた枝の頂芽が選ばれることが多い。孵化した幼虫は芽に食い込んで内部を食べる。2齢からは他の種と同様に鱗片の中に潜む。この他，3～終齢は葉の基部や枝の分岐部に静止することもある。終齢は葉の中脈を噛み，葉をしおらせてから食べることが多い。主に夜間に摂食する。永盛(拓)の観察によると，蛹化直前になると幼虫は摂食を止めて枝から幹を歩き回り，地表に落下し数日後枯葉の中で蛹化する。

早朝に日光浴する♂ '10.7.11 帯広市(MA)

占有する♂(9時25分)'06.7.14 小樽市(N)

クリを訪花した♀ '15.7.11 札幌市(H)

静止する軽微な斑紋異状♂ '11.7.18 旭川市(N)

日光浴する♀ '11.8.2 札幌市(H)

産卵直後の卵 '14.10.12 富良野市(N)

中脈をかじる3齢 '15.5.12 富良野市(N)

越冬卵 '11.2.26 旭川市(S)

終齢 '15.5.20 富良野市(N)

蛹化(右)'11.6.4 伊達市産(N)

前蛹 '11.6.4 伊達市産(N)

蛹 '15.5.28 伊達市産(N)

エゾミドリシジミ

Favonius jezoensis (Matsumura, 1915)

紛らわしいエゾミドリシジミとジョウザンミドリシジミは，生息地，発生期，食草がほぼ重なる。活動時間や産卵場所で，衝突を平和的に避けようとしているのか。類似 P.028

樹冠で占有する♂とノシメトンボ
'15.7.17 北広島市(S)

個体数★★☆☆
局地性★★☆☆
観察難易度★★★☆
絶滅危険度★★☆☆

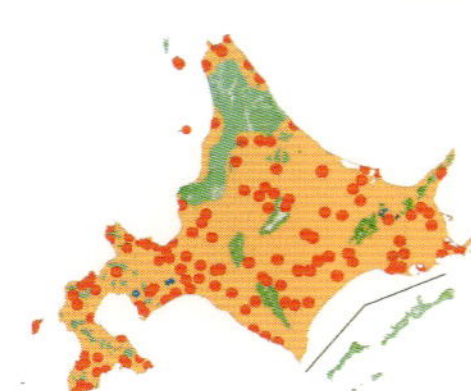

【分布・生息地】 道北は稚内市〜道南は松前町，道東は根室市まで広く分布し，離島では利尻，焼尻，奥尻にも生息する。寒冷な稚内や根釧原野でも比較的多く，北海道産 *Favonius* 属の中では，最も普遍的な種と考える。海岸沿いのカシワ・ミズナラ林ではごく稀だが，低山地〜山地にかけての落葉広葉樹林では，陽の傾くころ，樹の突き出た枝先や梢を占有する姿をよく見かける。

【周年経過】 年 1 回発生。温暖な地域では 7 月上旬から発生し，7 月中旬には多くの地域で盛期を迎える。寒冷な地域や山奥の渓谷などでは 7 月下旬に発生。♀の生き残りは 9 月まで見られる。卵で越冬する。

【食餌植物】 ブナ科のミズナラ，カシワ，コナラ，モンゴリナラ。このうちミズナラが主要食樹。

【成虫】 活動は *Favonius* 属の中ではハヤシミドリシジミと同じく昼前から午後に活発になる。活動のピークはおおよそ 15 〜 17 時ごろで追飛や卍ともえに絡み合って飛び続ける。♀は吸蜜，吸水活動以外は目にふれることは少なく，林間に隠れているか林縁の下草に静止している。訪花植物としてクリ，ノリウツギ，シナノキ，ヨツバヒヨドリ，オオイタドリなどが記録されている。黒田は稚内市で♂が乱舞する 17 時ころ，林内下草に交尾個体を観察した。林縁から飛び立った♀が引く形の交尾飛行するカップルも確認している。このことから求愛や交尾は♂の活発に飛ぶ時間と推測される。

【生活史】 卵は林縁の谷や林道などに向かって横に張り出した枝に好んで産卵されている。ゼフィルスの越冬卵調査では比較的発見の難しい種類ではあるが，条件のよい枝には集中的に産卵されることも多く，1 本の木から 100 卵近く見つかることもある。産卵位置は当年枝から，太さ 2 〜 3 ㎝程度の枝の分岐部の内側で，1 卵のこともあるが普通は複数卵産み付けられている。1 か所に 10 卵以上の卵塊になっていることもあるが，この場合は複数の♀が産み付けた結果のことも多いと考えられる。ミズナラ林内のカシワ，コナラにも産み付けられていることもある。幼虫は問題なく成長するが，これは二次的に産み付けられたものと考えられる。孵化した幼虫は枝の上を移動し，やがて芽に食い込む。この時期の幼虫は絶食状態に強く，実験的に新芽を取り去ったところ，樹皮を食べながら徐々に成長し，2 か月後に出た新葉を食べて終齢になったという報告がある。幼虫は冬芽の基部の開いた鱗片中に吐糸した台座に静止している。少なくとも 3 齢に向けての脱皮までは鱗片に留まり周囲の若葉を食べる。3 齢以降は葉の裏や表に静止したり，枝の分岐部に体を巻きつけて静止するなど様々な位置から見つかり，終齢では太枝の皺の部分に隠れていることが多い。主に夜間に摂食する。蛹化時には幹を降りるが，途中で落下することが多く，落ちた場所近くの落葉の下で 1 週間ほど経ったのちに蛹化する。

静止する♀ '11.7.11 室蘭市(N)

占有する♂ '15.7.17 北広島市(S)

静止する♀ '12.7.15 白老町(N)

占有する♂ '15.7.15 札幌市(H)

9月まで生き延びた♀ '17.9.3 富良野市(N)

枝の分岐部の卵塊 '08.3.1 標茶町産(I)

ミズナラの葉上の3齢 '14.5.28 富良野市(N)

カシワの芽に食込む1齢 '15.5.17 同左(N)

終齢 '11.5.31 標茶町産(N)

越冬卵 '08.3.1 標茶町産(I)

枝のすき間に静止する終齢 '15.6.6 富良野市(N)

蛹 '15.5.28 標茶町産(N)

ハヤシミドリシジミ

Favonius ultramarinus ultramarinus (Fixsen, 1887)

道北日本海側モンゴリナラ林ではエゾミドリシジミと混生する。発生期も活動時間も重なり，傷んでくると外見での区別はお手上げになる。類似 P.028

夕方のカシワ林で占有する♂
'12.7.25 小樽市(IG)

個体数★★☆☆
局地性★★★☆
観察難易度★★★☆
絶滅危険度★★☆☆

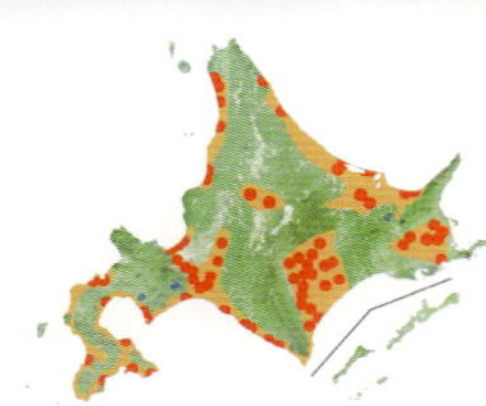

【分布・生息地】 道内では局地的。日本海・太平洋・オホーツク沿岸のカシワ海岸林や，勇払原野，十勝平野，根釧原野の他に，旭川市周辺と北見，美幌地方のカシワ分布域と本種生息地が密接に結び付く。天塩川河口より北の海岸林ではモンゴリナラに食性転換する。北限は豊富町稚咲内。南限は函館市恵山。根釧原野では別海町にて確認した。根室市東厚床の記録があるが交尾器検眼による再確認が望まれる。海岸林では比較的生息地が保全されるが，旭川や北見・美幌，十勝方面ではカシワ林伐採により本種の衰退が危惧される。

【周年経過】 年 1 回発生。温暖な地域では 7 月上旬から発生し中旬には盛期を迎える。道東や道北の寒冷地域では 7 月下旬から発生し，寒い年には 8 月まで発生がずれ込む。♀の生き残りは 9 月末まで見られる。卵で越冬する。

【食餌植物】 ブナ科のカシワ。道北の豊富町や幌延町ではモンゴリナラ。

【成虫】 日周活動は早朝から午前中と日没前の二山型である。15 時ごろ～ 18 時ごろの活動はカシワ林の樹冠から開けた空間までほとんど静止することなく飛び続ける。♂は占有性を示し旭川市での観察では 10 時ごろ，カシワ林の林縁の小草原のススキの葉先に翅を半開にして静止し，周囲に入って来る同種やオオミドリシジミを追い払う行動が見られた。卍巴飛翔は見られなかった。交尾に至る配偶行動の観察例はない。産卵活動は，旭川市では 7 月 23 日に観察しており，卵の成熟は早いようだ。伊達市では 9 月に入っても盛んに産卵をしており，産卵時期は長いと考えられる。産卵時，♀は林縁の比較的低い位置の枝先を飛び，写真のように枝を歩回り，時々腹端を枝にすりつけ産卵位置を探し，枝の分岐点や樹皮の皺部に 1 ～数個産み付ける。

【生活史】 卵は頂芽付近から小枝の分岐点に多いが，太い枝の下面やあまり太くない幹にまでさまざまなところに産付される。1 か所に 1 ～数個ずつ産み付けられるが，太い枝から幹では 10 個以上産付されることもある。

孵化した幼虫は近くの新芽に潜入するが，孵化時期が早すぎて，しばらく芽ぶき前の硬い芽の付近に留まる幼虫もいる。2 齢以降，体色は灰褐色に変わるが，冬芽の基部に残る鱗片の内部に隠れていることが多い。3 齢になるまでは冬芽の基部に数枚の鱗片を吐糸でからめた巣に静止している。3 齢の後半からは若葉の裏の基部に静止し，周辺の葉までかなり移動し摂食するようになる。日没前後からは葉の表に移動して静止し，夜間にかけて積極的に摂食行動をとる。終齢幼虫は黒灰色～淡灰色の色彩を持ち，若い枝の分岐点に巻きつくように静止するものもいる。この静止姿勢では体色が枝の色彩に紛れることになる。幼虫はエゾミドリシジミより扁平な形態を持つことで区別ができる。本道での蛹化位置についての観察例はない。

卍飛翔 '12.7.15 石狩市(IG)

カシワへの産卵 '11.7.23 旭川市(N)

占有する♂ '11.7.23 旭川市(N)

カシワ葉上に静止する♀ '05.7.20 小樽市(N)

♂の羽化 '11.6.18 旭川市産(N)

越冬卵 '11.2.16 苫小牧市産(S)

カシワ葉上の終齢 '12.6.14 伊達市(N)

鱗片に隠れる 3 齢 '12.6.14 伊達市(N)

産卵直後の卵 '11.7.23 旭川市(N)

カシワ細枝下面で越冬する卵 '11.2.7 苫小牧市(S)

静止する終齢 '12.6.14 伊達市(N)

蛹 '10.6.8 旭川市産(N)

フジミドリシジミ

北：情報不足種(Dd)

Sibataniozephyrus fujisanus fujisanus (Matsumura, 1910)

輝くゼフィルスの中で光沢は強くない。原始のブナ林にしか生息せず，明け方の空色に淡く輝く本種は，森の精霊のようだ。冬季採卵で雪深い生息地に辿りつくのが難しい。

ブナの葉上に静止する♀
'11.7.9 七飯町(IG)

個体数★★☆☆
局地性★★★★
観察難易度★★★★
絶滅危険度★★☆☆

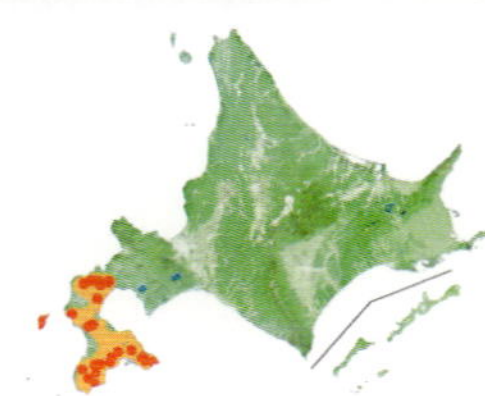

【分布・生息地】 道内でも本種分布域は，天然ブナ林と密接に関わり，北限付近の黒松内町をはじめ，長万部町，今金町，たいせい町，やくも町，上ノ国町，厚沢部町，松前町，福島町，木古内町，上磯町，七飯町，函館市(戸井町，南茅部町を含む)などで，ブナの自生と密接な積雪の多い渓谷や山岳となる。発生地は天然林に限られ伐採後の二次林には見られない。古い記録にある函館山は，ブナ自生も含め，再確認が必要と考える。離島では奥尻島に生息し大発生の年には，海を背景に乱舞が見られたと聞く。ブナは現在でも黒松内低地帯から北上を続けており，それにともない本種も北進すると推測され調査が望まれる。

【周年経過】 年 1 回の発生。道内の多くの生息地では 7 月上旬～中旬にかけて発生し，7 月下旬になると汚損する。狩場山麓などの急峻な渓谷などでは 8 月にも生き残り♀が見られる。卵で越冬する。

【食餌植物】 ブナ科のブナ

【成虫】 樹冠の高いところを飛ぶことが多く，非常に観察しづらい。活動は 14 時ころから始まり，16 ～ 17 時ごろ，多数がチラチラと樹冠を飛びかうのが遠望される。また暗い林内で，早朝や天気が荒れたとき見られることがある。♀の活動は不活発で葉上に静止していることが多い。このような生態のため採集しづらく珍種とされるが，樹冠を飛ぶ個体数は多く発生地には多いようだ。黒田は，渓谷に張り出したブナの枝先にある空間で，4～5 個体の♂同士がミドリシジミのように，上下に長い蚊柱状態の卍巴飛翔をしているのを観察したことがある。また，急峻な渓谷を見おろす崖上では，吹き上がる雲が尾根を越えるような悪天の中で，次々と尾根を越えて行く♂を観察した。訪花は霧雨の中，ブナ林床のヨツバヒヨドリで吸蜜する♀を観察した。配偶行動の観察記録はない。詳しい産卵行動も観察されておらず生態は謎に包まれている。

【生活史】 卵は谷に張り出した枝の先端部から出る細い枝への分岐点や，しわの上に多いが，幹や太い枝から出た小さな枝にも見られる。1 卵のことが多いが 2 ～ 3 卵から時として 10 卵以上産み付けられることもある。永盛(拓)の，島牧村での 1994 年 5 月 1 ～ 2 日の観察では，雪の残る林内でブナの開芽が全く見られない中，大部分の卵が孵化していて，枝の下面を歩いていたり，開芽を待つように固い芽の表面に静止している個体が多かった。飼育下では，1 齢は膨らみかけた小さい芽を選んで潜り込み，外からは排出される糞のみが観察できた。2 齢は先端部の若葉が重なった内部に入り込み，3 齢からは，葉を吐糸で緩く綴って簡単な巣をつくる。終齢では複数枚の葉を重ね合わせた巣をつくりその中にいることが多い。摂食は巣の外側部分と，巣から離れた周囲の葉の縁から食い進む。飼育下では敷きつめた枯葉の表面で蛹化し，蛹期は 15 日間前後であった。

下草に静止する♀ '11.7.9 七飯町(IG)

ブナ葉上で日光浴する♀ '09.7.12 七飯町(IG)

下草に静止する♀ '09.7.12 七飯町(IG)

日光浴する♂ '01.5.28 奥尻町産(KW)

越冬卵 '15.2.26 長万部町産(S)

巣に隠れる 3 齢 '15.5.7 長万部町産(N)

終齢 '15.5.16 長万部町産(N)

芽吹きを待つ 1 齢 '86.5.5 島牧村(H)

ブナ下枝の枝先で越冬する卵 '15.2.25 長万部町(S)

2 齢 '15.4.30 長万部町産(N)

蛹 '15.5.20 長万部町産(N)

トラフシジミ

Rapala arata (Bremer, 1861)

虎斑(とらふ)の由来となる灰色地に白のストライプが美しい。紺色の鈍い輝きを放ち新緑の林道を素早く飛ぶ姿はシジミチョウのスピードスターだ。

ハルザキヤマガラシを訪花した♀
'12.6.3 当別町(IG)

個体数★☆☆☆
局地性★★☆☆
観察難易度★★☆☆
絶滅危険度★★☆☆

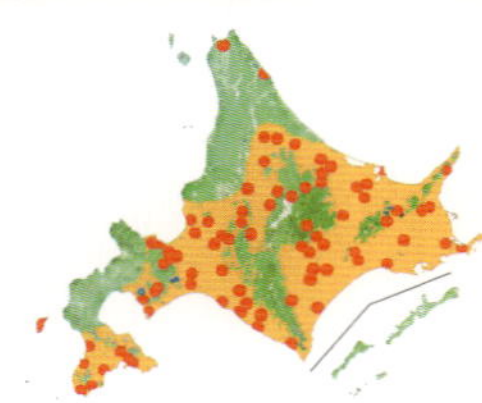

【分布・生息地】北は稚内市～南は松前町，函館市，根室半島基部や羅臼町まで道内では広範囲で確認されているが，目にすることは少なく，多数見られる条件のよい年は稀だ。離島では奥尻が唯一。道北では稀な種で，名寄市を越える地域ではわずかな記録しかない。主に里山や山地の林道で見かける。本種は移動性が高いのか表大雪や日高幌尻岳の高山帯での目撃談も聞く。

【周年経過】年 1 化が基本。地域により部分的に第 2 化。第 1 化発生は 5 月中旬～ 6 月にかけて。温暖な年では 5 月連休に見られることがある。第 1 化の生き残りは 7 月末まで。道南では第 2 化が安定して見られるが石狩平野以東の地域では稀。第 2 化は 7 月末～ 8 月にかけて現れる。蛹で越冬する。

【食餌植物】きわめて広い範囲の植物の主に花，つぼみ，実を食べる。道内ではマメ科のエゾヤマハギ，フジ，イヌエンジュ，ツツジ科やシナノキ科など非常に多くの植物が記録されている。

【成虫】活動は午前 9 時ころから始まり，湿地の吸水も観察される。奥尻島では，7 月下旬の夕方数個体が 19 時過ぎまでゼフィルスのように活発に飛び，卍ともえの飛翔も見られた。黒田も同様の行動を札幌市や北見市で発生末期の♂で観察している。訪花行動はアブラナ科，ヒメジョオンなど多くの花で観察されている。配偶行動は全く観察していない。自然状態での産卵は札幌市でエゾヤマハギに行われたのを見た他，次頁の茨木岳山氏によるシナガワハギへの産卵例がある。

【生活史】卵はシナノキに多数生み付けられた記録があるが，発見例が少ない。札幌市で校庭のエゾヤマハギで発生した時，中齢幼虫は茎の頂部に静止し芽を中心に食べて，終齢に達しても芽を食べ続けたが体色は緑色だった。幼虫にはアリがつきまとうのが普通だが，この時はほとんど来ていなかった。蛹化までは確認していない。成長はきわめて早く孵化から 3 齢が老熟するのに 12 日しか要しなかった。

また札幌市の別地点ではハリエンジュの花を食べる終齢を見つけた。体色は白緑色であった。この個体は 7 月 6 日蛹化直前に紫赤色になって落下し，下草のクマイザサの上で見つかったが，その後，地表の枯れ葉裏で静止した。翌日再発見できず，蛹は観察できなかった。

札幌市で 5 月 18 日採集した♀から採卵して飼育した時は，産卵開始まで 13 日を要し，6 月 1 ～ 3 日にフジの花や花茎に産卵し，約 1 週間後孵化した。幼虫は新葉や花を食べて急速に成長した。一般に食べる花と体色は同化するが新葉を食べている時も花を食べている時も，同様に褐色だった。終齢は花を食べる時，花茎の付け根に吐糸して花が落下しないようにする(次頁写真下)。新葉も積極的に摂食し急速に成長し，6 月 24 日蛹化，7 月 7 ～ 9 日に羽化した。本道では安定した産地が少ないため生態上の記録が全般に非常に少ない。

林道の湿りで吸水する第１化(春型)♂ '10.5.31 札幌市(IG)

シナガワハギに産卵する第２化(夏型)'10.7.24 石狩市(IG)

尾状突起による偽の頭部 '05.7.15 同上(IG)

ヒメジョオンを訪花した夏型♀ '10.8.4 富良野市(S)

日光浴 '11.7.18 大樹町(KN)

脱皮直後の終齢 '09.7.12 札幌市(H)

１齢 '15.6.9 札幌市産(H)

フジの花を摂食する終齢 '15.6.20 札幌市産(H)

イヌエンジュの卵 '15.6.2 札幌市産(H)

エゾヤマハギを食う終齢 '08.7.22 札幌市産(H)

前蛹 '15.6.29 札幌市産(H)

蛹 '15.6.29 札幌市産(H)

コツバメ

Callophrys ferrea ferrea (Butler, 1866)

初めて本種を見たころは，雑貨店の虫取り網から捕虫網に持ち替えた春だった。忙しなく飛び，翅を傾けて淡い日差しを浴びる姿に，もっとゆっくり温まれといいたくなる。

侵入者を追い払い，占有場所に戻ってきた♂
'10.5.22 苫小牧市(S)

個体数★★☆☆
局地性★★☆☆
観察難易度★☆☆☆
絶滅危険度★☆☆☆

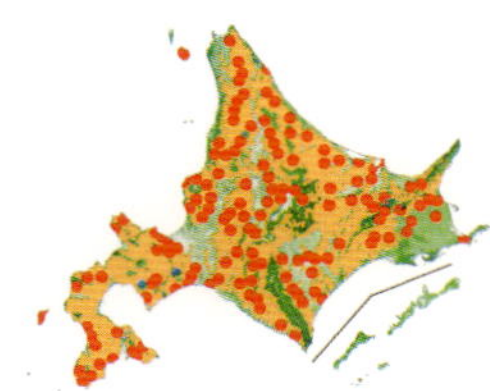

【分布・生息地】 道北の稚内市～道東根室半島基部，道南の函館市や松前町まで広く分布。離島には利尻と奥尻に記録がある。低地～山地にかけての道路沿い，渓流沿いなどの明るい林縁，林間の陽地に生息する。里山環境の公園や神社ではよく見るが，道北や道東以外の平野部では稀なのか，道央の平野部の比較的大きい緑地公園などでは見たことがない。

【周年経過】 年1回早春に発生する。成虫は例年だと4月下旬から発生し，ほとんどの地域で5月中旬に盛期を迎える。残雪の多い渓谷深部では7月初めまで生き残りを見る。蛹で越冬する。

【食餌植物】 主に樹木の花を広く利用する。バラ科のエゾノシロバナシモツケ，ユキヤナギ，エゾシモツケ，マルバシモツケ，コデマリ，ホザキシモツケ，エゾノウワミズザクラ，ナナカマド。ツツジ科のハナヒリノキ，エゾムラサキツツジ，コヨウラクツツジ，ムラサキヤシオ。ミツバウツギ科のミツバウツギ。ユキノシタ科のヤマブキショウマ，トリアシショウマ。ヤナギ科のエゾノバッコヤナギ。スイカズラ科のミヤマガマズミ，オオカメノキなどが記録されている。この他にも食樹となる種類は多いと考えられる。

【成虫】 林縁に生育するマント群落に生育する低木を食餌とする。陽地を好み樹林の間や道路沿い，渓流沿いなどの開けた空間を活発に飛び回る。早春の低温に対して，翅を閉じ太陽光を受けるように体を傾け体を温め開翅することはない。また濃褐色の密に生えた体毛が保温効果を高めていると考えられる。♂は低木や背の高い草本の先端に止まり，占有行動を見せる。侵入する個体を素早く追いかけ，もとの位置に戻ることが良く観察される。♀の侵入にはゆっくりと近づき♀が下草に止まったところで後ろから接近し交尾に至る。フキ，エゾエンゴサク，エゾノシロバナシモツケなどの各種の花で吸蜜する。

産卵は日中の暖かい時間に行われ，母蝶は食樹の先端部のつぼみの部分に執着し，止まった後，触角を下げ上下に動かしながら歩き回り，腹端をときどき強く曲げながら産卵部位を探す。つぼみが密にまとまっている花序ではつぼみの隙間に産み付けることが多い。

【生活史】 卵は淡青緑色であるがしだいに青みは消えていく。直径0.8㎜前後で小さくやや扁平。5～7日で孵化し，つぼみや花弁に穴をあけ内部を食べ始める。1齢は体表の黒い毛が目立つが，2齢以降は褐色味を帯びた微毛となり目立たなくなる。花を好むが果実や若葉も食べる。若齢幼虫は，花柄や葉の裏面に静止し，体色や体型の隠ぺい効果が高く発見は難しいが，ショウマ類などの白い花についた終齢は緑色で目立ち比較的見つけやすい。アリが体にまとわりつくこともある。幼虫の成長は早く6月下旬～7月中には蛹となり長い休眠に入る。蛹化は食樹を降りて落葉の間などで行われると考えられるが本道での発見例はない。

交尾 '09.5.16 苫小牧市(S)

葉上で占有する♂ '09.5.4 石狩市(S)

翅を傾け日光浴する♂ '09.5.16 苫小牧市(S)

求愛(右♂)'09.5.16 苫小牧市(S)

花芽に産卵 '14.5.1 富良野市(N)

ハナヒリノキに産付された卵 '06.6.14 小樽市(N)

終齢とアリ '15.7.5 芦別市(N)

卵 '15.5.22 様似町(S)

前蛹 '14.6.1 富良野市産(N)

ヤマブキショウマを食べる 1 齢 '15.5.22 様似町(S)

終齢の摂食 '14.5.27 富良野市(N)

蛹 '15.7.10 富良野市産(N)

カラスシジミ

Fixsenia w-album fentoni (Butler, [1882])

♂♀とも翅が黒褐色の一色ということから，♂♀の区別が難しいとの心配は御無用。♂だけに前翅中室先端に小さな楕円の性斑がある。類似 P.029

セリ科植物を訪花
'11.7.22 札幌市(IG)

個体数★★★☆
局地性★☆☆☆
観察難易度★☆☆☆
絶滅危険度★☆☆☆

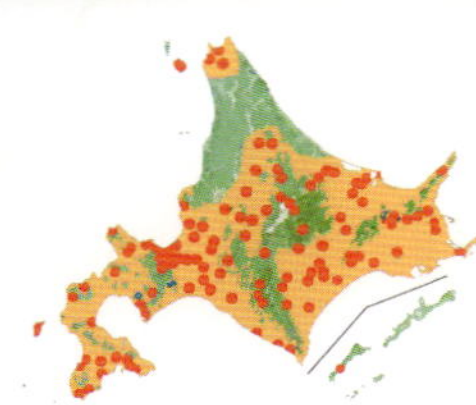

【分布・生息地】 道内に広く分布する。北は稚内市～東は知床半島の羅臼岳山麓や根室半島基部，道南の函館市や松前町でも普通に見られる。離島では利尻島と奥尻島に記録がある。海岸の雑木林や都市部公園，河川敷，山地の落葉広葉樹林など。農村地域などではスモモにも発生。

【周年経過】 年 1 回の発生。温暖な地域では 6 月下旬から，寒冷地などでも 7 月下旬には発生する。8 月初めには汚損した個体が多数ヨツバヒヨドリの花で吸蜜する姿を見るが，お盆を過ぎるころにはあまり見られなくなる。卵で越冬する。

【食餌植物】 ニレ科のハルニレ，オヒョウ，栽培種のノニレ。バラ科ではスモモで卵や幼虫を見るが他の種も利用していると考えられる。

【成虫】 林縁のソデ群落や林間小草原の明るい空間に見られ，草本や低木各種の花の上によく集まる。訪花植物はヒメジョオン，ノリウツギ，オオイタドリ，ウドなどセリ科植物，ホザキナナカマドなど多種にわたり，特にヒメジョオンなど白色の花を好む。♂は地上で吸水したり，アワフキムシの泡を吸う行動も見られる。翅を閉じたまま体を傾け日光浴をするが，この習性はコツバメ，同属のリンゴシジミにも見られる。♂は主に午前中に枝先で見張り行動をとることがある。求愛から交尾に至る配偶行動については不明。本道における産卵行動の観察例もない。

【生活史】 卵は灰色～黒褐色で扁平。表面全体に細かな突起があるが目立たない。卵は大きな食樹であれば低い枝やひこばえの枝先に産み付けられている。林間ギャップや林縁の樹高 2 ～ 3 m の若い木に産卵数が多い。産付位置は当年枝から，太さ 2㎝くらいの枝の分岐点や皺のある表面に 1 ～数個産み付けられており，冬芽近くはあまり選ばれない。

孵化した幼虫は卵殻を食べずに膨らんだ芽の側面から穴をあけるように食べる。葉に先立って咲く花も食べる。葉が展開すると葉の重なりの中に隠れながら，葉身に穴をあけたり葉縁から葉脈を残しながら食べる。終齢になると葉の裏に台座をつくり静止し，枝の先端部の若い葉を食べに移動することが多い。このころトビイロケアリなどが集まることがあるが，特に幼虫から蜜を与えたり，伸縮突起を伸ばすなどの目立った行動は見られない。蛹化が近づくと，葉の色と同化した黄緑色の体色は体の側面から紫褐色を帯び始め，摂食を止め歩き回る。この間に落下する個体が多く，地面を歩く幼虫を多数見ることもある。そのためハルニレの種子を集めるために設置したシードトラップに多数落ちていたこともある。札幌市内で大発生した 1994，1995 年には，墓地にあるハルニレから落下した多数の個体が墓石の隙間や落葉の間で蛹化したという。また地面に落下した終齢の寄生蝿による寄生率を調べたところ，1994 年が 27.8%，1995 年が 73.8%に増加したという興味深い記録がある。

ノリウツギを訪花した♀ '15.8.8 日高町(T)

交尾(左♂)'05.7.30 札幌市(IG)

下草に静止する異常型 '08.7.21 札幌市(H)

葉上に静止 '12.7.24 札幌市(H)

ヒメジョオンを訪花 '09.8.5 標茶町(N)

スモモの細枝側面で越冬する卵 '15.3.9 上川町(S)

ハルニレの芽に食込む 1 齢 '15.4.23 同下

越冬卵 '15.4.10 上川町産(S)

1 齢(ハルニレ)'15.5.1 富良野市(N)

オヒョウを摂食する終齢とアリ '15.6.6 富良野市(N)

落下した地面の前蛹 '08.6.21 標茶町(N)

枯葉の間の蛹 '94.6.20 札幌市(KW)

ミヤマカラスシジミ

Fixsenia mera (Janson, 1877)　北：情報不足種(Dd)

昔，クロウメモドキは有刺鉄線がわりに牧場周辺に植えられていたと聞く。やがてトゲが嫌われ不要になり本種の発生地は縮小した。今では牧場が宅地や施設に変わった。類似 P.029

ヒヨドリバナを訪花した♀
'13.8.7 上ノ国町(S)

個体数★☆☆☆
局地性★★★★
観察難易度★★★☆
絶滅危険度★★★★

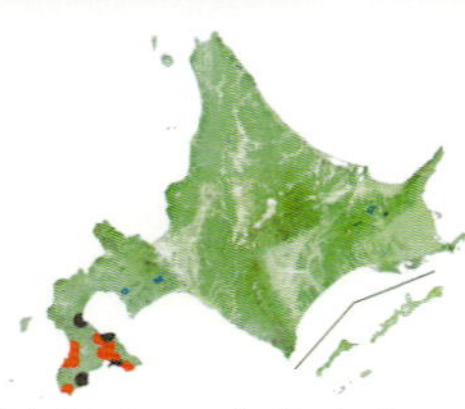

【分布・生息地】渡島地方南部に局地的に分布する。北限だった八雲町は1972年を最後に消息が途絶えた。日本海側では乙部町以南で確認され，七飯町や函館市周辺にも生息するが最近は激減している。平野部～低山地の林縁に生息する。農地や公園，墓地の裏山といった人手の入りやすい雑木林が主な生息地であるため伐採により姿を消したところも多い。またクズなどのつる性植物が繁茂して絡み付き，枯れたり衰弱したりする発生木も多い。

【周年経過】年1回の発生で，前種より遅く7月下旬～8月にかけて見られる。お盆になると汚損した個体が多くなる。卵で越冬する。

【食餌植物】クロウメモドキ科のクロウメモドキ。クロウメモドキは八雲町以北の渡島半島～胆振地方，上川南部まで生育している。千歳市では数回にわたって，非常に丹念に卵を探索しているが見つからなかった。

【成虫】成虫の活動範囲は狭く，食樹付近からあまり離れない。朝に弱い活動が見られ，日中は草本や低木各種の花で吸蜜する。訪花植物はヒメジョオン，ノリウツギ，オカトラノオ，セイヨウノコギリソウ，ホザキシモツケ，オオハンゴンソウ，シシウドなど。♂は15～17時ごろにかけて林縁の樹上を飛び，低木上で占有行動を見せる。求愛から交尾に至る配偶行動については不明。産卵は7月下旬に観察している。1985年7月30日13時ごろの福島町での観察では，♀は沢沿いの林縁に密生する食樹の内部に潜り込み，触角を上下に動かしながら枝を上下に移動し，直径8㎜ほどの枝の表面の皺部に3卵続けて産み付けた。芝田の2009年8月15日上ノ国町での観察では，林道わきの孤立樹の，地上1～2mの高さの枝で，同様な行動をとり，1～3卵連続して産卵していた（次頁写真）。

【生活史】卵は産卵直後は独特の緑色を帯びているがやがて灰白色に変化する。卵で越冬し，翌春開芽と同時に孵化するが，孵化期には同一環境の食樹でも差があり，個体差が3週間以上もあることは稀ではない。孵化した幼虫は芽に食い込みながら内部を食べる。2齢以降の体色は若い葉の色によく似た黄緑色で，葉の基部付近の裏，時に表に静止し，周辺の葉に孔をあけるように食べることが多い。また花や果実があれば好んで食べる。2015年5月18日上ノ国町での観察では，3齢幼虫が卵殻の付着した枝の先端部の，密になった葉の裏や枝との分岐部に静止していた。庭先の食樹につけて飼育しても移動性は乏しく，脱皮も葉や枝の座で進む。終齢では枝の先端部の若い葉を食べ尽くすようになる。道外の観察では，幼虫の性質は獰猛で，若齢時から共食いをするというが，本道での観察例はない。成長はカラスシジミよりも遅く，そのため羽化も遅れる。

蛹化に関して道外では食樹上で行われる場合と，植樹を離れて地表で行われる場合とがあるという。道内での観察記録はない。

クロウメモドキの細枝に産卵 '09.8.15 上ノ国町(S)

クロウメモドキ葉上の♀ '09.8.15 上ノ国町(S)

食樹の葉上に静止する♀ '15.8.8 上ノ国町(S)

占有する♂ '06.8.13 上ノ国町(IG)

訪花した♀ '10.8.13 上ノ国町(IG)

新芽に食込む2齢 '15.4.26 上ノ国町産(N)

3齢 '15.5.18 上ノ国町(N)

越冬卵 '11.4.14 上ノ国町産(S)

前蛹 '15.6.3 上ノ国町産(N)

芽の基部で越冬した卵 '11.4.2 上ノ国町(S)

終齢 '15.6.5 上ノ国町産(N)

蛹 '15.6.3 上ノ国町産(N)

北海道特産種

リンゴシジミ

Fixsenia pruni jezoensis (Matsumura, 1919)　北：留意種(N)

日本では北海道特産種。古くは大珍品との誉も高かった。やがてスモモが発生木と判明し，分布解明も進み，得やすい種となった。だが人気はあいかわらず高い。類似 P.029

廃屋に植えられていたスモモで発生し葉上に静止する♀　'11.6.30 安平町(S)

個体数★☆☆☆　局地性★★★☆　観察難易度★★★☆　絶滅危険度★★★☆

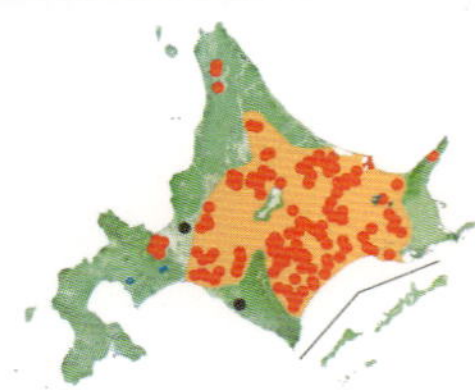

【分布・生息地】北限は天塩中川町，西限は札幌市定山渓。北見や十勝地方では生息地が多い。根釧原野では釧路〜標茶間付近の確認に留まる。静内の記録は追認が必要と考える。十勝の帯広市・音更町や北見市常呂川河岸では自生種エゾノウワミズザクラでの発生地も多いが，これ以外の確認生息地は多くがスモモでの発生である。元来は渓谷や河川敷のエゾノウワミズザクラで発生していた本種は，開拓時代の食糧として持ち込まれたスモモに食性転換し，多くの平野部に分布を広げたと考える。1974 年に当時の常識を覆す旧早来町で発生地が確認された。1975 年から札幌周辺で調査を行なったが発見できず，1982 年に札幌市大倉山で発見され，以降中央区や西区にも生息地が見つかった。しかし，現在は消滅したところが多い。

【周年経過】年 1 回の発生で，6 月中旬，寒冷地や山地帯では 7 月，稀ながら日高山系の渓谷などでは 7 月末に新鮮個体が見られる。発生木では，発生が始まってから 1 週間で汚損個体が目立ち，概ね 20 日が経過すると，ほぼ見られなくなる。卵で越冬する。

【食餌植物】バラ科のスモモやエゾノウワミズザクラの他，稀に栽培種のウメやアンズ，自生種ではシウリザクラの報告もあるが，追認が必要と考える。

【成虫】基本的には発生木周辺からあまり離れず，晴天時に♂は 10 時〜 13 時の白昼と，陽の傾く 16 時頃にスモモ周辺の梢を活発に飛ぶ。曇天時は総じて活動が鈍い。オオハナウドなどのセリ科植物などの花で吸蜜するが訪花性は低い。地面での吸水やヤナギ類につくアワフキムシの泡やアブラムシの分泌液を吸う個体も見られる。交尾個体は下草に止まっているが配偶行動についての詳細は不明。産卵行動は気温の高い日中に行われ，母蝶は枝の上を，触角を交互に動かしながら歩き，枝の分岐部や表面の皺に 1 〜 3 個ずつ産み付ける。

【生活史】卵は暗灰色のまんじゅう型で，幹の色に紛れて目立たないが，しだいに色あせて越冬後は白色に近くなる。スモモでは 1 〜 2 m の高さの枝からよく見つかる。同時にカラスシジミも混じって見つかるが，カラスシジミの方がより扁平で直径も大きいことで区別できる。孵化は 4 月中旬ころから始まり，幼虫はつぼみや花を好んで食べ，急速に成長する。花がない場合や食べつくした時は若葉の主に先端部分から食べる。2 齢までは体色は濁った褐色で，3 齢からは葉の色に似た黄緑色となる。体色に変異があり紅色斑が発達するものも見られる。終齢は食痕のある葉の裏や伸びた若い枝の上に静止している。小型のアリ(未同定)が幼虫の周囲にまとわりつくこともある。蛹化が近づくと体色がくすんだ濃緑色に変化し始め，幹を伝い下草の笹やアキタブキなどの葉表などで蛹化する。無防備とも思える程，背を露出させ蛹化するが，鳥糞に似せた形状・模様の擬態効果を示すものと考える。

スモモの蜜腺から吸蜜する♀ '11.6.30 安平町(S)

ヒメジョオンを訪花した♂ '05.7.9 札幌市(IG)

羽化した♀ '15.5.20 上川町産(N)

体を傾けて日光浴する♂ '08.6.20 安平町(S)

産卵 '05.7.1 札幌市(IG)

スモモの細枝分岐で越冬する卵 '15.3.9 上川町(S)

前蛹 '14.5.28 旭川市産(N)

越冬後の卵 '15.3.11 上川町(N)

1齢の摂食 '15.4.29 上川町産(N)

スモモの花と終齢 '14.5.21 旭川市(N)

下草葉上の蛹 '06.5.29 札幌市(IG)

3齢の摂食 '15.5.5 上川町産(N)

ベニシジミ

Lycaena phlaeas chinensis (C. Felder, 1862)

北方系の種。身近な蝶だが，朱色の低温期型，褐色の高温期型だけでなく，後翅表面の青紋列が鮮やかな個体，稀に朱色が黄色くなる個体など注目点は多い。

草原での求愛飛翔(♂右)
'15.6.2 壮瞥町(S)

シジミチョウ科

個体数★★★★
局地性☆☆☆☆
観察難易度☆☆☆☆
絶滅危険度☆☆☆☆

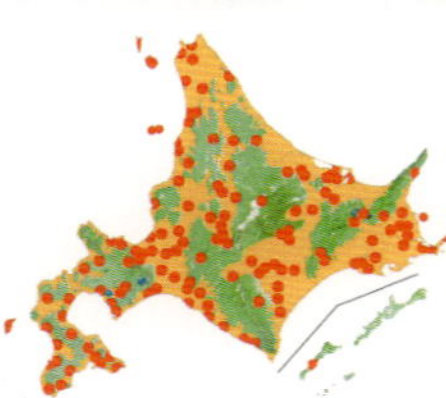

【分布・生息地】道内では，北は稚内市～南は松前町，函館市恵山，道東は根室半島や野付半島まで広く生息し，離島では礼文，利尻，天売，焼尻，奥尻に生息する。都市の住宅街，公園や空き地，河川の堤防や耕作放棄地など，平野部を中心に生息する。山地の林道でも見られるが，標高 1,000 m近くの峠の荒れ地やのり面，亜高山帯などでは見たことがない。

【周年経過】年 3 回発生，道南では一部 4 化の可能性もある。5 月下旬～ 6 月にかけて朱色が鮮やかな低温期型(春型)の第 1 化が現れ，7 月下旬～ 8 月にかけて褐色の多い高温期型(夏型)の第 2 化が出現する。9 月上旬には低温期型に近い第 3 化が出現し，秋が深まると第 1 化と区別がつかない個体が 10 月まで見られる。基本的に幼虫で越冬する。齢数は 1 ～ 3 齢の報告がある。永盛(俊)による富良野市の観察では，晩秋に産み付けられた卵は，そのまま冬を越したが翌春の孵化は確認できなかった。

【食餌植物】帰化種でタデ科のエゾノギシギシ，ヒメスイバが主要な食草である。在来種のスイバ，ノダイオウの記録もある。

【成虫】オープンランドを好み，道端などの低いところを小刻みに飛び回る。セイヨウタンポポ，シロツメクサなど各種の花を訪れる。♂は主に午前中に草むらの葉先で♀を待つ見張り行動を行う。♂は好天時早朝から活動を始めるが♀はやや遅れ 9 時ごろから飛び始める。交尾済みの♀は♂が近くを通りかかると翅を閉じ，しつこい求愛ハラスメントを回避するという報告がある。未交尾の♀は翅を閉じることはなく，♂は後ろから近づき腹部を曲げ交尾に至る。産卵は主に午前中に行われ，食草が生える地面を翅を小刻みに羽ばたかせながら飛び回り，盛んに背の低い植物に触れ回る。食草を見つけると葉の裏や根際に潜り込むようにして葉，茎，近くの枯草などに 1 個ずつ産み付ける。エゾノギシギシでは刈払われた後に生じた小さな株，スイバ類もごく小さな株を選ぶ。低温期には♀は体を傾けて日光浴をしながら産卵を続ける。

【生活史】卵は白色で表面は特徴的な六角形の凹みで覆われる。1 齢は淡黄緑色で長毛が目立つ。若齢は葉の裏に静止し葉の裏面をなめるように摂食する。このため，若齢期は葉をめくらないと食痕はわからない。終齢になるとスイバ類では茎に静止するものも多く，葉の中央部や縁に切れ込みを入れながら食べる。タデ科の食草の葉には赤い色素が多く含まれるが，これに合わせ，幼虫の体色は黄緑色の地色一色のものや，背線と側縁部が紅色になるものなど変異に富む。越冬は富良野市で 1 齢で確認した。ヒメスイバの根元の葉の裏をなめるように食べていた幼虫も 11 月下旬に霜が降りるようになってからはほとんど動かず(次頁写真)，翌年の雪解け後も同じ位置にいた。蛹は周辺の石の隙間，塀などの人口物の壁などから見つかる。

求愛する♂(右)と交尾拒否する♀ '15.6.2 壮瞥町(S)

ヒメジョオンを訪花した第 1 化(春型)♂ '15.6.2 壮瞥町(S)

訪花した第 2 化(夏型)'10.8.7 上ノ国町(IG)

日光浴する白化型の♀ '08.6.20 安平町(S)

ヒメスイバへの産卵 '08.6.1 札幌市(H)

ヒメスイバに産付された卵 '14.9.6 富良野市(N)

1 齢の摂食(ヒメスイバ)'14.6.16 富良野市(N)

終齢(エゾノギシギシ)'08.2.20 札幌市(H)

前蛹 '14.7.10 富良野市(N)

終齢の摂食(ヒメスイバ)'14.6.30 同上(N)

越冬中の 1 齢 '14.12.8 富良野市(N)

羽化直前の蛹 '03.7.31 富良野市(N)

ツバメシジミ

Everes argiades argiades (Pallas, 1771)

♀の低温期型は個体ごとに翅の色が違う。黒地に紫のシックな貴婦人から♂と見間違うほどの超美人まで見ていて飽きない。ナマで見られるのは北海道限定の楽しみだ。類似 P.029

アザミ花上での求愛(♂右)
'11.6.16 幕別町(S)

個体数★★★☆
局地性★☆☆☆
観察難易度☆☆☆☆
絶滅危険度☆☆☆☆

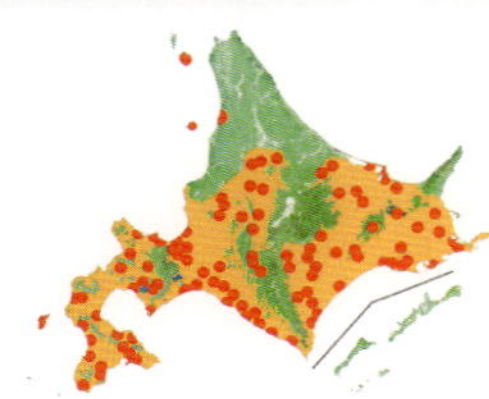

【分布・生息地】 道南や道央，道東では十勝や根釧原野などの平野部や低標高地に多い。離島では利尻，焼尻，奥尻に記録がある。だが留萌管内や名寄市以北の地域からは記録があまり見出せない。主に平野部や低山地の草地や耕作地，山地の植林地など，明るい環境で見られる。寒冷な根室半島基部まで生息するが，標高 500 m を越える草地や植林地では，あまり見た記憶がない。

【周年経過】 道央部以西では 3 回の発生，他の地域でも部分的に 3 回発生することがある。多くの地域で 5 月中旬～6 月にかけて第 1 化が発生。根釧原野などでは 7 月まで第 1 化が生き残る。道南や夏が高温になる地域では高温期型(夏型)の第 2 化が 7 月中旬以降に発生し，8 月末以降から第 3 化が出現する。十勝の帯広市や北見地方でも暑い夏には 9 月中旬に部分的に第 3 化が見られる。終齢幼虫で越冬するという。

【食餌植物】 マメ科のシロツメクサ，アカツメクサ，クサフジ，ツルフジバカマ，ナンテンハギ，エゾヤマハギ，ムラサキウマゴヤシなど。第 2 化は帰化植物のクローバー類をよく利用し，市街地にも普通に見られるようになる。

【成虫】 道端の小草原，農地や河川の周辺草むらを飛び回る。食草も同じモンキチョウや同様なオープンランドを好むベニシジミと一緒に見られることが多い。食草となるシロツメクサなど各種の花を訪れる。第 2 化は庭に植え込んだハーブ類など各種栽培種にも集まる。♂は地上に降りて吸水することが多い。♂はしばらく吸蜜を続けた後は，もっぱら草むらで探雌飛翔を続ける。♀を見つけると後ろから翅をふるわせながら接近し腹部を曲げ交尾する。交尾済みの♀は盛んに翅をはばたきながら拒否する。第 1 化の産卵はエゾヤマハギの若芽が選ばれることが多い。第 2 化の個体では，富良野市で同所的に生えているクローバー類，クサフジ，エゾヤマハギに次々に産み付けるのを観察した。夏の終わりにはクローバーの枯れた花穂にも産み付ける。

【生活史】 卵は産付時は淡緑白色で後に白色に変わる。押しつぶしたまんじゅう型で表面に細かな網状模様が入る。1 齢幼虫は淡黄褐色で 2 齢以降は緑色となる。1 齢は花の内部に頭を突っ込んで内部を食べる。2 齢以降も好んで花を食べる。葉を食べる場合は葉の裏の表面をなめるように食べ始める。ナンテンハギやクサフジなどを食べている幼虫にはアリが集まることを見るが，クローバー類ではあまり見られない。蛹は葉の裏で見つかるが，他の場所に移動するものもあるようだ。第 2 化以降から越冬の記録は乏しい。富良野市での観察では第 2 化の産卵が 9 月上旬まで見られ，中旬にはふ化した 1 齢がアカツメクサの枯れた花や葉の裏に見られたがその後姿を消した。本州では褐色の終齢幼虫が落葉中で越冬するという。普通種の割に生活史の記録が大変乏しい種で，各地での観察報告が待たれる。

飛翔する♂ '11.7.16 中札内村(S)

飛翔する第 2 化(夏型)♀ '15.8.12 厚真町(T)

青鱗粉が発達した第 1 化♀ '11.6.17 帯広市(IG)

交尾(左♀)'11.6.9 音更町(S)

エゾヤマハギへ産卵 '07.8.12 苫小牧市(S)

吸水する集団 '06.6.3 安平町(IG)

終齢とアリ '08.7.6 別海町(N)

卵 '15.8.2 苫小牧市産(S)

1 齢 '14.9.19 富良野市(N)

アカツメクサ葉裏の 2 齢 '15.6.10 富良野市(N)

クサフジの花を摂食する終齢 '15.8.11 旭川市(N)

蛹 '15.6.17 安平町産(N)

ルリシジミ

Celastrina argiolus ladonides (de l'Orza, 1869)

抜けるような空色の♂，季節によって模様が違う♀。マメ科，タデ科，バラ科，ミカン科など広食性の生態。謎の発生回数。人気がないのはあまりにも身近すぎるためか。類似 P.029

ヤマブキショウマの周りを飛翔する♀
'11.6.17 幕別町(S)

個体数★★★☆　局地性☆☆☆☆　観察難易度☆☆☆☆　絶滅危険度☆☆☆☆

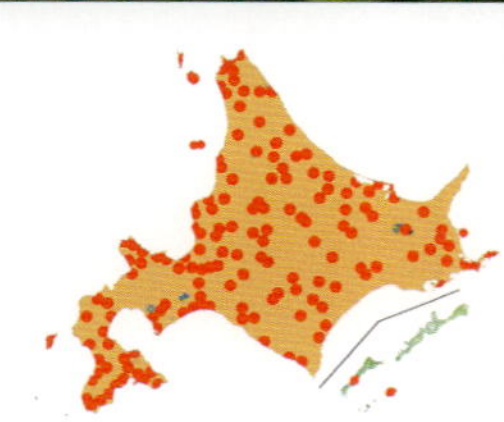

【分布・生息地】 北は稚内市～南は松前町，函館市恵山，道東は根室半島や野付半島まで広く生息し，離島では礼文，利尻，天売，焼尻，奥尻に生息する。都市の住宅街，公園や空き地，河川の堤防。山地の林道，標高 1,000 m近くの峠の荒れ地やのり面，亜高山帯などでも見られる。

【周年経過】 年３～４回発生，山岳地域では年２回。温暖な地域では４月，多くの地域でも５月に第１化低温期型（春型）が現れ，７～８月にかけ第２化が発生する。それ以降は９月まで連続して見られ，10月には低温期型に近い小型個体が少数見られる。渓谷や高標高地では第１化は６～７月中旬まで見られ，８月中旬～９月に第２化が見られる。基本的に蛹で越冬する。

【食餌植物】 木本，草本問わず各種植物の花を食べる。第１化が産卵する主な食草は，ミズキ科のミズキ，ミカン科のキハダ，トチノキ科のトチノキの他，マメ科のニセアカシア，クサフジ，ナンテンハギ，ミツバウツギ，バラ科のホザキシモツケ，スモモなど。第２化はエゾヤマハギ，クズ，オオイタドリ，ヌスビトハギなど。この他，カラコギカエデ，エゾノギシギシ，オオバコなどに産卵はするが幼虫が育たないものもあるようで，各地の産卵植物の生育の実態を調べる必要がある。

【成虫】 コツバメや次種と共に最も早く出現するシジミチョウで，草木の葉がまだ繁らない明るい早春の渓流沿いや林縁，公園の緑地などを飛び回る。♂は雪解け水で湿った地面でよく吸水に集まる。第１化の♂は山頂占有性を見せ，キアゲハなどと共に開けた山頂部を飛び回る。第２化は枝先で占有活動を行う。前記の食草となっている花の他，ヒメジョオン，シロツメクサなど帰化植物，庭園の栽培植物を含め多種を訪花する。

配偶行動は，翅を半開にした未交尾の♀に♂が横から腹部を大きく曲げ接近し交尾に至る。♀は食草のつぼみ周辺を飛び回り，産卵位置を探し，つぼみや花穂に翅を閉じたまま腹部を曲げ１個ずつ産み付ける。花の周りを飛んでいる♀を見つけ追い続けると産卵を見るチャンスは多い。

【生活史】 卵は淡緑色。卵の産付位置は花のつぼみの隙間や花柄など，株の外側に突出した若いつぼみには複数の♀から産付された多数の卵がついていることがある。孵化した幼虫は頭をつぼみに埋めたり，側面に静止しながら花の内部のおしべやめしべを食べる。花がなくなると果実や若葉を食べるものもいる。３～終齢にはアリがまとわりつくことが多い。アリは盛んに触角で幼虫の体に触れ回り，これに対し幼虫は腹部後方の１対の伸縮突起を伸ばす。この時アリは興奮状態に入る。さらにまとわりつき第７節にある蜜腺を集中的に触れると，水玉状の液体を分泌しこれをアリは飲み込む。アリの種類はクロオオアリ，トビイロケアリ，エゾアカヤマアリを確認している。蛹化位置の情報はほとんどない。

ヤマブキショウマへの産卵 '11.6.17 幕別町(S)

♂同士の追飛 '10.5.17 石狩市(S)

エゾエンゴサクを訪花 '07.4.22 石狩市(S)

交尾(右♂) '10.5.17 石狩市(S)

早朝のねぐらの♂ '11.5.23 札幌市(H)

エゾヤマハギの卵 '12.7.22 伊達市(N)

エゾヤマハギ終齢 '14.8.8 富良野市(N)

終齢(ミズキ) '14.6.1 富良野市(N)

2齢(カラコギカエデ) '15.5.31 富良野市(N)

亜終齢(キハダ) '14.6.9 富良野市(N)

終齢に刺激を与えるアリ '14.8.8 富良野市(N)

前蛹 '86.9.2 安平町産(KW)

スギタニルリシジミ

Celastrina sugitanii ainonica Murayama, 1952

本道産は色調が明るく亜種として区分されるが，津軽海峡に近い函館市や知内町，上ノ国などの個体は，青森市の津軽半島産と区別がつかない個体もいる。類似 P.029

川原を飛翔する♂
'15.5.18 当別町(S)

個体数★★☆☆
局地性★★★☆
観察難易度★★★☆
絶滅危険度★★★☆

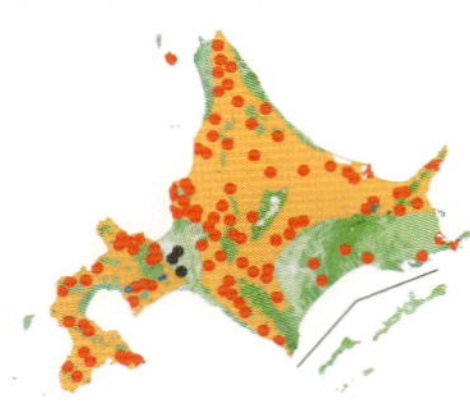

【分布・生息地】 道北は稚内市〜道南は函館市まで広く分布する。離島は利尻が唯一。低山地や山地の比較的自然度の高い渓流沿い林道，標高 1,000 m の亜高山でも見られる。道北，道南には多いが，道東方面では少ない。十勝では日高山脈の渓谷には多いが平野部や豊頃の山地〜白糠丘陵では少数の記録に留まる。また釧路川より東側ではきわめて稀で，浜中町や根室半島基部以外の根釧原野に記録は見出せない。胆振日高の太平洋側地域では少ない。勇払原野など低標高の沢地形でも稀に見られるが安定して発生しない場合が多い。

【周年経過】 年 1 回発生。多くの地域で 4 月下旬〜5 月中旬にかけて発生する。日高山系の渓谷深部やダケカンバ帯などの亜高山帯では 6 月に入ってから発生する。蛹で越冬する。

【食餌植物】 トチノキ科のトチノキ(石狩低地帯以西)ミズキ科のミズキ，ミカン科のキハダ。道南部の生息地では食樹として利用可能な上記 3 種が混在するが，各地での食樹選択傾向は不明で調査が望まれる。ただし，これらの食樹は同時期にルリシジミも利用しており，幼虫の外見では区別が難しいので，食性の調査では蛹〜成虫までの継続観察が必要となる。

【成虫】 明るい早春の渓流沿いの雪解け水で湿った林道の地面や，小河川の川岸の土砂の溜まりに吸水に集まる。ほとんどが♂で 30 頭にも及ぶ大きな集団をつくることもある。♀は林縁を飛ぶが目立たない。♂♀とも花蜜を求め，アキタブキ，エゾエンゴサク，カタクリ，エゾキケマンなどの早春植物を訪花する。♂は枝先で占有行動を見せるが，ルリシジミに見られる山頂占有性はない。配偶行動の観察報告はない。♀がミズキの枝先のつぼみ周辺を飛び回り，産卵位置を探しているのを見るが，高所のため間近で観察してはいない。

【生活史】 卵は淡緑色。表面全体に細かな網目状突起がある。卵の産付位置はミズキでもトチノキでも密集したつぼみの内部の側面で，上からはほとんど見えない。孵化した幼虫はつぼみの横から食い込んで中のおしべやめしべを食べる。若齢幼虫はミズキでは細長いつぼみとそっくりで見出すのは容易ではない。つぼみに残る食痕(穴)を目あてにさがすとよい。3 齢以降は開花するので発見はやや容易になってくる。終齢は果実もよく食べるが，葉の裏に静止し若葉も食べることも多くなる。このころアリが幼虫にまとわりつくことがあるが，樹上にいるためかアリの訪問はルリシジミほど多くない。富良野市で 5 月 10 日に野外から持ち帰った卵から飼育したところ，孵化後幼虫は花を食い急速に成長し，幼虫期間 20 日前後で次々と蛹化した。蛹はルリシジミに比べて腹部の膨らみが強いことから区別できる。野外での蛹化は未確認。本州では食樹(トチノキ)の幹の裂け目や根元から離れた石の下などで見つかっている。

小沢の石上で日光浴する♂ '08.4.9 石狩市(S)

新芽を訪れる探草飛翔中の♀ '15.5.5 富良野市(S)

エゾエンゴサクを訪花した♂ '09.4.29 石狩市(IG)

吸水しながら排水する♂ '15.4.29 札幌市(H)

日光浴する♂ '10.5.10 札幌市(IG)

ミズキに産み付けられた卵 '14.5.10 富良野市(N)

ミズキのつぼみの食痕と 2 齢 '15.5.14 富良野市(N)

1 齢(トチノキ)'15.5.18 福島町(N)

前蛹 '14.5.30 富良野市産(N)

蛹 '14.6.1 富良野市産(N)

3 齢(キハダ)'14.6.9 富良野市(N)

ミズキの花を摂食する終齢 '14.5.30 富良野市(N)

カバイロシジミ

Glaucopsyche lycormas lycormas (Butler, 1866)　環：準絶滅危惧(NT)

道南と道東では翅の色彩などに違いが見られるが連続的な変異。近年それを2つに亜種区分しようとする提唱も出たが，広い遷移地帯を設けた亜種区分などは混乱の元になる。

海岸のヒロハクサフジ群落を飛翔する♀
'13.8.2 乙部町(S)

個体数★★☆☆　局地性★★★☆　観察難易度★★☆☆　絶滅危険度★★★☆

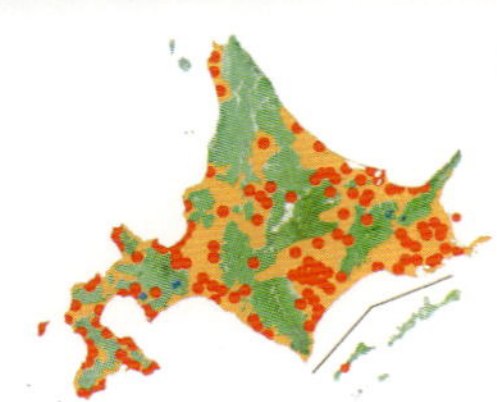

【分布・生息地】道内に広く分布する。北は稚内市，南は松前町，東は根室市と広範囲に記録がある。離島では奥尻島が唯一となる。道北の名寄市を越える地域では記録が少なく留萌管内からもほとんど記録がない。これ以外の地域では海浜草地，河川敷，丘陵地の牧場周辺や放棄耕作地，やや広い林間草地などが比較的安定した発生地となり，のり面工事の斜面や売れ残った分譲宅地などの人工的環境でも発生するが，そのような環境は高茎植物や灌木の繁茂で消滅する。高標高の高原や峠ではあまり見ず，記録では島牧村太平山800 m以外知らない。

【周年経過】年1回発生。多くの地域で6月から，道北や根釧原野では7月中旬から発生する。ほとんどの地域で7月中旬には汚損するが，渡島半島の海浜草地では6月下旬から8月下旬までダラダラと発生する。越冬は蛹とされるが，渡島半島の海岸段丘でお盆過ぎに発生した成虫がどのようなステージで越冬するのか興味深い。

【食餌植物】マメ科のクサフジとヒロハクサフジ。この他ナンテンハギ，帰化種のシナガワハギ，ムラサキウマゴヤシの記録がある。

【成虫】日中は草原を活発に飛び続けなかなか止まらない。午後に飛ぶ個体が増える。ただ食草群落に執着する傾向は強い。クサフジやヒロハクサフジで吸蜜することが多い。他にもセイヨウタンポポ，クローバー類，チシマフウロなどの草本でだけ吸蜜の記録がある。♂は♀の後を追って飛び，止まると執拗に接近するが交尾は見ていない。産卵行動は好天時にはよく観察される。母蝶は，食草周辺をゆっくりと飛び盛んに食草に止まる。花芽に止まると触角を上下し，1卵を産み付け，また歩いて花芽を捜す。これを繰り返して結局7回産卵行動を見たが産み付けられていた卵は3個であった。発生末期の♀は発生地を遠く離れ，食草を探し飛び回る。

【生活史】札幌市での観察では，産卵は6月中旬から見られ，また8月に入っても産卵を見たが，この時は付近にはすでに終齢に達した幼虫が見られた。産卵時期は非常に長く続く。8月3日に産卵された卵は10日前後で孵化し，つぼみに潜入した。その後8月15日には2齢幼虫が見られつぼみに潜入を続けた。8月31日には終齢に達し，産卵された株に留まって花を外から食べていた。終齢への脱皮は葉裏で行われたが，アリは来ていなかった。終齢幼虫にはクシケアリの仲間がつきまとっていて，特に9月6日に老熟して蛹化が近づいた個体には10個体弱が積極的に接触していた。この時幼虫は伸縮突起を盛んに伸ばし，時々アリに甘露を与える。なおアリの中にはトビイロケアリも混じっていた。体色がクサフジの花穂によく似ているが，これらのアリを目当てに探すと発見は容易である。野外での蛹化場所は不明だが，発生環境に模した飼育では落葉に潜り込んで蛹化する。

交尾ペア(♂右)に絡む♂２頭 '10.6.27 愛別町(S)

シロツメクサを訪花した♂ '10.6.27 愛別町(S)

飛翔する黒化♀ '15.7.9 福島町(S)

日光浴する♂ '10.6.27 愛別町(S)

ナンテンハギへ産卵 '06.7.3 石狩市(IG)

花芽に産み付けられた卵 '12.7.2 愛別町(S)

2齢とクサフジの花の食痕 '14.7.10 富良野市(N)

卵 '13.8.3 乙部町産(S)

アリを随伴する終齢 '06.8.13 上ノ国町(IG)

アリを随伴する終齢 '09.8.11 札幌市(H)

甘蜜を与える終齢 '14.7.25 富良野市(N)

蛹 '14.8.5 富良野市産(N)

北海道特産種

ジョウザンシジミ

Scolitantides orion jezoensis (Matsumura, 1919)

日本では北海道特産種。和名は古くからの採集地である定山渓に由来。札幌周辺では黒が目立つが，道東では飛翔中ルリシジミと見間違うほど青く光る。

発生地の崖で求愛飛翔する♂(左)
'11.6.8 帯広市(S)

個体数★☆☆☆
局地性★★★★
観察難易度★★★☆
絶滅危険度★★★☆

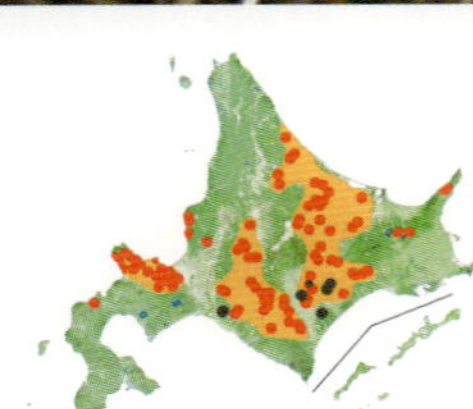

【分布・生息地】 道内では局地的に分布する。北限は雄武町，東限は羅臼岳，南限は大樹町，西限は飛び離れて島牧村大平山。垂直分布は海岸近くから標高1,000mを超える山頂の岩場に及ぶ。生息地は渓流沿いや山腹や山頂部に露出した岩場が主だが，十勝地方では河原の砂礫地にも生息する。いずれの産地も食草となるベンケイソウ科植物の生育する環境である。各産地とも露岩地の被覆工事や河川改修などにより生息地の破壊が進み，絶滅するケースが出ている。

【周年経過】 年1回，一部が2回発生。早い産地で4月下旬から発生し，多くの地域で5月中旬に盛期を迎える。急峻な渓谷では発生が7月になる。黒く大型の第2化は札幌近郊の早い場所では7月10日ごろから発生し，遠軽町や北限の雄武町でも第2化が見られることがある。発生が早い産地では安定して第2化が見られる。発生が遅くとも，盆地など急激に暑くなる地域では部分的に2化する。阿寒や白糠地方での2化は聞かない。蛹で越冬する。

【食餌植物】 ベンケイソウ科のエゾキリンソウが主要な食草で，ホソバキリンソウ，アオノイワレンゲを食べている地域もある。この他イワベンケイ，ツルマンネングサ，ヒダカミセバヤなどのマンネングサ属も食べるという。

【成虫】 食草の生える露岩地周辺からあまり離れず，小刻みに羽ばたきながら比較的ゆっくり飛び回わる。♂は占有行動を見せ近くに来た♂を追飛し上空までからみあう。♂は食草の生えている範囲をなめるような探雌飛翔も行う。♂♀共に食草の他，露岩地によく生えるエゾシモツケや，道端のセイヨウタンタンポポなどで吸蜜する。♂が♀を見つけ後方から交尾をせまり，♀が翅をふるわせて拒否する光景をよく見る。産卵は主に午後に行われる。母蝶は食草群落周辺を飛び回り葉先に止まり，触角を動かしながら茎をたどって降りていく。葉の表面の茎に近い部分や茎の上に腹部を差し込み1個ずつ産み付ける。

【生活史】 卵は白色で押しつぶしたまんじゅう型。食草の葉や茎に産付されるが稀に周囲の枯れ草などにも産付されている。卵期約8日を経て孵化し，葉の内部に潜り込むようにして葉肉を食べる。食痕は葉の内部だけを食べるので，葉の表皮が薄く両側に残るという独特なもので発見しやすい。3齢以降は葉を茎から切り落とし，地面に集積した葉の中に潜り込んで葉肉を食べる場合が多くなる。このころからクロヤマアリ，トビロケアリ，ムネアカオオアリなどのアリが集まる。摂食中や移動中も，よく目立つ伸縮突起を盛んに伸び縮みさせているのが見られる。幼虫から蜜がアリに与えられるが蜜滴は小さくわかりづらい。蛹は周囲の石の隙間や枯葉の上から発見される。このとき土の中に空間をつくることがある(次頁写真)。

芦別岳を望み食草にとまる♂ '14.5.23 富良野市(N)

河原のイワベンケイへの産卵 '11.5.15 帯広市(S)

日光浴する第2化(夏型)♀ '15.8.8 日高町(T)

交尾(下♂)'11.5.28 札幌市(S)

訪花した第1化(春型)♂ '11.5.14 帯広市(S)

エゾキリンソウの卵 '12.6.9 富良野市(N)

切り落した葉を摂食する幼虫とアリ '15.7.4 同左(N)

卵 '11.5.20 帯広市産(S)

伸縮突起とアリ '14.7.8 富良野市(N)

終齢と食痕とアリ '11.7.1 札幌市(S)

土の中の蛹 '02.7.6 富良野市(N)

中齢とクロヤマアリ '15.7.11 日高町(N)

ゴマシジミ

Maculinea teleius ogumae (Matsumura, 1910)

環：準絶滅危惧(NT)
北：留意種(N)

以前は道南亜種 *muratae* と道東亜種 *ogumae* に区分されていた。変異が連続的で明確な線引きができず，近年は北海道東北亜種 *ogumae* として整理された。

産卵する♀(左)と求愛する♂
'14.8.1 室蘭市(S)

個体数★★☆☆
局地性★★★☆
観察難易度★★☆☆
絶滅危険度★★☆☆

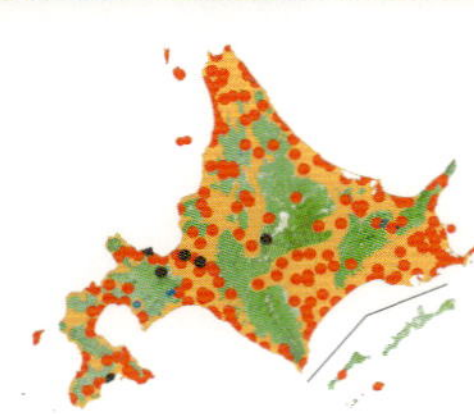

【分布・生息地】本道では広く分布し北は稚内市～道南は函館市，南は襟裳岬，東は知床岬や根室半島。離島でも利尻，礼文，天売，焼尻，奥尻に生息する。勇払や根釧原野の平野部湿原，渡島半島の海岸段丘，天塩山地南部の蛇紋岩の山地の他，排水路の土手，道路法面に人為的に吹付けられた食草群落も良好な発生地となる。高標高の発生地では北見峠頂上の人工のり面で発生している。以前は分布空白地域とされていた芦別市や三笠市でも，本種の移動性の高さを示す如く，のり面の食草で発生するようになった。一方，元来の安定した生息地である湿性草地は，次々と土地改良で消滅しており，土手や路傍，道路のり面の発生地も高茎植物や灌木が繁茂すると本種は草原とともに消滅する。

【周年経過】年１回発生。多くの地域では７月下旬に発生し８月上旬に盛期を迎える。寒冷なオホーツク沿岸ではなぜか温暖な地域より発生が早く，７月中旬に発生が始まり，８月下旬まで見られる。道南ではお盆前後から発生。９月まで見られる。４齢で越冬する。

【食餌植物】バラ科のナガボノシロワレモコウ，ミヤマワレモコウ。４齢からの寄主はハラクシケアリであることが確認された。

【成虫】日の当たる環境を活発に飛び，食草群落を離れない。吸蜜もその花でよく見られる。止まっている♀に♂が盛んに求愛するのが見られ，♂は♀の後方から接近し，腹部を強く曲げて交尾しようとする。♀は羽ばたいたり，腹部を持ち上げたりして交尾拒否をする。産卵は食草のつぼみに腹端を強く曲げて差し込むように行われ，10秒くらいかかることが多い。卵はつぼみの深い位置にあり通常外からは見えない。ワレモコウの花は上から順に咲くため，産卵位置はしだいに下部の小さなつぼみに移る。

【生活史】卵は緑白色で扁平な球形。孵化した幼虫は初め白いが，しだいに暗い赤紫に変わって行く。脱皮時，幼虫は脱皮殻を薄い袋のように残す。芦別市でアリの巣に運ばれる過程を観察した。４齢は花穂から体を出すとまもなく落下する。地面周囲を徘徊するハラクシケアリは幼虫を見つけると，幼虫の体を触角で盛んに触れる。これに反応した幼虫は背面から蜜を分泌しアリに与える。この時複数のアリが集まることもある。やがてアリが幼虫の胸部をくわえて巣の方に運び込んだ。幼虫を巣の近くに置いて観察すると，全く興味を示さないアリもおり，また蜜をねだらずそのまま加えて持ち去るアリもいた。ハラクシケアリのコロニーは食草の生える草原ではススキなどの株の根元にあり，幼虫はこの巣の中で越冬する。越冬後の幼虫はアリのコロニーの拡大にともない，アリの幼虫を多量に食べ成長する。芝田の室蘭市の観察では2015年６月５日に，１つのコロニーの上層から終齢が３頭見つかった（体長７～8mm)。同年７月９日には複数のコロニーの巣口付近から未熟な蛹が１～３頭ずつ見つかった。

サワギキョウを訪花し側面から吸蜜する♂ '12.8.12 苫小牧市(S)

宅地のナガボノシロワレモコウへの産卵 '10.8.25 苫小牧市(S)

交尾(上♀)'10.8.5 札幌市(IG)

日光浴する♂ '15.8.6 伊達市(S)

ミヤマワレモコウを訪花 '07.8.5 様似町(IG)

卵 '11.8.27 苫小牧市産(S)

卵(左)と幼虫が穿孔する花穂(右)'11.8.27 同下

アリに運ばれる 4 齢 '15.9.16 芦別市(N)

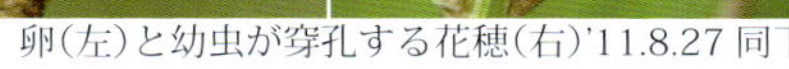

花を食べる 1 齢 '14.8.22 富良野市(N)

甘露を与える 4 齢 '15.9.16 芦別市(N)

アリ巣内の終齢(体長 8mm)'15.6.5 同右

ハラクシケアリの巣口付近の蛹 '15.7.8 室蘭市(S)

オオゴマシジミ

環：準絶滅危惧(NT)
北：情報不足種(Dd)

Maculinea arionides takamukui (Matsumura, 1919)

ひと昔前まで食草は数株だったのが，やがて群落を形成した後に本種が現れるという。採れた噂が広まるころには，発生地がイタドリなどに覆われ，見なくなることも多い。

沢の崩壊地に繁茂したクロバナヒキオコシの花芽に産卵
'15.8.1 仁木町(S)

シジミチョウ科

個体数☆☆☆☆
局地性★★★★
観察難易度★★★★
絶滅危険度★★★☆

【分布・生息地】 北限は浦臼町。南限は松前町。南空知樺戸山系，後志稲穂峠周辺，渡島半島の多雪地域には黒松内岳，大平山などの狩場山系，やくも町雲石峠～大千軒岳にかけの山岳地帯渓谷に生息地が点在する。古くは函館市や八雲町濁川，長万部町などの記録があったが，追認は聞かない。道内では積雪の少ない太平洋側に面した山岳渓谷の発生を，ほとんど聞かない。土砂崩れや灌木繁茂など，生息地の環境変化と発生量の増減が密接に同調する。これまで北限とする新十津川町の記録は，報告者が発生地の町を誤認したようなので，追認が出るまで保留とする。

【周年経過】 年1回発生。多くの地域では7月下旬に発生し7月末に盛期を迎える。日当たりの悪い急峻な渓谷では8月上旬に発生する。♀の生き残りはお盆ごろまで見る。越冬は，本道では未確認だが，4齢(終齢)幼虫と考える。

【食餌植物】 シソ科のクロバナヒキオコシ(1齢～4齢)。4齢の途中から寄主のハラクシケアリの巣の内部でアリの幼虫を食う。

【成虫】 食草の生える斜面を緩やかに飛び回り，クロバナヒキオコシ，クガイソウ，ヨツバヒヨドリなどの花で吸蜜。♂は好天時9時ごろから谷筋の食草群落の周辺で探雌飛翔を始める。10分間隔くらいで同じ個体が飛んで来るので，行動範囲はそれほど広くないと考えられる。交尾は昼前後に見られるという。産卵は吸蜜をはさみながら午前中～15時ごろまで見られる。♀は食草群落のなかでも外側によく伸びた茎の先端部についたつぼみや花の側面から茎の上に1個ずつ産み付ける。

【生活史】 卵は産卵直後は淡緑色でやがて白色となる。卵期は7～10日で孵化した1齢幼虫は長毛が目立つ淡褐色で，花穂の先端部の若いつぼみを食べ始める。2齢から淡紅色の条線が入り始め，3齢からは全体が暗紅色となる。花を丹念に見回ると幼虫の発見は難しくない。4齢になると初めはつぼみを食べているが，やがて茎の上に静止したまま動かなくなる。この後アリと出会い，巣の中に運ばれるという。本州での観察から，アリの巣の中でアリの幼虫を食べ5～6㎜に成長し越冬に入ると推定される。芝田らは越冬後の幼虫を月形町で2015年6月19日に食草の生える斜面から1例発見した。雪解けで崩落したと思われる砂がちの斜面に半分うずまった長さ25㎝ほどの朽ち木の下面と内部にハラクシケアリのコロニーがあり，幼虫は朽ち木の下面に張り付いていた。芝田がアリのコロニーと共に持ち帰り室内で飼育すると，飼育容器の中で1日当たり15匹くらいのペースでアリの幼虫を食べ7月2日に蛹化し(帯糸はかけない。)，7月20日に♂が羽化した。その後，永盛らは発見された沢の周辺で9月末まで越冬前の幼虫を数回にわたり丹念に探索したが発見できなかった。食草は広範囲に分布するがクシケアリが安定的に生息する斜面は少なく，発生地も移動すると考えられる。

沢の崩壊による森林内の空間で探雌飛翔する♂ '15.8.1 仁木町(S)

葉上の♀に求愛する♂ '09.8.5 月形町(IG)

日光浴する♀ '15.7.28 月形町(N)

ヒヨドリバナを訪花した♀ '15.8.1 仁木町(S)

産卵 '10.7.31 仁木町(IG)

卵 '15.8.1 仁木町(S)

アリの幼虫を捕食する終齢 '15.6.24 月形町産(S)

卵 '15.8.1 仁木町産(S)

前蛹 '15.7.1 月形町産(S)

2 齢幼虫 '85.8.23 上ノ国町(N)

倒木下のアリの巣上面に張り付く終齢 '15.6.19 月形町(S)

蛹 '15.7.3 月形町産(S)

ヒメシジミ

Plebejus argus pseudaegon (Butler, [1882])

♂♀の違いが顕著な本種の♂♀型が小樽市，♂♀モザイク異常型が安平町で採れている。青鱗がクッキリ出る♀や，♂も黒テン型ばかりの本道に黒ヘリ型が稀に現れる。類似 P.029

夏のスキー場での求愛飛翔(右♂)
'08.7.1 栗山町(S)

個体数★★☆☆
局地性★★☆☆
観察難易度★★☆☆
絶滅危険度★★★☆

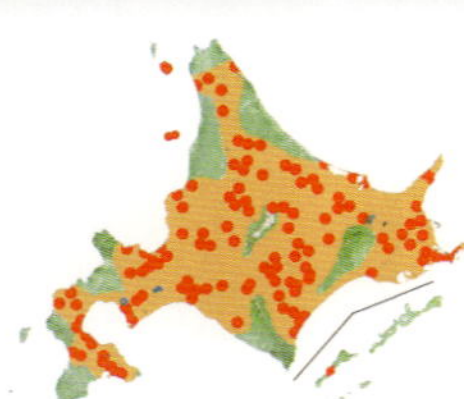

【分布・生息地】 北は稚内市～南は函館市，東は根室市と生息域は広く，離島では利尻，天売，焼尻島に分布する。やや湿った草原を好み，農地周辺，河川敷の小草原，林縁や林間の草原に見られる。平野部や低山地に多いが，渓谷奥の雪崩斜面や標高 1,000 m の峠の小規模草地などでも見かける。年による発生量の変動はやや激しく，サロベツ原野や根釧原野など広大な湿原では，時には夥しい数の本種に遭遇することもあるが，都市部では減少が著しい。

【周年経過】 年 1 回の発生で，例年だと，暖かい地域では 6 月中旬から発生し 6 月末～ 7 月にかけて盛期となる。寒冷地や山間部では 7 月中旬以降に発生する。積雪の多い地域では発生期間が長いのか，定山渓の山地で 8 月上旬に新鮮個体を多数見たことがある。卵で越冬する。

【食餌植物】 キク科のオオヨモギが主要な食草と考えられる。マメ科のクサフジ，ミヤコグサ，ナンテンハギも食べる。本州ではアザミ類やタデ科のイタドリ，ヤナギ科のバッコヤナギ，バラ科のナワシロイチゴなど多くの科をまたぐ広食性を示すことが知られているが，本道での記録は非常に少ない。

【成虫】 草むらの低い位置を緩やかに飛翔し，ヒメジョオン，クローバー類，クサフジなど各種の花を訪れる。♂は気温が上がったときは，湿った場所で吸水することもあるが，もっぱら生息地周辺を縫うように探雌飛翔を続ける。曇天時はすぐに飛翔を止め，草の上に翅をたたんで休息する。スゲなどの草本では頭を下に向けて止まることが多い。

永盛(拓)の観察では交尾は♀が羽化するとすぐに行われる。草の上に静止している♀を見つけた♂は翅を下げてふるわせながら近づき，横から腹部を曲げ交尾に至った。交尾は 2 時間続き，離れたあとに♀の腹端に付着した精嚢を♀が葉に押し付けて体に押し込むのを観察した。産卵は主に午後に行われ，母蝶はヨモギやミヤコグサなどの食草の根元付近に潜り込んで，食草の枯れた花，茎，周囲の枯れ葉などに 1 個ずつ産卵する。

【生活史】 卵は白色で扁平。表面に網目状の模様がある。食草の根元付近に産み付けられているが，母蝶の産卵で確認する以外は発見は難しい。卵内で発生が進み越冬卵には幼虫体が形成されているという。翌春孵化し，食草の芽生えにたどり着き摂食を始めるが。摂食時以外は葉から離れ根元に降りることが多く，特に若齢幼虫の発見は容易ではない。葉の表面，時に裏面から内部の葉肉を食べるため，葉に透明な表皮が残った食痕ができるので，これを目安に探すとよい。終齢になるとトビイロケアリなどのアリが集まる。幼虫の体色は緑色から紫褐色の変化の多い地色に明瞭な背線が入る。蛹は食草周辺の石の隙間，枯葉の間やアリの巣口などから見つかるという。道内での食草や幼生期～蛹の生態記録が乏しく，各地で調査が待たれる。

ヒメジョオンを訪花した♀(右)へ求愛する♂ '10.7.15 更別村(S)

日光浴する♂ '08.7.1 栗山町(S)

交尾 '15.7.2 札幌市(H)

産卵 '15.7.8 札幌市(H)

青鱗粉が発達した♀ '08.6.20 安平町(S)

卵 '15.7.3 札幌市(H)

アリを随伴する終齢 '07.6.13 札幌市(IG)

木の下の蛹 '17.6.7 東川町(N)

アリを随伴する終齢 '09.7.1 石狩市(IG)

食草根元の終齢とアリ '11.6.4 旭川市(N)

国内希少野生動植物種

アサマシジミ

Plebejus subsolanus iburiensis (Butler, [1882])

環：絶滅危惧ＩＡ類(CR)
北：絶滅危惧ＩＢ類(En)

ひと昔前，十勝の産地をご案内頂いた。どれも狭かった。すぐ傍の食草群落にはいない。重機で地ならし後にできた群落には発生しないという。亜種 *iburiensis* は風前の灯だ。類似 P.029

草原を飛翔する♂
'13.7.15 更別村(S)

シジミチョウ科

【分布・生息地】 かつては勇払原野，十勝平野，北見盆地，根釧原野など，広大な平野部に生息地が広がっていた。2016 年現在，比較的安定発生するのは，開発の及ばない遠軽町自衛隊敷地内の発生地。本種の保護のため地域内への立ち入り制限の厳密化が進むようだが，同時に定期的な草刈りなどの環境維持をしなければやがて消滅すると考える。他には辛うじて十勝平野南部と根釧原野南部に，きわめて不安定な，狭い発生地が点在するのみだ。かつて道東の標津線の鉄道沿いの小草原に多産したが，廃線にともない，草刈をしなくなったため高茎植物が繁茂し絶滅した。この他各地で絶滅，減少が続いているが排水溝設置工事などによる乾燥化，食草の鹿による食害，幼虫採集圧など，考えられる原因は多い。

【周年経過】 年 1 回の発生。6 月下旬～ 7 月中旬にかけて発生し，根釧原野では，寒い年だと 8 月に入ってから見られることもあったと聞く(遠藤雅廣，私信)。卵で越冬する。

【食餌植物】 マメ科のナンテンハギ。本州ではナンテンハギ以外のマメ科植物を食べている。

【成虫】 草原上の低い位置を緩やかに飛翔し，ヒメジョオン，エゾクガイソウ，クサフジ，ナンテンハギ，アザミ類，クローバー類など各種の花を訪れる。♂は日中もっぱら生息地周辺を縫うように探雌飛翔を続ける。カバイロシジミと混じって飛ぶことが多いが，カバイロシジミは直線的に飛ぶので区別できる。♀は活動は不活発で活動時間も短い。芝田の観察では十勝地方で 7 月 16 日 10 時ごろに草の上で静止する交尾個体を見た。交尾は，活動時間内であれば幅広い時間帯に見られる。食草上部に止まった♀は，そのまま食草伝いに降りて根際に潜り，産卵行動と思われたが，卵は確認できなかった。

【生活史】 卵の野外での発見例はない。本州では食草の根元付近にある枯葉や小石などに 1 卵ずつ発見されるという。卵で越冬し翌春の雪解け後孵化し，伸び始めた食草にたどり着き摂食を始めると考えられる。1990 年中標津町で，2 齢幼虫が 5 月 16 日に食草の若葉に，5 月 21 日に食草の根元の枯葉から発見されている。3 齢～終齢は，日中の晴天時にのみ食草にのぼって先端部の若い葉から食べ，食べ終わると食草の下草や枯葉に身を隠す習性がある。トビイロケアリなどのアリがまとわりつく。幼虫は時々，伸縮突起を伸ばすが，これに反応するようにアリは活発に動き回り，幼虫の体を触角で触れ回る。アリと幼虫の関係は，幼虫はアリに蜜を与える代わりに，アリの存在で寄生バエなどによる攻撃を回避する利益を得ているという説がある。詳しい検証記録はないが，アリを随伴していない幼虫は，持ち帰り飼育しても寄生されていて羽化できないことが多いという。北見地方では 6 月中旬には終齢になる個体が多く見られる。蛹化は周辺の石の隙間，枯葉の間で行われると推測される。

個体数★☆☆☆
局地性★★★★
観察難易度★★★★
絶滅危険度★★★★

シロツメクサを訪花した♂ '10.7.15 更別村(S)

求愛飛翔(下♂)'11.7.18 更別村(S)

日光浴する♀ '10.7.15 更別村(S)

ナンテンハギを訪花した♀ '10.7.15 更別村(S)

交尾(左♀)'10.7.16 大樹町(S)

赤斑が現れた♀ '10.7.15 更別村(S)

甘露をもらうアリ '15.6.14 遠軽町(N)

卵 '13.4.30 更別村産(S)

終齢と食痕と伸縮突起に興味を示すアリ '15.6.14 遠軽町(S)

前蛹 '15.6.18 遠軽町産(N)

羽化直前の蛹(側面)'15.6.27 同上(N)

蛹(腹面)'15.6.23 同上(N)

北海道特産種　天然記念物

カラフトルリシジミ

Vacciniina optilete daisetsuzana (Matsumura, 1926)

環：準絶滅危惧（NT）
北：留意種（N）

古くに特別天然記念物に指定され，その後 1979 年に根室半島で発見されたが採集して形態の比較ができない。発生地の消滅も聞く。“種”でなく“地域”指定とすべきだ。

高層湿原を飛翔する♂
'15.7.24 根室市(S)

個体数★★☆☆
局地性★★★★
観察難易度★★★☆
絶滅危険度★★★☆

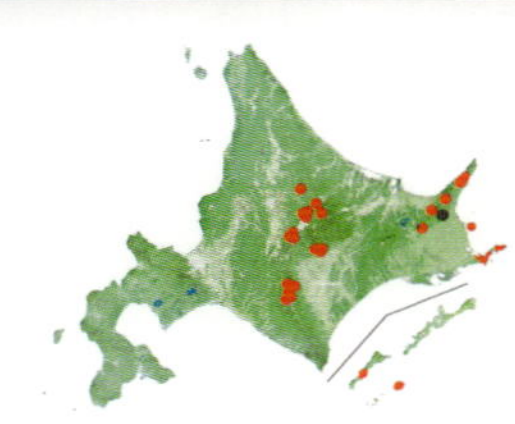

【分布・生息地】 北大雪を含む大雪山系，北日高山脈，摩周付近の西別岳より東の知床連山の高山帯と，根室半島や野付半島の高層湿原に生息する。北限は天塩岳，南限は日高幌尻岳，東限は根室半島歯舞湿原。最も高標高の観察ではトムラウシ山の頂上直下 2,100 m付近。低標高は根室や野付の海抜数 m。根室地方の低湿地の環境は砂州の衰退やヨシの繁茂などによる環境悪化など生息地の衰退があり，安定的な環境とはいえない。また，根室半島の個体群と大雪，日高，知床等に生息する集団とでは，裏面斑紋の形状に違いがあると聞くが，正式な報文もなく詳細は不明である。

【周年経過】 年 1 回発生。十勝岳，知床などの地熱の高い場所では 6 月下旬から発生すると聞く。大雪，日高，知床や根室半島など，多くの地域では 7 月中旬以降に発生し，8 月にかけて見られる。越冬は根室半島では 2 齢幼虫の記録があるが，高山帯での記録はない。

【食餌植物】 ガンコウラン科のガンコウラン。ツツジ科のコケモモ，クロマメノキ，ツルコケモモ，エゾイソツツジ。

【成虫】 大雪山では好天時，♂は午前 6 時過ぎから，♀は 7 時 30 分ごろから活動を始める。低温時は翅を開いて日光浴をする。吸蜜はチシマツガザクラ，コケモモ，ハクサンボウフウ，エゾイソツツジなど。♂♀共に晴天時は吸水し，♂の場合は集団をつくることもある。♂は占有行動をとらないが探雌飛翔中に♂同士が出会うと追飛ししばしば絡み合う。交尾は午前中によく見られ，羽化後間もない♀に♂が横に止まって交尾する。交尾を拒否する♀は翅を激しくはばたかせる。♀は行動開始後すぐに産卵行動に移る。発生時期が短いためか，発生初期からすぐに産卵活動に入り，♀の観察を続けると比較的容易に産卵活動を観察できる。食草が入り混じるヒース場の上を飛び，枝先に止まり触角を下げながら歩き回りすぐさま産卵姿勢に入る。食草の確認は触角や前脚を触れて行う。芝田の根室地方のミズゴケが豊富な高層湿原での観察では，曇天ながら朝から 23℃ほどあり，8 ～ 11 時ごろまで複数の♀が，エゾイソツツジとガンコウランに分け隔てなく産卵していた。産付位置はいずれの植物でも葉の裏，葉柄，茎の上で 1 個ずつ産み付けられている。

【生活史】 卵は淡緑色。約 2 週間後に孵化し，食草の葉の表面やつぼみを食べる。若齢幼虫については発見が難しい。春～初夏の 3 ～終齢では，葉の先端部から見出され主に若葉や果実を食べている。大雪山では 13 時ごろから 1 時間 45 分かけて直径 3 ㎜のガンコウランの実を食べ尽くし，その後新芽を 15 時 40 分まで食べたという。終齢の体色は，地色が緑色のタイプ，黄色のタイプの他緑色の地色に背線と気門下線が紅色になるタイプがある。蛹は食樹の幹や葉の裏などから見つかっている。

エゾノヨロイグサを訪花した♀ '15.7.24 根室市(S)

亜高山帯のガンコウラン上での交尾(上♀)'07.7.17 鹿追町(S)

日光浴する♂ 2 頭(左)'07.7.17 鹿追町(S)

日光浴する♂♀(上♂)'07.7.17 鹿追町(S)

ガンコウランへの産卵 '15.7.24 根室市(S)

集団吸水 '07.7.22 大雪山(IG)

コケモモの若齢幼虫 '86.6.5 羅臼町(W)

エゾイソツツジへの産卵 '15.7.24 根室市(S)

卵 '15.7.24 根室市(S)

ガンコウランの終齢 '81.6.21 鹿追町(W)

蛹 '81.6.28 鹿追町(W)

卵(ガンコウラン)'15.7.24 根室市(S)

北海道特産種

ホソバヒョウモン

Clossiana thore jezoensis (Matsumura, 1919)

幌尻岳山頂のお花畑を飛ぶ *clossiana* 属を見た。日高山系未記録のアサヒヒョウモンだと思い，止まれと何度も念じると，高山の風に煽られて止まったのは本種だった。類似 P.045

♂同士の追飛
'11.6.19 新得町(S)

タテハチョウ科

個体数★☆☆☆
局地性★★★☆
観察難易度★★★☆
絶滅危険度★★☆☆

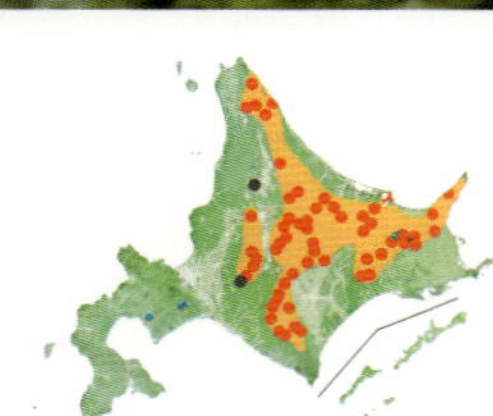

【分布・生息地】 北限は宗谷管内猿払村，南限は日高管内旧，静内町の河川上流部。東限は知床半島岩尾別。西限は夕張市真谷地に古い記録があるが近年の再確認はない。現在は夕張岳，大雪山塊や日高山脈の山麓，白糠丘陵から知床にかけての山地，北見地方などに生息地が多い。根釧原野には記録がない。自然度の高い標高 500 ～ 600 mの山地の渓谷沿いの林道や針広混交林の林間草原でよく見かける。1,000 m前後の峠など亜高山帯でも多いが，平野部の環境ではあまり見ない。

【周年経過】 年 1 回発生。多くの地域で 6 月下旬から発生し，7 月上旬に盛期となる地域が多い。残雪の多い渓谷や亜高山帯では発生が 7 月中旬以降になる。越冬は 3 ～ 4 齢で行うとの記録がある。

【食餌植物】 スミレ科のミヤマスミレ，ミヤマスミレの斑入りの変種であるフイリミヤマスミレ，ツボスミレ。北見地方では，アイヌタチツボスミレ，オオタチツボスミレの記録がある。

【成虫】 成虫は林道沿いの日当たりのよい空間を緩やかに飛び回る。道路沿いのアザミ類，オオハナウドなどのセリ科など多くの花を訪れる。♂♀共に道端の湿ったところで吸水する。吸蜜や吸水時には翅を水平に開くことが多い。♂は時々滑空を入れ翅を小刻みに羽ばたきながら探雌飛翔することが多い。羽化した♀を見つけると背後から近づき腹部を曲げ交尾する。交尾済みの♀は求愛に対し翅を広げ腹部を立て交尾拒否姿勢を示す。産卵は日中に行われ，♀は林縁の斜面に広がる食草の周囲を飛び回り，しばしば食草に止まる。産卵に適したところと判断すると食草周辺の下草の中に潜り込み，歩きながら産卵位置を探す。産卵は 1 個ずつ行われ，食草であるスミレ類周辺の枯れた茎や枯葉に産み付けられる。

【生活史】 卵は淡黄緑色で樽型，頂上部は凹み，側面にかけて 10 数本程度の縦条が伸びる。孵化が近づくと褐色になり黒い頭部が透けて見えるようになる。孵化した幼虫は葉の縁から少しずつ食べ始める。1 齢の体色は薄く，食べた内容物が透けて見える。1 週間程度で 2 齢になり体色が黒く変化する。胴部の側面に黄色斑が 3 対現れるがこれは次種にはない特徴である。摂食時以外は食草の葉裏や枯葉や小石の間に隠れている。飼育での経過から，3 齢になり 9 月下旬ころから摂食を止め越冬に入ると推定されるが野外での観察記録はない。越冬後の幼虫は新出した葉を食べながら成長し，4 齢を経て，6 月上旬には終齢（5 齢）になっていることが多い。終齢幼虫の体色は灰褐色の地色に黒色の縦じまが入り棘の部分は黄褐色となり，乾燥した枯れ葉の裏に隠れていることが多い。ミヤマスミレは 1 株につく葉の数が少ないので，食べ尽くすと次々と周辺の株に移動する。蛹はササの葉の裏に下垂したものが記録されているが観察されることは稀である。

林道沿いのニガナの仲間を訪花した♂ '11.7.9 日高町(S)

セリ科を訪花(左)'11.7.9 日高町(S)

マーガレットを訪花した♀ '11.7.9 日高町(S)

枯草に産卵 '86.8.10 東川町(N)

黒化個体 '11.7.9 日高町(S)

枯れ枝に産付された卵 '86.8.10 東川町(N)

枯葉に隠れていた終齢 '85.6.16 富良野市(N)

3齢 '87.8.30 富良野市産(N)

4齢 '09.8.16 日高町産(KW)

リミヤマスミレの根元の2齢 '87.8.18 富良野市(N)

蛹 '85.6.26 富良野市産(N)

4齢 '09.8.14 日高町産(KW)

北海道特産種

カラフトヒョウモン

Clossiana iphigenia (Graeser, 1888)　環：準絶滅危惧(NT)

毎日図鑑を見ては憧れていた。エゾハルゼミの蝉しぐれの中，新緑を飛ぶ鮮烈なオレンジ色の姿，後翅裏縁の銀白斑を見せて吸蜜する姿に，今見ても胸が躍る。類似 P.045

若い植林地を飛翔する♂
'11.6.16 幕別町(S)

タテハチョウ科

個体数★★☆☆
局地性★★★☆
観察難易度★★☆☆
絶滅危険度★★★☆

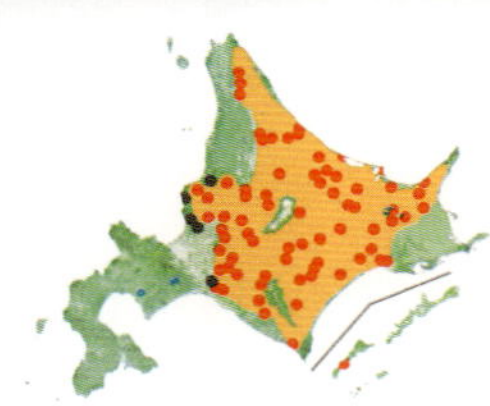

【分布・生息地】 北限は宗谷管内猿払村，南限は日高様似町，西限は石狩当別町，東限はオホーツク斜里町。増毛山地や北見盆地，十勝地方の低山地〜山地に生息地が多い。釧路市以東の根釧原野，留萌管内の天塩山地からは全く記録がない。主に低山地の明るい林間草地，牧場周辺の他，山地の渓谷林縁，沢の奥の崩壊斜面などで見られる。雑木林を一部伐採した後の若い植林地では，きわめて豊産することもあるが，多いのは一時的だ。植林の成長とともに見られなくなる。

【周年経過】 年 1 回の発生。発生の早い生息地では 5 月下旬から，多くの地域で 6 月中旬に発生する。道北や標高の高いところでは発生は 2 週間ほど遅れる。前種との混生地では本種の方が，若干早く発生する。3 齢幼虫で越冬するとの記録がある。

【食餌植物】 スミレ科のエゾノタチツボスミレ，オオタチツボスミレ，ミヤマスミレ，ツボスミレ，アイヌタチツボスミレ。与えれば栽培種を含めスミレの仲間を食べる。低地ではタチツボスミレの仲間，山地ではミヤマスミレを食べる例が多い。

【成虫】 成虫は陽が射して気温が上がると活発に林の縁や林間の小草原，道端などを飛び始め，ハルザキヤマガラシ，コンロンソウ，アザミ類などの花で吸蜜。高温時には道端の湿ったところで吸水する。また植林されたトドマツの幼木の樹液を吸汁した記録がある。♂は吸蜜時以外は地表近くを小刻みに羽ばたきながら探雌飛翔することが多い。♀を見つけると背後から近づき腹部を曲げながら交尾を試みる。産卵は日中に行われ，♀は林縁や崖，明るい道端の下草に止まり脚で葉に触れながら食草であるスミレ類を確認する。産卵に適した食草の株を見つけると，周囲を飛んだり歩いたりし産卵部位を定める。小さな株の地面近くの小さな葉の裏や茎に 1 個ずつ産卵される。周囲の食草以外の茎や葉に産み付けられることもある。

【生活史】 卵は淡緑色で樽型，頂上部は凹み，側面にかけて 10 数本程度の縦条が伸びる。孵化した幼虫は葉の縁から少しずつ食べ始めるが成長は遅い。葉の裏から小さな穴をあけるか，縁から半円形に食べ，一度の摂食量が少ないのであちこちに食痕が残る。摂食時以外は食草の下の枯葉や小石の間に隠れている。

富良野市での観察では 2 齢になる 7 月下旬ころから摂食を止め，体を縮めて周囲の枯葉の中に隠れ夏眠に入ることがわかった。幼虫が夏に成長途中で休眠することは非常に特殊な現象である。

9 月中下旬に活動を再開し摂食を始め，やがて越冬に入る。飼育下では 3 齢で越冬する場合が多いが，野外では越冬の場所などを含め詳しい記録はない。越冬後の幼虫は急速に成長し，ゴールデンウィークごろから始まる食草のスミレの開花盛期には終齢（5 齢）になっていることが多い。蛹に関する生態情報はほとんどない。

ウインカーに引き寄せられた♂ '10.6.10 増毛町(IG)

草むらの中で探草飛翔する♀ '11.6.19 新得町(S)

交尾(上♀)'10.6.13 幕別町(MA)

産卵 '03.6.5 富良野市(N)

タニウツギを訪花 '07.6.17 増毛町(IG)

卵 '03.6.5 富良野市(N)

夏眠する 3 齢 '03.8.16 富良野市(N)

終齢 '82.5.16 砂川市(KW)

枯枝に下垂する蛹 '81.6.4 日高町産(W)

枯葉の上の終齢 '89.5.7 富良野市(N)

北海道特産種　天然記念物

アサヒヒョウモン

Clossiana freija asahidakeana (Matsumura, 1926)

環：準絶滅危惧(NT)
北：留意種(N)

特別天然記念物の本種は，古い図鑑に“お花畑を緩やかに飛ぶ”とあったが，実際には絨毯のようなヒースを忙しなく飛ぶ。以降，何度も見たが，緩やかには飛ばなかった。類似 P.045

ミネズオウに産卵
'12.6.18 大雪山(S)

個体数★★☆☆
局地性★★★★
観察難易度★★☆☆
絶滅危険度★★☆☆

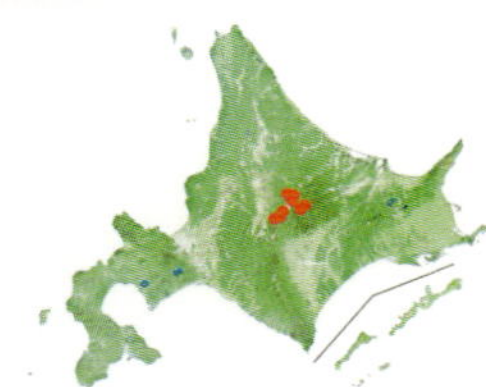

【分布・生息地】 大雪山系の特産種で，表大雪では黒岳，赤岳から高根が原を経てトムラウシ山。十勝連山ではオプタテシケ山～富良野岳にかけて。石狩山地では音更山，石狩岳にも生息する。なぜかニペソツ山には生息しない。標高 1,700 m以上の高山植物ヒース帯に多い。例外的に十勝岳山麓の白金温泉(標高 680 m)で採れたという古い記録もあるが，発生地を離れて森林限界の灌木帯で見たという話は聞いたことがない。

【周年経過】 雪解けが早い斜面では，おおよそ 6 月中旬から出現し 6 月下旬～ 7 月上旬が最盛期となる。雪渓が遅くまで残るところでは 7 月中旬～下旬がピークとなる。発生地のヒースには雪田が覆うため，残雪の融け具合によって発生時期は大きく変わる。4 齢幼虫で越冬する記録がある。

【食餌植物】 ツツジ科のキバナシャクナゲ，コケモモ，クロマメノキ，ガンコウラン。これらの間に嗜好性の差はないという。

【成虫】 大雪山では好天時 6 時前から活動を始める。初めは翅を水平に広げ日光浴をし，体温が上昇すると活発に飛び始め，ヒースの上を低く飛び，吸蜜，探雌飛翔，産卵活動を行う。エゾツガザクラ，ミネズオウ，ウラシマツツジ，イワウメ，クロマメノキなど紅色系の花を好んで訪花する。エゾツガザクラなど花が下向きにつくものは，頭部を下に向け，逆立ちの状態で吸蜜する。配偶行動は♀の羽化直後に行われることが多い。羽化直後の♀を発見した♂はすぐに♀の横に止まり，腹部をまげて交尾するという。交尾時間は 30 ～ 40 分で，♂は交尾後すぐに飛び去るが，♀は数時間その場所で静止するという。交尾済みの♀は活動開始後からすぐに産卵行動にはいる。食樹が混じりあったヒースの上をゆっくりと羽ばたきながら，時々，日光浴や吸蜜をはさみながら産卵位置を探す。さまざまな高山植物の枝先に止まると少し歩きながら葉の裏に腹部を強く曲げて 1 卵ずつ産み付ける。主要食草となるキバナシャクナゲやガンコウランに産み付ける例は少なく，幼虫は食べないミネズオウや地衣類にも産卵する。晴天時は盛んに産卵活動を続け，観察する機会は多い。

【生活史】 卵は淡黄色でしだいに橙色から褐色に変わる。気温により卵期は変わるが 6 ～ 14 日で孵化する。若齢はコケモモ，ガンコウラン，クロマメノキで見つかることが多い。葉縁から弧を描くように食べ，次々と葉を食べ進め，8 月下旬～ 9 月上旬に 4 齢になる。4 齢は黒褐色で葉の上で日光浴する。このころからキバナシャクナゲの葉で見つかるようになる。9 月中旬には降雪があり休眠に入る。越冬から覚めた幼虫は盛んに歩き回り一度脱皮し約 1 週間後にキバナシャクナゲの葉の裏に吐糸し前蛹になる。蛹は地上数～ 10㎝の小さな株から見つかることが多い。4 齢幼虫から脱出するコマユバチの 1 種の寄生率は高い。蛹期は 10 ～ 14 日。

以上生活史については渡辺康之の過去の報告による。

イワウメを訪花(♀)'10.6.19 大雪山(IG)

日光浴する♂ '09.6.20 大雪山(IG)

吸水する♂ '07.7.8 大雪山(IG)

交尾 '98.6.22 大雪山(W)

ハイマツに静止 '06.7.15 大雪山(KN)

卵 '76.7.14 大雪山(W)

コケモモを食べる 1 齢 '04.7.24 大雪山(W)

葉の裏の終齢 '81.6.27 大雪山(W)

終齢 '86.6.22 大雪山(W)

キバナシャクナゲの蛹 '86.7.6大雪山(W)

コヒョウモン

Brenthis ino mashuensis (Kono, 1931)

北海道亜種は本州亜種よりもさらに同定困難だ。次種と環境や幼虫の摂食時間など，微細に棲み分けるが，稀にある混生地では，お手上げ状態の斑紋個体が現れる。類似 P.046

探雌飛翔する♂
'12.7.15 札幌市(IG)

個体数★★☆☆
局地性★★☆☆
観察難易度★★☆☆
絶滅危険度★☆☆☆

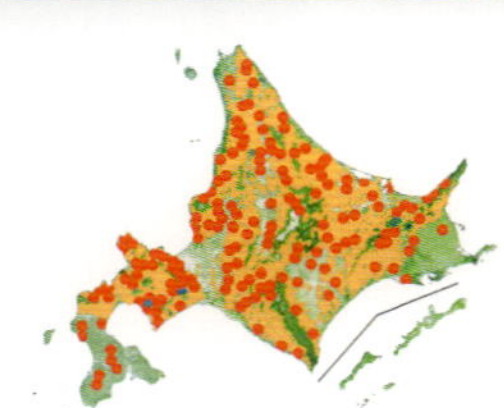

【分布・生息地】 北は猿払村～豊富町を結ぶラインで確認し，南は北斗市・厚沢部町間の中山峠に確実な記録がある。東では釧路町，別海町で確認したが，釧路川より東の大半の根釧原野にはほとんど生息しない。道南では狩場山地や長万部岳山麓の渓谷深部では比較的見られるが，この地域より南の渓谷では稀な種となる。渓谷に発生地が多く林縁や林間空間の狭い草地に多い。深い渓谷までいるが亜高山帯では見たことがない。次種との関係は，勇払原野や上川，北見，十勝，釧路の，ごく一部に混生地がある。森林伐採後の明るい空間ができて次種が入り込んだところや，反対に湿性草地が乾燥化で高茎植物と共に本種が侵入した所には一時的な混生地ができる。入り組んだ地形の火山灰地には，ある程度安定した混生地があるがやがて森林化して本種が優勢となる。

【周年経過】 年１回発生し，温暖な地域では６月下旬から，日当たりの悪い渓谷や寒冷な地域では７月中旬以降に発生し，８月まで見られる。卵で越冬する。永盛(拓)の観察では越冬前には，既に卵内幼虫となっていた。幼虫越冬とする文献もあるが，何かの間違いと思う。

【食餌植物】 バラ科のオニシモツケ，時にエゾノシモツケソウ，ナガボノシロワレモコウで発見されるが例外的である。ヨーロッパ産が広く利用しているキイチゴ属のノイバラ類は，与えれば食べて羽化にまで至るが，自然状態では食べない。

【成虫】 ♂は８時～ 15 時過ぎごろまで，ほぼ切れ目なく探雌飛翔を続ける。次種に比べてより林縁を選び，開放的な草原にはあまり出ない。札幌での観察では，♂が葉の上の♀に翅を広げて後ろから近づき，横に並ぶと腹部を大きく曲げ交尾に至った。♀は時々休息しながら，吸蜜と産卵を繰り返す。食草周囲を巡回するように飛び，特定の株に繰り返し産卵することが多い。葉には幼虫が食い荒らした食痕があり，その穴状の食痕に腹端を差し込んで産み付けることが多い。食草の下の方の枯れ始めた葉を選ぶことが多く，しばしば付近のシダ類などの他の植物にも産み付ける。

【生活史】 産付された卵は２週間ほどで変色して，次第に卵内の幼虫が完成するのが見える。翌春，食草の芽吹きを待つように孵化する。若齢時は枯葉層内で生活し，そこで体温を上げては葉を食べに出る。若い葉に多数の点のような食痕を残す。中齢以降は午後を中心に葉の上に出て食べるが，夜は枯葉層に戻る。終齢になると日中は食草の上部の葉の上中央部に静止し目立つ。幼虫はその時期，葉の上にのっているヤナギの枯れ落ちた花に擬態しているのだろう。摂食は主に 17 ～ 21 時ごろの夕方～夜間と気温の高い日は早朝３時ごろ薄明かりの中で行われ，深夜は枯葉層に戻る。低温時は日中も枯葉層内にいる。６月中旬ころ老熟し，食草を離れ，周囲のフキの葉の裏などで蛹化し，15 ～ 20 日の蛹期間を経て羽化する。

キリンソウを訪花した♂ '15.7.11 日高町(S)

交尾(左♂)'89.7.8 幌延町(N)

アザミを訪花(♂)'05.7.11 札幌市(IG)

オニシモツケへ産卵 '15.8.8 日高町(N)

♂に求愛？(右♂)'05.7.8 札幌市(IG)

越冬明けの 1 齢 '02.4.20 富良野市(N)

淡色型終齢 '09.6.12 標茶町(N)

卵 '15.8.8 日高町(N)

前蛹 '15.6.14 遠軽町(N)

オニシモツケ葉裏の蛹 '15.6.14 同上(S)

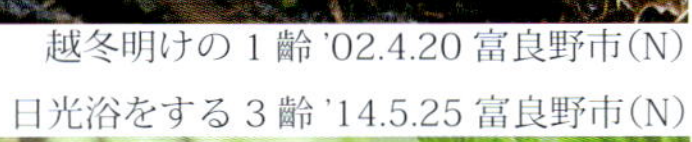

日光浴をする 3 齢 '14.5.25 富良野市(N)

オニシモツケ葉上の終齢 '15.6.14 遠軽町(S)

ヒョウモンチョウ

Brenthis daphne iwatensis (M. Okano, 1951)

環：準絶滅危惧(NT)
北：情報不足種(Dd)

北海道産は前種との区別がより困難だ。単独生息域では，翅が角張り黒点が小さく朱色が目立つ典型的な個体も多い。全部こうなら楽なのに道東方面では厳しい。類似 P.046

食草の周りを飛翔する♀
'10.8.8 苫小牧市(S)

タテハチョウ科

個体数★★☆☆
局地性★★★☆
観察難易度★★☆☆
絶滅危険度★☆☆☆

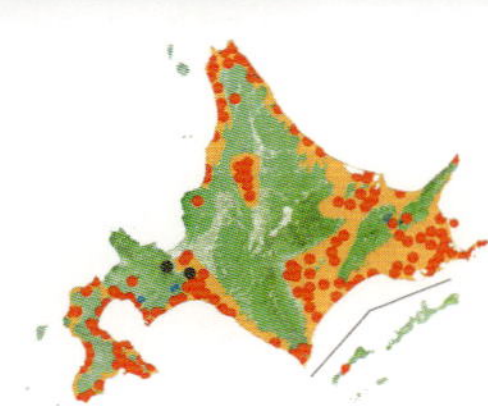

【分布・生息地】北は稚内市宗谷岬〜南は松前町白神，東は知床半島先端や根室半島に生息する。離島の記録はない。主に海岸段丘や湿原，火山灰の荒れ地など低標高地に多産地が多い。また道路のり面，排水路の土手などの人工草地や，特殊な植物の生える蛇紋岩帯の山地でも見られる。次種に比べより開放的な草原を選び前種のような沢沿には進出しない。高標高生息地では雨竜沼湿原でも確認している。渡島半島の低標高地，留萌管内の海岸沿い，サロベツ原野，宗谷管内のクッチャロ湖周辺の原生花園，根釧原野などは本種単独の生息地が多いが，勇払原野や十勝平野の丘陵縁，網走，北見地方の低山地，釧路川沿いなどには前種との混生地も多く，注意が必要と考える。前種との成虫の同定は非常に難しく，過去の記録にも誤同定が多い。

【周年経過】年1回発生。温暖な地域では通常7月上旬から発生が始まり，多くの地域では7月に盛期を迎える。宗谷管内や根室地方では7月下旬の発生だが，寒い年には8月から始まることもある。卵で越冬する。永盛(拓)の観察では，越冬前の卵には，幼虫体が形成されていた。だが孵化して幼虫越冬することはなかった。

【食餌植物】バラ科のナガボノシロワレモコウ，多くの産地でオニシモツケ，稀にエゾノシモツケソウを食べる。湿原や荒れ地でナガボノシロワレモコウを食べており，草原でオニシモツケを食べていることが多い。

【成虫】前種より上空が開けた環境を飛ぶ。明るい環境をやや活発に飛ぶが，あまり遠方には移動しない。ホザキシモツケやセリ科植物で吸蜜する。♂は日中生息地の草原上を盛んに探雌飛翔を行う。♂同士が出会うと弱い追飛行動を見せる。♀に対する求愛行動はよく観察されるが，交尾に至る観察はない。日中に草の上で交尾個体が見られる。母蝶は食草付近を低く飛び下部の葉に止まり，歩いて食草の株に潜り込み，低い位置の枯れた葉裏や枝の上に産卵する。食草の他に付近の枯れ葉，シダなどに産み付けられることも多い。産卵行動は時に9月までと長期に及ぶ。

【生活史】卵は前種同様やや膨らんだ三角錐型で，側面に11〜12の目立った隆条が走る。前種は8〜12条で最頻は10条で本種より少ない。ただし道東のものは平均10条程度で変わらない。幼生期は前種と同様であるが，より開けた環境に多い。幼虫は終齢に至るまで日中は日の当たる枯れ葉層内に静止する。混生地での観察では前種と同様な時間に摂食する。枯れ葉層内は夜間も高温の部位があり，体を温めて摂食に出る。体温が8℃以下になると摂食を止め枯れ葉層内に戻る。オニシモツケでは日中低い葉上にいることもある。終齢では本種が紫味が強く，白い背線が目立ち，前種は黄褐色の突起が長く太い上，体色が黄色味を帯びることで区別できる。蛹は，草本の葉裏，時に枯れ葉裏に見られる。

日光浴する♂ '07.6.30 苫小牧市(S)

ホザキシモツケを訪花した♀ '15.7.13 安平町(T)

交尾 '07.7.24(上♀)苫小牧市(IG)

探雌飛翔する♂ '15.7.13 安平町(N)

枯草に産卵 '11.8.9 旭川市(N)

越冬明けの1齢
'02.5.2 千歳市(H)

ナガボノシロワレモコウの卵 '11.8.9 旭川市(N)

卵 '07.9.8 標茶町(N)

終齢 '15.6.21 苫小牧市(N)

終齢 '12.5.12 旭川市産(N)

蛹 '09.6.25 標茶町産(N)

ウラギンスジヒョウモン

Argyronome laodice japonica (Ménétriès, 1857)　環：絶滅危惧Ⅱ類（VU）

北海道内では普通種だが本州では激減という。「景気悪化は早く回復は遅い飛行機のしっぽ」といわれる本道だが，せめて蝶の減少が遅く回復が早い飛行機でありたい。類似 P.046

若い植林地を飛翔する♂がカメラに興味を示した　'10.8.16 苫小牧市(S)

個体数★★☆☆　局地性★☆☆☆　観察難易度★★★☆　絶滅危険度★★☆☆

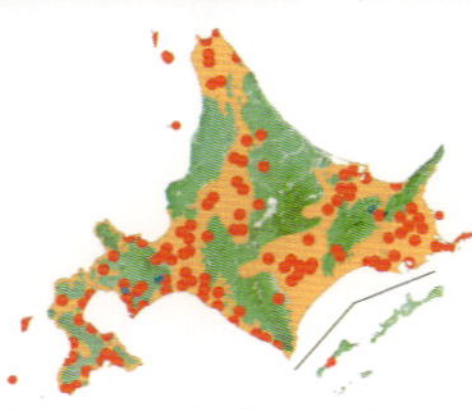

【分布・生息地】道北の稚内市宗谷岬〜道南は松前町や函館市，根釧原野は根室半島部や野付半島。離島では，利尻，礼文，焼尻，奥尻の他，渡島大島の確認もある。天売島の記録は見出せない。各地の平野部〜低山地の雑木林縁の草地に多く，都市部の住宅街の庭や公園などに見られる。道内では普通種のヒョウモン類の1つ。標高800 m以上の山地ではあまり見ない。本道以外は減少しているようなので，今後，道内での生息状況に注目したい。

【周年経過】年1回の発生で，温暖な地域では7月中旬〜下旬にかけて発生する。早く発生する地域では夏眠をとり，8月になると一端姿を消し，再び8月下旬〜9月にかけて活動を行う。宗谷管内など寒冷な地域では7月末〜8月にかけて発生し，夏眠をせずそのまま活動する時もある。越冬は基本的に卵越冬だが，永盛(拓)によると，一部は秋に孵化して冬を迎えたが幼虫での越冬は確認できなかった。

【食餌植物】スミレ科のタチツボスミレ，オオタチツボスミレ，エゾバタチツボスミレ，オオタチツボスミレ，ツボスミレ，スミレが記録されている。他のスミレも食べると考えられる。

【成虫】疎林周辺から草原上を活発に飛び回り好んで花に集まる。吸蜜植物は湿性〜乾性の草原ではホザキシモツケ，エゾクガイソウ，オカトラノオ，ヒヨドリバナなど，土手や人家周辺の草むらではオオハンゴンソウ，セイタカアワダチソウなど帰化植物にもよく集まる。湿地で吸水することも多い。大型ヒョウモンチョウの仲間は，卵の成熟に時間がかかり，秋になって産卵が行われる。北広島市で，♀の腹部を解剖し卵巣を観察したところ8月上旬までは卵は未熟で9月中旬に成熟していた。交尾は日中に観察される。産卵は8月下旬以降に見られ，9月中旬がピークとなる。産卵について2014年8月26日の旭川市での観察では母蝶はエゾヤマザクラが植栽されている公園の日当たりのよい土手部を11時10分〜12時20分にかけて，吸蜜や日光浴をはさみながら，翅を小刻みに震わせ緩やかに飛び回り，時折草むらに潜り込み産卵部位を探し，イネ科の枯れ草とヨモギの枯葉に1卵ずつ2個産付した。姉妹種のオオウラギンスジヒョウモンは少し離れた半日蔭の草むらで産卵しており，本種の方が明るい場所を選ぶようであった。

【生活史】卵はやや丸みを帯びた円錐形で産卵当初は黄白色。側面に14本程度の縦条がある。野外で産卵された卵を室内に取り込むと孵化せずに冬を越す場合と孵化するものがある。雪解け後の若齢幼虫の発見はきわめて難しい。摂食は主に夕方〜夜間に行われるようで，昼間は食草から離れ枯葉の中に深く潜んでいるので，食痕のあるスミレの周囲の枯れ葉全てを取り除くようにして探すと発見できる。蛹化場所は，北海道での観察例はない。広く分布する種のわりに生態上の知見は少ない。

気温が上がると葉裏に隠れて避暑する '10.8.16 千歳市(S)

求愛飛翔(下♂)'09.8.14 苫小牧市(IG)

黒化した♂ '10.8.16 千歳市(S)

交尾(右♂)'15.8.7 富良野市(N)

ユウゼンギクを訪花 '06.9.24 苫小牧市(S)

卵 '14.8.26 旭川市(N)

蛹 '04.6.5 富良野市産(N)

終齢 '02.6.15 増毛町(KW)

3 齢 '04.5.26 富良野市産(N)

終齢 '85.6.14 札幌市(H)

オオウラギンスジヒョウモン

Argyronome ruslana (Motschulsky, 1866)

前種と微細な棲み分けをするが混生地も多い。だが交雑種か？と思うような微妙な標本は見たことがない。「人間の大雑把な目で見るな」と言う，彼等の声が聞こえそうだ。類似 P.046

オオアワダチソウを訪花した♂
'10.8.25 苫小牧市(S)

タテハチョウ科

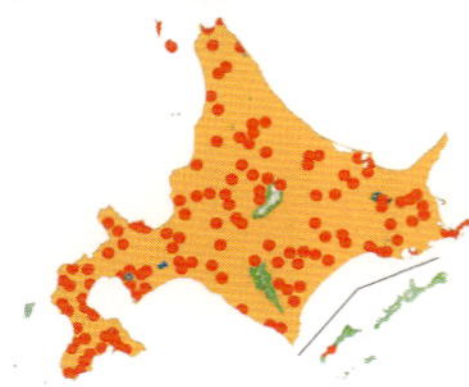

【分布・生息地】 北は稚内市宗谷岬付近～南は松前町，函館市，東は根釧原野の根室半島まで広く生息し，離島では利尻，礼文に記録がある。平野部の公園，低山地の雑木林，山地の植林地や林縁環境に多く，標高1,000 m前後の蜜源の多い高原や刈込草地などにも多い。離島を除くと，全道の地域に普通だが，強いていうなら，道北・道東地域に比べると，渡島半島南部では，やや少なく感じる。

【周年経過】 年1回の発生で，暖かい地域では7月中旬から発生し，9月まで活動が見られる。宗谷管内や根釧地方では7月下旬～8月上旬に発生し，そのまま活動を続ける。基本的に卵で越冬する。

【食餌植物】 スミレ科のエゾノタチツボスミレ，タチツボスミレ，オオタチツボスミレ，オオバタチツボスミレ，ツボスミレ。

【成虫】 前種より飛翔は力強くスピードも速い。吸蜜植物は多種にわたるが，山道ではアザミ類，ヨツバヒヨドリ，ノリウツギ，ホザキナナカマドなど，草原ではクガイソウ，ヤナギラン，オカトラノオなどによく集まり，秋には人家周辺や庭先のオオハンゴンソウ，マリーゴールドなどの外来種，栽培種にもよく集まる。しかし前種と混じることは稀でミドリヒョウモンやメスグロヒョウモンと混飛することが多い。配偶行動や産卵行動は発生から1か月ほど過ぎた8月下旬～9月に見られる。産卵は林道わきや小河川の土手などのスミレ類のはえる草むらで行われる。母蝶は日光浴などの小休止をはさみながら小刻みに飛び回り，食草に触れる。その後，枯れたエゾヨモギなどの葉や茎，地面に堆積した枯れ葉などに産卵する。同所的に産卵行動を見せるミドリヒョウモンやメスグロヒョウモンが主に樹幹や枝先に産卵するのとは異なる。♀が産卵中に♂が後ろから翅をふるわせながら執拗に近づき産卵行動が中断されることがよく見られる。

【生活史】 卵はやや丸みを帯びた円錐形で産卵当初は淡黄色。野外で産卵された卵を室内に取り込むと，卵のまま越冬する場合と，孵化しても摂食はせずに越冬する場合がある。雪解け後，孵化した幼虫は，まだ小さなスミレの新しい葉を円く穴をあけながら食べ始める。摂食時以外はスミレの株の近くの枯葉の中に潜む。中齢以降は日中，枯れ葉層内にいることが多く，夕方から夜に葉上に出て，食べては枯れ葉に戻ることを繰り返し，半円形の大きな食痕を残す。また終齢では実を食べることがある。摂食量が増えスミレの株に糞が落ちているので，これらを目当てに周囲の枯葉を丹念にめくって探すと見つかる。しかし，ミドリヒョウモンのように日中，葉の上や枯葉の上に出ることはないので発見は難しい。庭に放飼した終齢は近くの家の壁や樹木のすき間で蛹化した。飼育では蛹期約25日で羽化した。野外での蛹化場所は不明。珍しい蝶ではないので調査が待たれる。

個体数★★☆☆
局地性★☆☆☆
観察難易度★☆☆☆
絶滅危険度★☆☆☆

オオハンゴンソウを訪花 '15.8.8 上ノ国町(S)

ヨツバヒヨドリを訪花した♂ '05.7.28 苫小牧市(IG)

産卵 '06.9.11 小樽市(N)

産卵する♀に近づく♂ '07.8.25 標茶町(N)

葉裏で避暑する♀ '15.8.1 札幌市(H)

卵 '06.9.22 小樽市(N)

3 齢 '15.5.4 富良野市(N)

蛹 '15.6.6 富良野市産(N)

2 齢 '15.4.28 富良野市(N)

終齢 '15.6.10 富良野市産(N)

ミドリヒョウモン

Argynnis paphia tsushimana Fruhstorfer, 1906

他のヒョウモン類の仲間が盛夏に夏眠しても本種は全く姿を消すことはなく，一部は紅葉の時期まで活動する。本道の夏の山道の主役の一人である。

メスグロヒョウモン♀(下)へ誤求愛する♂
'12.8.8 上川町(S)

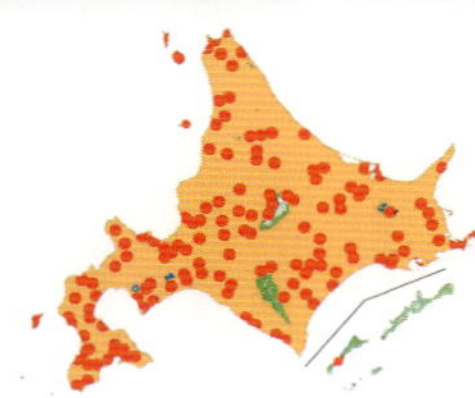

【分布・生息地】 北限は稚内市，南限は松前町，道東の根室半島や知床半島。離島では利尻，礼文，焼尻，奥尻に生息するが，天売島に記録はない。道内では大型ヒョウモンの最普通種で道内各地に普通。平野部公園や住宅街の庭でも見られるが，主に低山地〜山地の落葉広葉種林内の林道や渓流沿い，渓谷上部の雪崩斜面なども多く，たまに高山帯のお花畑にも現れる。

【周年経過】 年 1 回発生。温暖な地域では 7 月上旬から発生が始まり下旬には盛期となる。盛夏にはやや少なくなるが，他の大型ヒョウモンのように夏眠することはない。9 月に入り汚損個体が再び多くなり，落ち葉が舞い散る晩秋まで見られる。晩夏から秋にかけて産卵された卵は，孵化し摂食せずに越冬するとされる。

【食餌植物】 スミレ科のタチツボスミレ，オオタチツボスミレ，ツボスミレ，ミヤマスミレなど多くのスミレ属。

【成虫】 林間の空き地や林道沿いを活発に飛び回り，アザミ類，オオハンゴンソウなど多くの花に集まる。地上で吸水し樹液に飛来することもある。林道沿いなどで緩やかに飛び続ける♀に対し，♂が後方から♀の下に回り前方に出て上から後ろに回るという回転を，繰り返しながら追い続けるという独特の行動がよく観察される。産卵は発生から 1 か月以上過ぎた 8 月下旬〜 9 月に見られる。スミレ類が生える林の縁，河川の土手など市街地周辺も含め多様な環境で観察される。母蝶は日光浴などの小休止をはさみながら日当たりのよいところから半日蔭にある樹木を確認し，木の幹に腹部を曲げながら歩き回り産卵位置を探す。地表付近からおおよそ 2 mほどの高さにかけて産卵する。産卵部位は樹皮の皺の凹みが多いが，付着するコケにもよく産む。産卵する樹種は特にこだわらないが直径 20 cm 以下の細い木は好まない。草むらに置いたリュックの背のメッシュの生地に盛んに産み付けるのも観察した。

【生活史】 卵はやや丸みを帯びた円錐形で産卵当初は淡黄色。飼育下では 2 〜 3 週間の卵期を経て孵化し食草を与えても摂食せずそのまま休眠状態に入る。野外でも同様な経過で孵化した卵殻が見られるが，幼虫を探し出してはいない。孵化した幼虫はおそらく樹を下り落葉層などに隠れ越冬に入ると推定される。翌春の雪解けは幹の周りから始まり，このようなところでいち早く芽を出したスミレで摂食する 1 齢幼虫が見られる。これは樹幹に産卵することと合わせた適応戦略と考えられる。その後 6 月下旬まで各種スミレ類を食べながら成長する。幼虫はよく食草の株の周囲の枯葉の上などに日光浴をするかのように静止しており，発見は容易な部類である。また終齢は日中にかなりのスピードで地面を移動するのも観察される。蛹はヨモギなどの葉の下やミズナラなどの大木の樹皮の裂け目や根元付近の洞，太い枯れ枝の下などで発見される。

個体数★★★☆
局地性★☆☆☆
観察難易度★☆☆☆
絶滅危険度★☆☆☆

求愛飛翔(下♂)'10.8.14 上ノ国町(IG)

羽化のようす '15.6.23 札幌市(H)

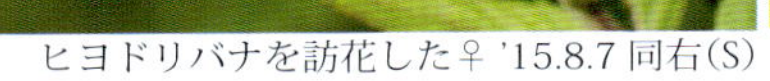

ヒヨドリバナを訪花した♀ '15.8.7 同右(S)

交尾 '10.8.16 千歳市(S)

ミズナラ樹皮へ産卵 '12.8.14 厚真町(S)

日光浴する終齢 '15.6.15 鹿追町(T)

蛹化のようす '15.6.8 富良野市(N)

卵 '14.8.26 旭川市(N)

終齢 '15.6.14 遠軽町(S)

3 齢の摂食 '08.5.24 標茶町(N)

越冬中の 1 齢 '14.11.1 富良野市産(N)

蛹 '11.7.9 日高町(S)

メスグロヒョウモン

Damora sagana liane (Fruhstorfer, 1907)

♀の白帯は変異があり，細い個体や白帯にクサビ状の切れ目がある個体も。1980 年までは珍種だったが，近年は普通になった。一時的な現象か暫く続くのか見守りたい。

求愛飛翔(右♂)
'13.8.12 上川町(S)

個体数★★☆☆
局地性★★☆☆
観察難易度★★☆☆
絶滅危険度☆☆☆☆

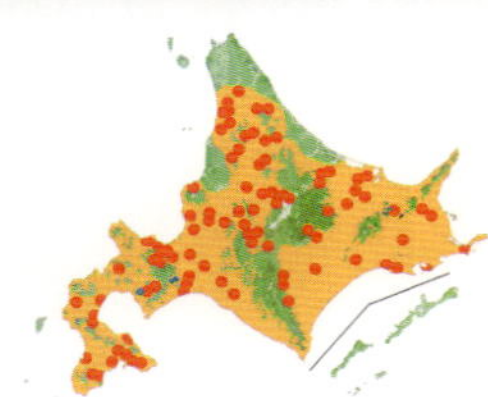

【分布・生息地】報告ある北限は美深町だが，天塩中川町や遠別町でも確認した。南限付近は福島町と知内町，道東は根室市落石。道内に広く分布するが離島の記録はない。1980 年までの道内の本種は珍しい蝶であった。原因は不明だが 1995 年代以降，道内各地で比較的目にするようになり，近年はミドリヒョウモンと同様に普通に見られる地域も多い。里山から落葉広葉樹の山地林道，標高 1,000 mの針葉樹の林間草地などで見られ，森林を切り開いた植林地では多産する時もある。平野部や高山帯などではあまり見ない。

【周年経過】年 1 回発生。平年では 7 月中旬～下旬にかけて多く見られるが，大型ヒョウモンの中では生き残りが早い段階に見なくなる。晩夏に産卵された卵は孵化し摂食せずに越冬するとされる。

【食餌植物】従来不明であったが，旭川市と富良野市などでスミレ科のタチツボスミレを確認。また標茶町ではツボスミレの周囲から 2 齢幼虫を得ている。この他のスミレ類も食べていると考えられる。

【成虫】林道沿いや林間の小草原を活発に飛び回り，アザミ類，オオハンゴンソウ，ノリウツギなど多くの花に集まる。8 月 2 日の富良野市の観察では，♂が林道の上を飛翔中の♀の周囲を回転しながらまとわりつき，♀が静止すると後ろから交尾を迫り，♀が拒否し飛び立つとまた追いかけるという行動を 30 分以上繰り返し続けた。産卵は卵成熟を待って，発生期の後半の 8 月下旬～ 9 月に行われる。旭川市と富良野市での観察では，♀はスミレ類が生える林の縁，河川の土手などで，地表近くをゆっくり飛翔し，時々翅を開き地面や枝の上に止まり日光浴をする。時おり食草の存在を前脚で確認する。産卵は比較的孤立した樹木の，幹から太枝の皺に 1 個ずつ産付される。樹種はイタヤカエデ，オニグルミ，ヤマグワなどで特にこだわることはない。産卵位置は地面から 1.5 ～ 4 mで，前種が同じ木の 2 m以下の低い位置を選び産卵位置がほとんど重ならなかった。

【生活史】卵はやや丸みを帯びた円錐形で産卵当初は淡黄色。側面に 20 本程度の隆条があり，これに直交する 12 本前後の筋があり全体では網目状に見える。富良野市で 8 月上旬に採卵した卵は約 2 週間で孵化し，庭で放飼したところ約 40 日の幼虫期間，2 週間の蛹期を経て 10 月に第 2 化を生じたことがある。8 月 31 日に野外から得た卵は孵化しないものと，孵化しても摂食をしないものがありそのまま越冬休眠に入った。自然状態でも同様な経緯をとると推定される。翌春雪解け後に摂食を開始し，5 月上旬には，タチツボスミレやツボスミレを摂食する 1 齢幼虫が見られる。若齢期は主に夜間に摂食し，日中は株の周囲の枯葉の中に潜んでいることが多い。3 齢以降，成長した幼虫はミドリヒョウモンのように葉の上で日光浴をすることがある。野外での蛹化場所は不明である。

飼育下での蛹期は約 2 週間であった。

ヒヨドリバナを訪花した♂ '12.7.18 占冠村(S)

ヒヨドリバナを訪花した♀ '13.8.12 上川町(S)

ヒヨドリバナを訪花した♂ '12.7.18 占冠村(S)

求愛飛翔(下♂) '10.8.3 富良野市(S)

ケヤマハンノキ樹皮へ産卵 '13.8.12 同上

卵 '14.8.18 富良野市産(N)

枯葉上の3齢 '15.5.4 富良野市(N)

日光浴する終齢 '15.6.15 鹿追町(T)

1齢 '15.4.28 富良野市(N)

食草上の亜終齢 '15.6.14 遠軽町(S)

蛹 '15.6.1 富良野市産(N)

前蛹 '15.5.31 富良野市産(N)

クモガタヒョウモン

Nephargynnis anadyomene ella (Bremer, [1865])

新緑のころ，里山を飛ぶ本種はひときわ異彩を放つ。道内には多産地はない。長い夏眠あけの傷んだ個体はたまに見るが，初夏の新鮮個体に出会えたなら，なかなかの幸運だ。

林道の湿りで吸水する♂
'11.7.1 苫小牧市(S)

タテハチョウ科

個体数★☆☆☆
局地性★★★☆
観察難易度★★★★
絶滅危険度★★☆☆

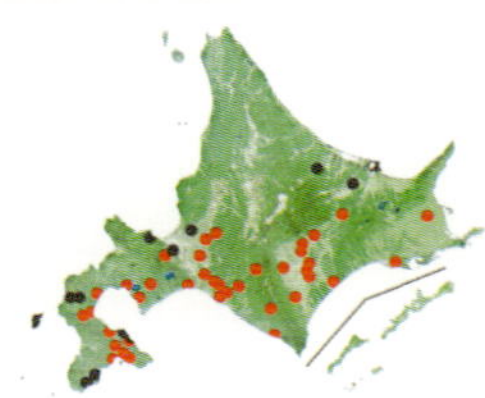

【分布・生息地】道内では局地的で，北限は遠軽町丸瀬布，南限は福島町となる。離島では奥尻に唯一の古い記録があるが再確認が望まれる。道南では函館市，八雲町で比較的見られ，道央部では胆振地方に比較的安定して見られる。釧路・根室地方では釧路町，中標津町に記録があるのみで，十勝地方より東にはあまり記録がない。札幌市では 1970 年代以降，豊平川以北では記録が途切れたが，永盛(拓)は 1986 年，1987 年，1990 年に有明で，2011 年に西岡，2015 年に羊ヶ丘で確認している。2015 年に八剣山では民有林の伐採跡地で 40 年ぶりに採集されたという(高木秀了，私信)。平野部～低山地の自然度の高い林間草地や疎林で見られる。高標高地には少ないが，永盛(拓)は支笏湖オコタンペ湖付近の 750m 地点で確認している。

【周年経過】年 1 回の発生。大型ヒョウモンの中では最も早く発生する。温暖地域では 6 月中旬から発生するが発生して間もなく姿を消す。秋の気配を感じる 9 月になって汚損したヒョウモン類に混じって吸蜜する姿を見かける。道東では 7 月下旬の記録もあり，寒冷地では夏眠しないとされたが，釧路町でも 9 月上旬の個体を確認した。寒冷地でも短い期間は夏眠する可能性がある。夏眠明けに産卵し 1 齢幼虫で摂食せずに越冬する。

【食餌植物】スミレ科のオオタチツボスミレしか確認していない。

【成虫】森林沿いの小草原上を活発に飛び回り好んで花に集まる。夏はノリウツギ，ヒヨドリバナなど，秋にはオオアワダチソウなど帰化植物にもよく集まり観察しやすい。湿地で吸水することもある。6 ～ 7 月に解剖しても卵を持っておらず，卵の成熟には時間がかかり，秋になって産卵が行われると考えられる。配偶行動や産卵行動はほとんど観察されていない。毎年確実に見られるという地域が少なく，個体数も少ないために記録が乏しい。

【生活史】卵はやや丸みを帯びた円錐形で産卵当初は黄白色。側面に 14 本程度の縦条がある。10 月以降孵化し 1 齢で摂食せずに越冬する。翌春，雪解け直後から幼虫は新しく展開した葉を食べ， 5 月中旬ごろ終齢に達し，間もなく蛹化，羽化する。雪解け後の若齢幼虫の発見はきわめて難しい。摂食は主に日中から夜間に行われるようである。中齢以降は昼間は食草から離れ枯葉の中に深く潜んでいるので，食痕のあるスミレの周囲の枯れ葉全てを取り除きながら根気良く探すと発見できた。発生地となる疎林周辺の食草群落は樹木の生長や草刈りなどの影響を受けやすい。そのため発生を確認した草原でも，次年度に幼虫が見つからないことも多い。9 ～ 10 月に♀を陽の当たる風通しのよい容器に入れるとスミレがなくとも簡単に産卵する。その後野外に植えたタチツボスミレなどの近くに置けば，翌春雪解け直後から食べ始めるので観察ができるだろう。幼生期の調査の最困難種といえ，蛹化等の記録も当然ない。

ヒメジョオンを訪花した♀ '11.7.19 札幌市(H)

♂の飛び立ち(連続写真)'11.7.1 苫小牧市(S)

ヒヨドリバナを訪花した♂ '09.8.14 苫小牧市(IG)

訪花した♂ '78.6.26 千歳市(T)

イボタを訪花した♀ '05.7.23 苫小牧市(IG)

終齢の摂食
'86.5.20 苫小牧市(H)

枯葉の裏にいた終齢 '85.5.12 千歳市(H)

葉に隠れていた 4 齢 '85.5.12 千歳市(H)

♀の羽化と蛹殻 '85.7.3 千歳市産(N)

吸水する♂ '11.7.1 苫小牧市(S)

ウラギンヒョウモン

Fabriciana adippe pallescens (Butler, 1873)

以前DNA分析で日本産には2系統と報告された。だがその分析だけでは生殖隔離の事実が不明で種の定義は混沌としている。いま交配実験で再び謎に迫る挑戦者がいる。類似 P.047

伐採地に咲くヒヨドリバナを訪花
'12.7.19 占冠村(S)

タテハチョウ科

個体数★★☆☆
局地性★☆☆☆
観察難易度★☆☆☆
絶滅危険度★☆☆☆

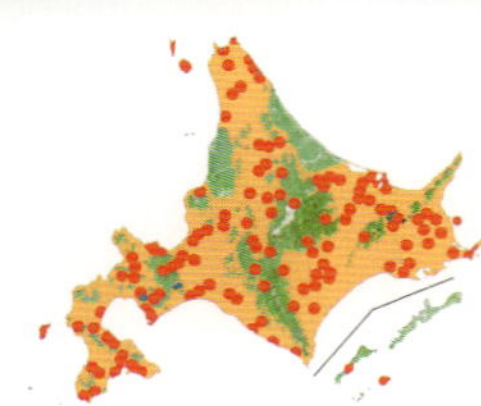

【分布・生息地】 北は稚内市宗谷岬付近～道南は，函館市や福島町，道東は根釧原野と，各地で普通に見られる。離島では利尻，礼文と奥尻に記録がある。低山地～山地にかけての林道沿いの草地，開放的な植林地，林間空間などに多い。現在，北原曜氏により，累代による交配実験が進んでいるが最近，後翅裏面の緑色の濃いA型と薄いB型との間では交尾しないとする実験結果が報告された。これはm-DNA分析の結果と合致することから，互いに別種の可能性が高い。再び本種が注目されることになる。

【周年経過】 年1回発生で，温暖な地域では6月下旬～8月にかけて，発生する。寒冷地域でも7月中旬～8月にかけ，比較的長い期間発生する。7月下旬～8月上旬は，ひどく汚損した個体と新鮮な個体が，同時に見られることもある。発生期間は長く9月末まで生き残る。初夏に発生した個体と盛夏に発生した個体とでは，移動の習性や産卵時期など，どのような生態の違いがあるのか興味深い。若齢幼虫で越冬する。

【食餌植物】 スミレ科のオオタチツボスミレ，エゾノタチツボスミレ，アイヌタチツボスミレ，ツボスミレ，スミレが記録されている。他の種も食べると考えられる。

【成虫】 発生地に残る個体もあるが多くは移動する。活発に飛び回り，多くの花で吸蜜する。チシマアザミなどのアザミ類，ノリウツギ，ヨツバヒヨドリ，クガイソウなど多くの花を訪れる。配偶行動は観察していない。秋に発生地に♀が戻って来て産卵することがある。明るい草原で♀は低く飛び，地表を歩き回り慎重に産卵場所を探し，地上の枯れ葉，枯れ枝，他の植物などに深く腹部を曲げ先端を差し込むようにして，産卵を続ける。長時間食草を確認することなく産卵を続けることが多い。草原に隣接する明るい林内でも時に下草の間を歩き，同様に産卵する♀を見ている。

【生活史】 札幌市で9月に採卵した卵は17～20条の隆条があった。野外に放置した卵は10月には孵化していて，付近の枯れ葉裏で越冬に入った幼虫を確認した。4月末摂食を始めた幼虫は，若齢～終齢までやや食草を離れた乾いた枯れ葉の裏にいて，晴れた日には活発に歩き，スミレ類に移動し5分程度摂食したあと枯れ葉裏に戻る。午後，枯葉層内が暖まったころ，特に盛んに摂食する。花や実を食うことも多い。従来本種幼虫の観察が困難とされたのは，短時間しか摂食せず，食草を離れた枯れ葉の堆積したようなところにいて，刺激すると落下し，素早く枯れ葉に潜るためと思われる。最近発表されたA型，B型幼虫の区別点から見ると写真の終齢幼虫はいずれもA型種と見られる。蛹化時は，幼虫は枯れ葉の堆積する環境で枯れ葉の中に潜り込み，葉に吐糸して綴り蛹化した。これは，2週間後には既に羽化していた。珍しい種ではないが分割された2つの種の生態の解明が待たれる。

林内草原での探草飛翔 '15.8.9 福島町(S)

ヒヨドリバナを訪花 '12.7.19 占冠村(S)

ウインカーに惹かれる♂ '10.7.25 同右(S)

ホザキシモツケを訪花 '08.8.25 苫小牧市(S)

産卵 '08.8.26 仁木町(IG)

枯葉に産付された卵 '15.8.25 芦別市(N)

枯葉に静止する終齢 '15.6.3 札幌市(H)

すばやく移動する終齢 '15.6.3 札幌市(H)

摂食する終齢 '15.6.3 札幌市(H)

蛹化 '15.6.6 札幌市(H)

蛹 '86.6.16 札幌市(H)

ギンボシヒョウモン

Speyeria aglaja basalis (Matsumura, 1908)

北海道亜種は本州産に比べ後翅裏面の緑色鱗の輝きが強く翅表の橙色も，より鮮やかだ。初夏の林間草地をさっそうと飛び廻る姿は，北国の夏の到来を舞い祝うようだ。類似 P.047

林内空間に咲くアザミ類を訪花
'11.7.9 日高町(S)

個体数★★☆☆
局地性★☆☆☆
観察難易度★☆☆☆
絶滅危険度★☆☆☆

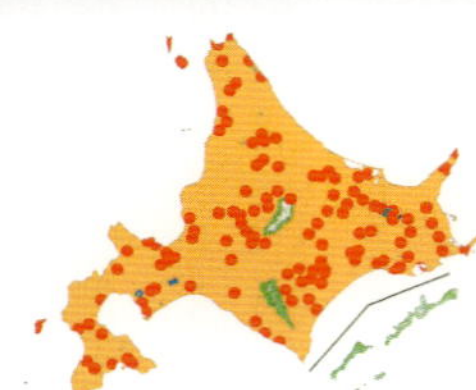

【分布・生息地】 北は稚内市宗谷村〜南は函館市，知床半島先端や根室半島基部。離島では利尻，礼文と道南の奥尻に記録がある。低山地〜山間部の明るい草地や林縁，植林地などで多く見られる。札幌市では市街地平野部の公園や住宅地ではあまり見ない。道北は海岸防風林の林縁，根釧原野では湿性草地でも見られる。道央部以東では多数見られるが，道南ではそれほど多い種ではない。

【周年経過】 年１回発生で，温暖な地域では平年では６月中旬，寒冷地でも７月中に発生し，盛夏には姿を消す。８月中旬から再び姿を現し，９月下旬まで見られる。この盛夏の時期は，夏眠に加え，冷涼な地域への移動も推定される。宗谷管内では７月末から発生する。卵で越冬との記録もあるが，永盛(拓)の観察では越冬は１齢で行われ，卵越冬は確認できなかった。

【食餌植物】 スミレ科の多くの種を利用する。野生種ではオオタチツボスミレ,エゾノタチツボスミレ，アイヌタチツボスミレ，タチツボスミレ，ツボスミレ，マルバケスミレ，スミレ，ミヤマスミレが，外来種ではアメリカスミレサイシン，ビオラが記録されている。また，与えればバラ科のオニシモツケも食べるという記録があり注目される。

【成虫】 活発に飛び回り，多くの花で吸蜜する。チシマアザミなどのアザミ類，エゾニュウなどの大型セリ科での吸蜜が目立つ。湿地での吸水も見られる。大発生時は羽化直後の個体が発生地のアザミ類で吸蜜していたが，７月下旬には少数しか見られず，移動したようだ。交尾は発生初期に見られる。秋になると発生地に♀が戻ってきて産卵する。♀は時々スミレを確認するが，数時間にもわたって確認せず産卵を続けることが多い。しばしば食草群落から離れた空き地などにも移動し，地表を歩き回り，枯れ葉，枯れ枝，小石などに産卵を続ける。

【生活史】 卵は産卵直後は黄色味を帯びている。形は丸みを帯びた円錐形で他のヒョウモン類と区別は難しい。越冬後４月末残雪が残る中，摂食を始めた幼虫は，急速に成長し５月末には終齢に達する。中齢以降は地表の枯れ葉上で日光浴をする。枯れ葉の中で体を温めて日中も摂食するが，夕方に活発に食べる。札幌市でオオタチツボスミレが広がった若い植林地に幼虫が多数見られ，スミレを幼虫が食い尽くし，餌を求めて長距離を歩き回る多数の個体を見た。一部は餓死したが，多くは蛹となり大発生につながった。同一環境にいた前種などは，成長が本種より遅く，先に餌を食われて多くが餓死した。草原的環境で黒い幼虫が日射を吸収し体温を高め早く成長し，近縁種との競争に勝つ戦略を持つと思われる。蛹化時幼虫は枯れ葉の堆積する環境に移動し，枯れ葉の中に潜り込み葉を吐糸で綴り，その下の地表を脚で掘り，指で押し付けたような空間をつくって，その上の葉裏に蛹化した。腹端が強く曲がった特殊な形の蛹と共に独特の生態である。

アザミを訪花(♂)'06.7.11 札幌市(IG)

林道沿いの草地で日光浴する♂ '08.6.27 上川町(S)

アザミを訪花(♂)'11.6.16 幕別町(S)

交尾(♂右)'05.7.16 札幌市(IG)

静止する♂ '08.6.27 上川町(S)

枯葉に産付された卵 '15.8.25 富良野市(N)

摂食する 3 齢 '85.5.5 札幌市(H)

日光浴する終齢 '02.6.15 増毛町(KW)

摂食中の終齢 '03.5.5 富良野市(N)

食草の下に隠れる終齢 '00.5.12 富良野市(N)

枯葉下の小部屋内の蛹 '86.6.13 札幌市(H)

オオイチモンジ

Limenitis populi jezoensis Matsumura, 1919　環：絶滅危惧Ⅱ類(VU)

黒化型の「クロオオイチ」人気は過熱気味だ。道内外から採集者が集中し大量の腐果実トラップの臭いが渓谷に充満。熊が来るので使用禁止。愛好家が締出しになりかねない事態だ。

林道上を飛翔する♂
'06.7.29 上士幌町(IG)

個体数★★☆☆　局地性★★★☆　観察難易度★★★☆　絶滅危険度★★☆☆

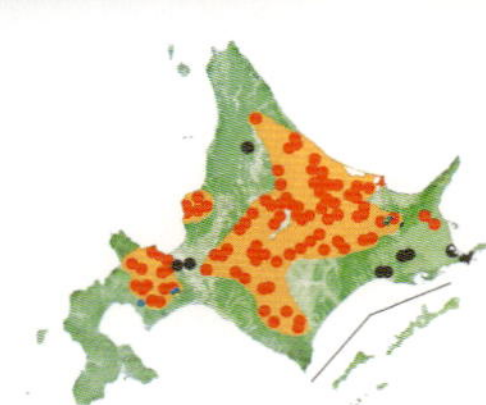

【分布・生息地】確実な北限は雄武町。だが幌延町などの目撃例もあり，調査が進めば北限は更新されると考える。最も道南部の生息地は伊達市大滝区。西限は共和町。山塊の渓谷を中心に，道央は手稲・定山渓，増毛山塊，夕張・日高山系や大雪山系など，大きな山塊から流れる河川の上流域に発生地が多い。大雪山麓や北見方面には多産地がある。昔は標茶町などの根釧原野にも多産していたと聞くが，ドロノキ林の伐採などで，今となってはほとんど見られなくなった。大雪山麓など発生の遅い地域では，白帯が消える黒い個体が少数見られる。黒化原因は先天的か後天的か解明されていない。

【周年経過】早いところで6月下旬から出現し，多くの地域で7月上旬が盛期となる。遅い地域では7月下旬が最盛期となる。生き残りは8月上旬まで見られるが出現期間は短い。3齢幼虫で越冬する。

【食餌植物】ヤナギ科のドロノキ，ヤマナラシが主要な食樹。この他，チョウセンヤマナラシ，ギンドロ，セイヨウハコヤナギなども利用する。

【成虫】林縁の梢の上から林道上や渓流沿いを，時おり力強くはばたきながら滑空する。♂は林道沿いの崖や湿った地面や河原に吸水に集まる。♀も吸水するが♂ほど頻繁ではない。♂♀共にミズナラやヤナギの樹液を吸う。♂は獣糞や小動物の死体にも集まる。訪花は少ないが，ノリウツギ，シナノキ，クリ，シロツメクサ，カラコギカエデなどの記録がある。交尾は午後に観察例がある。産卵行動は林縁の林間の食樹の低い位置で行われることが多い。♀は食樹の周りをゆっくりと飛翔しながら，横に張り出した枝先の葉の上に根元に向き止まり，腹部の末端を葉の先端部に合わせ1卵ずつ産み付ける。

【生活史】卵は緑色のまんじゅう型で表面は小さな凹部と微毛に覆われている。孵化した幼虫は卵殻を食べ，葉の先端の両側から溝状に食べ，小さな葉片を吐糸で結び付け，先端部にいわゆるカーテンをつるす。食べ残した葉の中脈を残し，先端に糞を重ねた棒状の台座(糞塔)を常につくり，ここに静止する。この特徴的な食痕を目当てにすると若齢幼虫の発見は容易である。2齢ではカーテンはつくらず，中脈の台座から両側の葉を食べる。3齢になると体色が黒褐色になり，食樹の落葉が他の広葉樹より早いため，早い場合は8月上旬から越冬用の巣をつくり始める。葉を円形～台形状に切り取り，冬芽近くの枝先に吐糸で結び固定する。葉がカールしてくるのを利用し，奥の部分から両側を結び付け，最終的には長さ10㎜，幅4㎜程度の枝に密着した円筒形の巣をつくる。越冬巣はやがて葉が枯れて縮むが入口は開いており，幼虫の頭部が外から見える。越冬後は巣からでて伸び始めた若葉を食べ成長する。終齢は緑色を帯び胸部の突起が発達する。枝や葉の基部に台座をつくり周囲の葉を多量に食べ進む。成熟すると，食痕のない葉の表面に広く吐糸を張り，ぶら下がる形で蛹化する。蛹期は10～14日。

日光浴する♀ '07.8.5 上川町(KN)

糞で吸汁する♂ 2 頭 '10.7.4 足寄町(MA)

バンパーから吸汁する♂ '06.7.29 上士幌町(IG)

キツネ糞で吸汁する♂ '08.6.23 札幌市(H)

日光浴する♂ '07.7.7 中札内村(IG)

越冬巣をつくる 3 齢 '14.8.3 富良野市(N)

終齢 '85.5.29 小樽市(KW)

卵(ヤマナラシ)'11.7.18 旭川市(N)

2 齢と糞塔 '14.7.29 南富良野町(N)

ドロノキの越冬巣 '02.4.28 富良野市(N)

蛹 '02.5.27 札幌市(KW)

越冬巣をつくる 3 齢 '02.8.27 小樽市(KW)

イチモンジチョウ

Ladoga camilla japonica Ménétriès, 1857

オオイチモンジ狙いの時は「ただイチか」と舌打ち。北限更新を目論んで遠別町で仕留めた時はガッツポーズ。切り口を変えると感激の仕方に天地の差が出る。

食草(クロミノウグイスカグラ)へ産卵に訪れた♀
'12.8.14 苫小牧市(S)

タテハチョウ科

個体数★★☆☆
局地性★★☆☆
観察難易度★★☆☆
絶滅危険度★☆☆☆

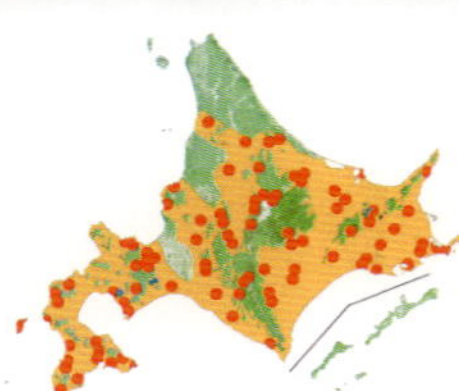

【分布・生息地】 北限記録は名寄市だが留萌管内遠別町で確認した。南は松前町や亀田半島函館市椴法華，東は根室半島基部まで分布している。離島では奥尻が唯一。道東では平野部でも見るが，主に里山公園などの低山地，落葉広葉樹の林道，深山渓谷などで多く見る。十勝岳登山口などの亜高山帯でも生息し，層雲峡朝陽山 1,100 m付近のエゾヒョウタンボクで終齢幼虫を確認したこともある。

【周年経過】 年 1 回発生と考える。低地や温暖な地域では 6 月下旬から，多くの地域では 7 月中旬に多い。渓谷部などではダラダラと発生し 8 月まで見られる。札幌市の林に隣接する住宅街で 8 月下旬に新鮮個体を目撃したこともあるが，季節型の斑紋変化も軽微な種では，野外の経過観察で確認できないうちは，第 2 化と断定できない。越冬は 3 齢幼虫の記録がある。

【食餌植物】 スイカズラ科のタニウツギ，ウコンウツギ，クロミノウグイスカグラ，キンギンボク，エゾヒョウタンボク，ベニバナヒョウタンボク，ネムロブシダマなど。道央部ではタニウツギが一般的。各地での食樹選択に明瞭な違いが見られ，データの集積が望まれる。

【成虫】 平地から山地の林縁の食樹を交えるマント群落周辺から林道わきの草地などをやや敏速に飛翔し，ノリウツギ，ウド，エゾニュウなど白色系花に好んで集まる。地表での吸水もよく見られ，腐果や，動物の糞で吸汁することも多い。♂は林縁の低木の上で占有行動を見せる。交尾は♀の羽化直後に行われる。産卵は 10 時ごろ～正午前後にかけてよく見られる。母蝶はタニウツギなどの食樹の周囲を飛び回り，葉に触れてから，横に張り出した枝先や，少し内部にある葉まで歩きながら，葉の表(時に裏)に腹部を緩く曲げて 1 卵ずつ産み付ける。

【生活史】 卵は緑色の球形で多数の凹部とやや長めの針状突起に覆われている。孵化した幼虫は卵殻を食べ，葉の先端に移動し中脈上に吐糸し台座をつくる。葉の両側から溝状にかじり始め，小さな葉片を吐糸で結び付けぶら下げていく。さらに食べ残った中脈の先端部に糞をつけて棒状の「糞塔」をつくる。糞塔の長さは数～ 10㎜程度にもなる。吊るした葉の小片はやがて枯れて縮まり吐糸が絡み合ったゴミ状の塊に変わり，カーテン状とはならないことも多い。この特徴的な食痕を目当てにすると若齢幼虫の発見は容易である。3 齢になると越冬用の巣をつくる。タニウツギなどでは枝の基部付近にごく小さな葉がついているが，この葉を利用し葉の両端をとじ合わせた越冬用の巣をつくり中に入る。越冬後の幼虫は巣を放棄し，新たに展開した葉の中央に台座をつくる。終齢になると鮮やかな緑色になり背面に数対の棘状の突起が目立つようになる。胸部を曲げ，さらに尾端を持ち上げた独特のポーズで葉の上面に静止している。蛹化は食樹の枝や葉に懸垂する形で行われる。

日光浴(♂)'15.7.9 福島町(S)

ノリウツギを訪花 '15.8.8 日高町(T)

カラマツの葉から吸汁 '15.7.19 札幌市(H)

ネムロブシダマへの産卵 '87.7.25 北見市(H)

ヨブスマソウを訪花 '10.7.25 上士幌町(IG)

1齢と糞塔(タニウツギ)'14.8.8 富良野市(N)

タニウツギ上の終齢 '15.7.31 芦別市(N)

卵(タニウツギ)'14.8.28 富良野市(N)

越冬巣(ウコンウツギ)'14.9.22 美瑛町(N)

寄生蜂の繭を背負う終齢 '13.6.23 苫小牧市(S)

蛹 '15.6.16 芦別市産(N)

前蛹 '15.6.9 芦別市産(N)

コミスジ

Neptis sappho intermedia W. B. Pryer, 1877

本道産は小型で白帯が広いため，亜種とする説もあるが，道内には連続した変異があり，函館市や江差町など渡島地方南部の高温期型は，本州産と変わらない。類似 P.047

クズ，ヤブマメ等が豊富な草むらで探草飛翔する♀
'09.8.22 江差町(S)

個体数★★☆☆
局地性★☆☆☆
観察難易度★☆☆☆
絶滅危険度★☆☆☆

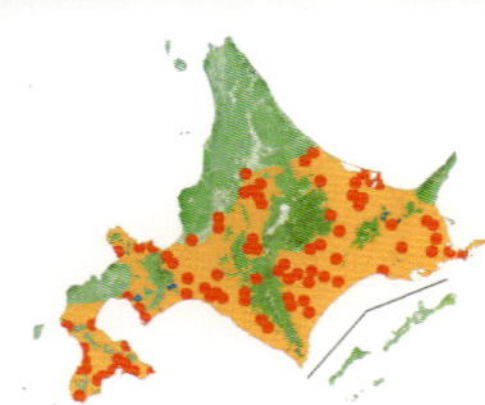

【分布・生息地】北限は興部町，道南は松前町や函館市椴法華村，東部は根釧原野や根室半島基部など，離島からの記録はない。函館近郊や勇払原野，十勝平野や北見地方などには多い場所もあるが，他の地域ではあまり多くない。留萌管内からの記録はない。平野の雑木林，里山の耕作地，低山地の疎林や植林地には多い。住宅地近郊の公園などにも姿を見せる。逆に標高 500 mを越える山地では少ない。

【周年経過】普通年２化。根釧原野など寒冷な地域では暖かい年に，部分的に第２化。道南では９月にも新鮮個体を見るが，８月下旬でも汚損個体がいるため，第２化なのか部分的第３化かは不明。平年だと第１化が５月下旬から発生する。石狩地方より東の地域では，第１化が６月上旬以降に発生する。第２化の多くは７月下旬～８月中旬にかけて発生する。越冬は終齢(5 齢)幼虫。

【食餌植物】マメ科のエゾヤマハギ，ニセアカシア，クズ，ナンテンハギ，植栽のフジなど。他のマメ科も利用していると考えられる。

【成虫】林縁の低木から周辺のあまり高くない空間を飛び回っている。イボタノキやノリウツギなど各種の花を訪れる。地面での吸水や腐果，樹液などでの吸汁活動も盛んに行い，人の汗を吸いに来ることもある。♂は日中，林縁を休むことなく探雌飛翔を続け，時おり低木上に止まり占有活動を示す。この時，探雌飛翔で侵入した♂を長時間追いかけまわす行動が見られる。産卵のため飛んできた♀には後ろから近づき，交尾を迫るが，交尾済みの♀ははばたきを強めて逃げる。未交尾の♀の場合はペアで周辺を旋回した後地面で交尾するという。産卵は食樹の，人の背丈ほどの低いところにある葉の表面に１卵ずつ行われる。身近で観察できる蝶なので，配偶行動から産卵行動などの詳しい報告が待たれる。

【生活史】卵はわずかに緑色を帯びた白色で，イチモンジチョウ属と同じような形状。卵期約 10 日で孵化した幼虫は葉の先端部に移動し中脈の上に台座をつくり静止し，イチモンジチョウ属と同じように「カーテン」をつくる。葉の縁はきれいな半円形に切り取られる。３齢以降，摂食量が増えると食樹の小葉に次々カーテンをつくるようになる。移動する経路には多量の吐糸による白い筋が残る。静止場所は「カーテン」の枯れた葉の中や，中脈上など様々で，葉の上に静止する時は体の前半部を持ち上げたポーズをとる。体色は淡黄褐色から緑色を帯びたものや褐色のものなど変異が多い。越冬前の幼虫は食痕を目当てに探すと発見は容易である。庭で放飼した終齢幼虫は食樹を降り枯葉の中に潜り込み越冬に入った。越冬場所に関する本道での野外の観察例はない。第２化個体がだらだら発生するので，落葉前の 10 月に観察すると３齢前後の個体も多いが，その後の経過は不明である。越冬前の幼虫から寄生蜂が脱出することも多い。飼育下では越冬後，幼虫は摂食せずに蛹化したが飼育以外の観察例はない。

占有する♂（第２化）'06.8.14 厚真町(S)

探草飛翔する♀（第２化）'09.8.22 江差町(IG)

アワダチソウを訪花した♀ '06.8.26 苫小牧市(S)

日光浴する♂ '12.7.31 札幌市(H)

先端に赤斑が出現した♂ '10.6.9 音更町(S)

越冬直前の終齢 '12.9.5 札幌市(H)

カーテンと２齢 '14.8.23 富良野市(N)

卵 '14.8.23 富良野市(N)

カーテンをつくる１齢 '14.8.26 富良野市(N)

終齢と食痕 '14.9.22 富良野市(N)

越冬中の幼虫 '15.3.29 富良野市産(N)

蛹 '15.4.26 富良野市産(N)

ミスジチョウ

Neptis philyra philyra Ménétriès, 1858

深い渓谷の奥では，前翅白帯が一本消えかける個体を稀に見る。黒オオイチモンジほど騒がれないのは，3スジのため，上の1本が消えても気づかないから？ 類似 P.047

林道上のミミズを吸汁する2個体
'11.7.9 日高町(S)

個体数★☆☆☆
局地性★★☆☆
観察難易度★☆☆☆
絶滅危険度★☆☆☆

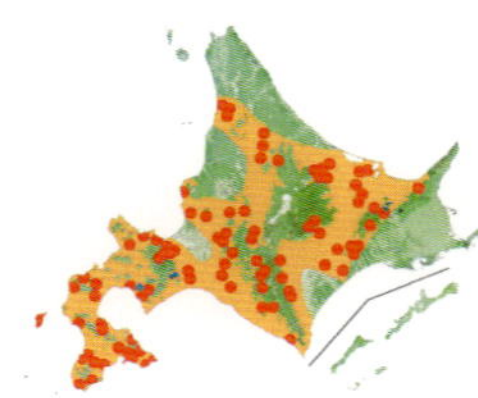

【分布・生息地】北限記録は名寄市だが，留萌管内遠別町で捕獲した。南限は松前町，東限は斜里町。離島では奥尻が唯一の記録。遠軽町～旭川市より南では安定して見られるが，これより北は稀となる。道東は白糠丘陵～知床山地よりも南側の釧路根室地方には記録がない。低山地の里山環境や自然度の高い公園，山地の落葉広葉樹の林道や渓谷ではよく目につくが，平野部や亜高山帯では稀。

【周年経過】年1回発生。温暖な地域では6月下旬から発生し，7月上旬に盛期を迎える地域が多い。山地の渓谷では7月中旬に発生するが，多くの地域で8月に入ると見なくなる。4齢幼虫で越冬する。

【食餌植物】カエデ科のオオモミジ(ヤマモミジ)，ハウチワカエデ，イタヤカエデなど。カエデの仲間には多くの変種や改良品種があり，利用している可能性が高いが正確な記録はない。

【成虫】カエデ類が生える落葉広葉樹林の林縁，特に渓流沿いのやや高いところを，短い滑空を交えながら緩やかに飛翔する。♂♀共に晴天時の午前中は，よく林道上の湿った地面に降りて吸水する。獣糞に飛来することもある。訪花性は弱いがノリウツギ，クリ，イケマなどを観察している。配偶行動の観察は難しい。産卵は林縁や渓流沿いの食樹の低いところが選ばれる。母蝶は食樹周囲を緩やかに羽ばたきながら盛んに葉に触れた後に，枝の先端部の葉上に静止し，翅を開閉させながら後ずさりし葉の裂開した先端部に腹端を当て1卵産み付ける。

【生活史】卵はイチモンジチョウ族特有の形状。卵期約10日で孵化した幼虫は葉の先端部に移動し，中脈の上に台座をつくる。先端部の葉の両側から切れ込みを入れ，「カーテン」をつくる。2齢の中脈上の台座はオオミスジと異なり葉の中央部寄りに位置し，食べ残した枯葉色の葉の上に静止している。3齢になると摂食が進み台座周辺の小葉のあちこちに食痕を残すが，「カーテン」は見られなくなる。4齢幼虫は落葉が始まる前に新しい葉に移り，葉が落ちないように葉柄と枝の間を入念に吐糸し括り付ける(次頁写真)。「黄葉」したイタヤカエデで越冬巣をつくっていた幼虫は黄色身を帯びていた。幼虫の体色はカロチノイド系の黄葉に適応したものと考えられる。葉を固定した後，幼虫は，落葉せずに枯れ残った葉の中央部にしっかりした座をつくり越冬に入る。この時も葉の枯れた色によく似た体色となり見事な隠ぺい効果となる。ただし，周囲の葉がすべて落ちているので枝先の残る越冬巣の発見は容易である。越冬後の幼虫はしばらくは越冬巣から出入りし，新しい葉を食べる。終齢では巣を離れることが多くなり葉柄に静止することが多いが，葉から枝の方に移動する個体もいる。カエデ科の新しい葉も色素の配分が違い黄色から赤みを帯びたものまでさまざまであるが，幼虫の色彩は周囲の葉の色に同化し発見は難しい。蛹化は小枝や葉柄部に懸垂する形で行われる。

川原で吸水する♂ '93.7.10 札幌市(KW)

日光浴する♀ '93.7.10 札幌市(KW)

川原で吸水する♂ '07.7.7 中札内村(IG)

占有する♂ '12.6.26 札幌市(H)

吸水する♂ '13.6.29 富良野市(N)

1齢(オオモミジ)'04.8.18 富良野市(N)

越冬巣と4齢(イタヤカエデ)'14.1.25 伊達市(N)

葉柄を結びつける4齢 '06.11.4 富良野市(N)

卵(ハウチワカエデ)'15.8.12 芦別市(N)

亜終齢(ハウチワカエデ)'15.5.1 富良野市(N)

明るい色の終齢 '13.5.19 伊達市産(N)

蛹 '13.6.2 伊達市産(N)

オオミスジ

Neptis alwina (Bremer et Grey, 1852)

1953年では道南屈指の稀種。1967年には少なくないとの記述。1980年前後には胆振管内で記録。1993年には定山渓に到達。分布を広げ，石狩平野を越えるのはいつ？。類似 P.047

発生木(スモモ)の枝先を巡回し，探雌飛翔する♂
'12.7.11 共和町(S)

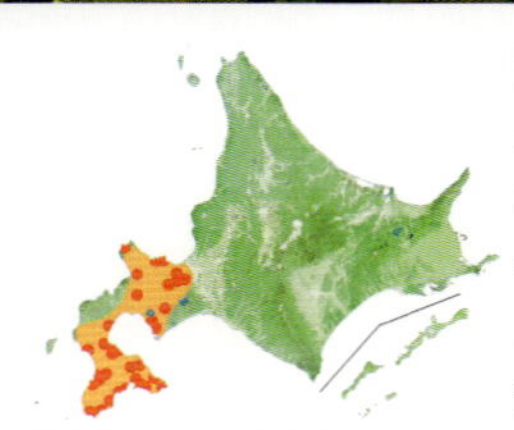

【分布・生息地】北限は積丹町半島先端部で捕獲した。南は道南松前町。渡島半島南部では各地の集落に見られる。石狩低地帯南西部の山裾は，定山渓を含む札幌市，小樽市，余市町，仁木町などで見られる。胆振地方では豊浦町，伊達市，旧大滝村などが多い。分布拡大は著しいが，2015現在，石狩平野内の市町村での採集例は聞かない。また離島の奥尻や室蘭市以東の太平洋側市町村からは記録が見出せない。山裾の民家周辺や耕作放棄地，牧場周辺など低山地に多く見られる。高標高では壮瞥町側のオロフレ峠800 m付近で本種♀を確認したことがある。

【周年経過】年1回発生。札幌市住宅街など発生の早い地域では7月上旬から，一般的には7月中，下旬から出現し，生き残りは8月下旬まで見られる。3齢幼虫で越冬する。

【食餌植物】バラ科のウメ，スモモ。これらはいずれも栽培種で，道内の分布は人為的影響が強いと考えられる。農村部で栽植された木の農薬の管理放棄も分布拡大の要因と考えられる。

【成虫】人家周辺の食樹に執着し周辺を飛び回る。訪花はあまり頻繁ではない。訪花植物としてシシウドなどのセリ科植物，ノリウツギ，オオイタドリなど白色系の花が記録されている。地面での吸水はよく見られ，牛馬の糞や腐果にも集まる。♂は食樹周辺を滑空飛翔するが，これは羽化する♀の蛹を探す行動といわれる。蛹のそばに♂は待機しており，♀の腹部が蛹から出た瞬間に交尾が成立するという。♀は羽化した食樹から周辺を飛翔し，食樹を探し出し，盛んに産卵するので観察するチャンスは多い。♀は飛翔力が強く発生期の後半は発生地を離れ新しい食樹を探しかなりの距離を移動する。産卵する木は，畑の脇の孤立木や，民家の玄関先の木など，周辺の環境を気にせずに選ばれる。♀は枝先の葉に頻繁に止まり，葉の表の先端に近い部位に腹の先をつけながら少し移動し1卵ずつ産み付ける。

【生活史】卵は同属特有の形状。卵期約2週間。孵化した幼虫は葉の先端部に移動し台座をつくる。葉の両側から切れ込みを入れ「カーテン」をつくる。摂食が進むと中脈は細長く伸び，幼虫はその先端部に静止する。体色は残った中脈とよく似た黄褐色で擬態しているが，食痕とカーテンの存在から幼虫の発見は容易である。2齢以降の幼虫は，枯れ始めたカーテンの中に隠れたり，枝の分岐部で静止するものもいる。3齢になり，葉が黄変するころは枝の分岐部に体を巻きつけた格好で静止し，そのまま越冬する。落葉後の越冬幼虫は，体色と背面にある突起物の形状が枝の分岐部の色や皺に紛れ発見するのは難しくなる。越冬後はカーテンはつくらず若葉を先端部から食べる。4～終齢は体色が黄緑色になり胸部と腹部末端の背面に湾曲した突起が現れる。終齢は葉柄に噛み傷を入れ葉をしおらせる。蛹化は食樹の低い枝の込み入った部分で，しおらせた葉に懸垂する形で行われる。

スモモへの産卵 '12.7.27 札幌市(H)

セリ科植物を訪花 '12.7.15 積丹町(IG)

日光浴する♀ '06.7.25 小樽市(N)

占有する♂ '12.7.27 札幌市(H)

右後翅が縮小した♂ '12.7.12 共和町(S)

ウメを摂食する終齢 '07.7.7 小樽市産(N)

1齢と食痕(ウメ)'13.8.8 乙部町(N)

スモモに産まれた卵 '06.7.30 小樽市(N)

前蛹 '15.6.15 乙部町産(N)

亜終齢 '15.5.20 乙部町産(N)

蛹 '15.6.16 乙部町産(N)

越冬中の幼虫 '14.1.11 乙部町産(N)

フタスジチョウ

Neptis rivularis bergmanni Bryk, 1942

本道産は白帯が広く亜種とされる。道内渓谷に発生する個体群は，やや白帯が狭くなる傾向にある。遺伝的か，食草・気候などの外的要因かは不明。

林内のホザキシモツケへ産卵した♀と卵
'12.8.14 苫小牧市(S)

個体数★★★☆
局地性★★☆☆
観察難易度★☆☆☆
絶滅危険度★☆☆☆

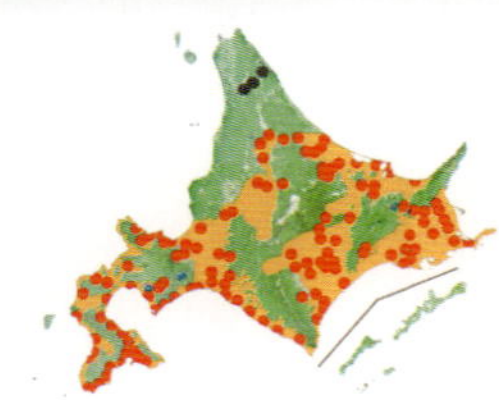

【分布・生息地】北限は浜頓別町に記録がある。南限は松前町，東限は根室市風連湖付近。広く生息するが離島からの記録はない。勇払原野や十勝南部，根釧原野には多産する。道北では稀となる。近年浜頓別町での野外成虫確認は聞かない。平野部の湿性草地や民家植栽のユキヤナギ，低山地のホザキシモツケの多い湿性林縁に多い。エゾシモツケのある山地渓谷などにも見られる。

【周年経過】年1回発生。平年だと温暖な地域では6月上旬から発生し，6月下旬に盛期を迎える。根釧原野など寒冷地域では7月中旬以降に発生する。発生時期は長く，道南や札幌市住宅街でも，たまに8月中旬に新鮮個体が見られるが，第1化の遅い個体と思われる。3齢や4齢(終齢)幼虫で越冬とされるが，発生のばらつきが見られることから，越冬幼齢数も固定的ではない可能性がある。

【食餌植物】バラ科のシモツケ属各種。道東などの湿地帯ではホザキシモツケ。露岩地ではエゾノシロバナシモツケ，エゾシモツケ，マルバシモツケ。人家や公園などに栽植されるユキヤナギ，コデマリ，シモツケなど。

【成虫】生息地の低木周辺を羽ばたきと滑空を交互に交えながら，ややゆったりとしたスピードで飛び回る。ホザキシモツケやアマニュウなど各種の花を訪れ吸蜜する。♂はよく地面で吸水し，人の汗にも集まる。ヤマグワの実で吸汁する個体もある。♂は探雌飛翔を続け，♀を発見すると横から腹部を曲げ交尾を迫るが，交尾に至るまでは観察していない。母蝶は食草群落の周囲を，翅を細かくはばたかせながら旋回し，時々葉に止まり食草を確認する。何回か葉に触れた後，翅を半開きの状態で腹部をわずかに曲げ，葉の表に1卵ずつ産み付ける。産卵中に♂の求愛を受けることも多く，♀は翅をふるわせて交尾を拒否する。庭に飛来した♀は，ユキヤナギなどへの産卵が目的のことが多いので観察するチャンスは多い。

【生活史】卵は他のコミスジ属と同じような形状であるが他種に比べ一回り小さい。孵化した幼虫は葉の先端部に移動し中脈の上に台座をつくり静止し，両側の葉に切り込みを入れる。切り取られた葉はカールし，これを利用し両端を吐糸でとじ合わせ長さ8㎜程度の円筒形の巣をつくる。幼虫の習性は糞塔をつくる他のコミスジ属とは明らかに異質である。摂食時は巣から出て中脈を残して葉の両側から食べ進む。8月中旬ごろから巣のある葉の葉柄を枝としっかりと結びつける。このころは巣をつくる葉は枯れて褐色になっている。やがて食樹の葉はすべて落葉し越冬に入るが，越冬巣だけが食樹にぶら下がっているので発見は容易である。越冬後，幼虫は巣をしばらく利用し若葉を食べ始める。4～終齢(5齢)は枝の上や葉に台座をつくり静止する。蛹は食樹の下部の枝や，食樹から数mの範囲の下草や枯れ枝で下垂したものが発見される。

吸水する♂ '10.7.14 苫小牧市(S)

ホザキシモツケ群落を飛翔する♀ '10.8.8 苫小牧市(S)

マーガレットを訪花した♂ '09.7.12 別海町(S)

求愛飛翔 '15.7.13 安平町(T)

ホザキシモツケを訪花 '15.7.13 安平町(N)

終齢と越冬巣 '15.5.15 富良野市(N)

カーテンに隠れる 1 齢 '14.7.19 富良野市(N)

ユキヤナギの卵 '14.7.10 富良野市(N)

越冬巣 '14.1.25 伊達市(N)

ユキヤナギに下垂した蛹 '14.6.2 富良野市(N)

羽化直前の蛹 '89.7.25 苫小牧市(H)

カーテンをつくる 1 齢 '14.7.19 富良野市(N)

北海道特産種

アカマダラ

Araschnia levana obscura Fenton, [1882]

21世紀になり札幌・小樽近郊で本種が稀になった。生息地減少，乱獲などの単純な原因でないことは確かだ。同じ食草の姉妹種サカハチチョウは普通だ。今後に注目する。類似 P.047

初夏の河川敷を飛翔する春型♂ '10.5.30 安平町(S)

タテハチョウ科

個体数★★☆☆
局地性★☆☆☆
観察難易度★★☆☆
絶滅危険度★★★☆

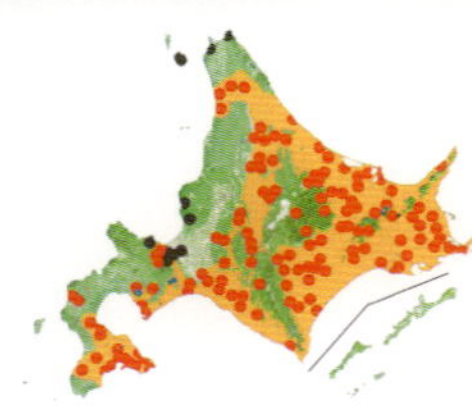

【分布・生息地】北は稚内市～南は函館市まで記録がある。道東方面では比較的普通で，北見地方や十勝地方，根釧原野では多産する場所も多い。離島では，唯一，利尻島に記録がある。道内には広く生息すると考えるが，日本海側には記録されていない地域が多く，遠別町で捕獲したが，留萌管内ではほぼ全域が未記録だ。平野部や低山地を中心に，林間草地や林縁の荒れ地などで多く見られる。亜高山帯など高標高ではあまり見ない。次種と混生することもあるが，本種の方がより開放的な明るい環境を好み，第1化発生時期なども本種の方が早いなど，環境的にも時期的にも，微妙な棲み分けがあると考える。

【周年経過】根釧原野など寒冷地では2回，温暖地域では3回発生すると考える。低温期型(春型)の第1化は4月末～5月に発生し，5月中旬に盛期を迎える。根釧原野などでは6月に発生する。第2化以降は高温期型(夏型)となり，温暖な地域では7月中旬～8月にかけて発生し，9月に入ると再び新鮮個体が増える。蛹で越冬する。

【食餌植物】イラクサ科のエゾイラクサ，ホソバイラクサ。

【成虫】第1化の個体は，早春の林縁や空き地を活発に飛び回る。このころの生息地は，草がまだ伸びておらず，本種が素早く飛ぶと，枯れたイネ科植物の背景に隠れて見つけづらい。地面に止まり日光浴のため翅を広げると見つけられるが，人には敏感に反応し素早く飛び去ってしまう。第1化，第2化共に♂は草むらに止まり占有行動を見せる。♂♀共に訪花は頻繁に見られ，各種の花で吸蜜する。♂♀共に地面での吸水もよく見られる。獣糞での吸汁は次種ほど見られない。配偶行動については観察していない。♀は食草群落から離れることは少ない。母蝶は食草群落周辺を小刻みに羽ばたき葉に止まり，時おり群落の中まで潜り込みながら産卵部位を探す。適当な葉を選ぶと葉の裏に回り込み，時おり腹部を小刻みにふるわせながら，ゆっくりとしたペースで5～10分かけて，卵柱を産み付ける。1つの卵柱は10個前後の卵が積まれており，普通，1つの葉に4～7本産み付ける。

【生活史】卵はビール樽型で淡緑色。次頁写真のように縦に積まれた卵柱をつくっている。幼虫は卵殻の横から一斉に孵化して，葉の裏に集合する。若齢は緩く葉を曲げた簡単な巣をつくり，葉の縁の方から小さな穴をあけるように食べ始める。

3齢以降は目立った巣はつくらないが，吐糸を張り付けた葉の裏に集合し，摂食などの行動を同調させながら成長する。齢が進むと食草の先端部の若い葉は食べ尽くされ，終齢になると分散する。終齢幼虫の地色は黒褐色であるが，背線や気門線が黄褐色になる個体もある。次種とは，本種の頭の突起が短いことで区別できる。蛹化場所は食草の上部の葉の裏の基部の中脈上で行われることが多いが，周囲の枯草でも蛹が見つかる。

タンポポを訪花した第１化(春型)♀ '11.6.5 安平町(S)

静止する第１化(春型)♀ '10.5.30 安平町(S)

第１化の産卵 '76.5.21 札幌市(N)

吸水する第３化♂ '10.8.22 苫小牧市(S)

日光浴する第２化(夏型)♂ '06.8.1 千歳市(S)

若齢の集団と食痕 '15.8.10 標茶町(N)

卵柱 '15.8.10 標茶町(N)

明色型の終齢 '15.8.16 標茶町産(N)

前蛹 '15.8.17 標茶町産(N)

蛹 '15.8.17 標茶町産(N)

一斉に摂食する３齢 '15.8.10 標茶町(N)

終齢 '15.8.16 標茶町産(N)

サカハチチョウ

Araschnia burejana burejana Bremer, 1861

全道的普通種と思っていたが，別海町など根釧原野の平野部ではほとんど見ないという。思い込みや安易な知識で分布を語るべきでないと痛感した。類似 P.047

口吻をたたみながら花から飛び立った春型♂
'10.6.5 壮瞥町(S)

個体数★★☆☆
局地性★☆☆☆
観察難易度★☆☆☆
絶滅危険度★☆☆☆

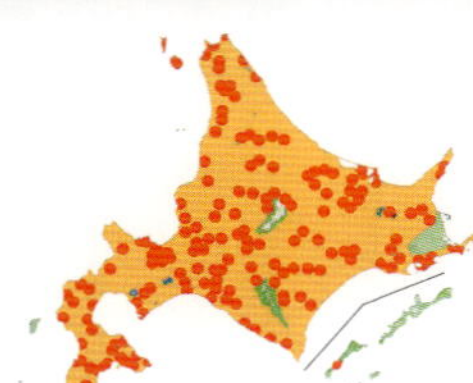

【分布・生息地】 北は稚内市宗谷村，南は松前町，函館市椴法華村，東は根室市落石や知床半島羅臼。離島では利尻と礼文に記録がある。奥尻に記録がないのは意外に感じる。平野部の自然度の高い公園や河川敷，低山地の里山環境，山地の林縁や林内空間，渓谷部の林道に多く，標高 1,000 m前後の峠などでも見られる。道内各地に広く生息するが，太平洋海岸部以外の根釧原野では記録集積が望まれる。主に林縁部を好み開放的環境には少ない。

【周年経過】 年２回発生。根室地方など寒冷地では部分的に２化の可能性がある。第１化は温段地域では５月中旬～６月にかけて発生し，根室市などの寒冷地や深山渓谷では，第１化の生き残りが７月末まで見られる。第２化は７月下旬からダラダラと発生し８月末まで見られる。アカマダラとは生息環境の他，発生時期も若干違っており，より森林環境を好む本種の方が遅れて発生し，秋は第３化することのない本種が先にいなくなる。蛹で越冬する。

【食餌植物】 イラクサ科のエゾイラクサ，ホソバイラクサ，ムカゴイラクサ。アカソ，クサコアカソの記録もある。

【成虫】 第１化の個体は，林縁のソデ群落や林道沿いに伸び始めたイラクサ群落周辺を活発に飛び回る。第１化，２化共にセリ科植物など各種の花を訪れ盛んに吸蜜する。地面での吸水活動もよく見られる。夏型の♂は，汗や動物の排泄物によく集まる。吸水時や葉の上に静止する時は翅を広げることが多い。♂は，午前中は食草の生える草むらの上を探雌飛翔する。昼ごろから♂は林縁の枝先や背の高い草本の葉先で占有行動を見せる。♀を見つけた♂が，背後から翅を広げながら近づき求愛する姿をよく見るが，交尾に至るまでは観察していない。

産卵は前種と同じように葉裏に行われるが，食草は前種より日陰に生えるものを選ぶ傾向がある。時々食草周辺にあるアキタブキなどに誤産卵することがある。卵柱は前種に比べ短く，縦に２～３卵のことが多く１卵のみの時もある。１葉当たりの卵柱の数も２～５程度と少なく，このことから１か所の卵の数は前種に比べはるかに少なくなる。

【生活史】 卵は前種よりやや大きいが区別はできない。孵化した幼虫は葉の裏に集合するが，数も少なく目立った巣もつくらない。前種同様体色には変異があるが，終齢になると，頭部以外が棘状突起も含め全体が黄白色になる個体も多い。頭部の突起は長く，よく目立つ。葉の裏に静止するが，その時は体の前半部を曲げたＪの字型になる。

蛹化場所は，非休眠蛹は食草の葉裏に見られ，休眠(越冬)蛹は食草を離れ枯れた枝や茎に多いというが，観察してはいない。蛹の体色も周囲の色彩に合わせ黄褐色～黒褐色まで変化するというが，野外における具体的な観察例はない。

コンロンソウを訪花した第１化(春型)♀ '12.5.27 安平町(S)

ヒメジョオンを訪花した第２化(夏型)♂ '09.8.15 上ノ国町(S)

エゾイラクサへ産卵する第１化 '15.7.5 芦別市(N)

葉の朝露を吸水する第１化♂ '15.6.15 鹿追町(T)

訪花した第２化 '15.7.29 札幌市(H)

エゾイラクサに産付された卵柱 '15.7.5 同右(N)

１齢と食痕 '15.7.12 芦別市(N)

終齢の威嚇姿勢 '15.7.14 富良野市(N)

エゾイラクサを摂食する明色型の終齢 '15.7.14 富良野市(N)

エゾイラクサに下垂した蛹 '15.7.18 富良野市(N)

シータテハ

Polygonia c-album hamigera (Butler, 1877)

宗谷管内や根釧原野ではいわゆる夏型を見たことがない。道北の中川町で7月中旬に見た個体は中間型だった。シゲシゲ見ていたら逃げられてそれっきり。後悔先に立たず。類似 P.047

アキタブキを訪花した越冬個体
'10.5.2 栗山町(IG)

個体数★★★☆ 局地性★☆☆☆ 観察難易度★☆☆☆ 絶滅危険度★☆☆☆

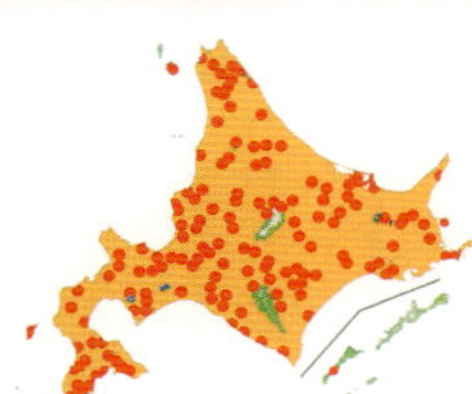

【分布・生息地】北は稚内市～南は松前町や函館市，東は根室市風連湖付近，野付半島や知床半島羅臼町。離島では利尻と奥尻に記録がある。道内一円に広く分布し，雑木林のある明るい環境に多く，市街地の公園，広い河川敷，里山の林縁，山地渓流沿いの林道，吸蜜源の多い亜高山帯でも見られる。札幌市内の住宅地でも，秋には花壇に飛来する本種を見るが，なぜか盛夏に第1化の高温期型（夏型）を見たことがない。札幌市平野部で確認する個体は，発生ではなく，低山地からの飛来なのかも知れない。

【周年経過】多くの地域で年2回発生。ただし根釧原野や宗谷管内，北部オホーツク沿岸などでは年1回発生と考える。温暖な地域では，第1化は7月中旬に現れ，山間部など7月末から発生する地域では，高温期型（夏型）に混じり一部低温期型（秋型）も見られる。8月下旬にはほとんど第2化の低温期型となり，吸蜜植物は少なくなるが，秋が深まる時期まで活動する。成虫で越冬する。越冬明けは活動の最も早いエルタテハなどよりもわずかに遅れ，ヒメギフチョウが飛び始めるころに多くなる。

【食餌植物】ニレ科のハルニレ，オヒョウ。クワ科のカラハナソウ。越冬個体（低温期型）はハルニレに産卵し，夏型はカラハナソウを選択する傾向が強い。

【成虫】越冬個体は渓流沿いの林道で日光浴をしながらフキノトウで吸蜜する姿をよく見る。越冬場所はエルタテハやクジャクチョウほど人家などの低地には下りない傾向が見られる。越冬個体の交尾は観察していない。越冬個体の産卵は，渓流沿いのハルニレで観察している。富良野市で5月13日13時に渓流沿いの砂防ダム脇の樹高3mのハルニレの高さ1.5mの枝先の若葉に，♀が飛来して止まり若葉の先端部に1卵産み付け素早く飛び去った。第1化の産卵は同じく富良野市で7月14日渓流沿いのブッシュに絡まるカラハナソウ周辺を飛び回っていた♀が，ブッシュの内部に潜り込んで葉裏に産付した。7月15日には人家の庭に伸びるカラハナソウに集中的に産卵した。

♂♀共に種々の花々に飛来して吸蜜する。また夏の林道では他のタテハ類に混じり湿った地面で盛んに吸水する。樹液や腐果，人の汗にも集まり，吸水，吸汁活動は旺盛である。低温期型がミズナラなどの木に翅を立てて止まると，翅型が樹皮に紛れてしまう。

【生活史】卵はタテハチョウ特有の形。孵化した幼虫はすぐに葉裏に隠れ，若葉に穴をあけるように食べ始める。中齢以降は葉の裏を吐糸でゆるく折り曲げた巣をつくることもある。終齢になると背中の棘状突起とその基部がクリーム色になり，葉裏や葉柄に体を折り曲げた独特のポーズで静止する。この時手で触れると，尾部を急に持ち上げて威嚇する。蛹化は食草の茎や周囲の枯れ枝などにぶら下がる形で行われる。幼虫からは寄生バエ，蛹からヒメバチが脱出することが多い。

樹液を吸う第１化(夏型)'08.8.8 富良野市(N)

アワダチソウを訪花した第２化(秋型)'06.9.6 苫小牧市(S)

日光浴する第１化(夏型)'07.7.22 苫小牧市(S)

ハルニレへの産卵 '09.8.12 札幌市(IG)

タヌキ糞を吸汁する第２化'10.6.5 壮瞥町(S)

カラハナソウを摂食する終齢 '14.8.6 同右

２齢と食痕(カラハナソウ)'14.8.6 富良野市(N)

卵(カラハナソウ)'14.7.16 富良野市(N)

1 齢と食痕 '14.721 富良野市(N)

ハルニレ葉表に静止する終齢 '14.6.9 富良野市(N)

蛹 '07.9.9 札幌市(H)

前蛹 '14.8.16 富良野市(N)

エルタテハ

Nymphalis vaualbum samurai (Fruhstorfer, 1907)

大発生年に後志管内の小樽～余市間で本種の大移動？を同行者と見た。新鮮な♂♀がどの地点でも北西を目指して飛んで行く。謎の行動は当日だけだった。類似 P.047

積雪で折れた木から吸汁する越冬明けの個体
'12.4.15 石狩市(IG)

個体数★★★☆
局地性★☆☆☆
観察難易度★☆☆☆
絶滅危険度★☆☆☆

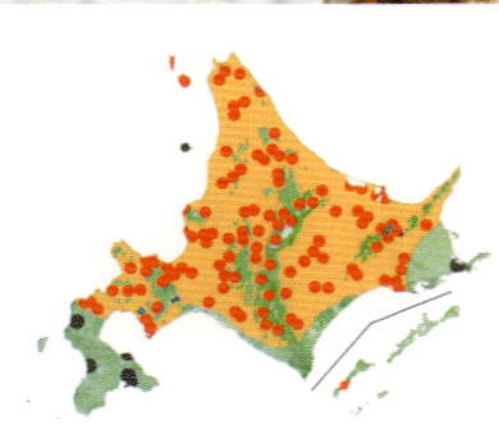

【分布・生息地】 道北は稚内市，道南は胆振地方，道東根室市に記録がある。石狩，空知，上川，十勝，オホーツクの各管内には普通に見られる。ほとんど記録のない根釧原野や，八雲町以南の渡島半島では定着していないと考える。離島では北限記録の礼文，利尻の他，ほとんど天然林のない天売にも記録がある。主に低山地～亜高山にかけて多く見られるが，秋の気配がするころになると，住宅街平野部の公園や，紅葉前の高山帯でも見かける。

【周年経過】 年1回の発生。多くの地域で7月下旬～8月初めにかけて新個体が発生する。越冬は成虫で行う。越冬タテハの中で活動は最も早く，雪解けが始まると真っ先に活動し，越冬キベリタテハなどが多くなるころには姿を消す。新生個体は7月下旬に発生して間もなく，いったん姿を見なくなるが，再び8月のお盆を過ぎたころから秋にかけて活動し，寒くなると木の洞，張り出した土崖の隙間，耕作地の物置，廃屋などに潜り込み越冬する。

【食餌植物】 カバノキ科のウダイカンバ，シラカンバ。ニレ科のハルニレ，オヒョウ。これらの食樹は本道の森林フロラを構成する重要樹種で，沢沿いなどやや湿潤な地域に優勢である。その意味で本種と，同様な食性を示す次種は，本道の森林を代表する種といえる。

【成虫】 越冬個体は，陽射しが強ければ，2～3月ごろから平地から低山地の林道沿いや林縁を飛び回り，道路上や道路の法面，橋の上，人家の壁などに止まり日光浴する。4月にはカバ類，ヤナギ類，カエデ類で，地中から吸い上げた水分が幹に浸み出した樹液によく集まる。5月に入り食樹が新芽を吹き出すと，越冬個体は交尾後，産卵を始めるが，本道での観察例はない。ミズナラやヤナギの樹液，腐果や動物の糞尿によく集まる。訪花も頻繁に行い，人家の庭のハーブ類などの栽培種にもよく訪れる。越冬後から新個体までの生態情報がきわめて少なく調査，報告が進むことが期待される。

【生活史】 卵は新芽や若葉が開いた枝の先端部に取り囲むように産み付けられている。富良野市周辺で確認した1卵塊の卵数(食樹ウダイカンバ)は18，31，37個であった。

孵化した幼虫は若葉周辺に吐糸して座をつくり集団で若葉を食べ始める。3齢以降，集団はしだいに分散してくる。若齢から中齢幼虫は，硬化し始めた葉では葉脈を食べ残すので，すだれ状の食痕になることが多い。葉の上や枝の上に静止しており，葉の裏に隠れたり，葉を折りたたんで巣をつくることはない。この巣をつくらない習性はヒオドシチョウ属の特性でもある。終齢(5齢)は単独でいることが多い。背面に黄白色の斑紋が発達する。前蛹になると体全体が黄白色となる。蛹は食樹の枝で行われる場合と，食樹を離れ下草のササやヨモギに下垂する場合がある。蛹からヒメバチが脱出することがある。

樹液を巡るスズメバチとの争い '15.8.7 札幌市(H)

物置内に閉じ込められた越冬明けの個体群 '08.4.6 石狩市(S)

セイヨウタンポポを訪花 '08.5.23 安平町(IG)

雪上で吸水する越冬明けの個体 '10.4.12 石狩市(S)

訪花 '11.8.20 富良野市(N)

卵塊と孵化した幼虫 '89.4.20 厚真町(KW)

ウダイカンバ葉上の 3 齢 '00.5.28 富良野市(N)

明色型の終齢 '14.6.25 札幌市(H)

ハルニレ枝上の終齢 '08.7.6 弟子屈町(N)

ササの葉の裏に下垂した蛹 '15.7.15 旭川市(N)

キベリタテハ

Nymphalis antiopa (Linnaeus, 1758)

黄帯の片翅が太い異常型が報告され（2013 神田），崖で蛹化して片側だけ反射熱で高温になったと考察している。「説得力がある。」と長距離運転で半分日焼けの我が腕を見てうなづく。

ダケカンバの幹で日光浴する羽化後まもない♀
'10.9.2 日高町(S)

個体数★★☆☆
局地性★★☆☆
観察難易度★★★☆
絶滅危険度★☆☆☆

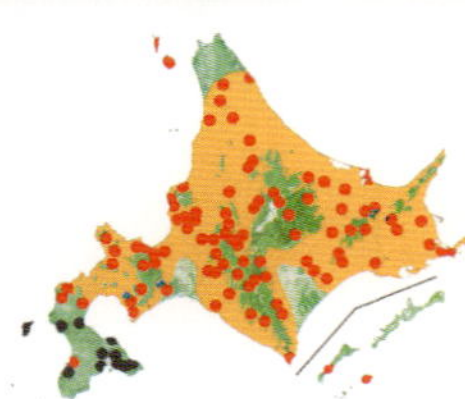

【分布・生息地】 北は幌延町や枝幸町，南は函館市，東は根室半島基部。離島では北限記録の礼文町香深，利尻，奥尻にも記録がある。名寄市より北では報告が少ない。道南は八雲町より南側は稀となり，確実に見られる種ではない。道南の中では，亀田半島側には記録も多いが，松前半島側では上ノ国町以外の記録は見出せない。渡島半島より東側の山地には，広範囲に見られる。里山環境の公園や墓地，山地の林道や渓谷，亜高山帯のダケカンバ林で見られる。都市部住宅街でも稀に見る。

【周年経過】 年 1 回発生。新生成虫は 8 月お盆前後から見られ，羽化直後は発生木周辺に多く見られるが，数日後に分散する。秋が深まるころまで活動して成虫越冬する。越冬後は，越冬タテハ類の中では活動時期が遅い。桜が咲くころから晩春にかけて多く，♂は林道などで，軽い縄張り行動を行う。

【食餌植物】 カバノキ科のシラカンバ，ダケカンバ。ヤナギ科のエゾノバッコヤナギなど。

【成虫】 越冬個体は，暖かい日は 3 月ごろから林道沿いに現れ，地面や，橋などの構造物に止まり日光浴をする。この時にはカンバ類，ヤナギ類，カエデ類の樹液によく集まる。またフキノトウで吸蜜する個体も見られる。飛翔は羽ばたきを時々入れ，長い滑空をしながらゆったりと飛び，♂は軽い縄張り行動を見せる。越冬個体は交尾後，産卵を始めるが，道内での観察例はきわめて少ない。札幌市の 6 月の観察では，交尾個体は♂と♀が羽を閉じ結合した形で頭部をそれぞれ反対方向に向けて樹幹に静止していたという。産卵は6月 10 日夕張市で崖下のバッコヤナギに♀が旋回飛行後，樹冠の張り出した枝に静止。枝を歩行後，頭を下に翅を屋根型に広げて，鉛筆大の枝を回りながら約 30 分かけて約 70 卵産み付けた。飼育では 3 齢以降，シラカバやカワヤナギに食種転換を試みたが，バッコヤナギしか受付けなかった。産卵は食樹が多数自生している環境は避け，孤立した木を選ぶという。新個体は山地に発生し，林道わきの木の幹や橋，家の壁などにもよく止まる。新個体の訪花は少ないがウド，オオイタドリなどで見ている。越冬は放置されている小屋の中などに入っているのを見る。

【生活史】 卵は新芽や若葉が開いた枝の先端部に取り囲むように数十～ 20 卵程度産付され，同属の仲間では最も多くなる。孵化した幼虫は若葉周辺に座をつくり集団で若葉を食べ始める。若～中齢幼虫は硬化した葉では葉脈を食べ残すのですだれ状の食痕になることが多い。終齢まで常に集団で，葉の上や枝の上に群がっている。終齢になると大きな枝全体の葉が食い尽くされ丸裸になる。終齢は腹部背面に赤褐色の斑紋が現れよく目立つ姿態となる。蛹は食樹の下部の枝や太い幹や，食樹から離れた崖の下，倒木の下などに見られる。幼虫の集団性から蛹も同じようなところにまとまって見つかることが多い。成虫～幼生期の生態知見の乏しい種である。

占有する越冬後の♂ '09.6.27 札幌市(S)

果樹園のプラムで吸汁する新成虫 '06.9.2 札幌市(S)

ノラニンジンを訪花 '10.8.13 上ノ国町(IG)

日光浴する越冬明けの個体 '10.5.5 札幌市(H)

求愛飛翔 '12.5.30 札幌市(IG)

手の汗を吸う♀ '89.6.18 富良野市(N)

シラカバの樹皮上を移動する終齢 '82.7.28 札幌市(KW)

前蛹 '91.7.21 札幌市(KW)

崖に下垂する蛹 '15.8.8 日高町(N)

終齢 '91.7.21 札幌市(KW)

ヒオドシチョウ

Nymphalis xanthomelas japonica (Stichel, 1902)

羽化後ほどなく見なくなる。秋の観察例は少年時代の軒下の例と手稲山の訪花個体。見られない原因は，少年のように無断で私有地に入り，物置の軒を点検できなくなった為？類似 P.047

早春の林縁で占有飛翔する♂
'09.4.4 石狩市(IG)

個体数★★☆☆
局地性★★☆☆
観察難易度★★☆☆
絶滅危険度★☆☆☆

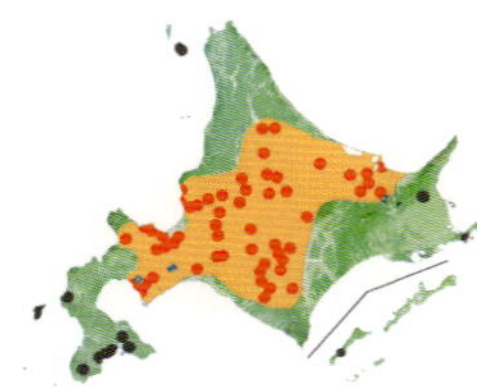

【分布・生息地】最北記録は利尻，最南は松前町，最東は根室市落石。移動性の強い種なのか，大雪や日高の高山帯も含め，広範囲に記録があるが，道北や根釧原野は，安定して発生する地域ではない。道南も函館市など津軽海峡側と，離島の利尻と奥尻の記録は偶産と考える。1980年代までは道央部以外では稀な種だったが，1990年代の半ばから，日高山脈の山麓部，旭川や北見市周辺でも安定して見られるようになった。後志，石狩，空知の中南部，胆振，日高，上川中南部，留萌南部など，里山環境の低山地，落葉広葉樹の山地や林道に見られる。越冬個体は見晴のよい丘や低山の頂上で占有行動をとる姿もよく見かける。

【周年経過】年1回発生。7月上旬～中旬にかけて新生個体が発生するが，羽化が始まってから5日ほどで姿が見えなくなり，これ以降，年内に姿を見ることは稀。越冬明け個体の活動開始はエルタテハに次いで早いが，ほとんどがタンポポの咲くころには見なくなる。成虫で越冬する。

【食餌植物】ヤナギ科のエゾノバッコヤナギ，オオバヤナギなどのヤナギ属各種。ニレ科のハルニレ，オヒョウ，栽培種のノニレ。

【成虫】越冬個体は，暖かい日は3月ころから明るい林道の地面や，人家の壁などに止まり日光浴をする。他のヒオドシチョウ属同様にヤナギ類，カエデ類などの樹液によく集まる。またフキノトウなどで吸蜜する個体も見られる。見晴のよい丘や低山の頂上で占有行動をとる姿もよく見かける。越冬タテハ類の交尾の知見はきわめて少ないが，次頁写真にあるように，川合法子氏は旭川市で4月10日に交尾個体を撮影している。おそらく本道での初記録であるが，このような越冬明けの早い時期に求愛・交尾行動が行なわれるのだろう。その後の産卵行動は観察していない。

新成虫は平地の花壇などを訪れることがある。また樹液にも集まるが秋にはほとんど見られなくなる。移動能力が高く大雪山や日高山脈の高所でも確認されている。越冬後の成虫が他の種より破損の程度が大きいことも高い移動性を示唆している。越冬場所の情報もきわめて少ないが，石黒は富良野市で立ち枯れたトドマツの樹皮の隙間に入っていた個体を確認している。

【生活史】卵～幼虫～蛹までの生態はヒオドシチョウ属に共通するが，卵は，他の2種が枝の周りに平面的に産み付けるのに対し，本種は数層に重ね合わせた卵塊をつくる。孵化した幼虫は若葉周辺に吐糸して座をつくり集団で若葉を食べ始める。終齢まで集団性は維持され，葉の上や枝の上に群がるように静止している。終齢になると葉の中脈だけを残し，枝全体の葉を食べ尽くす。腹部背面に目立った斑紋がないので他の2種と区別できる。蛹化は食樹近くの下草に移動することもあるが，食樹の枝に次々ぶら下がる形で行われることが多い。

ラベンダーを訪花した新成虫 '10.7.7 富良野市(S)

樹液を吸汁 '12.7.21 苫小牧市(IG)

日光浴する越冬後の個体 '10.5.5 旭川市(S)

林床での越冬明け個体の交尾 '11.4.10 旭川市(KN)

残雪から吸水 '08.4.15 石狩市(IG)

中齢の集団 '11.6.12 札幌市(H)

エゾエノキの枝の前蛹 '11.6.28 札幌市(H)

ヤナギの細枝に連なる蛹 '11.7.1 札幌市(H)

エゾノバッコヤナギを食べる若齢幼虫の群れ '92.6.10 富良野市(N)

崖に下垂する蛹 '11.7.1 札幌市(H)

ルリタテハ

Kaniska canace nojaponicum (von Siebold, 1824)

十勝産を卵から札幌で飼育。羽化させたところ7月19，20日にはいわゆる夏型。21日以降は秋型となったという。季節型と発生回数とはイコールではない。

林道の水たまりで吸水
'15.5.1 富良野市(N)

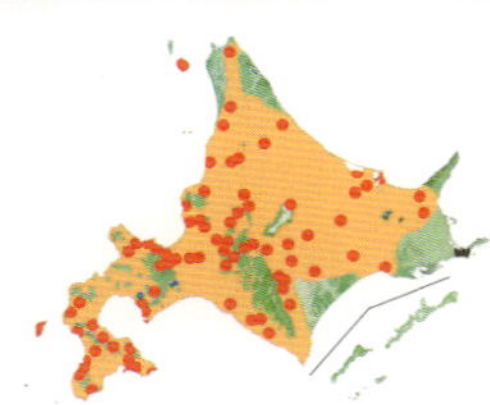

【分布・生息地】北限は稚内市，南限は松前町，東限は根室市風連湖付近。離島では利尻と奥尻に記録がある。稚内市では越冬個体を確認したが寒冷地方では少ない。日高山脈十勝側には割と見られるが，これを越える道東地域では稀となる。道南を含め，道内ではどこの地域でも少ないが，石狩・空知地方の山地では，越冬個体をよく目にする。低山地の里山環境や郊外の耕作地沿縁の林縁，落葉広葉樹林内の林道が主な生息地だが，稀に市街地の住宅街でも見かける。

【周年経過】発生回数は不明。新生個体が8月のお盆頃以降から見られる地域では，年1回発生と思われる。7月下旬から見られる地域では9月に新鮮個体が増えることから，年2回発生の可能性もある。多くの地域で8月に入ってから発生が始まり8月下旬に盛期となる。その後9月末まで新鮮な個体が見られる。道内で高温期型はきわめて稀で，道央では7月下旬の早い時期でも低温期型となることが多い。高温期型は上ノ国町の他，永盛(拓)が奥尻で得ている(未発表)。成虫で越冬し，越冬明けは遅く5月中旬以降から本格的な活動が始まる。

【食餌植物】ユリ科のオオバタケシマラン，サルトリイバラ(道南の自生地域のみ)。この他シオデ，オオウバユリが記録されている。道央域の主要な産地ではオオバタケシマランを主に食べている。その他，栽培種のユリ類で幼虫が見つかっている。

【成虫】越冬個体は渓流沿いの林道や林間の空き地などに現れ，日光浴をしながらフキノトウなどで吸蜜する。その後交尾，産卵という経過を踏むものと推定されるが，観察例はない。新個体はミズナラなどの樹液に集まる。地面で吸水することもあり，お盆のころ，墓に供えられた果物で吸汁する個体も見られる。新個体の交尾や産卵については観察していない。個体数が少ないことや安定的な発生地も少ないため，本道での成虫の行動については情報が不足している。

【生活史】道央では6月に入ってから，食草の葉の裏(稀に表)，茎などに1個ずつ産付されている卵が見つかる。1つの葉に並べて複数(2～3個)産付されていることもある。ビール樽型で緑色。はっきりとした隆条が10本前後入る。孵化した幼虫は葉に孔をあけるように食べ始める。葉の裏に体を前半から強く折りたたむように曲げ静止する。この姿形は終齢まで続く。中齢以降は葉の葉縁から葉脈を少し避けながら食い進む。終齢になるとオオバタケシマランでは，株の若い葉は食べ尽くされ，大きな食痕が残る。生息地によって幼虫の生育に差はできるが，道央では7月下旬に終齢になることが多い。道南などでは第2化が発生するが，江差町で1齢をサルトリイバラから8月24日に採集した飼育経過は，8月27日に1眠起，9月1日2眠起，9月7日3眠起し，9月15日に蛹化，9月24日に低温期型が羽化した。

個体数★☆☆☆
局地性★★☆☆
観察難易度★★★☆
絶滅危険度★☆☆☆

渓流にかかる橋の欄干で占有する♂ '11.7.9 日高町(S)

ミヤマクワガタなどと樹液を吸汁 '06.8.14 上ノ国町(IG)

日光浴(♀)'14.8.23 富良野市(N)

吸水 '10.5.21 札幌市(S)

タヌキ糞から吸汁 '10.8.21 白老町(S)

オオバタケシマランの食痕と 2 齢 '15.7.7 富良野市(N)

終齢 '15.7.18 富良野市産(N)

卵 '15.6.11 富良野市(N)

終齢への脱皮 '15.6.24 富良野市産(N)

終齢 '15.7.14 富良野市(N)

蛹 '15.7.2 富良野市産(N)

1 齢と食痕 '15.6.15 富良野市(N)

クジャクチョウ

Inachis io geisha (Stichel, 1908)

学名の *io* はギリシャ神話ゼウスの愛人。日本亜種名は *geisha*（芸者）。越冬後の成虫は真っ先に活動を開始するので，生活疲れも出て化粧もはげる。

海岸のコウゾリナを訪花した♀
'10.9.13 室蘭市(S)

個体数★★★☆
局地性☆☆☆☆
観察難易度☆☆☆☆
絶滅危険度☆☆☆☆

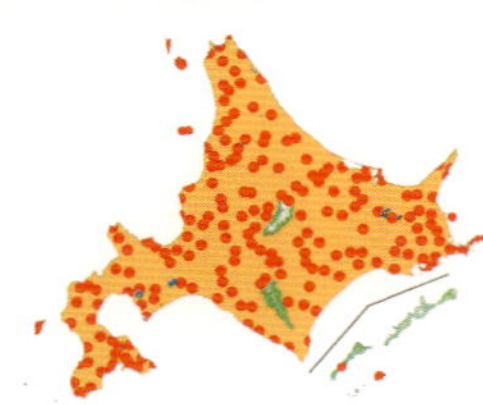

【分布・生息地】 北は稚内市宗谷岬から，南は松前町白神岬や函館市椴法華村。東は根室半島，野付半島，知床半島まで広範囲に生息する。離島では利尻，礼文，天売，焼尻，奥尻に記録がある。道内いずれの地域でも普通種。市街地の公園や民家の庭〜里山の林道，深山渓谷の草付斜面，亜高山帯のお花畑にも多い。

【周年経過】 年２回発生だが，高標高や寒冷な地域では年１回と考える。温暖な地域では７月中旬から，多くの地域で７月末までに新生成虫が現れる。第１化と第２化の成虫斑紋に違いがないので詳細不明だが，飼育経過や野外成虫の観察から，第２化目の発生は８月下旬から始まると思われる。秋が深まるまで活動し，成虫で越冬する。越冬明けの活動は，早い年には３月末から本格的活動が始まる。

【食餌植物】 イラクサ科のエゾイラクサ，ホソバイラクサ，クワ科のカラハナソウ，カナムグラ。稀にニレ科のハルニレを食べる。第２化の個体はカラハナソウをよく利用する。

【成虫】 越冬成虫は陽射しが出て気温が上がると飛び始め，道端の斜面で日光浴しフキノトウで吸蜜する。♂は占有行動を見せることもある。初夏に発生した成虫も花を好み，庭のハーブ類などにもよく訪花する。山地ではヨツバヒヨドリ，クガイソウ，アザミ類によく訪れる。吸水することも多く，腐った果実や人の汗を吸うこともある。越冬後，静止していた♀の近くに舞い降りた♂が歩いて近づき，触覚を触れるように動かし，翅を細かくふるわせて近づくと，♀は開いていた翅を閉じて移動しながら交尾拒否を繰り返したのを観察している。おそらくこの時期に交尾するのだろうが，越冬の前にも交尾するのかは越冬タテハ共通の疑問点である。産卵は，春先は芽を出し始めたばかりの高さ数㎝のイラクサの先端部の葉の裏に固めて行われ，１時間以上かけて 100 〜 200 個の卵をピラミッド状に積み上げる。夏の産卵は食草の先端部ではなく中位の葉の裏に同じように行われる。

【生活史】 卵は淡緑色で樽型，頂上部は凹み，側面にかけて 10 本程度の縦条が伸びる。５〜８段のピラミッド状に積み上げられている。孵化した幼虫はすぐに集合して葉の裏に糸を吐き１〜数枚の葉で巣をつくる。４齢までは常に集合し摂食や休息を同調させながら成長する。幼虫に刺激を与えると集団が同時に首を上げ体を振る行動を見せる。刺激すると口から黄色い液体を吐く。５齢(終齢)になると摂食量も増え集団は分散し別の株に移動するようになる。幼虫期間は第１化で４週間，第２化で３週間程度である。蛹化は株から数〜 30m 移動しササやヨモギなどの下草や，人家の塀などで行われる。この移動中にアリやクモなど天敵に狙われることが多く，また前蛹から寄生蝿が脱出し生存数が大きく減ずる。前蛹期間約２日。葉の裏で蛹化する場合は淡黄褐色で，枯葉や人家の壁などで蛹化した場合は褐色から黒褐色になる。蛹期 10 〜 14 日。

小石上で占有する，翅が破損した越冬明けの♂ '09.5.16 苫小牧市(S)

カセンソウを訪花 '11.8.7 室蘭市(S)

セイタカアワダチソウを訪花 '08.9.13 札幌市(H)

エゾクガイソウを訪花 '10.7.17 旭川市(S)

新成虫の産卵 '14.7.18 富良野市(N)

エゾイラクサを摂食する終齢 '15.6.21 安平町(T)

摂食 '15.6.4 富良野市(N)

卵塊 '14.7.19 富良野市(N)

1 齢の集団巣 '14.7.29 富良野市(N)

若齢の集団 '07.8.26 富良野市(N)

前蛹 '10.7.6 富良野市(S)

葉裏に下垂する蛹 '14.7.5 富良野市(N)

コヒオドシ

Aglais urticae connexa (Butler, [1882])

北海道亜種は，本州亜種に比べ翅表の赤味が弱く，前翅黒帯がより細い。稀にサハリン産のように黒帯が途切れる個体が見られ，道北の産地ではこの黒帯に注目したい。

夏季のスキー場にできたお花畑を飛翔する新成虫
'12.7.17 札幌市(IG)

タテハチョウ科

個体数★★★☆　局地性★☆☆☆　観察難易度☆☆☆☆　絶滅危険度☆☆☆☆

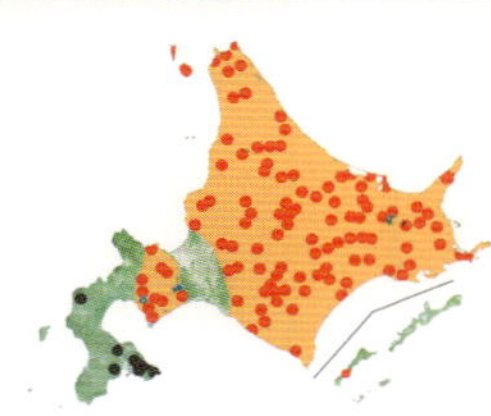

【分布・生息地】 北は稚内市宗谷～南は函館市恵山，東は知床半島や根釧原野～根室半基部。離島では利尻と礼文に生息する。ニセコ山系，羊蹄山，室蘭岳より東側の地域では多いが，内浦湾より西側では殆ど見られなくなる。道南では亀田半島山岳地帯に記録が多いが安定して生息しない。松前半島側の記録は見出せない。石狩周辺では低山地～山地。道東・道北では平野部でも見られ，日高・大雪の高山帯では，夏の終わりのお花畑に群がる姿も見る。大雪山では8月上旬に1時間に3,000近い個体が数時間にわたって飛来するのが記録されている。

【周年経過】 年1回の発生で，成虫で越冬する。温暖な地域や盆地では7月上旬から発生。新生成虫と越冬個体が同時に見られることもある。普通7月下旬～8月中旬に盛期となる。越冬明けの活動は早く，3月下旬以降の暖かい日，残雪の残る林道のフキノトウに吸蜜に来る。十勝岳噴火口など地熱の高い地域では，快晴の真冬の2月でも活動する。

【食餌植物】 イラクサ科のエゾイラクサ，ホソバイラクサ。

【成虫】 越冬成虫は日差しのよく当たる道端の斜面で日光浴しフキノトウ，エゾノリュウキンカなどで吸蜜する。♂は時おり占有行動を見せ，♀を追飛する。交尾はこのころに行われると考えられるが観察例はない。♀はイラクサ類の芽生えを探し出し，産卵する。開き始めた若い葉の先端に止まり，翅を水平に開いたまま，腹部を葉の裏に差し入れて，30分程度の時間をかけて，100～200卵の卵塊を産み付ける。初夏に発生した成虫は花を好み，人家の庭のハーブ類など多種の花で吸蜜する。地面で吸水することも多く，樹液や腐った果実を吸うこともある。夏に吸蜜源を求めて高山帯に移動した個体は，秋に一部が低標高地に降りるが，山頂や稜線付近の岩礫地に移動し石の間などで数～20頭の集団になり越冬するという。

【生活史】 卵は淡緑色でたる型，頂上部は凹み，側面にかけて10本程度の縦条が伸びる。卵塊は無造作に積み上げられたものでクジャクチョウのようなきれいなピラミッド型にはならない。

孵化した幼虫はすぐに集合して葉の裏に糸を吐き1～数枚の葉で巣をつくる。4齢までは常に集合し摂食や休息を同調させながら成長する。5齢(終齢)になると摂食量も増え集団は分散し別の株に移動するようになる。葉をゆるく曲げて吐糸で結び簡単な巣をつくり中に入っていることもあるが，葉の表に体の前半部を曲げて静止していることもある。富良野市で4月27日に産卵された卵からの経過観察では，孵化は5月12日，6月9日蛹化，6月23日に羽化した。蛹化は株から数～30m移動しササやヨモギなどの下草や，人家の塀などで行われる。蛹は緑色植物の葉の裏などで蛹化した場合は金色に鈍く輝く体色になるが，倒木や家の壁で蛹化した場合は黒褐色になる。

ラベンダーを訪花 '10.7.7 富良野市(S)

高山帯に飛来した個体 '09.9.12 大雪山(IZ)

ササの葉裏で羽化 '14.6.25 富良野市(N)

エゾノリュウキンカを訪花した越冬個体'09.5.9当別町(S)

芽吹きへの産卵 '14.4.27 富良野市(N)

ダニの攻撃を受ける卵 '14.5.9 富良野市(N)

1齢の巣 '14.5.20 富良野市(N)

終齢 '14.6.6 富良野市(N)

前蛹 '14.6.7 富良野市(N)

若齢の集団 '15.6.15 鹿追町(T)

巣内の終齢 '14.6.6 富良野市(N)

蛹 '14.6.8 富良野市(N)

アカタテハ

Vanessa indica indica (Herbst, 1794)

越冬個体は留萌管内北部など日本海側では目にするが，網走北見や根釧原野ではほとんど見ない。他種の生息状況も考えると，暖流の影響と簡単に結論づけられない気がする。

林道沿いのユウゼンギクを訪花
'10.10.1 室蘭市(S)

個体数★★☆☆ 局地性★☆☆☆ 観察難易度★★☆☆ 絶滅危険度★☆☆☆

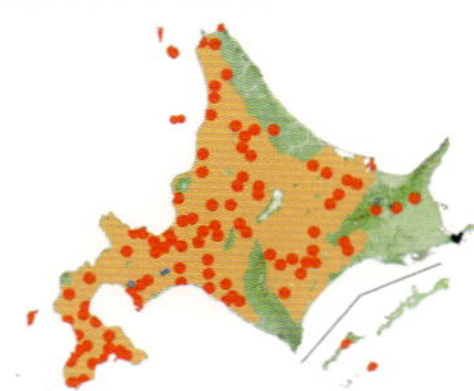

【分布・生息地】 道北は稚内市～南は松前町，函館市，東は根室半島基部に記録があるが，根釧原野では比較的稀な種となる。離島では礼文島スコトン岬から利尻，天売，焼尻，奥尻に記録がある。平野部や市街地の公園，低山地で多く見かける。スキー場など蜜源の豊富な開放的環境の山地でも目にするが，それより標高が高くなるとあまり目にしなくなり，秋の登山でもダケカンバ帯より上で見た記憶は，あまりない。

【周年経過】 発生回数は不明。7月末から発生の温暖地域では，年2回の可能性もある。多くの地域で，新成虫を目にするのは8月上旬からが多く，秋が深まるにつれて9月まで個体数が増える。成虫で越冬するが，道北，道東部での越冬個体は稀。石狩管内以南では比較的普通。また天塩町にかけての留萌地方平野部でも少なくない。越冬明けの活動は長く，5月初め～6月にかけて見られる。タンポポが咲き乱れるころエゾイラクサの葉に産卵する母蝶を目にする。6月中，下旬に越冬か新生か判断のつかない，割と新しい個体も見られ，今後の観察報告に注目したい。

【食餌植物】 イラクサ科のエゾイラクサなどが主な食餌植物だが，札幌市でハルニレから幼虫を得ている他，道内でマンシュウニレの記録がある。

【成虫】 4月下旬～5月上旬に越冬した成虫を見るがその観察例は少ない。6月中旬には北海道南西部，特に日本海側で産卵行動を見せる♀を見かけることが多くなる。これが北海道で越冬した個体だけなのか疑問は多い。そのころ幼虫の大群を見ることがあり，新生個体は8～9月ごろ市街地や耕作地周辺へと拡散する。花壇のコスモスなど，河川沿いなど自然な環境では，アザミ類やオオハンゴンソウ，オオアワダチソウなどを訪花する。ミズナラなどの樹液にも来る。活発に飛び，♂は地表や枝先に止まり占有行動をとる。他個体を追飛し遠くまで追いかける。求愛から交尾に至る配偶行動の記録はない。♀は食草群落に飛来し，草や低木に次々と止まり脚で葉を叩くように触れる。食草を確認すると素早く新芽や花芽，葉の表面に1卵ずつ産卵を繰り返す。

【生活史】 卵はビール樽型で上下に鋭い10～11条の隆起がある。ほぼ球形。鮮やかな淡緑色。若齢幼虫はほぼ全体が黒いが，終齢では背中に黄白色の模様がある。多くの突起が生えている。幼虫は，茎を傷つけて葉をしおらせ，裏返しにしてぶら下がった封筒状の巣をつくる。1齢幼虫は葉の表面から，やがて巣の先端部から食い，巣が小さくなると，下段の葉に移り巣をつくりなおす。終齢まで同じ株で成長することが多く，白っぽい葉裏が目立つ巣が何段かぶら下がっていることが多い。この巣を目当てに幼虫の発見は比較的容易。幼虫は巣の内部で体を折り曲げて静止している。蛹化時は，食痕のない葉に厳重に吐糸し，しっかり閉じた巣をつくりその中で蛹化する。蛹期は短かく7～9日で羽化する。

オオハンゴンソウを訪花 '10.9.12 室蘭市(IG)

飛翔する♀ '14.8.2 室蘭市(S)

ユウゼンギクを訪花 '10.10.1 室蘭市(S)

訪花した越冬個体 '15.5.24 旭川市(KN)

アカソへの産卵 '06.6.6 当別町(IG)

中齢と古巣(上)
'15.7.13 安平町(N)

ハルニレを食べる終齢 '09.7.18 札幌市(H)

卵 '15.8.1 赤井川村産(S)

終齢 '15.7.20 富良野市(N)

蛹 '15.7.25 富良野市(N)

アカソの若齢 '15.7.15 旭川市(N)

ヒメアカタテハ

Vanessa cardui (Linnaeus, 1758)

身近な謎の蝶。道内では土着種ではなく，初夏以降に道外飛来した個体が各地に拡散・発生すると思われ，好条件の越冬場所に恵まれた個体のみ越冬可能と考える。

オオハンゴンソウを訪花した♀
'10.9.13 室蘭市(S)

個体数★★☆☆
局地性★★☆☆
観察難易度★★☆☆
絶滅危険度★☆☆☆

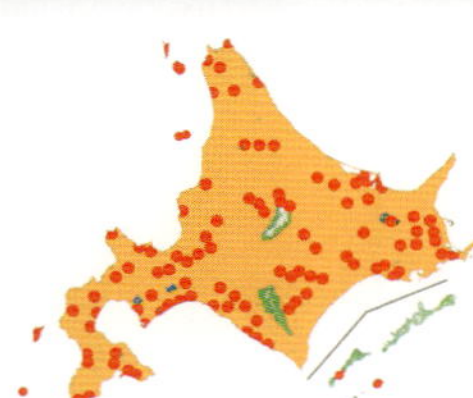

【分布・生息地】全道に記録があり，北は稚内市～南は松前町，函館市，東は根釧原野と各地で見られる。離島では，礼文島スコトン岬の北にある海驢島をはじめ礼文，利尻，天売，焼尻，奥尻に加え，南は渡島大島に記録がある。海浜草地，都市部住宅地，河川敷，耕作地周辺，山地のスキー場や峠の切通しなどの人工草地など，見られる地域は水平にも垂直にも広い。

【周年経過】主に 8 月下旬～晩秋まで見られるが，道内での回数などは不明。6 月には汚損個体だけでなく，下旬に新成虫と思われる個体を採集した。確実な越冬個体と判断する記録は少なく，2002 年 4 月の旧静内町の記録や，2015 年 4 月 29 日に黒松内町で捕獲したが早春記録は数例に留まる。永盛(拓)によると，奥尻島でも 1990 年秋の大発生の翌春は，越冬個体が全く見られなかった。初夏における産卵や幼虫確認など，今後の記録集積が望まれる。

【食餌植物】キク科のオオヨモギ，ヤマハハコ，ヒメチチコグサ，シロヨモギ，エゾノキツネアザミ，イラクサ科のエゾイラクサの他，栽培種のゴボウ，大豆の葉，帰化植物のコンフリーで幼虫が見つかった報告もある。

【成虫】滑空を交え素早く飛び，路上や，枝先などで占有行動をとる。奥尻島で 9 月に 3 度大発生に遭遇し，特に 2002 年 9 月には膨大な数を見た。20 日，民家付近の花で無数に見られ，21 日 11 時ごろには牧草地付近の狭いエゾヨモギ群落に推定 150 個体のきわめて新鮮な個体が密集していた。しかし翌日の 22 日にはこの地域からすべて姿を消した。ヨモギには羽化後の巣も卵もなく，この時，採集した♀を多数調べたが全て卵を持っていなかった。1992 年の大発生時の採集個体も調査したが同様であった。大発生初期の♀の卵は未成熟なようだ。吸蜜は，民家の花壇の栽培種や山中のアキノキリンソウなどを訪花する。交配行動は観察していない。産卵の観察例としては，奥尻島で 2002 年 6 月 29 日に飛来個体が河岸の礫原に生えるヤマハハコで産卵行動を繰り返した。2013 年の伊達市での観察では 9 月 15 日から約 1 週間，人家近くの道端に翅の特徴から確認した同一の♀が複数回飛来し，オオヨモギに 30 卵以上産卵した。9 月下旬から次々孵化し巣の中で成長を続けた。成長の早い個体は 10 月中旬から蛹化が始まったが 11 月上旬には朝晩が氷点下の気温となり幼虫，蛹の全てが凍死した。

【生活史】卵は緑色でビール樽型，縦に鋭い隆起が 15 ～ 16 条ある。1 週間程度で孵化した幼虫は葉表を内側に閉じた巣をつくり，その後も巣の中で成長する。中齢時は，1 ～ 2 枚，終齢時は多数の葉で袋状の巣をつくる。葉裏は白く巣はよく目立ち発見しやすい。幼虫の体色には黄土色型と暗褐色型がある。蛹化は，新たにつくった荒い網目状の巣の中で行われ，巣の中で蛹化する。

アザミ類を訪花 '11.9.25 室蘭市(S)

オオヨモギへの産卵 '04.7.25 富良野市(N)

山頂に飛来 '12.9.2 札幌市(H)

日光浴する越冬明けの♀ '15.5.5 札幌市(H)

エゾノコンギクを訪花 '08.9.23 札幌市(H)

巣をつくる若齢 '13.10.5 伊達市(N)

オオヨモギを摂食する亜終齢 '13.10.5 伊達市(N)

蛹 '04.8.28 富良野市(N)

葉上の黄土色型の終齢 '13.10.5 伊達市(N)

古い巣(左)と新しい巣内の終齢(暗褐色型)'13.10.5 伊達市(N)

コムラサキ

Apatura metis substituta Butler, 1873

道内発生回数が謎。新鮮個体を晩夏に見る。枯葉舞い散る旭川市内の公園で10月8日の小春日和に新鮮な♀が足元に止まった。震える指でのタテハ手掴みは難しい。

レンズに映る自らの姿に興味を示した♂
'10.8.2 東川町(S)

タテハチョウ科

個体数★★☆☆
局地性★☆☆☆
観察難易度★☆☆☆
絶滅危険度★☆☆☆

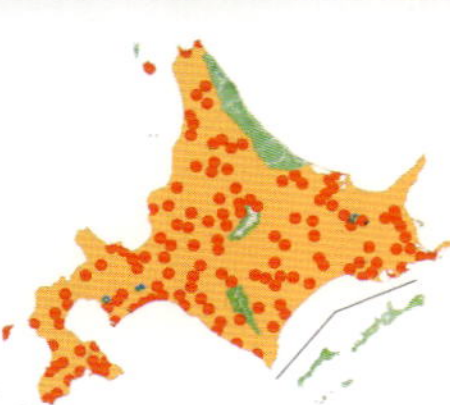

【分布・生息地】 北は稚内市～南は松前町，函館市，道東は根室市風連湖付近など道内の広い地域に生息。離島では利尻と奥尻に記録がある。各地の山地渓流沿いの林道には普通で，他に平野部街路樹の植栽されたシダレヤナギ，河川敷の公園，湿地，深山渓谷の氾濫原などでも見られる。

【周年経過】 基本的に年1化。道南や温暖な年では，部分的な2化の可能性がある。平野部では7月上旬から発生し，山地でも7月下旬には盛期を迎え，8月には汚損個体が多くなる。道南に限らず，石狩空知地方や，旭川，十勝方面でも，8月下旬～9月に新鮮な個体が出現するが，個体数はきわめて少ない。越冬は2～3齢で行う記録がある。

【食餌植物】 ヤナギ科のオノエヤナギ，エゾノバッコヤナギ，エゾヤナギ，タチヤナギ，オオバヤナギ，ヤマナラシ，ドロノキ，移入種のシダレヤナギ，セイヨウハコヤナギ，ギンドロなど。ヤナギの仲間は，氾濫原や崩落地後にいち早く進出するパイオニア植物として有名であるが，本種は各生息地でヤナギの仲間を広く利用している。多様なヤナギ類に対する食樹選択の記録の集積が期待される。

【成虫】 河川沿いの林道や民家周辺に飛来し，地面で盛んに吸水する姿がよく見られる。ミズナラ，ヤナギなどの樹液にもよく訪れ，林道の上の動物の糞に他のタテハチョウ，セセリチョウと混じって吸汁する姿もよく見る。♂は発生木周辺を飛び回り♀の羽化を待つ。このため交尾は♀の羽化後すぐに行われることが多い。産卵は川岸や林道わきのやや孤立した木が選ばれる。母蝶は枝先をかすめながら，ときに枝の内部に潜りこみながら産卵部位を探す。葉の上から枝の上や分岐点，幹などに1～数個産んでは，また別の枝に移動する。

【生活史】 卵は中型タテハの仲間では大きい。産卵直後は淡緑色で，のちに褐色を経て黒化する。孵化した幼虫は卵殻を食べ，枝先の若い葉に台座をつくり摂食を始める。台座は葉の中央部に念入りに吐糸してつくられ，幼虫は頭を基部に向け，体の前半をやや浮かせて静止する。この静止位置は終齢まで変わらない。2齢から頭部に1対の突起が生じる。緑色のナメクジ型でゴマダラチョウ，オオムラサキの体型に似るが背面の突起は第4腹節の1対のみである。

越冬は2，3齢で行われる。越冬幼虫は，やや赤みを帯びた暗褐色を呈し，直径1～2㎝程度の枝の分岐部に張り付いている。本州では樹幹の2m以下に見られるというが，そのような位置では，丹念に探しているが見つけたことはない。翌春，食樹の芽立ちと共に活動を始める。枝先に移動し分岐部の台座をつくり静止する。やがて幼虫の体色は緑色に戻り若葉を食べ始める。老熟幼虫は葉の表や裏にしっかりと吐糸した台座をつくり懸垂して蛹化する。蛹の形もゴマダラチョウやオオムラサキに似た扁平な形で，淡緑色でヤナギの葉の裏の色に似ている。

樹液を吸う♂ '14.7.21 富良野市(N)

羽化直後の♀(上)の交尾 '85.8.7 富良野市(N)

吸水する♂ '11.8.1 札幌市(H)

産卵 '07.8.18 標茶町(N)

獣糞を吸汁する♀ '10.8.21 白老町(S)

卵 '07.8.18 富良野市(N)

エゾノバッコヤナギの終齢 '15.6.11 富良野市(N)

ギンドロを摂食する 2 齢 '86.5.16 富良野市(N)

ヤナギの枝の分岐部で越冬する幼虫 '14.12.15 富良野市(N)

4 齢 '07.6.9 札幌市(H)

蛹 '03.6.17 富良野市産(N)

ゴマダラチョウ

Hestina persimilis japonica (C. Felder et R. Felder, 1862)　北：留意種(N)

札幌〜小樽地域では異常発生後，1987 年に絶滅した。狭い発生地では大発生の後年増加する寄生蜂やウイルスなどの仕返しを，受け止める体力が残っていなかったのか。

林道の湿りで吸水する♂
'10.8.13 上ノ国町(IG)

個体数★☆☆☆
局地性★★★★
観察難易度★★★★
絶滅危険度★★★★

【分布・生息地】北限は石狩管内・旧浜益村。東限は夕張市と報告されているが栗山町滝下と考える。共に現在は生息しない。南限は松前町の報告があるが追認はない。離島では奥尻に生息する。かつては札幌市，小樽市，仁木町，余市町など，石狩平野南西縁の低山地に多産したが 1987 年以降は生息確認が途絶えた。長沼町などの馬追丘陵にも近年の記録があるが稀だ。現在，確実に見られるのは上ノ国町が唯一と考える。限られた範囲で発生する本種の生息状況は楽観視できない。

【周年経過】上ノ国町では年 2 回発生。絶滅前の札幌市近郊は，暑い年には部分的に 2 化したが基本的に年 1 化。道南では第 1 化が 6 月下旬，第 2 化が 8 月中旬に発生する。馬追丘陵だけは，なぜかオオムラサキよりも遅く，7 月末に発生する。絶滅した札幌周辺の産地でも，本種の方が，1 週間ほど発生が早かった。札幌市では 4 齢幼虫で越冬した。

【食餌植物】ニレ科のエゾエノキ，この種自体が局部的な分布をする。

【成虫】成虫は，食樹の樹冠周辺を滑空しながら素早く飛び，繰り返し同じところを飛ぶ。♂はよく枝先を占有して追飛を繰り返す。♀が羽化する午前中には，低速で翅を小刻みに羽ばたかせて，枝の込み入った狭い空間を丹念に探索飛行するところを観察した経験もある。林縁や比較的スペースのある林内で樹液が出る場所にうまく当たれば，割と吸汁行動を観察できる。

♀は産卵時樹冠付近の高い枝に止まり，少し中に入って葉などに 1 卵ずつ産み付けることが多いようだが詳細な記録がない。

【生活史】卵は緑色で目立たない。孵化後，緑色の幼虫は 4 齢まで成長して褐色になり，越冬世代は樹の根元付近の葉裏などで越冬する。上ノ国町での芝田による複数年にわたる早春の調査では，越冬幼虫は表層の枯葉には少なく，より深部の湿り気を帯びた枯葉の裏に多い。越冬幼虫は，オオムラサキに似るが背面の突起が 1 対少ない。同じ齢なのになぜか，本種の越冬幼虫の方が大きく，胴部が太い。終齢はオオムラサキより 1 齢少ない 5 齢が基本のようである。

越冬後，眠りから覚めた幼虫は食樹の幹を這いあがり，若葉を食べ始める。この時，体色が灰色〜淡緑色に変化する。終齢まで葉の表に台座をつくり体の前半部を起こして静止していることが多い。写真の終齢幼虫は 2015 年 5 月 18 日，上ノ国町の生息地のもので，樹高 12m ほどのエゾエノキの，高さ 6m ほどの枝に静止していたものである。ここは斜面に食樹が 10 数本塊って生えている良好な生息地で，手の届くところから 5 〜 6m の範囲の葉をくまなく探したが発見できたのはこの 1 例のみであった。終齢〜蛹の発見はきわめて難しいものとなる。蛹は食樹の葉の裏や枝にぶら下がる。幼生期の生態情報がきわめて少なく，調査報告が進むことが期待される。

産卵 '07.6.24 上ノ国町(S)

エノキ葉上での求愛 '77.7.20 札幌市(N)

占有する♂ '11.7.2 上ノ国町(S)

翅にクモの巣を引っ掛けた♂と追飛する♂ '10.6.27 上ノ国町(IG)

孵化間近の卵 '05.8.28 上ノ国町(IG)

枯葉の裏の越冬幼虫 '11.4.2 上ノ国町(S)

エノキ葉上の終齢 '15.5.18 上ノ国町(N)

摂食を開始した幼虫 '15.5.5 上ノ国町産(H)

蛹 '15.5.21 上ノ国町産(H)

枯葉上を歩く越冬明けの幼虫 '11.4.14 上ノ国町(S)

オオムラサキ

Sasakia charonda charonda (Hewitson, [1863])

環：準絶滅危惧(NT)
北：留意種(N)

人工繁殖幼虫の大量放蝶行為が目立つ。異常発生が度々起こると，その後年に来るのは，常に異常な激減だ。浅はかな善意で，絶滅の引き金がひかれる可能性がある。

エノキ葉上で占有する♂
'11.7.13 札幌市(H)

タテハチョウ科

個体数★☆☆☆　局地性★★★★　観察難易度★★★★　絶滅危険度★★★★

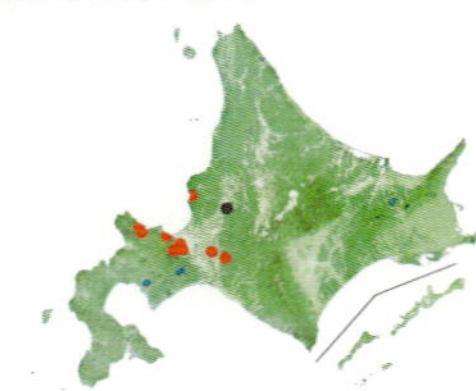

【分布・生息地】道内では局地的で，札幌市，石狩市（浜益），栗山町，仁木町，余市町，小樽市，長沼町の平地に沿った山地などから記録されている。近年，小樽市，余市町，仁木町の消息が危ぶまれている。栗山町産は後翅表面2室中央にある紫色縁の小斑が安定して細くなることから栗山亜種とする説もある。2000年以前は近隣の馬追丘陵とは違っていたが，近年では馬追丘陵でもこのタイプが，多数出現するようになった。栗山町産幼虫を大量に放蝶した話も聞く。事実なら遺伝子攪乱行為で，馬追丘陵の個体群が遺伝子汚染されてしまったことになる。

【周年経過】年1回発生。札幌市周辺では7月初旬から♂が飛び始め，中旬がピークとなる。石狩市浜益区や空知管内の長沼町，栗山町では7月20日過ぎに発生する年が多い。生き残りはお盆まで見られる。3～4齢幼虫で越冬するとされるが，札幌市では3齢以外は見たことがない。

【食餌植物】ニレ科のエゾエノキのみ。

【成虫】♂は滑空を交え素早く飛び，枝先などを占有する。♀は不活発で，枝に止まることが多い。配偶行動の詳細は「観察のすすめ」参照。♀は産卵時幹→太枝→細枝へと移動し枝や葉の下面に止まる。爪楊枝程度の枝の葉を選ぶことが多く，枝をしならせながら葉裏に産卵するが，表になることもある。葉の先を腹端で探り当て30分以上かけて卵塊をつくる。細枝の場合は乱雑に産付し，先端に達すると方向転換して産み続ける。卵塊の卵の数は98の卵塊の平均で約76個で，最多は173卵であった。目立たない林内の1m程度の稚樹の細枝を多く選び全体の60%に及んだ。

【生活史】卵は淡緑色で孵化前にはブドウ色になる。半球状で縦に隆起がある。ほぼ一斉に孵化し幼虫は分散するが，時に表面に並ぶ。タマゴバチ類による寄生は多く，2011年で48%，2012年では62%に及んだ。8月11日に産み付けられた卵は卵期10日，1齢期7日，2齢期11日，3齢期25日で10月14日に4齢となり，10月中旬に褐変し下旬に樹を降りた。ただ飼育下での齢数は栄養条件や日長・温度の条件などで変化するようで，野外観察では3齢越冬も多く，再確認したい。2齢以降の幼虫は，頭部の突起を振り，他個体を押しのける。越冬幼虫は積雪で圧死したり，風が当たる部分では移動しても乾燥死することも多い。翌春，5月上中旬ごろ食樹に登り，新葉の展開を待つ個体も多い。葉の展開はばらつき，枝で1週間程度待つ個体もいた。この時，枝に巻き付く個体もいる。その後脱皮しないのにしだいに緑色に変わる。早いものは6月上旬に，多くの個体は6月中旬に終齢になる。体長50mmほどになり，重さで枝がしなる。蛹化は葉裏で行われるが，しばしば樹を降り，付近の草の葉裏で蛹化する。蛹期20日ほどで羽化する。2012年の春はエノキハムシが本種を超える大発生をして餓死した幼虫が多かった。

求愛 '15.8.7 札幌市(H)

エノキの枝先を巡回し探雌飛翔する♂ '13.7.21 札幌市(S)

樹液に群がる集団 '07.7.16 札幌市(IG)

占有する♂ '13.7.14 札幌市(S)

産卵 '11.8.7 札幌市(H)

孵化 '11.7.29 札幌市(H)

葉の上に静止する３齢 '10.9.4 札幌市(H)

産卵するタマゴバチ '11.8.22 札幌市(H)

霜に当たる越冬幼虫 '06.11.30 札幌市(N)

終齢 '11.6.25 札幌市(H)

終齢の顔 '11.6.9 札幌市(H)

蛹 '11.6.25 札幌市(H)

ヒメウラナミジャノメ

Ypthima argus Butler, 1866

後翅裏面に目玉がたくさん現れる過剰紋異常は道内各地で見られるが，逆に後翅表面の目玉が1個になる1眼型は，八雲町より南側の渡島半島以外は見たことがない。

海岸草原を飛翔する♂
'11.7.18 大樹町(S)

個体数★★★★
局地性☆☆☆☆
観察難易度☆☆☆☆
絶滅危険度☆☆☆☆

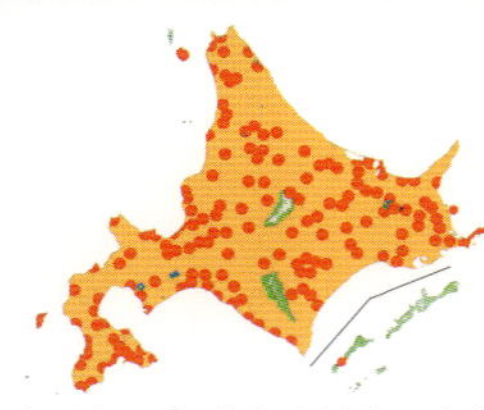

【分布・生息地】 北は稚内市〜南は松前町，函館市椴法華村，道東は根室半島や野付岬と広範囲に分布し，離島では利尻と奥尻に生息する。宗谷地方や根釧原野などの寒冷な地域でも渡島地方の温暖な地域でも，いずれも個体数は多い。海浜性草地や河川敷，放棄耕作地や荒れ地，道路の人工のり面，低山地の林間草地などに多い。然別湖周辺の亜高山帯で確認したこともあるが，総じて標高が高くなるに従いあまり見なくなる。

【周年経過】 渡島半島では年2回発生，石狩管内などでは一部が第2化する。暖かい年では帯広・北見地方でも稀に第2化個体が見られる。第1化は6〜7月に見られ，宗谷地方や根釧原野では第1化の生き残りが8月にも見られる。第2化は8月下旬から発生し，だらだらと10月になっても見られる時がある。4〜5齢で越冬すると考えられる。

【食餌植物】 ススキなどイネ科，ショウジョウスゲなどのカヤツリグサ科の植物を広く食する。人為的な環境では外来種に依存する傾向が強い。山間部などの本来の食草についての調査が望まれる。

【成虫】 小さく跳ねるように草むらを低く飛び回り，ヒメジョオンなど多くの花を訪れる。朝露が消え始める早朝〜日没まで活動する。盛んに翅を全開にして日光浴する。♂は盛んに飛び回り探雌飛翔を続けるが，♀はやや不活発で，時々訪花をしながら産卵場所を探す。♂は♀を見つけると後ろから接近し，横に並んで腹端を強く曲げて♀の体側を探り，腹端を確認して結合するとすぐに反対向きに位置を変えた。その後，すぐに♀をぶら下げて飛んでヤナギ類の高所の枝に移動し2時間あまり留まった。交尾拒否は素早く翅を開閉し，♂はすぐに離れる。産卵は草むらや土手を飛び回り，草むらの中に潜り込み，地表付近を歩き回り枯れた茎や食草や葉などに素早く1個ずつ産み付ける。食草を確認していないようで，産み付けられた卵は接着が弱くすぐに脱落し，放卵に近い印象がある。

【生活史】 卵はやや縦長の球形で淡緑色。孵化幼虫は卵殻の大部分を食べる。食草の葉裏に静止し葉の先端部分の縁を削り取るように食べる。2齢幼虫から体色は淡い褐色となり背中と体側に地色より濃い線が入る。体色が褐色に変わるのと同時期に摂食時以外は食草を下り地面の枯れた草の間に隠れる。摂食は主に夜間に行われ野外での発見が困難になる。終齢幼虫は体表に細かな縦筋模様が入る。非常に行動が鈍く，野外で発見しても容易に落下する。東川町で10月7日に越冬する前のずんぐりとした幼虫（おそらく4齢）を発見した。6月に採卵し飼育すると50〜60日で羽化するが8月に採卵すると温暖条件では一部羽化し，終齢で越冬する個体が多い。越冬後の幼虫も2週間くらい摂食し蛹化した。野外では様似町で5月23日に終齢幼虫を見ているが，幼生期全般の記録はきわめて乏しい。蛹は食草付近の根際の枯れ茎で発見した。

ヒメジョオンを訪花 '10.7.6 富良野市(S)

交尾に至る様子と飛び立ち①～④ '15.7.2 札幌市(H)

産卵 '11.7.10 富良野市(N)

日光浴する♀ '08.6.27 上士幌町(S)

第2化 '10.9.19 室蘭市(S)

シロツメクサの若葉に産付された卵 '11.7.10 同上

若齢 '11.7.20 富良野市産(N)

終齢幼虫の顔 '15.7.25 札幌市(H)

前蛹 '15.8.2 札幌市(H)

ガワリトボシガラの越冬前幼虫 '15.10.7 東川町(N)

ショウジョウスゲの終齢 '15.5.23 様似町(N)

蛹 '11.9.4 富良野市産(N)

ベニヒカゲ

Erebia neriene scoparia Butler, [1882]

DNA 分析から太古の時代に大陸からの侵入が数回あったとされる。裏づけるように各地で，様々な地理的変異を持つ集団が見られるが，一様に北海道亜種 *scoparia* とされる。

海岸段丘に咲くコウゾリナを訪花した黄色型♀
'11.8.25 稚内市(S)

タテハチョウ科

個体数★★☆☆
局地性★★★☆
観察難易度★★☆☆
絶滅危険度★★☆☆

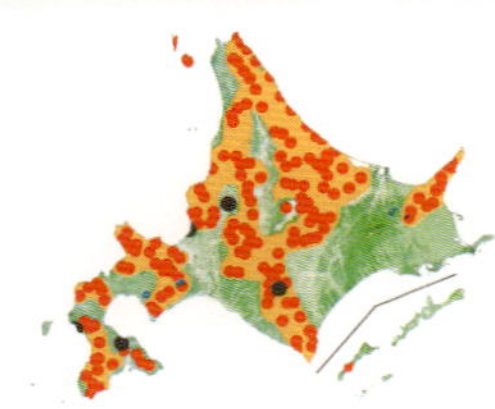

【分布・生息地】 北は稚内市宗谷岬～南は松前町白神山，東は知床半島に生息。離島では利尻，礼文島。日高山脈を越えた東側の十勝地方～白糠丘陵，根釧地方には生息しない。道内では標高 300 ～ 800 mの山地の林道や崖の渓谷，雪崩斜面の草付に発生地が多い。稚内市から紋別市にかけてのオホーツク沿岸には海岸草地にも発生する。高標高では利尻岳や夕張岳，羅臼岳などのハイマツ帯で発生する。最も高かった幌尻岳七つ沼カール上部 1,800 m付近の発生地は，灌木が繁茂して消滅し，今日では渓谷からの吹上個体を稀に稜線で見るに留まる。

【周年経過】 年 1 回の発生。多くは 8 月上旬から発生し，お盆前に盛期を迎える。宗谷管内や利尻，礼文では発生が遅く，例年でも 8 月 20 日過ぎから発生が始まる。夕張岳の高山帯では 7 月末が盛期となることも多い。越冬は 3 齢幼虫とされるが，高山帯では幼虫の 2 回越冬や，道北では若齢越冬の可能性もあると考える。照明下で室内飼育すれば冬眠せず多化性となる。

【食餌植物】 イネ科のイワノガリヤス，ヒメノガリヤス。この他本州の例にあるようにカヤツリグサ科のスゲ類を利用すると考えられる。

【成虫】 生息地である林道沿いの傾斜地や明るい草原をゆるやかに飛ぶ。日差しを好み日が陰ると活動は著しく低下する。♂♀共によく花を訪れる。主な吸蜜植物はエゾフウロ，ヨツバヒヨドリ，チシマアザキなど。湿地で吸水することもよく見られる。♂は好天時 8 時ごろから飛び出し，吸蜜をはさみ，蝶道をつくりながら，植物群落上で探雌飛翔を続ける。交尾は日中に行われ 1 時間以上継続するという。産卵行動は日中の気温の高いときに行われる。母蝶は日当りのよい斜面をゆるやかに飛びながらイネ科植物にふれ，食草付近の枯葉や枯れた茎に，体を潜りこませ卵を産み付ける。

【生活史】 卵はやや縦長の卵型で縦に隆条が入る。産卵直後は乳白色であるが，その後表面に紫褐色の紋がまだら状に入る。孵化した幼虫は食草の葉縁から階段状に切り取るように食べ始める。飼育下では摂食は昼夜問わず行われ，普段は食草の下部に下向きに静止していることが多い。9 月中旬ごろ 2 齢となるが，気温の低下と共に活動はにぶくなり摂食量も低下する。10 月に入り 3 齢になると，ほとんど摂食しなくなり食草の根元あるいは地面に降りて越冬した。越冬から翌春の幼虫の野外生態の記録はないが日高町での観察では 5 月下旬～ 6 月中旬に 4 齢，6 月中～下旬に 5 齢(終齢)となり，4 ～ 5 齢幼虫は食草を斜めに切りとったような食痕を残し，夜間に摂食することが多くなるという。生息環境に模した状態で飼育すると，越冬後の幼虫は摂食時以外は食草の下部や，付近の枯葉の下に潜り込んで外から見づらくなる。蛹化も土の中に潜り込み腹を上に向けた形で行い，外からは全く見えなくなった。幼生期全般の野外での記録が乏しく調査が望まれる。

ヒヨドリバナを訪花した白色型♀ '15.8.6 伊達市(S)

林道沿いのアザミを訪花した♂ '06.8.24 白老町(S)

メナシ型♂ '93.8.8 夕張岳(K)

ヒメジョオンを訪花 '10.8.2 恵庭市(H)

日光浴する黒化型♂ '07.8.18 東川町(IG)

交尾 '15.9.7 様似町(T)

越冬中の3齢 '15.3.13 芦別市産(N)

卵 '14.8.24 芦別市産(N)

孵化した1齢 '14.9.8 芦別市産(N)

根際に静止(眠)する4齢 '15.5.31 芦別市産(N)

夜間摂食する終齢 '89.6.24 恵庭市(KW)

蛹 '15.7.14 芦別市産(N)

クモマベニヒカゲ

Erebia ligea rishirizana Matsumura, 1928

環：準絶滅危惧(NT)
北：留意種(N)

昔の愛読書に“高山の季節の終わりを告げる蝶”と紹介されていただが，大雪山麓では初夏から飛ぶ。ミヤマリンドウを揺らす風が似合う蝶と，強く憧れたころが懐かしい。

ハンゴンソウを訪花した♀
'12.7.28 足寄町(S)

タテハチョウ科

個体数★★☆☆
局地性★★★☆
観察難易度★★★★
絶滅危険度★★★☆

【分布・生息地】道内では大雪周辺と利尻岳に生息し，大雪山系では北大雪のニセイカウシュッペ山からトムラウシ南端の黄金ケ原にかけて，十勝山系では富良野岳が唯一。東大雪は石狩山地やクマネシリ山群などに記録がある。大雪周辺や利尻岳でも標高 800 m付近から見られ，大雪湖周辺では道路法面の張芝や，道路脇の崖でも見られる。生息地の多くは溶岩台地の付け根に相当する 1,500 m以下の崩壊斜面や沢の源頭などだ。高山帯の発生地としては，大雪山の五色ケ原などが知られるが，最高標の生息地は白雲岳石室付近(2,000m)と考える。低標高の記録では層雲峡(660m)，管野温泉付近(750m)の他，例外的に上富良野町(260m)の記録がある。

【周年経過】年 1 回の発生。低標高生息地では早い年では 7 月上旬から発生し，下旬にベニヒカゲが現れるころには汚損する。高標高では 7 月末～ 8 月にかけて発生。本道での周年経過の記録は断片的だが，1 年目は卵内幼虫か若齢越冬，2 年目は 5 齢で越冬すると考える。だが近年は日本の高山性ジャノメチョウ類の幼虫越冬齢数が変則的との報文もあり，道内の本種も例外とは言えず，1 年周期の個体群も推定されている。

【食餌植物】大雪山五色が原でカヤツリグサ科のミヤマクロスゲ，リシリスゲスゲ，ショウジョウスゲが記録されている。イネ科のイワノガリヤスも利用するという。

【成虫】生息地である草原を緩やかに飛び，各種の花で盛んに吸蜜する。気温が下がると葉の表などに翅を開いて静止し，さらに気温が低下すると草むらの中に隠れる。主な吸蜜植物は多種に及ぶが，キク科のミヤマアキノキリンソウ，ウサギギクなどの黄色系，チシマアザミなどの赤紫系を好む。またフウロソウ科のチシマフウロも重要な吸蜜源である。交尾の観察例を示すと，8 月 11 日の 9 時過ぎに羽化したばかりの♀が数m飛んだところを，♂が追飛し，静止した♀に腹部をまげて交尾した。交尾継続時間は 45 分であったという。産卵行動は日中の好天時に観察されている。いずれもイワノガリヤスが生える草むらに潜り込んで，10 ～ 20 秒かけて，イワノガリヤスの枯葉に 1 卵ずつ産卵されている。

【生活史】卵はやや縦長の卵型で縦に隆条が入る。産卵直後は乳白色であるが，その後黒っぽい頭部が透けて見えるようになる。孵化せずに越冬するが，その後の幼生期の観察記録は断片的なものである。幼虫は食草の葉縁から階段状に切り取る食痕を残す。渡辺康之によると，自然状態で観察した卵は越年し 6 月中旬から孵化したという。また大雪山黄金が原で 8 月 30 日に見出した 3 齢幼虫は 9 月 13 日に 4 齢になり，さらに五色が原で 7 月 11 日に終齢を 3 頭見出し，同 17 日蛹化，8 月 2 日に羽化したという。蛹は写真のようにハナゴケの周囲を簡単に吐糸し腹面を上にした形で見つかっている。低標高地を含め各地での生活史全般の調査の進展が期待される。

日光浴する♂ '12.7.29 足寄町(S)

針葉樹林内を飛翔 '12.7.28 足寄町(S)

交尾 '08.8.12 上川町(W)

求愛する♂(下) '06.8.5 上川町(IG)

ヨブスマソウを訪花(上) '15.7.23 同左

卵 '82.9.5 大雪山(W)

3齢 '89.4.26 上士幌町産(KW)

摂食する3齢 '89.2.12 上士幌町産(KW)

根際に隠れる終齢 '79.7.11 大雪山(W)

ハナゴケの中の蛹 '79.7.23 大雪山(W)

ジャノメチョウ

Minois dryas bipunctata (Motschulsky, [1861])

シーズン後半のどこにでもいる蝶と思っていたが,「旭川では珍」とか「もうジャノメが出た」など教えて頂くたび,生半可な文献知識と現実のギャップを思い知らされた。

草原に咲くカセンソウを訪花した♂
'15.8.2 苫小牧市(S)

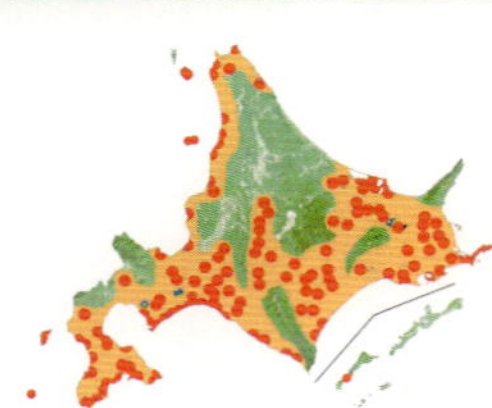

【分布・生息地】道北は稚内市,道東は根室半島,道南は函館市,離島では利尻,天売,焼尻,奥尻の他,渡島大島でも確認されている。礼文からの正式な報告はない。道内では旭川市~遠軽町より南側の,平野部や低山地にある乾性草地や海岸草地などで見られる。日本海側では石狩市~留萌市~稚内市に至る海岸段丘に生息していることを確認した。発生地では多産するが,決して普遍的分布ではない。名寄盆地周辺やサロマ湖以北の海岸線などの記録が見当たらない。宗谷管内には稚内市や浜頓別町などに少数の記録はあるが,今後の調査が望まれる。

【周年経過】年1回発生。道内では多くの地域で7月下旬~8月上旬に盛期を迎える。十勝地方では7月上旬。生き残りの♀はお盆過ぎでも目にする。道内の越冬は3~4齢とする報文があるが,それより若い齢の場合も推定され一定ではないようだ。

【食餌植物】野外での食草は,クサヨシ,ススキ,ショウジョウスゲ,コメススキが知られているが,牧草として導入された外来種やヒカゲスゲなどのカヤツリグサ科を含め,広く食すると思われるがよく調べられていない。

【成虫】♂は明るい草原を植物を縫うように低く活発に飛び回る。セイヨウタンポポ,ヒヨドリバナ,ヒメジョオンなど様々な花を訪れる。樹液にも集まる。♀は不活発で葉上に静止することが多い。♂は時々,静止している♀の近くを飛び,地上を歩いて近づき,翅を開閉するが,交尾にいたるところは見ていない。母蝶は草の間を歩き回り,時おり静止して1卵ずつ産み落とす。食草が発生地全体に分布するので,植物を確認する必要がないと思われる。落下した卵は非常に見つけづらい。

【生活史】卵は乳白色でややゆがんだ球形,卵殻はごく薄いにもかかわらず1か月以上の非常に長い卵期である。そのため卵は乾燥に弱いが,放卵された卵は,草に覆われた地表に風雨で移動し,十分な湿度を得られるのだろう。幼虫は日中も食草にのぼり葉を食うが食痕のある葉の根元の枯れ葉の裏面に静止する個体も多い。苫小牧市で5月初旬,残雪が残る疎林内で,常緑の小型のスゲ科(未同定)を食べている,頭幅1.4mm程度の2齢と思われる幼虫が多数見つかった。夕刻5℃以下と思われる低温下でも食べ続ける幼虫がいた。苫小牧市の別の産地では6月中旬には,ススキの根元で体長25mm程度の4齢と推定される幼虫が見つかり,7月中旬には,21時ごろススキの葉を食べている終齢幼虫が見つかった。幼虫の行動は大変ゆっくりしていて,刺激を受けるとすぐに落下する。蛹化は地表の窪みで行われ,他の物に付着していないため地表に転がっている。赤褐色で蛹殻は薄い野外での蛹の期間は20~30日といわれる。異常に長い卵期と蛹期,非常に緩慢な成長など大変変わった生態を持つが,飼育が難しいこともあって道内では幼生期を通した観察記録がない。未解明の課題の多い種である。

個体数★★★☆
局地性★☆☆☆
観察難易度★☆☆☆
絶滅危険度☆☆☆☆

飛翔する♂ '09.8.8 様似町(IG)

日光浴する♀ '15.8.12 厚真町(T)

求愛(手前♂)'09.8.15 上ノ国町(IG)

交尾(右♂)'09.8.23 標茶町(N)

訪花した♀ '10.8.19 苫小牧市(S)

地表に転がる卵 '15.9.10 札幌市(H)

越冬後の若齢幼虫 '15.5.24 苫小牧(T)

土の中の蛹 '16.7.6 富良野市産(N)

終齢 '11.5.22 旭川市産(N)

3齢 '11.5.4 東川町(N)

越冬前の若齢 '09.10.23 千歳市(H)

北海道特産種　天然記念物

ダイセツタカネヒカゲ

環：準絶滅危惧(NT)
北：留意種(N)

日高山系の個体群に対し2012年に亜種区分が提唱された。黒化が著しく形態が明らかに違う隔離集団への区分は必然だ。

Oeneis melissa daisetsuzana Matsumura, 1926(大雪山亜種)　ssp. *hidakaensis* Fujioka, 2012(日高山脈亜種)

赤岳をバックに風衝地で求愛飛翔する♂(右)
'10.6.19 大雪山(IG)

個体数★★☆☆
局地性★★★★
観察難易度★★★☆
絶滅危険度★★★☆

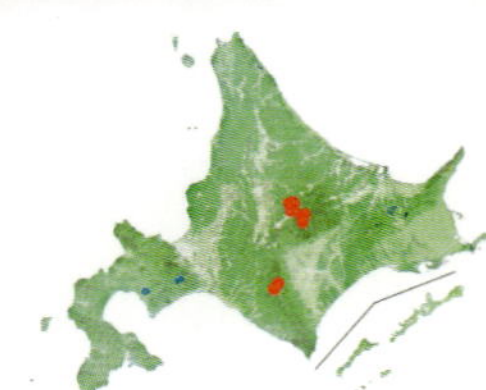

【分布・生息地】大雪山系の黒岳や赤岳～高根が原を経て化雲岳付近までの表大雪や，音更山～石狩ジャンクションピーク，ニペソツ山などの石狩山系。幌尻岳，戸蔦別岳，ピパイロ岳の北日高山脈に生息し，大雪の風衝地や日高山脈のカール地形の上部急傾斜など，約1,700 m以上のガレ場に生息する。大雪山系でもトムラウシ山や十勝連山からは記録がない。

【周年経過】6月下旬～7月上旬にかけて発生するが，コマクサ平などでは6月中旬，寒い年や生息地の地形では発生が遅れることがある。本種の発生サイクルは，従来では1年目に3齢越冬，2年目が5齢越冬(終齢)と，足かけ3年とする報告がされていた。近年の報告では，1年目越冬が1齢，2年目が3齢，3年目が5齢(終齢)の，従来の知見より1年多い，足かけ4年型や，足かけ3年型でも1年目の越冬形態が3齢だけでなく1齢，2齢の場合もあることが，報告されている。

【食餌植物】カヤツリグサ科のダイセツイワスゲ，ミヤマクロスゲが主要な食草である。また，これらの食草付近にあるイネ科植物(未同定)でも幼虫が発見されている。

【成虫】成虫の活動は早く，好天時まだ気温が低い5時ごろから，翅を閉じて横倒しになり，日光浴で体を温め飛び始める。気温の上昇とともに活発に飛び始め，人の接近にも敏感に反応するようになる。吸蜜活動はそれほど盛んではないが，♂♀共コケモモ，イワウメ，ミネズオウなどの矮性高山植物を訪花するのが観察される。また♂♀共に高山植物の葉の上の露や湿地で吸水する。♂は岩の上に止まり付近を通る昆虫などを追い払う。♀を見つけると追いかけて地面に降り，翅をふるわせながら♀に接近し交尾を迫る。1頭の♀に複数の♂が絡まることもよく見られる。♀が翅を閉じて静止すると後ろ向きに交尾が成立する。産卵は気温の高い日中に行われる。母蝶は食草群落に飛来し，腹部を曲げながら産卵位置を探す。腹部をかぎ状に強く曲げ食草の枯葉の葉裏に1個ずつ産付する。食草周囲の地衣類や枯れ枝に産み付けることもある。

【生活史】卵は乳白色で樽型，縦に波上の皺が入る。孵化した幼虫は食草の葉縁から階段状に食べ始める。以下，渡辺康之によると2，3齢まで成長し食草が黄変すると食草の根元や地衣類，石の下などで越冬体制に入るという。翌年5月下旬～6月上旬にかけ越冬から覚め新葉を摂食し，8月には終齢になるという。このころに幼虫を探すと若齢と終齢の2段階の幼虫を見ることができる。老熟幼虫の色彩には淡色の絣型と地色が黄褐色で縦縞が分離する縞型の2タイプ見られる。終齢は昼間に摂食することが多いが，石の上で日光浴をする個体もよく見られる。大雪山では初冠雪となる9月中旬ごろ終齢幼虫は食草の根元，枯葉の中，岩礫の下などに潜り込み2回目の越冬に入るという。翌春，越冬場所と同じような石の下やヒースの裏側で蛹化するという。

岩上での求愛(奥♂)'10.6.19 大雪山(IG)

降り出した雨に活動を休止した♂ '12.6.17 大雪山(S)

交尾 '07.7.1 大雪山(S)

イソツツジを訪花 '07.7.1 大雪山(KN)

日高山脈亜種 '87.7.17 戸蔦別岳(K)

卵 '76.7.12 大雪山(N)

若齢幼虫 '76.7.12 大雪山(N)

終齢幼虫 '76.7.12 大雪山(N)

若齢 '04.7.18 大雪山(W)

石の裏の蛹 '95.6.24 大雪山(W)

北海道特産種

シロオビヒメヒカゲ

環：準絶滅危惧(NT)
北：準絶滅危惧種(Nt)

極局所的な定山渓亜種と道東亜種は，石狩低地帯で分断されていたが双方が，近年急接近している。特異な特徴を持つ前者の運命や如何に。

Coenonympha hero neoperseis Fruhstorfer, 1908(定山渓亜種)　ssp. *latifasciata* Matsumura, 1925(道東亜種)

法面草原での求愛飛翔(♂左)
'12.6.7 訓子府町(S)

【分布・生息地】 道内には2つの亜種が生息し，主に石狩低地帯以北に広く生息する集団は，北見山地北部の雄武町が北限となり，東部では北網圏や根釧原野，十勝平野に多産し知床岬先端の記録もある。また太平洋側では襟裳岬から日高山麓沿いに西へ向かい生息地拡大し，近年ではその集団の先鋒が苫小牧市や札幌市南部でも確認された。一方では，古くから定山渓にのみ生息する特殊な亜種個体群がいる。近年，両方の亜種と見られるサンプルが定山渓の同一地点で確認されている。これは拡大個体なのか人為的放蝶かは，現時点では不明だが，いずれにしろ特殊な形態の定山渓個体群の存続が危ぶまれる。

【周年経過】 年1回発生。第2化が9月に発生した例が数回報告されている。十勝や旭川周辺などでは5月末から発生し，多くの地域で6月中旬には盛期を迎える。標高1,000 m近い高地や根室地方などでは7月中下旬に発生し8月上旬まで見られる。札幌市定山渓に生息する個体群は発生が遅く，6月末～7月にかけて発生する。越冬は4齢幼虫で行う。

【食餌植物】 イネ科のナガハグサ，ウシノケグサ，カモガヤ，ハガワリトボシガラ(未発表)など。カヤツリグサ科ではヒカゲスゲ，カミカワスゲ，ヒメノガリヤスなどが記録されている

【成虫】 生息地である草原上をはねるように飛び回りすぐに葉の上に止まる。好天時朝露が消える午前6時ごろから飛び始めるが，低温時は羽を閉じたまま体を傾け日光浴をする(次頁写真)。訪花植物はクサフジやクローバー類など広い。交尾は日中に行われ，探雌飛翔を続けていた♂が♀を見つけると追いかけ，♀が葉の上に止まるとすかさず後ろから腹部を曲げながら接近し交尾に至る。産卵は日中～午後にかけて食草の生える草むらに潜り込み，周囲の食草や付近の枯葉に1個ずつ産み付ける。

【生活史】 卵は樽型で緑色，縦に弱い隆条紋が入る。卵期は2週間弱。孵化した幼虫は卵殻を食べた後，食草部の先端までたどり着き摂食を始める。摂食時以外は食草の株に潜り込んでいる。若齢時は食痕も目立たず，幼虫の保護色も効果的で発見は難しい。東川町では崖部に生えるハガワリトボシガラの群落に生息するが，食草の下にネットを敷き株全体を揺するとネットの上にたくさん落ちてきた。3齢からは食草の先端を斜めに切り落とすのでこれを目当てに探すと見つかる。4齢(体長12～14㎜)で越冬するが詳しい越冬場所は不明である。翌春は食草の伸長(雪の下で新芽は既にできている)に合わせ活動を始め，1回脱皮し終齢になる。終齢は色彩に変異があり背中側に桃色が広がる個体も生じる。前蛹は食草付近の草に体を丸めてぶら下がり2日程度で蛹になる。蛹は淡緑色で全長13㎜程度。胴部の側面に黒色のすじ状の斑紋を持つものがあり，その発達程度は連続する。標茶町で2009年5月10日に採集した終齢は5月26日に蛹化し6月8日に羽化した。

個体数★★☆☆
局地性★★★☆
観察難易度★★☆☆
絶滅危険度★★☆☆

交尾 '15.6.14 遠軽町(S)

吸水する♂(定山渓亜種)'09.6.29 札幌市(S)

腹部を曲げ交尾を迫る♂ '10.6.10 様似町(S)

翅を傾けての日光浴 '06.6.28 平取町(S)

訪花した定山渓亜種 '09.6.29 札幌市(S)

卵 '11.6.17 幕別町(S)

越冬前の 4 齢 '15.10.7 東川町(N)

ハガワリトボシガラを食う 1 齢 '10.8.22 東川町(N)

終齢の摂食 '86.5.12 富良野市(N)

背部が桃色の終齢 '11.5.15 東川町産(N)

前蛹 '11.5.22 東川町産(N)

黒斑蛹 '11.5.28 東川町産(N)

ツマジロウラジャノメ

Lasiommata deidamia deidamia (Eversmann, 1851)　北：留意種(N)

道内最稀種と謳われていた1975年当時，先輩と地形図でアタリをつけた渓谷は見通しが悪い。熊に怯えながら崖にさしかかると夢にまで見た渓谷の妖精が舞い降りた。

崖に咲くエゾキリンソウを訪花した♂
'15.7.11 日高町(S)

タテハチョウ科

個体数☆☆☆☆
局地性★★★★
観察難易度★★★★
絶滅危険度★★★☆

【分布・生息地】 道内の生息地は成立年代の古い日高山系と夕張山地に限定。北限は夕張山地の富良野市と芦別市の境界を流れる尻岸馬内川上流部の渓谷，南は日高山脈南端の様似町アポイ岳山麓や十勝広尾町音調別。標高500～1,000 mの渓流沿い崖に多いが，南部では海岸に近い崖，高標高では芦別岳北尾根の記録や幌尻岳1,500 mで確認した。日高山脈では日高側，十勝側共に広範囲に生息するが，深山の急峻な崖にたどりつくのは容易ではない。芦別，夕張山地ではさらに稀種となる。以前，沙流川上流部の日高竜門や日高町～日勝峠間の国道に沿った崖には多数の生息地があった。その生息地の多くが道路拡幅や落石防止工事などで発生地を削減したため，消滅した。

【周年経過】 基本的に年1化だが，低標高地や暑い年には一部が2化する。多くの生息地では第1化は6月末から発生し7月前半に盛期を迎える。第2化は少数が8月上旬から発生し，汚損個体を9月に見ることもある。野外では不明だが，飼育下での経過から，越冬幼虫は3～4齢と推定される。

【食餌植物】 イネ科のヒメノガリヤス，タカネノガリヤス。飼育ではカヤツリグサ科，イネ科などもよく食べる。

【成虫】 崖部周辺を一定のコースを行き来するように飛翔し，時おり上からゆるやかに滑空するように降りてくる。吸蜜や湿った崖部での吸水行動も見られる。主な訪花植物は，ヨツバヒヨドリ，クガイソウ，チシマアザミ，エゾキリンソウなど。好天時6時ごろ～18時ごろまで，日当たりのよい崖を飛翔しているが，晴天時は正午を中心に活動数が減ずることが多い。♂は蝶道のようなコースで探雌飛翔を繰り返している。他の♂やクロヒカゲなど他の蝶とは弱い絡み合いが見られ，♀を発見すると追飛する。♀が葉上に止まり翅を広げると，♂も続いて止まり向かい合わせになり触角を絡ませるという。産卵は，9時ごろから14時ごろまで観察される。♀は食草の生える崖をゆるやかに飛びながら，盛んに食草に触れながら慎重に産卵位置を探す。産卵に選ばれる株は，単独のごく小さなものが多く，食草に翅を半開にして止まり，腹部を強く曲げて葉の裏に1個ずつ産み付ける。1卵産付するのに10～15秒を要しながら1株に2卵程度ずつ，10分間かけて15卵産み付けたという報告もある。

【生活史】 卵は乳白色でやや背の高い球形。孵化した幼虫は葉先の葉縁から食べ始める。2齢以降は葉裏に台座をつくり，頭を下に向け静止する。中齢以降は葉の先端部を斜めに切り取った食痕を残す。越冬幼虫は黄緑色だった体色が褐色～淡紫色に変わるという。越冬幼虫の詳しい生態記録はない。日高では5月中旬に4齢幼虫が見つかっている。蛹は日高の生息地でオーバーハング状の岸壁部から発見されている。蛹には緑色タイプと黒色タイプがあるが蛹化位置との関連は不明である。

崖上部のヒメノガリヤスに産卵 '15.7.11 日高町(S)

崖上から滑空するように降りてくる♀ '15.7.11 日高町(S)

葉から吸汁する♀ '15.8.8 日高町(N)

エゾキリンソウを訪花した♂ '15.7.11 日高町(S)

日光浴する♀ '15.7.11 日高町(S)

ヒメノガリヤスの卵 '15.8.8 日高町(T)

蛹化 '15.9.1 日高町産(N)

終齢の顔 '15.8.27 同左(N)

1 齢 '15.8.15 日高町(N)

林道沿いの崖に生えるヒメノガリヤスに静止する 3 齢 '15.8.8 日高町(N)

終齢 '15.9.1 日高町産(N)

通常の蛹(左)と黒化型の蛹 '15.9.12 同上(N)

ウラジャノメ

Lopinga achine jezoensis (Matsumura, 1919)（北海道亜種）　ssp. *oniwakiensis* Y. Yazaki et Hiramoto, 1981（利尻島亜種）

利尻島に利尻亜種，旭川市に人気のメナシ型。道北の分布解明は進み，利尻と旭川の間は非分布であることが解ってきた。

ヤナギの樹液を吸汁
'11.7.11 大樹町(S)

個体数★☆☆☆
局地性★★☆☆
観察難易度★★★☆
絶滅危険度★★★☆

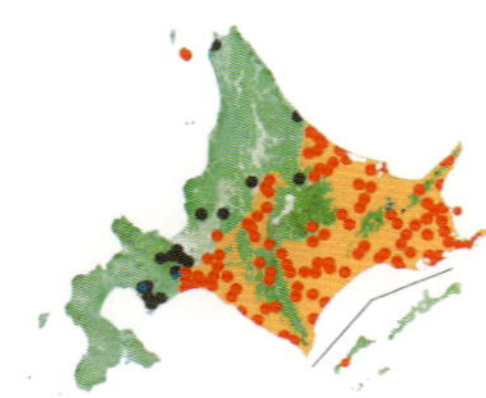

【分布・生息地】 離島の利尻を除くと，日本海側は当別町，オホーツク海側は雄武町（永盛（拓），未発表）が北限となる。これ以北は広い空白地域となる。稚内市に古い記録があるが追認はない。主に太平洋側を中心に，勇払原野，十勝平野，根釧原野などの低山地で，多産地も多い。西限は洞爺湖中島で記録されたが，人為移入放置された鹿の食害で今後の確認は難しい。札幌市では少数の記録に留まる。日高山脈では日高・十勝共に崖の連なる渓谷でも見られる。旭川市周辺には眼状紋内の白点が消える通称"メナシ型"と呼ばれる遺伝型が少数出現する。

【周年経過】 年１回の発生で，発生の早い旭川市周辺などでは７月初めから発生し，多くの地域で７月中旬に盛期を迎える。根釧原野など霧の多い地方では８月発生の年もある。越冬は４齢の報告があるが，永盛（俊）の標茶町や旭川における観察では，大きさから３齢と推定する越冬幼虫を確認した。

【食餌植物】 カヤツリグサ科のヒカゲスゲ，リシリスゲ，ヒエスゲ。イネ科のクサヨシ，ヒメノガリヤス，ナガハグサの記録もある。各産地の食草についての記録は乏しく調査が望まれる。

【成虫】 生息地である疎林の周辺，林道脇などの，あまり明るくないところを縫うように飛び回り，ササなどの葉の上に翅を半開きにしてよく止まる。ノリウツギやセリ科植物を訪花するが頻度としては多くない。♂は獣糞やヤナギやミズナラの樹液に集まり吸汁する。地面で吸水することもよく見られる。配偶行動や産卵行動については観察していない。♂は開けた空間の枝先に止まり周りの蝶を追いかける行動や，一定のルートを周回しながら♀を探す行動が見られる。産卵はジャノメチョウと同様で，食草の上で腹をわずかに曲げながら放卵するという。室内で産卵させることは容易で，食草を入れた容器内に卵をばらまくように産付し，三角紙内に放卵することもある。

【生活史】 卵は乳白色で平滑な球形。孵化した幼虫は葉の先端付近の葉縁から直線状に切り取る形で摂食を始める。旭川市内の公園では，７月 31 日にショウジョウスゲを食す１齢幼虫を，標茶町では８月 30 日にスゲ属の１種から１，２齢を確認している。飼育下では中齢から葉の先端を斜めに切ったような食痕をつくる。幼虫は食草の下部の葉の裏面に静止していることが多い。生息地には普通カヤツリグサ科やイネ科植物が多種混生しており，幼虫の探索は狙いを定めるのが難しく発見は難しい。幼虫で越冬し，翌春食草の新葉を食べ成長する。標茶町で５月 24 日に，疎林内に生えていたヒエスゲの葉上で体長 12㎜（おそらく３齢）を確認している。飼育下での終齢は５齢で昼夜問わず摂食する。蛹は食草の茎に下がっているものも見つかるが，食草を離れ近くの木の枝に下垂する記録もある。飼育下では蛹の期間は２週間ほどである。

木漏れ日のあたる葉上に静止するメナシ型♂ '06.7.9 旭川市(S)

求愛する♂(下)と交尾拒否する♀ '06.7.15 苫小牧市(IG)

訪花 '07.7.22 苫小牧市(S)

吸水する♂ '09.7.20 苫小牧市(IG)

葉上に静止 '08.7.22 苫小牧市(S)

若齢と食痕 '08.5.24 標茶町(N)

ショウジョウスゲの1齢 '10.7.31 旭川市(N)

卵 '18.8.5 苫小牧市(T)

2齢 '08.8.30 標茶町(N)

終齢 '11.6.4 旭川市産(N)

体を大きく丸めた前蛹 '11.6.8 旭川市産(N)

蛹 '11.6.21 旭川市産(N)

キマダラモドキ

Kirinia fentoni (Butler, 1877)

環：準絶滅危惧(NT)
北：留意種(N)

以前は道南の蝶のイメージが強かったが近年胆振～日高地方に次々と新産地が見つかってきた。地味な蝶でもあり，いないだろうとの先入観が強かったためであろうか。

薄暗い林床を飛ぶ♂
'13.8.4 厚真町(S)

タテハチョウ科

個体数★★☆☆
局地性★★★☆
観察難易度★★★☆
絶滅危険度★★☆☆

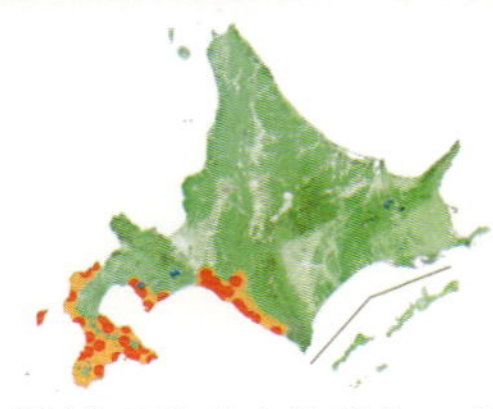

【分布・生息地】 渡島半島や胆振日高地方に生息する。日本海側では島牧村以南の地域。東限は太平洋側の浦河町。離島は奥尻島に記録がある。太平洋沿岸の地域では広く生息し，亀田半島や内浦湾～白老町と苫小牧市東部から浦河町に至る。平取町では沙流川に沿って二風谷ダムまで生息する。海岸沿いの雑木林，墓地，公園，里山林道，低山地の雑木林などに生息する。発生地は局限されるが個体数は少なくない。

【周年経過】 年1回の発生。多くの地域では7月下旬～8月にかけて発生し，生き残りは9月にも見られる。夏に産まれた卵は，9月ごろ孵化し，摂食することなくそのまま集団で越冬に入る。

【食餌植物】 従来記録はなかったが，伊達市で次頁写真にあるようにイネ科のオニウシノケグサから亜終齢～終齢幼虫を確認した。食草についての記録の集積が望まれる。

【成虫】 生息地である疎林の周辺，林道脇などのあまり明るくないところを縫うように飛び回り，ササなどの葉の上に翅を半開きにしてよく止まる。森林内で活動することも多く，木漏れ日で日光浴する。ノリウツギやセリ科植物を訪花するが頻度としては多くない。♂は獣糞や樹液を吸う，奥尻島ではオオイタドリの茎の虫食い穴から出る液を多数が吸汁していた。同じ奥尻島で見られた配偶行動は，♂が止まっている♀にゆっくりと飛んで近づき，ササの葉上に降り小刻みに羽をふるわせて接近した。♀の横に並ぶと触角を♀の触角に接した後，腹部を強く曲げて交尾した。夕方には♂は開けた空間の枝先に止まり周りの蝶を活発に追いかける行動が見られる。曇天の日に同じ範囲を飛び回り♀を探す行動が見られた。野外での産卵行動について筆者らは観察していない。室内で産卵させることは容易で，カールした枯葉の内側などに10～20個程の卵塊を産みつける。

【生活史】 卵は乳白色で平滑。飼育下では，枯葉などで集団をつくり越冬し，食草の芽生え後，葉の先端付近から食べ始める。1齢幼虫の頭部から体全体は褐色で，2齢以降は全体が食草の色に合わせるように淡緑色となる。中齢からは，葉の先端部を斜めに切り落とした食痕を残す。幼虫は食草の下部の葉の裏面に静止することが多い。飼育下では昼夜を問わず摂食する。蛹化は食草の下部の葉裏に強く体を丸め，下垂した。飼育下での蛹期は2週間ほどであった。

産卵～越冬～幼生期など，野外生態の記録がなく，苫小牧周辺を中心に幼虫探索を行ったが，生息地の林床にはイネ科，カヤツリグサ科植物が多種混生しており，狙いを絞りづらく発見は困難であった。唯一の発見例となる次頁写真の亜終齢～終齢幼虫は，伊達市のカシワ林の縁にあるススキ，クサヨシなどが生える斜面の中にあった，高さ50cm程度のオニウシノケグサの孤立株に，脱皮のため静止していた個体を見出したものである。

木漏れ日当たる葉上にとまる♂ '13.8.4 厚真町(S)

樹液を吸う♀(下)とジャノメチョウ '10.8.22 厚真町(S)

廃屋の軒で吸汁する♂ '12.7.30 伊達市(N)

日光浴する♂ '10.8.14 厚真町(S)

静止する♀ '06.8.14 厚真町(S)

摂食を始めた 1 齢 '86.5.12 江差町産(N)

オニウシノケグサの終齢 '12.6.29 伊達市(N)

枯葉に産み付けられた卵 '13.8.31 伊達市産(N)

越冬に入る 1 齢 '13.9.18 伊達市産(N)

前蛹 '12.7.11 伊達市産(N)

脱皮前の亜終齢 '12.6.24 伊達市(N)

蛹 '12.7.14 伊達市産(N)

オオヒカゲ

Ninguta schrenckii schrenckii (Ménétriès, 1858)

道産ジャノメチョウ類最大なのに採りづらい。大きく上下に揺れながら飛び，すぐススキやイタドリの藪に潜る。未記録の焼尻島で逃した時は地団太踏んで悔しがった。

林内空間に飛び出してきた♂
'12.8.14 厚真町(S)

個体数★★☆☆
局地性★★☆☆
観察難易度★★☆☆
絶滅危険度★★☆☆

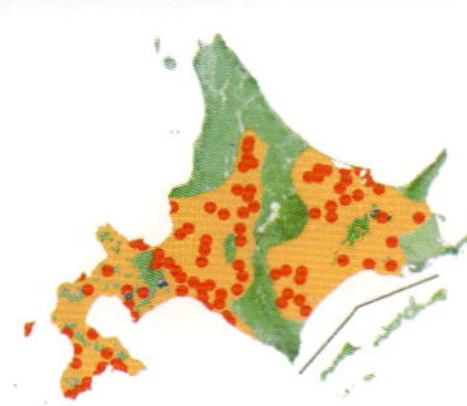

【分布・生息地】 道内では渡島半島，滝川市，砂川市を含む石狩平野より西南部の地域や，十勝平野，旭川盆地，遠軽町以南の北見地方では普通に見られる。北限は名寄盆地だが，これ以外では記録が見当たらない。また釧路川以東の根釧原野では数例の記録しかない。離島は奥尻島が唯一だ。平野部のやや湿った草原や荒れ地，里山の雑木林縁，低山地の林道などでよく目にする。

【周年経過】 成虫は年１化。道南，道央など多くの地域では７月中旬ごろから発生が始まり，７月下旬～８月お盆前に盛期を迎える。生き残りは９月に入っても見られる。１～３齢幼虫で越冬する。

【食餌植物】 カヤツリグサ科のカサスゲ，オオカサスゲ，オニナルコスゲ，ヒゴクサ，エゾアブラガヤ，オオカワズスゲ，ヒメゴウソ(未発表)など。イネ科のクサヨシからも幼虫が見つかることがあるという。

【成虫】 湿性草原周辺を躍動しながら飛び回り，♂は特になかなか止まらない。半日蔭の林間を好む傾向があり，晴天の日は朝夕に活動が見られる。茂みの中で静止するが，敏感で接近することは容易ではない。ミズナラなどの樹液を吸うが，花に来ることは稀である。湿地で吸水することもある。配偶行動の詳細な観察例はないが，♂がササの葉の上に静止している♀付近を飛び，前に止まり翅を素早く開閉させて近づく行動を観察している。交尾した個体は主に午後に見られる。母蝶は葉の上部にぶら下がり葉の裏面に数個から10数個並べて卵を産み付ける。

【生活史】 卵は乳白色で平滑な球形。葉脈に沿って１～２列に並んでいる。孵化した幼虫は葉の先端付近の葉縁から直線状に切り取る形で摂食を始める。２齢以降は頭部が２本の角を持った緑色となり，尾部の先端の形状と類似し，体の前後がわかりにくくなる。若齢時は集合するが，しだいに離散していく。３齢くらいから葉の先端を斜めに切ったような食痕をつくる。幼虫は常に葉の裏面に吐糸した台座に静止しているので，食痕を目当てに探すと発見は容易である。旭川市での越冬調査では11月27日に越冬に入る59個体のうち２齢が15，３齢が44個体であった。越冬幼虫は食草の基部に台座をつくって静止したまま雪に埋もれ(次頁写真)，翌春もそのままの位置で発見される。越冬前の幼虫は，食草が枯れることに合わせるように体色の緑色が薄れ淡褐色の線が目立つようになる。越冬後の幼虫は雪の下で，既に伸び始めているスゲの先端部分から摂食を始める。終齢は60～70㎜と大型となり，重みで葉が垂れ下がることが多い。千歳市での観察では，終齢幼虫が19時30分～23時ころまで一斉に摂食していて，24時を過ぎて気温が低下すると座に戻った。蛹化は移動せずそのまま食草上で行われる場合と周辺のヨモギなどの葉の裏に移動し行われる場合がある。前蛹は葉脈の中央部に吐糸し下垂する。蛹の色は緑色のものと淡褐色のものがある。蛹の期間は20日前後。

急ブレーキをかける♂ '12.8.14 厚真町(S)

樹液を吸汁する集団 '10.7.17 旭川市(S)

日光浴 '05.9.4 栗沢町(IG)

交尾(下♂)'11.7.22 鷹栖町(KN)

羽化した♂ '11.7.16 旭川市(N)

ヒメゴウソの卵 '10.8.13 旭川市(N)

卵塊 '11.8.20 旭川市(N)

1 齢 '10.8.13 旭川市(N)

オオカワズスゲの終齢 '11.6.17 旭川市(N)

雪の下で越冬中の 3 齢 '10.12.25 旭川市(N)

下垂した蛹 '11.7.11 旭川市(N)

摂食する 3 齢 '11.5.3 旭川市(N)

クロヒカゲ

Lethe diana diana (Butler, 1866)

よく見ると後翅裏面の眼状紋を縁取る紫色の蛍光色が鮮やかだったり渋かったり，♀の白さも様々で魅力的と思うのだが，普通種のためかあまり人気がない。

サザ群落で占有する♂
'07.9.2 苫小牧市(S)

個体数★★★★
局地性☆☆☆☆
観察難易度☆☆☆☆
絶滅危険度☆☆☆☆

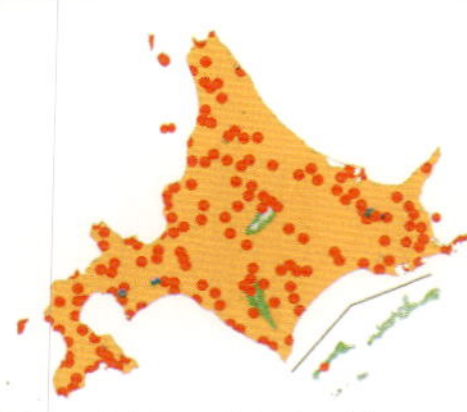

【分布・生息地】 道内には広く分布し，北は稚内市宗谷岬～南は松前町白神岬。東は根室半島や野付半島など広範囲に生息する。離島も，利尻，礼文，天売，焼尻，奥尻に記録がある。垂直分布も広範囲で，海岸の防風林，市街地の公園，里山の耕作地，山地の林道，亜高山帯の峠でも多い。針葉樹林内の暗い林道や森林限界の登山道，標高 2,000 m付近の日高幌尻岳や大雪山系の高山帯でもたまに見かける。

【周年経過】 年 1 化が基本で，部分的に第 2 化が生じると推測する。道南では 6 月上旬から，高標高や寒冷な地域では 6 月末から発生し，お盆過ぎまでほぼ連続して見られるが，9 月上・中旬の新鮮個体は，部分的に発生した第 2 化の可能性があると考える。越冬は 2 ～ 4 齢で行う。

【食餌植物】 クマイザサ，チシマザサ，ミヤコザサ，時にササ属のスズタケ。

【成虫】 午後♂が林縁などで特定の場所を占有し，他の♂などを活発に追飛する。♀はササの葉上に静止していて目立たない。花に来ることは少なく，ヒヨドリバナ，ハンゴンソウ，クリで吸蜜するのを観察した。交尾は北広島市でクマイザサ群落の上で，♂が静止していた♀を追って絡み付くように小飛し，陰のササの葉上で交尾したのを見た。♀は林縁～疎林内部を，時々ササ群落の内部まで潜り込みながら飛び回り，ササの葉の裏に回り込み 1 卵ずつ産卵する。新しい葉に産み付けることが多いが下部の古い葉を選択することもある。

【生活史】 卵は乳白色で球形，拡大するとゴルフボールのような弱い凹凸が見える。孵化時，幼虫は卵の上部を輪のように食べて，残った中央部を押し上げるように脱出する。孵化幼虫は，葉の縁に移動して小さな食痕を残す。成長するに従って，食痕は独特の階段状になる。食痕から，静止場所までには，一筋の銀色の吐いた糸の跡が見られる。2 齢から全体が緑色になり，3 齢以降は褐色のものが混じる。7 ～ 8 月に見られる第 2 化世代の幼虫と，10 月ごろからの越冬する前の幼虫は，2 齢以降の幼虫の頭部の 1 対の突起の長さが大きく違い，第 2 化世代では，次頁右中央の写真のように長いが，越冬に入る前の幼虫は非常に短く先が尖らないため，同種の幼虫とは思えないほどである。また第 2 化世代では終齢まで緑色のものが多いが越冬世代では 3 齢から圧倒的に褐色の個体が多くなる。札幌市で，越冬について調べたところ，雪の中の越冬幼虫全 175 個体中，2 齢 67(緑 67，褐 0)，3 齢 77(緑 64，褐 13)，4 齢 31(緑 4，褐 27)であった。また，雪の中の休眠幼虫を，各時期で 18 時間日長・21℃の条件で飼育を始めると，12 ～ 1 月の個体は摂食を開始するまで 10 日以上を要したが，しだいに短期間で食べるようになり 4 月末ではすぐに食べ始めた。休眠は野外ではしだいに浅くなるようだ。前蛹期間約 2 日で蛹になる。野外では，ササの中脈に下垂することが多い。野外での蛹の期間は 9 ～ 11 日。

葉上で占有する♂ '09.8.22 江差町(S)

樹液を吸う集団 '10.6.27 愛別町(S)

クマイザサの葉裏に産卵 '10.6.27 愛別町(S)

ノリウツギを訪花した♀ '11.7.31 旭川市(N)

日光浴する♂ '11.6.17 幕別町(S)

孵化 '15.10.22 富良野市(N)

葉の裏の台座に静止する 2 齢と食痕 '13.10.14 伊達市(N)

4 齢の顔 '15.8.7 札幌市(H)

越冬に入る褐色タイプの 3 齢 '14.11.20 同右

クマイザサを食べる終齢 '15.6.6 富良野市(N)

前蛹 '15.5.15 富良野市(N)

ササの葉裏の蛹 '14.6.2 富良野市(N)

ヒメキマダラヒカゲ

Zophoessa callipteris (Butler, 1877)

登山道脇のオオアワダチソウ群落を埋め尽くす，夥しい数の本種と遭遇したことがある。密集すると飛び方も遅く，驚かしてもすぐ花に止まる。

林道沿いのヒヨドリバナを訪花
'15.8.8 日高町(T)

個体数★★☆☆
局地性★☆☆☆
観察難易度★☆☆☆
絶滅危険度★☆☆☆

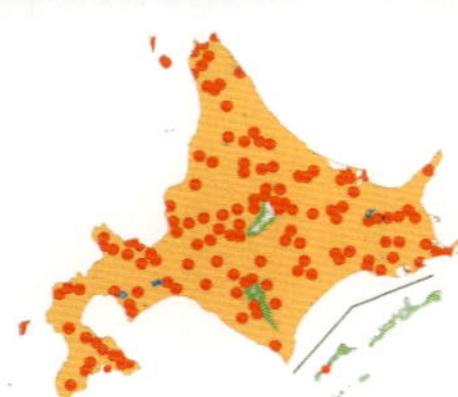

【分布・生息地】道北は稚内市宗谷岬〜道南の福島町，函館山。道東は根室半島の基部や知床羅臼岳と広く分布する。離島では利尻，礼文，奥尻に記録がある。道内では主に山地や亜高山帯の林縁や林内の木漏れ日の当たる林床草地に多い。寒冷な道北や根釧原野では，森林だけでなく明るい海岸草地でも見られる。一方，渡島半島など道南では山地や低山地では見るが，標高の低い平地や海岸草地では，あまり見た記憶がない。

【周年経過】年 1 回発生。平年では温暖な地域では 7 月中旬から発生し下旬には盛期となる。山地でもお盆前には多数の個体が各種の花に群がる姿を見かける。お盆を過ぎるころから汚損個体が多くなる。生き残りは 9 月まで見られる。永盛(拓)の札幌市における野外観察では多くが 2 〜 3 齢で越冬する。少数の 1 齢や 4 齢も越冬状態に入るが，1 齢が越冬可能かは未確認。

【食餌植物】タケ科の，チシマザサ，スズタケを好み，クマイザサでも発生する。ミヤコザサでは少ない。

【成虫】ノリウツギなど樹木の花やヒヨドリバナを訪花しばしば集団となる。♂は地面で吸水し，稀に樹液にも来る。♂は日の当たる葉上で翅を半開にして静止し，付近を飛ぶ蝶を追飛する。配偶活動は観察したことがない。北広島市での観察では，♀は産卵時，チシマザサ群落をゆっくり飛び巡り，葉縁に止まり腹部を強く曲げ葉裏の中脈付近にゆっくりと 10 卵を産付した。産卵位置はチシマザサを利用することが多いこともあってクロヒカゲより高い位置を選ぶ。主に当年生の新葉に産卵する。1990 年北広島市での記録では 150 卵群中の卵数は 2 〜 21 個，平均 12.5 個であった。

【生活史】卵は白色でほぼ球形，卵期は 10 〜 15 日。若齢幼虫は葉の基部の中脈や，葉の基部の巻き込んだところに静止し，夏は午後〜夜に，秋には日中も集団で葉脈を残して葉を食べる。葉脈がすだれ状に残るためよく目立ち，発見は比較的容易である。幼虫で越冬するが降雪直前の齢構成について調べたところ，標茶町では，2 齢 3 個体，3 齢 18 個体で，北広島市では，2 齢 82，3 齢 68，札幌市内では 2 齢 26，3 齢 38，を記録した。北見市では 4 齢で越冬したという記録がある。越冬時の齢数は基本的には 2 〜 3 齢で，その構成は発生地により異なるようだ。

越冬後の幼虫は越冬前からわずかな振動でも落下するため，集団は分散し 1 個体ずつ見られる。5 月中旬に 4 齢が見られ，6 月中旬に 5 齢が，下旬にはタテハチョウ科の終齢の基本より 1 齢多い 6 齢になる個体が見られる。蛹化は 6 月末〜 7 月中旬ササの葉の茎や葉の裏で行われる。蛹期 15 日くらいで羽化する。10 月末〜 12 月の幼虫は温暖・長日条件にしても成長はしない。3 月以降に越冬幼虫を暖めると成長を始める。休眠が解除されるためには一定の期間を経過する必要があるようだ。

占有する♂ '15.8.11 遠軽町(N)

ヨブスマソウを訪花した集団 '10.7.25 上士幌町(IG)

占有する♂ '10.7.15 札幌市(H)

交尾（右♀）'04.8.13 上ノ国町(IG)

産卵 '10.7.25 上士幌町(IG)

4 齢の顔 '08.6.21 札幌市(H)

若齢のすだれ状食痕 '05.9.19 小樽市(N)

2 齢と孵化殻 '11.9.26 札幌市(N)

終齢 '15.6.3 富良野市(N)

摂食中の 3 齢 '13.11.3 伊達市(N)

亜終齢 '15.6.3 富良野市(N)

蛹 '84.6.22 札幌市産(KW)

サトキマダラヒカゲ

Neope goschkevitschii (Ménétriès, 1857)

普通種ではない。海岸防風林を除くと，石狩北部，空知，留萌，上川，紋別市以北のオホーツク管内。この地域のどこで採れても写真付きの発表が必要だ。類似 P.054

コチャバネセセリと共にタヌキ糞から吸汁する♂
'15.6.6 安平町(S)

タテハチョウ科

個体数★★☆☆　局地性★★★☆　観察難易度★★☆☆　絶滅危険度★☆☆☆

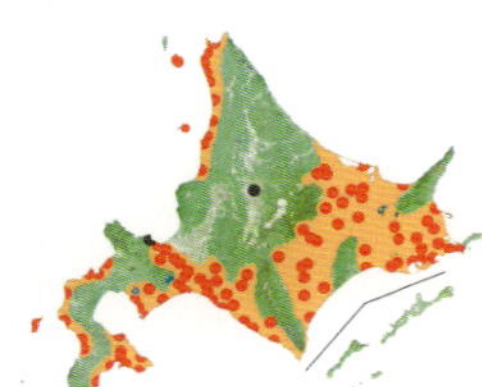

【分布・生息地】 道内では海岸段丘や平野部，低山地を中心に，道南の亀田半島側，勇払原野，胆振，日高の太平洋沿岸，十勝平野，根釧原野，北見盆地などに産地が多いが，空知・上川地方にはほとんど記録がない。旭川市の記録は再確認が望まれる。日本海側留萌市以北は海岸林に限定して稚内市まで見られる。離島では利尻，焼尻の他，奥尻で八谷(1974)，永盛(拓)1991年1♀(未発表)など数例の記録がある。神田(2014)の奥尻の記録も本種と同定する。前種としばしば混生するが，本種の生息地は海岸林から低山の里山環境の雑木林に多い。最も標高の高い生息地は標高600mの上士幌町糠平湖付近である。

【周年経過】 年1回の発生。温暖な地域では6月上旬から発生し，多くの地域で6月下旬に盛期となる。根室市や稚内市など寒冷地域では発生が7月下旬になることもある。次種より若干発生が遅いが，多くの本種生息地域では6月中旬～7月にかけて両種が混飛する。蛹で越冬する。

【食餌植物】 タケ科ササ属のクマイザサ，チシマザサ，ミヤコザサなど。

【成虫】 平原から低標高地の山林周辺に見られ，ジャノメチョウの仲間としては飛び方は活発で，樹幹や葉上，家屋などによく止まる。廃屋に多くの個体が入り込むこともある。林道上の獣糞に集まり大きな集団をつくることがある。ミズナラやカシワなどの樹液にも好んで集まるが，花に来ることはほとんどない。人の汗にも寄ってくる。♂はササ原上を低く縫うように飛び交って♀を探すが，この行動が次種より目立つ。また樹幹にまとわりつくように飛ぶことが多い。母蝶はササ原の低い位置の葉の縁に止まり，腹先を葉裏に強く曲げて，15分～1時間かけて5～30個の卵を平面的に並べて産み付ける。

【生活史】 卵は淡黄緑色で平滑な円形。次種よりやや小型である。飼育下では卵期約7～9日。孵化した幼虫は卵殻を食べてから葉の裏に集合し，先端付近の葉縁から葉脈を残しながら摂食を始め，すだれ状の食痕を残す。卵の大きさの違いを反映し1齢幼虫は前種に比べ小さい。1齢の頭部の色は薄い褐色で次種に見られる黒い斑紋は入らない。2齢幼虫も次種に比べ小さいが，頭部に現れる突起が明らかに短い（「生態観察のすすめ」近似種の項参照)。終齢は次種に比べずんぐりとした体形となり赤味を帯びることはなく，体の側部のジグザグ模様が目立つ。行動は不活発で，刺激すると落下する。日中は地面に降りササなどの枯葉の中に潜み発見は困難をきわめる。標茶町で飼育した終齢幼虫を野外のササ群落に放飼し経過を観察したところ，次種のようなきわ立った夜間活動性は見せなかった。蛹化は飼育下では容器内のササの枯葉に台座をつくり下垂する形で行われる。飼育下では蛹期約3週間で第2化を生ずることがある。蛹は比較的黒化したものが多いが形態では次種と区別できなかった。

樹液を吸汁 '07.6.24 上ノ国町(S)

牛糞での集団吸汁 '09.7.5 鶴居村(N)

産卵 '08.7.26 標茶町産(N)

ノリウツギを訪花 '15.8.2 苫小牧市(S)

葉上に静止 '08.7.13 苫小牧市(S)

3 齢 '08.8.14 標茶町産(N)

1 齢 '08.8.1 標茶町産(N)

卵塊 '15.8.12 厚真町(T)

枯葉に隠れる 4 齢 '08.9.5 標茶町(N)

夜間枯葉の上の終齢 '08.9.2 標茶町(N)

卵殻と食痕 '08.8.16 標茶町産(N)

蛹 '08.9.15 標茶町産(N)

ヤマキマダラヒカゲ

Neope niphonica niphonica Butler, 1881

前種との区別を，後翅裏基部の３個の紋が「曲がる」「直線」だけに頼っていたころは，嫌いな蝶だった。たくさん展翅して他の着目点を知ってから好きな蝶になった。類似 P.054

キツネ糞で吸汁していた集団の飛び立ち
'11.6.9 音更町(S)

個体数★★★☆
局地性★☆☆☆
観察難易度★☆☆☆
絶滅危険度☆☆☆☆

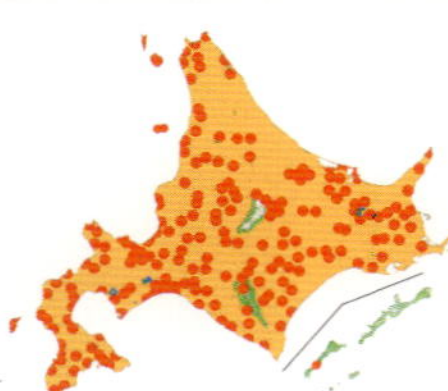

【分布・生息地】 道北は稚内市宗谷岬～道南は松前町や函館山，道東は知床半島や根室。離島では礼文，利尻，天売，焼尻，奥尻と，ほぼ道内全域に生息する。森林環境に生息し，低標高では海岸林から里山公園でも少なくないが，概ね標高 300 m以上の山地林道に多く，亜高山帯でも見られる。高山帯のお花畑にも頻繁に飛来する。道内のほとんどは本種の単独生息地だが，勇払原野や根釧原野など太平洋側の低地帯では，前種が比較的優勢な地域もある。

【周年経過】 基本的に年１回の発生だが，乙部町，江差町，上ノ国町など日本海側の道南では年によっては少数の第２化がお盆前後から発生。道内の温暖な地域では平年だと５月中旬から出現し，多くの地域で６月中旬に盛期を迎える。寒冷な地域でも６月のうちに発生することが多い。発生時期は割と長く，多くの地域で７月でも新鮮な個体を見ることがある。帯広市や札幌近郊でも，初夏から高温が続いた年は８月下旬に第２化を見ることもある。蛹で越冬する。

【食餌植物】 タケ科ササ属のクマイザサ，チシマザサ，ミヤコザサ，スズタケなど。

【成虫】 生息地である山林周辺の半日陰から日当たりのよい山道を飛ぶ。湿った地表，獣糞や樹液に好んで集まり吸水，吸汁する。人の汗にも寄ってくる。林道に置いた車で点滅するオレンジのウィンカーにまとわりつくのを観察している。ノリウツギ，シシウドなどの花にも集まり，樹液に来ることもある。♂は枝先になわばりをつくり侵入する他の蝶を追いかける。また樹木の幹にまとわりつくように飛びながら上昇し樹冠を巡ってまた降下する行動がよく見られる。成虫の活動は午前中から夕暮れまで続く。本道における配偶行動の観察例はない。産卵行動は前種と同様で，母蝶はササの葉の表に止まり腹部を強く曲げて葉の裏に数卵から 20 卵程度を平面的に産み付ける。

【生活史】 卵は前種より大型で黄色味が少なく青みが強い。孵化した幼虫は卵殻を食べ，葉の裏に集合し，先端付近の葉縁から葉脈を残しながら食べ始め，すだれ状の食痕を残す。１齢幼虫の頭部は白い地色に一部黒斑が入るもの，全体が黒いものなど変異が見られる。この時期の幼虫は互いに体を接するように並んでいて，摂食も一斉に行う。終齢では前種に比べ体色が赤茶色を帯び細長くなる。中齢以降，しだいに分散して行動するようになり，日中は地面に降りササなどの枯葉の中に潜んでおり発見は困難をきわめる。野外のササ群落に終齢幼虫を多数放飼し観察したところ，日没直後から葉の上に出て 23 時ごろまで盛んに摂食を続けた。移動時のスピードや摂食時の体の動きなど前種より活発である。蛹化は飼育下ではササの枯葉に台座をつくり下垂する形で行われた。野外では春にササの下部の枯葉に下垂した蛹の殻を見つけたことがある。蛹の形態では前種と区別できない。

アオダイショウの死体で吸汁する集団 '11.6.9 音更町(S)

クモの巣に捕らわれた♀ '12.7.25 札幌市(H)

樹液を吸汁する♂ '10.6.7 安平町(S)

林道上を飛翔する♂ '10.6.7 安平町(S)

産卵 '08.7.30 標茶町(N)

卵 '08.7.15 標茶町産(N)

若齢の食痕 '08.8.23 標茶町(N)

5齢 '08.8.23 標茶町産(N)

1齢と2齢の顔 '08.7.26 標茶町産(N)

放飼した終齢の夜間摂食 '08.8.23 標茶町(N)

枯葉に隠れる終齢 '08.8.24 標茶町(N)

蛹 '08.8.23 標茶町産(N)

ヒメジャノメ

Mycalesis gotama fulginia Fruhstorfer, 1911　北：情報不足種(Dd)

あまり道外旅行をしない生粋の道産子にとって，スギ植林の縁を飛ぶヒメジャノメを見ると異国情緒を感じる。道南に長年住む道産子には理解に苦しむかも。

畦での交尾(左♂)
'07.6.24 上ノ国町(S)

タテハチョウ科

個体数★☆☆☆　局地性★★★★　観察難易度★★★☆　絶滅危険度★★☆☆

【分布・生息地】いわゆる道南種。日本海側では島牧村，太平洋側は八雲町より南側の渡島半島に分布し，離島の奥尻にも生息する。発生地は人家周辺の荒れ地，水田の農道，墓地や国道沿い，スギやヒノキ植林地の刈込など，平野部や里山などの低標高地に多い。永盛(拓)によると，奥尻では平坦地のススキの林間草地や低地の水田脇に多く見られたという。伐採地や林縁など不安定な環境に多く，灌木などが茂ると消滅する生息地も多い。

【周年経過】年２回の発生で第１化は６月下旬～７月にかけて。第２化は８月中旬から見られる。第２化の発生はだらだらと長く，９月にも新鮮な個体が見られる。第１化はあまり多くないが，第２化は比較的多数の個体を見ることが多い。越冬形態は４齢。

【食餌植物】イネ科のススキ，コヌカグサ，チヂミザサ，奥尻島では８月にススキと，未同定のスゲ類(カヤツリグサ科)を夜間摂食しているのを確認している。飼育時与えればスズメノカタビラやイネ科のクマイザサも食したが，ススキを好む印象があった。野外でも食草はある程度限定されているようだが，同定が難しいこともあり詳しい記録はない。

【成虫】第１化個体は第２化個体より裏面の眼状紋がやや小さい。晴天の日には日中はあまり飛ばず，午前８時ごろに一部が，15時以降19時ごろまで夕陽を浴びて多数が飛び続ける。日が射さない日は葉上に静止する個体が多い。墓に供えられていたモモの実を吸汁している個体を見たが，花にはほとんど来ない。奥尻島では６月下旬の16時ごろ，♂が静止している♀の後を追うように触角を上下して接近し，回り込むように横に並び交尾した。また18時ごろ，水田に接した斜面で♀が緩やかに飛んで，地表にごく近い位置のチヂミザサの葉裏に，４分かけて３卵を産み付けた。少数の卵をまとめて産むことが多いようだ。

【生活史】卵はほぼ球形。わずかに緑色を帯びた白色。孵化した幼虫は卵殻を食べ，分散し葉の縁に不規則な食痕を残す。幼虫の頭部は，１齢時は黒色で頭部にわずかな盛り上がりがある程度だが，２齢からは淡緑色の頭部に突起が見られネコの耳のように見える。乙部町産の♀から採卵し飼育した幼虫の胴部の地色は３齢までは淡緑色で４齢になると淡褐色となり，越冬に入ると暗褐色となった。奥尻産の第２化個体の地色は，中齢以降も全てが淡緑色で，突起とその付け根の頭部は黒褐色になる。終齢幼虫はススキの根元に静止し，20～23時に葉の中央部に出てきて摂食した。成長した幼虫は，葉裏の中脈や茎で蛹化した。蛹は５個体得たが全て緑色型だった。背中を丸めたような独特の形で全体に淡緑色だが翅に当たる部分の上辺が淡い褐色と乳白色に縁取られ，腹部背面にはごく弱い白斑が３対見られた。11～13日で羽化した。

林縁を跳ねるように飛翔 '06.8.27 乙部町(IG)

オオイタドリの節から吸汁する集団 '10.8.14 上ノ国町(IG)

産卵 '07.8.12 上ノ国町(IG)

オオハンゴンソウを訪花 '10.8.14 上ノ国町(IG)

日光浴 '07.6.24 上ノ国町(S)

終齢と食痕
'12.9.13 乙部町産(N)

卵 '07.8.12 上ノ国町(IG)

褐色型の 4 齢 '12.9.29 乙部町産(N)

2 齢 '12.9.2 乙部町産(N)

越冬に入る亜終齢 '12.11.10 乙部町産(N)

蛹 '12.9.20 乙部町産(N)

キバネセセリ

Burara aquilina aquilina (Speyer, 1879)

日高町の山道の真ん中に茶色の塊が見えた。無数の本種が熊の糞で吸汁している。近づくと一斉に飛び上がる。ブーンと耳をかすめる低音の羽音と同時に緊張が走った。

林道上のタヌキ糞で吸汁する集団
'12.7.11 共和町(S)

セセリチョウ科

個体数★★★☆
局地性☆☆☆☆
観察難易度★☆☆☆
絶滅危険度★☆☆☆

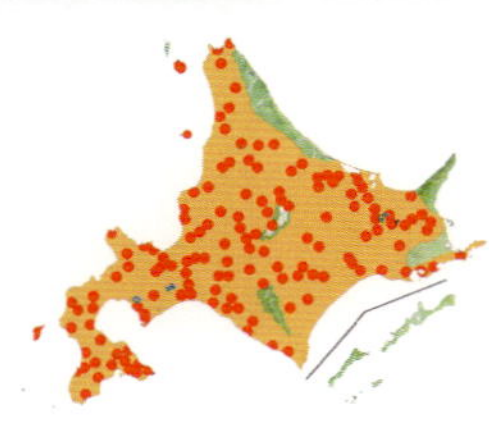

【分布・生息地】 北は稚内市，南は松前町や亀田半島の函館市椴法華村と広く生息する。離島では利尻，焼尻，奥尻に記録がある。道内では離島や根釧原野以外では，普通に見られる。根釧原野では少なく，太平洋側の根室市，浜中町，厚岸町などに記録がある。自然度の高い平野の公園でも見かけるが，低山地の遊歩道や雑木林縁，山地や渓谷沿いの林道に多い。1,000 m前後の吸蜜源の多い高原でも見かける。

【周年経過】 年1回発生。平年では7月中旬から見られ，7月下旬に盛期となる。寒冷地では8月上旬が盛期となる。永盛(俊)によると越冬は1齢幼虫。

【食餌植物】 ウコギ科のハリギリ(センノキ)のみの単食性。

【成虫】 生息地の森林の樹間や空き地などを素早く飛ぶ。♂は湿地などで活発に吸水し，集団をつくり時に20個体くらいになる。この集団は♂のみである。鳥や動物の糞に飛来し吸汁し，吸い戻し行動をとる。人の汗を吸汁することもある。♂♀共シシウドやイケマなどの花に来る。しばしば大発生し，札幌市内の高校では1991年7月8日から2週間弱，次々と教室内に侵入する個体が見られた。最も多い日には1教室当たり5匹となった。その間，屋上での観察では北西にある藻岩山から上空を移動する個体を多数見た。産卵は札幌市で8月いっぱい観察している。♀は日中から午後にかけて多くはハリギリの枝に来て，幹の周りを旋回しながらしだいに降下し樹幹に静止し，表面の裂け目や食害された穴などに腹端を差し込んで数十秒〜数分かけて多数の卵を産付した。産卵位置は地上1〜2mに多かった。

【生活史】 卵はクリーム色でタマネギ型。樹皮の裏にあるため，めくってみないと見つからないことが多い。1卵塊当たりの卵数は平均18.5個で，最少1個，最大42個であった。食樹の葉(主に前につくられた巣の中)からも1〜5卵程度の小卵塊が少数発見された。卵期は約2週間で，孵化後幼虫はすぐに卵塊付近の樹皮の裏側のコルク質の部分をかじって米粒大の空間をつくり，その内側に多量に吐糸し丈夫な閉じた繭のような巣をつくる。その中で越冬する。翌年幼虫は樹に登り，5月中旬には開き始めた芽の側面に静止しているのが見られる。その後開き始めた葉に巣をつくる。成長に伴い巣をつくり替え，しだいに高所に見られるようになる。終齢では2m以上の高所に見られることが多い。幼虫は夜間摂食し日中は巣の中で静止している。終齢幼虫は，巣の縁に頭をこするようにして音を立てる。蛹化時は，巣に留まる個体もあるが，枝を歩いている個体が落下することが多い。2014年6月11日，札幌市南区の公園などで，本種終齢幼虫が多数降下して，地表や立ち木，看板などに登り歩き回っていたが老熟しておらず，蛹化直前ではないように見えた。食樹を離れた場合，蛹化はササやフキの葉などを糸でたたんで簡単な巣をつくり，その中で行われる。

手の甲での吸い戻し行動 '15.7.17 北広島市(S)

アザミを訪花 '12.7.7 旭川市(S)

ハリギリの幹に産卵 '91.8.11 札幌市(H)

ガガイモから口吻が抜けない♀ '15.8.8 札幌市(H)

葉の裏で休む♂ '13.7.19 札幌市(H)

巣を変える移動中の 2 齢 '87.5.11 札幌市(H)

樹皮の越冬巣と 1 齢幼虫 '14.11.24 富良野市(N)

幹に産み付けられた卵 '14.9.20 富良野市(N)

蛹化用の巣と終齢 '14.6.9 富良野市(N)

若齢幼虫の巣 '15.5.23 富良野市(N)

地表に落ちた終齢 '13.6.8 札幌市(H)

巣内の蛹 '15.7.7 富良野市(N)

ダイミョウセセリ

Daimio tethys (Ménétriès, 1857)　北：準絶滅危惧種(Nt)

多産した翌 2011 年以降，腕に覚えのある同好者たちの探索にも関わらず未確認の年が続いた。絶滅キタテハの二の舞が囁かれたが，2015 年にようやく生息が確認された。

早朝の草地で日光浴
'09.8.15 江差町(S)

セセリチョウ科

個体数☆☆☆☆
局地性★★★★
観察難易度★★★★
絶滅危険度★★★★

【分布・生息地】道内では道南固有種。北限は太平洋側で唯一の記録がある旧・八雲町。日本海側は旧・熊石町，乙部町，江差町，上ノ国町，松前町に記録がある。八雲町や熊石町，松前町では 40 年以上再確認がない。少数ながら安定して発生した乙部・江差・上の国町でも，2010 年に豊産した以降，暫く消息が途絶えたが絶滅は免れたようだ。今後の回復を願う。里山環境の雑木林の林縁草地，山際の耕作地縁，クズの絡むような高茎草地で見ることが多い。

【周年経過】年 2 回発生。第 1 化は 6 月上旬に発生，第 2 化は 8 月上旬に発生し盆前後に盛期を迎える。第 1 化はきわめて稀。第 2 化は多い年もあるが，常に確実に見られる種ではない。越冬形態は道外では終齢幼虫とされるが道内では蛹と推定される。

【食餌植物】ヤマノイモ科のオニドコロ。本州では栽培種のヤマノイモも食べている。

【成虫】林縁の草むらを活発に飛び回り，クズ，ヒメジョオンなどの花を訪れ吸蜜する。鳥獣の糞で吸汁したり，湿地で吸水することもある。本種は葉の上に止まる時，翅は水平に広げる習性がある。急に雨が降り出した時はクズやオオイタドリなどの大きな葉の裏に翅を広げ張り付くように隠れる。人の接近に驚いたときも同じ行動をとる。♂は空間に張り出したオオイタドリやクズの葉の上に止まり占有行動を見せる。交尾などの配偶行動は観察されていない。産卵は日中に行われる。母蝶は，林縁の低木や小草原の上部に絡まったオニドコロの葉の表に翅を半開にして止まり，葉の中央部付近に 1 個ずつ産み付ける。このとき母蝶は腹部末端にある体毛を卵に粘着させるため，産み付けられた卵はごみのように見える。

【生活史】卵は淡い黄褐色で玉ねぎ型，前述の褐色の毛に覆われている。孵化した幼虫は卵殻を食べ，葉の周辺に移動し葉を折り返した独特の巣をつくる。若齢期は 10㎜未満の台形型が多いが，中齢期以降はハの字状に葉に切り込みを入れ，口から吐いた糸を結び付けたり緩めたりしながら巧みに折りたたみ，長三角～四角形の巣をつくる。幼虫は巣から出て周囲の葉を縁から食べる。幼虫は摂食時以外は常に巣の中にいて，脱皮もこの中で行われる，成長に伴って新しい巣を，別の葉に移りながらつくり替える。折り返された葉が表の色より白っぽいのでよく目立つ。生息地の調査は成虫と共にこの巣を目当てに探すのが効率的である。幼虫の頭部は光沢のない黒色，体の地色は淡い灰緑色で，常に巣の中にいるためか保護色などの目立った斑紋はない。

蛹化は巣の中で行われるが，このころの巣は頑丈・大型で，葉を 2 枚綴じ合わされることもある。蛹は淡褐色で翅に当たる部分に銀白色の三角の斑紋がある独特のものとなる。越冬する蛹は，自然状態ではそのまま巣が落下するのか，地面に降りて新たに落葉で巣をつくるのかは不明である。

驚いて葉裏に隠れる♂ '09.8.16 江差町(S)

エゾヤマハギを訪花した♀ '09.8.16 江差町(S)

占有する♂ '09.8.16 江差町(S)

草むらで探草飛翔する♀ '09.8.16 江差町(S)

産卵 '09.8.22 江差町(S)

葉表に産み付けられた 2 つの卵 '09.8.22 江差町(S)

繊維質が絡む卵 '09.8.16 江差町(S)

若齢の巣 '09.8.22 江差町(S)

巣と幼虫 '08.8.28 江差町(IG)

蛹の巣 '86.8.24 江差町(N)

蛹 '86.9.24 江差町産(N)

ミヤマセセリ

Erynnis montana montana (Bremer, 1861)

春たけなわにズングリ・ムックリの本種が，元気に飛ぶ姿を見るのは楽しい。低温で飛べず，タランボの先端に休む姿もよく見かけるが，痛くないの？と聞きたくなる。

木々が芽吹く前の明るい林床を飛翔する♀
'10.5.22 苫小牧市(S)

個体数★☆☆☆
局地性★★★☆
観察難易度★★★☆
絶滅危険度★★☆☆

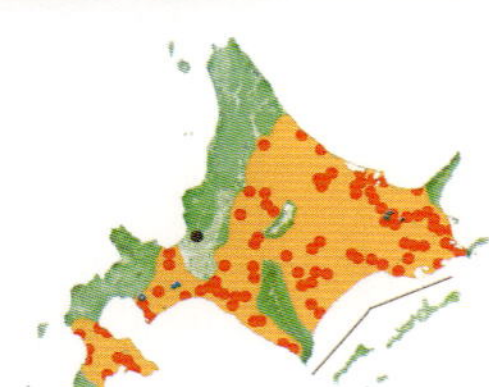

【分布・生息地】北はオホーツク管内興部町で確認した。南は渡島半島木古内町に記録がある。東は根室市に記録があるが，いずれの地域でも多い種ではない。札幌・小樽近郊では何故か解らないが，21 世紀以降，姿を見ることが稀になった。比較的自然度の高い低山地や山地の落葉広葉樹林の林道や林間草地に多く見られる。高標高では日高ペテガリ山中腹の標高 1,100 m付近で確認したことがある。

【周年経過】年 1 回発生。出始めは意外に早く，温暖な地方では 5 月上旬から発生し，多くの地域で 5月下旬から 6 月上旬に盛期を迎える。越冬形態は終齢幼虫(6 齢)とされる。

【食餌植物】ブナ科のミズナラ，カシワ，コナラを利用している。

【成虫】日の射している時間に活発に飛び回り，セイヨウタンポポ，スミレ類，フデリンドウ，セイヨウタンポポなどの他，エゾヤマザクラなどのサクラ類の花を訪れる。♂の吸水もよく見られる。枯れ葉の上などで静止することが多く，前後翅とも全開にして日光浴をする。曇天時，低温時はほとんど活動が見られない。夕方日が陰ると，枝に止まり，ガのように翅を下向きに閉じて静止した。樹幹に静止することもあるという。苫小牧市での 1989 年 6 月 4 日の観察では 10 時頃，太い枝の上で交尾個体が見られた。♀が歩き♂は少し引かれるように移動し翅を閉じた。♀は翅を開いたままだった。産卵は開けた空間に伸びた食樹の低い枝が選ばれ，膨らみ始めた冬芽や若葉の基部に行われる。芝田によると 2015 年 5 月 26 日函館市で同所のミズナラに比べ芽吹きの遅いコナラを選好し産卵していたという。

【生活史】卵は淡黄色で，半日くらいで赤褐色になる。1985 年 7 月 14 日，苫小牧市でカシワの葉上で発見した 2 齢と推定される幼虫は，巣を開けると蓋のように体を覆っていた葉に吐糸し，蓋をつくりなおした。このあとも成長するにつれ葉に切れ込みをつくって裏返し，蓋のようにして巣を作りその中で天井側に静止して，時おり巣から体の前半部を出して巣の葉を食べた。夏を過ぎ終齢まで成長するころは，重なり合う葉を吐糸で 2 枚重ねて大型の巣をつくる。重ね合わせた葉も食べるが周囲の葉も太い葉脈を残しながら食い進む。10 月に入り葉が褐色になり始めると，体色も黄色味を帯びてくる。気温が低下すると活動は鈍くなるが，飼育下では 8 ℃前後の気温でも日光浴をして体を温め日中に枯れ始めた葉を摂食した。2015 年 10 月 24 日の安平町辻規男の観察では，写真のように褐色になった葉をやや太い吐糸で重ね合わせ越冬体制に入っていた。1985 年の飼育では 11 月，体色はアメ色になって落葉とともに地上に落ち，越冬に入った。翌春 5 月 1 日，環境が悪かったのか，幼虫が越冬巣を出て，近くの枯れ葉を 2 枚重ねて再度マユ状の巣をつくりなおしその中で 5 月 8 日に蛹化した。その後，長い蛹期を経て 6 月 3 日に羽化した。

求愛する♂２頭(♀右)'10.5.22 苫小牧市(S)

コナラへの産卵 '15.5.26 函館市(S)

コンロンソウを訪花した♀ '06.6.3 安平町(IG)

日光浴する♂ '15.5.17 苫小牧市(T)

吸水する♂ '08.5.16 苫小牧市(S)

産卵直後の卵(コナラ)'15.5.26 函館市(S)

巣をつくる１齢 '16.5.30 安平町産(N)

産卵２日後の卵 '15.6.8 函館市産(S)

巣内の終齢(ミズナラ)'15.9.5 苫小牧市(T)

コナラに巣を作る中齢 '90.7.12 千歳市(H)

巣内の越冬前の終齢 '15.10.24 安平町(T)

枯葉の中の蛹 '99.5.3 恵庭市(H)

北海道特産種　天然記念物　国内希少野生動植物種

ヒメチャマダラセセリ

Pyrgus malvae (Linnaeus, 1758)　環：絶滅危惧ⅠA類(CR)　北：絶滅危惧ⅠA類(Cr)

アポイ岳のチャマダラセセリ類生息の報告は古いが，新種と気が付いたのは1973年のことだ。特殊な環境に依存する生態が，北大昆虫研究会により解明された。

アポイアズマギクを訪花した♀とキンロバイ(左奥)
'15.5.22 様似町(S)

個体数★☆☆☆
局地性★★★★
観察難易度★★★☆
絶滅危険度★★★★

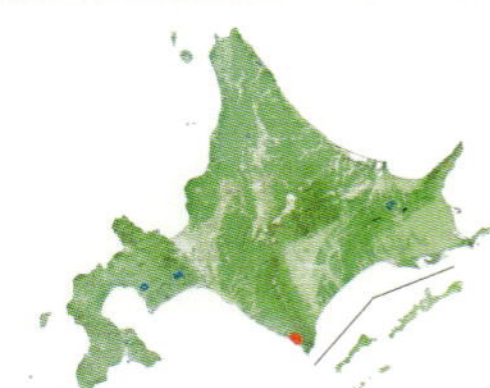

【分布・生息地】様似町アポイ岳周辺にのみ生息。発生地は年々狭まり，現在は通称・馬の背付近と，吉田岳付近の尾根となる。発見当時はより広範囲に見られたが，ピンネシリ岳は1985年以降，アポイ対岸の幌満岳は1995年以降，共に消息不明になったと聞く。避難小屋周辺や，現在立入禁止になった標高300 mの幌満側風衝地でも2000年前後に見なくなったと聞く。発見の後年になり報告されたた十勝三股の記録は何かの間違いだろう。現在，許可を得てハイマツや灌木を切り風衝地を広げようとする試みが行われている。減少する本種の回復を願っている。

【周年経過】年1回発生。平年は5月中旬～下旬に発生し。6月まで見られる。アポイ岳馬の背では最近の観察・撮影を聞く限り，以前より発生期は早まったように感じる。蛹で越冬する。

【食餌植物】バラ科のキンロバイとキジムシロが確認されている。キジムシロは副次的なものと考えられる。

【成虫】成虫は好天時，午前6時ごろより活動を始める。岩礫上で翅を水平に開いて日光浴をして体温を温める。午前11～12時ごろが最も活発に活動し，アポイアズマギク，サマニユキワリなどで吸蜜する。気温が上昇すると，湿地で吸水する。♂は探雌飛翔を続け，他の♂と絡み合いながら数mも上昇することがある。配偶行動は日中に行われる。翅を水平にして岩礫上に静止していた♀に，♂が接近し，後方から腹部を曲げて交尾しようとする。♀が翅をふるわせて逃げ，交尾を回避する。未交尾の♀が静止すると♂はすかさず近寄って結合する。産卵は9時ごろから観察され，母蝶は食草が生えるお花畑を低く飛び回り，触角や前脚で触れて食草を確認する。産付位置はキンロバイ，キジムシロ共に小さな株で，岩礫や砂礫にほとんど接するようなごく低い位置が選ばれる。この産付位置は，地面からの輻射熱を受け温まり，幼虫の生育に好条件を与えていると考えられる。

【生活史】卵はほぼ球形で淡緑色。孵化した幼虫は葉の裏に座をつくり葉の裏面を食べ始める。やがて葉を折りたたんだ巣をつくり始める。若齢時の巣は，株の先端部の若い葉の複葉が内側に巻き揉まれるようにつくられよく目立ち，発見は容易である。脱皮は巣の中で行われ，頭部の殻が巣の中に残る。脱皮後は新しい巣をつくり替える。終齢は周辺の葉を数枚吐糸でまとめ上げた，直径3 cm以上の大型の巣をつくる。摂食は主に夜間に行われる。2015年9月6～7日に幼虫の生息について調査した。発見時の1974年8月31日の調査では1日に終齢幼虫を11頭発見しているが，今回は2日で1頭のみにとどまった。このマークした終齢幼虫の蛹への変化について，9月末に再調査したが周辺から発見することはできなかった。8月末～9月の初めにかけて老熟した幼虫は蛹化場所を探して巣から出るが，依然として野外での蛹化場所は不明のままである。

海霧による気温低下で活動できなくなった♀ '11.5.23 様似町(S)

サマニユキワリを訪花した♂ '12.5.13 様似町(S)

吸水する♂ '75.5.29 様似町(N)

交尾(左♂)'83.5.10 様似町(W)

産卵 '08.5.18 様似町(S)

2齢 '12.7.18 様似町(W)

キンロバイの卵 '15.5.22 様似町(N)

生卵(左)と死卵 '15.5.22 同上(S)

3齢 '15.7.24 様似町(W)

巣内の終齢 '15.9.7 様似町(T)

終齢の巣 '75.8.8 様似町(T)

蛹 '17.9.19 様似町(N)

チャマダラセセリ

Pyrgus maculatus maculatus (Bremer et Grey, 1852)　環：絶滅危惧ⅠB類(EN)

隔離分布と白斑が目立つ本道産を亜種とする説もある。丈の低い草地を素早く飛ぶ姿を目で追うのは難しい。本州では生息地が次々と消えている。せめて本道ではその二の舞にはしたくない。

タンポポ咲く草原での求愛(左♂)
'10.5.16 帯広市(S)

個体数★☆☆☆　局地性★★★☆　観察難易度★★★☆　絶滅危険度★★★☆

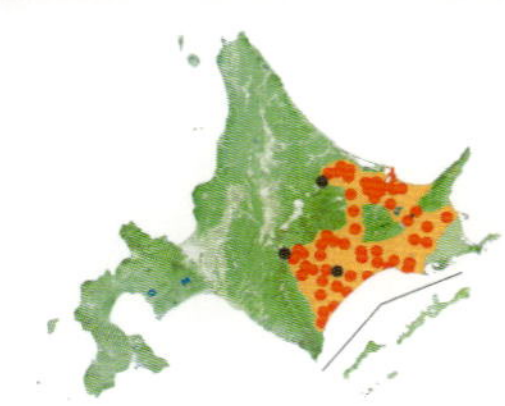

【分布・生息地】 道内では道東固有種。北側の生息域は旧白滝村～遠軽町にかけて。旧丸瀬布町オロピリカ沢を越えた地域での捕獲例は聞かない。西限は狩勝峠新得側の捕獲例がある(三島直行，未発表)。南限は大樹町，東限は別海町。十勝管内では近年多産傾向にあるが(笠井啓成，私信)，根釧原野では逆に見られなくなった(遠藤雅廣，私信)。低山地の雑木林を切り開いた林間植林地や送電線下の刈込みなど，人為的環境で多発することもあるが，従来は自然度の高い河川敷荒れ地や草丈の低い草地，崖下の崩壊地周辺など明るい環境が代表的な生息環境と考える。

【周年経過】 年１回発生。第１化は５月上旬に発生し，多くの産地で６月上旬に発生盛期を迎える。ほとんどの産地で６月いっぱいで見なくなる。発生の早い地域で夏に高温が続いた年でも第２化の記録はない。蛹で越冬する。

【食餌植物】 バラ科のキジムシロ，ミツバツチグリ。この他同じバラ科のキンミズヒキやキイチゴ属のエゾイチゴやナワシロイチゴなども利用している。各生息地での食草利用について調べることは本種の保護の上でも急がれる。本州でキジムシロ，ミツバツチグリ，キンミズヒキ，オランダイチゴの４種を与え食草による成長や生存率を調べたところ，キジムシロ＞ミツバツチグリ＞オランダイチゴ＞キンミズヒキの順に良好な数値を得たという報告がある。

【成虫】 成虫は道端のアカツメクサ，シロツメクサ，セイヨウタンポポ，スミレ類などの花に好んで集まり吸蜜する姿が見られる。吸蜜や吸水時の他は地表付近を低く素早く飛び見失うことも多い。午前中など気温が低い時は翅を広げて日光浴する。日差しが強い日は地面で吸水する姿もよく見かける。交尾は発生の早い時期の観察例がある。産卵は日中，吸蜜や吸水を間に入れながら，日当たりのよい食草の小さな株の，地面に近い部位の葉裏に１個ずつ行われる。

【生活史】 卵はやや扁平な球形で淡緑色。縦に 20 本程度の隆条がある。10 日前後の卵期を過ごし，孵化した幼虫はすぐに葉の先端部に移動し葉の表に回り両側から糸をかけ巣をつくる。若齢期は葉の強度のためか折りたたまれることはなくすだれ状の糸の中に入っていることが多い。摂食は若齢期から巣の内部の表面をなめるように食べる。成長すると葉を両側から折りたたんだ巣をつくり，さらに大きくなると葉を２～３枚を糸でからめ茎に巻きつけるような大きな巣をつくる。幼虫はほとんど巣の内部に隠れており内部の葉の表面や周辺の葉を食べる。巣の周囲の葉を食べ進むと新たな巣をつくる。巣の中では次頁写真のように体の前半部を曲げている。

蛹化は飼育下では巣の中で行われる。蛹は褐色で表面に白い蝋状の白い粉が覆われた特殊な姿である。蛹越冬であるが，野外でどのようなところで蛹をつくり越冬するかなど，観察例がなく調査が望まれる。

荒地で探草飛翔する♀ '09.5.21 北見市(S)

林道沿いのチシマフウロを訪花した♀ '10.6.9 音更町(S)

吸水する♂(右)'10.5.30 音更町(IG)

交尾(♂右)'10.5.16 帯広市(S)

小さな株へ産卵 '06.5.21 帯広市(IG)

1 齢の巣 '07.7.5 標茶町産(N)

キイチゴ属の中齢の巣 '10.7.16 更別村(S)

ミツバツチグリの葉裏の卵 '07.6.17 標茶町(N)

巣をつくる３齢 '07.8.14 標茶町産(N)

ミツバツチグリの幼虫と食痕 '15.8.9 標茶町(T)

巣内の蛹 '07.9.1 標茶町産(N)

巣内の終齢 '15.8.18 標茶町産(N)

ギンイチモンジセセリ

Leptalina unicolor (Bremer et Grey, 1852)

環：準絶滅危惧（NT）
北：情報不足種（Dd）

スピード狂のセセリチョウの仲間で，道内産では本種だけが安全飛行？おっとりした性格が災いしたのか，札幌・旭川・函館などの都市部からは，棲み家が奪われつつある。

ススキ草原で探雌飛翔する♂
'09.6.15 苫小牧市(S)

セセリチョウ科

個体数★☆☆☆
局地性★★★☆
観察難易度★★★☆
絶滅危険度★★★★

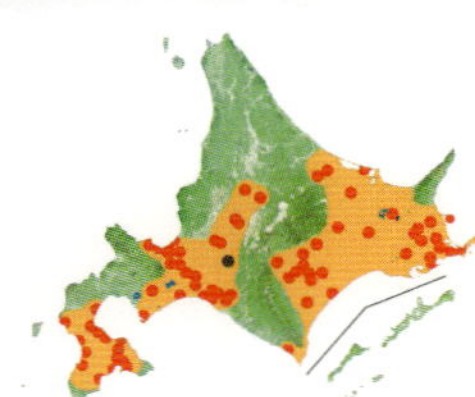

【分布・生息地】北限はオホーツク管内遠軽町，南限は松前半島木古内町。道東には広く生息し，根室市や野付半島の記録がある。勇払原野や十勝平野，根釧原野などには生息地が多い。標高 300 m以下の開放的な低山地や平野部に生息し，窪地の多い海岸草地，湿った林間草地，道東では谷地坊主のある湿原の他，部分的にヨシが生える，割と乾燥した広い河原や荒れ地などでも見られる。

【周年経過】年 1 回発生。温暖な地域では 6 月上旬から発生し，多くの地域で 6 月下旬に盛期を迎える。根釧原野では平年では 7 月 10 日過ぎから発生することが多い。道内では高温が続いた年でも，第 2 化の高温期型の捕獲例は聞かない。亜終齢(6 齢)や終齢(7 齢)で越冬するという観察報告がある。

【食餌植物】イネ科のススキを主として数種が確認されている。石狩海岸では後背地のススキを食べ，ウトナイ湖周辺ではススキとキタヨシを併用し，勇払原野ではチガヤ，北見ではツルヨシ，オオアブラススキも利用しており他にも食草がある可能性はある。夏以降の幼虫の巣は大きく見つけやすい。分布記録の増加が望まれる。

【成虫】日差しのある時は草原を縫うように低く飛び続ける。陽射しがない時や気温の低い時はほとんど飛ばない。葉や茎に止まると翅を半開にして日光浴をする。クローバー類，ハルジョオンなどの花で吸蜜する。また地表で吸水し，吸い戻し行動も見られる。求愛行動の観察では，♂が♀の後を追って飛び，♀の隣りに止まり翅をふるわせ腹部を曲げて交尾しようとしたが♀は飛去った。また，♀はススキの根元へ降下して翅をふるわせて交尾拒否行動をとる。母蝶は食草の葉の低いところを探すように飛び，地表に近い葉や，枯れた茎に翅を閉じて静止し 1 卵ずつ産み付ける。

【生活史】まんじゅう型の卵から 14 日程度で孵化した幼虫は，まず葉の先端部に移動し吐糸し，表面を内側にして巣をつくってから，そこを出て葉の縁から摂食する。この生態は越冬まで維持される。

成長するにつれて巣は大型になるが，細長く整った筒状である。巣を出て離れたところを食べる。細長い縦縞の特徴のある幼虫なので確認はやさしい。ただ，脱皮も巣の中で行われるので齢の確認は難しい。巣を開けるなど刺激を与えると飛び出して，体を激しくくねらせる。辻規男は 2015 年秋から降雪を見た 11 月中旬まで数回にわたり，苫小牧市周辺で越冬までの過程を調査した。それによると，亜終齢(6 齢)？幼虫は 9 月末には摂食を止め，新たなススキに巣の内部を入念に吐糸した越冬用の丈夫な巣をつくる。10 月中ごろから，その葉も枯れ始め 26 日には次頁写真のように全体が褐色に枯れた状態になったという。11 月中旬に得た 2 頭を持ち帰り，50 日間冷蔵庫にいれ低温刺激を与えた後，室内に戻したところ，1 頭は越冬巣の中で一度脱皮をした後，摂食せず約 2 週間後蛹化し，10 日後に羽化した。

日光浴する♂ '07.6.18 苫小牧市(S)

求愛(右♂)'07.6.18 苫小牧市(S)

ダイコンソウを訪花した♂ '08.6.20 安平町(S)

交尾(♂左)'07.6.18 苫小牧市(S)

ススキへの産卵 '11.7.2 上ノ国町(S)

卵 '15.6.22 苫小牧市産(S)

巣内の幼虫 '15.8.12 札幌市(T)

ススキを這う 1 齢 '15.7.4 苫小牧市産(S)

若齢の巣 '15.8.2 苫小牧市(S)

越冬巣 '15.10.26 苫小牧市(T)

巣内の中齢 '15.8.9 標茶町(N)

越冬巣の中で蛹化 '16.1.14 苫小牧市産(N)

北海道特産種

カラフトタカネキマダラセセリ

Carterocephalus silvicola (Meigen, 1830)

道東に生息する個体群は牧草地や道路沿いの草地に進出。一方，夕張・日高に生息する個体群は，沢沿いに固執する。同種ながらルーツに違いがあるように感じる。

チシマフウロを訪花した♀と求愛する♂(下)
'11.6.18 幕別町(S)

個体数★★☆☆ 局地性★★★☆ 観察難易度★★★☆ 絶滅危険度★★☆☆

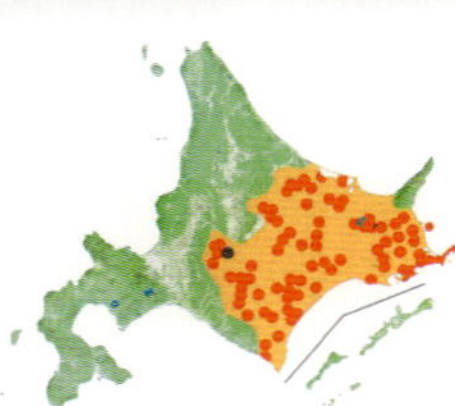

【分布・生息地】 北限は佐呂間町，南限は様似町，西限は芦別市，東限は根室半島。野付半島にも記録はあるが知床半島の記録は見出せない。北側は旧白滝村～遠軽町の湧別川沿いの山地や渓谷より南側に生息。西側は夕張・日高山系の渓谷。これより東では十勝や根釧原野などの平野部にも生息する。道東の海抜数ｍの平野部や，北日高山系では標高 1,500 ｍ付近の沢の源頭部で確認した。道東では主に山地の林縁草地や林間草原に多い。根釧原野では牧草地縁でも見られる，夕張日高山地生息の個体群は，渓谷の崩壊地草付や崖で発生する。

【周年経過】 年 1 回発生。北見・帯広の低山地などでは 5 月下旬から発生し，多くの地域で 6 月中旬に盛期を迎える，残雪の残る深山渓谷ではたまに 7 月下旬でも新鮮個体を見ることもある。終齢幼虫で越冬すると考える。なお幼虫の最終齢数は 5，6，7 とそれぞれ記述があり，再確認が望まれる。

【食餌植物】 イネ科のイワノガリヤス，ヒメノガリヤスなどノガリヤス類が本来の食草と考えられるがクサヨシ，オオアワガエリ，エゾカモジグサなどからも幼虫が得られている。

【成虫】 食草の生える草原上を縫うように飛び，タンポポ，クローバー類，チシマフウロ，各種セリ科などを訪花する。日中の気温が高い時には湿地で吸水する。♂は林道沿いや林間になわばりをつくり，他の♂を追飛する。配偶行動は午前中～日中にかけて行われることが多く，♂は♀の後ろから腹部を曲げながら近づき交尾に至る。交尾済みの♀は羽を半開きにして交尾を拒否する。母蝶は吸蜜，休憩をはさみながら食草群落周囲を飛び，群落の縁の葉の裏に 1 個ずつ産卵する。

【生活史】 卵は乳白色で平滑，孵化直前には黒い幼虫の頭部が透けて見える。卵期は約 2 週間。孵化した幼虫は卵殻の一部を食べ，葉の先端部に移動し，葉の表を内側にして葉の両縁を吐糸で結び合わせた筒状の巣をつくり中に潜む。摂食は巣から出て前後の葉の縁を食べ進めていく。ある程度摂食すると巣を切り落とし別の葉に移動し新しい巣をつくる。体が成長し葉を巻きつけることができなくなると葉が湾曲した台座に静止する。この時，葉は幼虫の重みで垂れ下がっている。

越冬に入る終齢幼虫（5 齢以上）は越冬用の巣をつくる。標茶町での観察では，10 月中旬ごろからイワノガリヤスの先端部の葉を 2 枚より合わせ，内面を十分に吐糸した長さ 5～8 ㎝の越冬用の巣をつくりその中に潜む。11 月に入ると葉は枯れて褐色になるがそれに合わせるように幼虫の体色も淡い黄褐色となる。しばらく寒風にさらされた状況で，やがて雪の中に埋もれる。雪解け後に巣から脱出し周囲の葉を荒く綴って蛹化する。蛹の体色は越冬幼虫と同じ淡い黄褐色（食草の枯葉色）で，飼育では食草の下部に頭部を上にした帯蛹となる。蛹期間は約 20 日と推定される。

アヤメ咲く草原での交尾(♂上)'11.6.17 幕別町(S)

林道沿いの草地で占有する♂ '11.7.9 日高町(S)

キク科を訪花した♀ '11.7.9 日高町(S)

イソツツジを訪花した♂ '14.7.1 鹿追町(KN)

日光浴する♂ '11.6.16 幕別町(S)

越冬巣内の幼虫 '07.12.9 標茶町(N)

食草でつくった越冬巣 '07.12.9 標茶町(N)

1齢の巣 '07.7.18 標茶町(N)

蛹 '09.5.13 標茶町産(N)

孵化が近い卵 '08.7.8 標茶町産(N)

巣内の若齢 '15.8.8 日高町(T)

3齢 '07.9.22 標茶町(N)

コチャバネセセリ

Thoressa varia (Murray, 1875)

集団吸水した本種を驚ろかせ撮影した森谷武男氏の作品では，天に足を向けて逆になり飛ぶ姿や，頭を地面に向け前方に飛ぶ姿に，本種の非常な慌てぶりが可笑しかった。

ヤナギランを訪花した♀
'11.7.22 札幌市(IG)

個体数★★★★　局地性☆☆☆☆　観察難易度☆☆☆☆　絶滅危険度☆☆☆☆

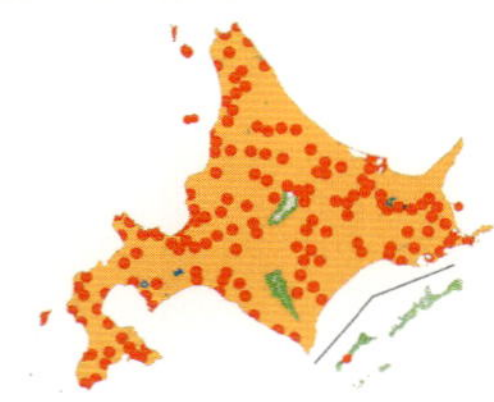

【分布・生息地】北は稚内市宗谷岬～南は福島町白神岬，道東の根室半島や野付半島など広く生息し，離島では利尻，礼文島，天売，焼尻，奥尻に記録がある。道内各地の市街地の公園，里山の雑木林，山地の林道や，標高 1,000 m近い登山道沿いの明るい林縁草地でも普通に見られる。

【周年経過】基本的に年 1 回発生。道央部以南で温暖な年では部分的に 2 化する。道南や温暖な地域では 6 月中旬から出始め，多くの地域で 6 月下旬に盛期を迎える。宗谷管内や根釧原野では発生が遅く 8 月まで汚損個体を見る。夏の暑い地方では 8 月下旬～9 月にかけて部分的に第 2 化が発生することもある。第 2 化は縁毛が白黒まだらになることが多い。道内での越冬形態は終齢(5 齢)の記録がある。

【食餌植物】タケ科のクマイザサ，アズマネザサ，ミヤコザサ，チシマザサ。稀にイネ科のススキ，ヨシ。

【成虫】ササの生える林の中の道であれば必ずといっていいほど出会う蝶で，♂♀共活発に飛び回り，クローバー類，アザミ類，ヨツバヒヨドリ，クガイソウ，ノリウツギなど好んで花に集まる。また吸水，吸汁性が強く林道に落ちた動物の糞におびただしい数が集まっているのがよく観察され，乾いた獣糞では吸い戻しもよく見られる。腐果や人の汗，樹液にも集まる。♂は占有性を示し，木の枝先や草の先に止まり他の個体を追い払う行動が見られる。交尾は日中に観察されるが，配偶行動の観察例は少ない。産卵はササ群落の周辺の比較的よく張り出した葉に止まり，腹部だけを強く曲げ葉の裏に 1 個ずつ産み付ける。ササの茎や未開出の巻かれた葉にも産付することもある。

【生活史】卵は乳白色でやや扁平な球形。側面に弱い筋がある。孵化した幼虫は葉の先端部に移動し葉先を綴り合わせ巣をつくる。摂食は巣から出て，巣の葉の両側の縁から食べ，葉脈方向に食い進む。2 齢以降巣はしだいに大きくなり葉の先端が折り返された特徴的な巣になり，夏の終わりごろ林道わきのササを探すと容易に見つかる。葉の中脈を残し両側から食べるので巣は先端にぶら下がるような形になる。葉を食べ尽くすと巣を切り落とし付近の葉に移動し新しい巣をつくる。終齢になるまで 3 ～ 4 回巣をつくり替える。9 月下旬ごろから終齢幼虫は越冬用の封筒型の巣をつくり始める。越冬巣は葉の両側から折りたたまれており葉の先端部も切り取られ縁が閉じられる。長さは 4 ～ 5 cm 程度で葉の両縁もしっかり閉じられている。巣が完成すると中脈を切り落とし落下する。落下した越冬巣は育った株の下周辺で見つかるが，老熟幼虫は，巣から体を乗り出すようにして巣を引きずって移動し，石と枯葉の隙間などに入り込み，雪の下で越冬する。越冬巣は枯れ始めて色が変わり，越冬する前には褐色になる。少なくとも 12 月までは蛹化せず，4 月に雪解け後に発見される越冬巣を開くと蛹になっている。いつ蛹化するのか野外での詳しい記録はない。

産卵 '00.7.12 富良野市(N)

マーガレットを訪花した♀ '10.6.27 日高町(S)

犬糞で吸い戻しする集団 '12.5.30 安平町(S)

吸水 '10.6.12 千歳市(S)

葉上に静止する♂ '11.7.3 札幌市(H)

クマイザサの巣 '15.8.11 遠軽町(T)

巣をつくる終齢 '15.8.22 札幌市(H)

卵 '15.7.19 富良野市(N)

越冬巣内の終齢 '15.9.10 札幌市産(H)

越冬前の巣 '15.8.22 札幌市(H)

切り落とした越冬用の巣 '13.10.14 富良野市(N)

巣内の蛹 '00.5.16 富良野市(N)

スジグロチャバネセセリ

Thymelicus leoninus leoninus (Butler, 1878)

環：準絶滅危惧(NT)
北：準絶滅危惧種(Nt)

富良野盆地の発生量は異常だ。おびただしい数は，とても地域生態系に取り込まれている種とは思えない。遺伝子解析などで，この地域の個体群由来の解明が望まれる。類似 P.057

求愛する♂(上)
'09.8.16 江差町(S)

セセリチョウ科

個体数★★☆☆
局地性★★★☆
観察難易度★★★☆
絶滅危険度★☆☆☆

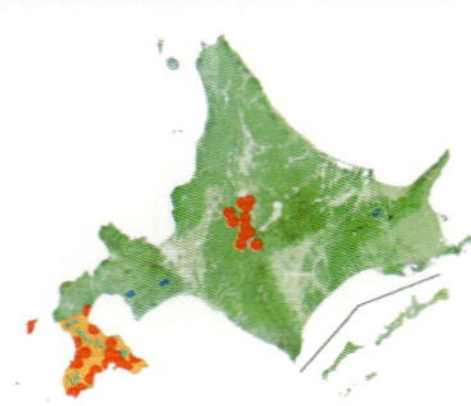

【分布・生息地】現在の北限は旭川空港付近，南限は松前半島福島町。離島では奥尻に記録がある。本来は道南の八雲町より南側に生息する典型的な道南種であった。1994 年遠く離れた富良野市で記録されて以来，富良野盆地では，河岸草地や低山地に多数の本種が見られる。空知川や富良野川などの河川敷草地沿いに，芦別市や旭川市南部まで分布を拡大している。道南の八雲町以南では，自然度の高い乾性草地や，里山環境の林縁，落葉広葉樹林内の林内草地，送電線下の刈込など，明るく開放的な草地に見られる。今後の分布拡大に注目したい。

【周年経過】年 1 回発生。道南でも富良野盆地でも 7 月下旬から出始め 8 月上旬に盛期を迎える。富良野盆地ではお盆すぎでも汚損した多数の個体が見られる。越冬は若齢幼虫。永盛(俊)による富良野市の観察では，卵内幼虫が越冬すると推測する。

【食餌植物】富良野市周辺ではイネ科のクサヨシ，オオネズミガヤ，エノコログサ，ヨシ，外来種のオオアワガエリ，カモガヤが確認されている。クサヨシついでオオアワガエリが頻繁に利用されている。道南地方の食草の記録は乏しく調査が望まれる。

【成虫】好天時 8 時ごろから飛び始め 18 時ごろまで活動する。オオハンゴンソウ，ヒメジョオン，クサフジなど広範囲の花を訪れ吸蜜する。♂は正午近くなると，突出した葉先に止まり占有行動を見せる。静止場所は移動するが，テリトリー内に侵入した他の♂を追いかけときには 5 m以上揉みあいながら上昇する。♂は♀を見つけると後ろから翅をふるわせながら近づき交尾を迫る。これに対し，♀は翅を半開きにしてふるわせながら前方に逃げるのがよく観察される。交尾個体は日中にオープンなところでよく観察される。♀は♂に比べ不活発。発生時期の後半の 8 月下旬が産卵のピークとなり 11 時ごろから 17 時ごろまで行われる。母蝶は食草付近の草むらを小刻みに飛びながら，産卵に適した枯れたイネ科植物に盛んに止まり綿密に産卵箇所を探し，主に枯れて折りたたまれた葉の内部に押し込むように数卵産み付ける。

【生活史】卵は乳白色で長円形の独特な形を持ち，中央部が凹んでいる。孵化した幼虫は卵殻を食べず，枯れて縦に丸まった葉の内部に吐糸し薄い繭をつくり，摂食せずに越冬する。翌春，食草にたどり着いた 1 齢幼虫は食草の葉先に葉表を内側にして巻いた巣をつくる。巣の長さは幼虫の体長の 2 ～ 3 倍の長さの筒状で，若齢時は葉の先端の方の葉を斜めに摂食するが，成長すると下方の葉も両側から食い，この場合巣は垂れ下がる。巣は齢が変わるごとにつくり替えられ，4 齢以降とくに終齢になると葉を綴り合わせることなく葉の中脈に多量に吐糸した台座に静止する。7 月上旬，成長した幼虫は蛹化位置を株の下方に定め，葉に多量の吐糸をし，帯蛹の蛹となる。蛹期間約 20 日を経て羽化に至る。

交尾(♂左)'14.8.6 富良野市(N)

オオハンゴンソウを訪花した♂ '10.8.3 富良野市(S)

産卵 '10.8.7 上ノ国町(S)

♂の羽化(オオアワガエリ)'98.7.28 富良野市(N)

静止する♀ '10.8.7 上ノ国町(S)

孵化が近い卵 '98.5.2 富良野市産(N)

クサヨシを摂食する終齢 '15.6.24 富良野市(N)

卵 '10.8.7 上ノ国町(IG)

終齢と巣 '11.6.11 富良野市(N)

クサヨシの前蛹 '15.7.12 富良野市(N)

蛹 '14.7.14 富良野市(N)

終齢と巣 '11.7.2 富良野市(N)

ヘリグロチャバネセセリ

Thymelicus sylvaticus sylvaticus (Bremer, 1861)

富良野周辺では，異常な高密度の前種に対し，本種は他地域と同様に慎ましやかだ。以前から夕張市や日高町でも分布しており，暴発抑制のシステムも作動しているのか。類似 P.057

林道沿いのヒメジョオンを訪花した♂
'11.7.29 厚真町(IG)

個体数★☆☆☆
局地性★★★☆
観察難易度★★★☆
絶滅危険度★★☆☆

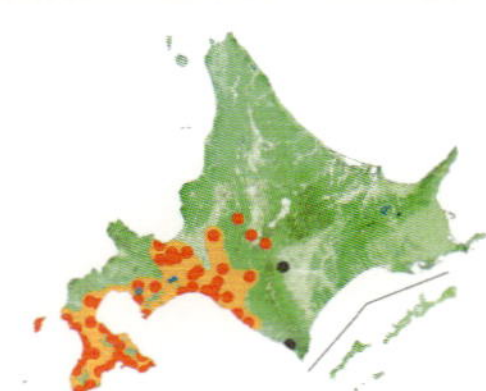

【分布・生息地】北は芦別市～南は松前半島福島町，亀田半島函館市恵山，日高管内の様似町や十勝管内の清水町にも記録がある。離島では奥尻に記録がある。道内では概ね中央山岳地域よりも西側の里山環境で見られ，いずれの場所でも少なく，前種スジグロチャバネセセリとは違い富良野周辺でも異様な数を見ることもない。前種よりも林縁環境を好み，自然度の高い公園や牧場周辺の雑木林の林縁，里山の雑木林に面した耕作地縁，低山地の林道などで目につく。

【周年経過】年 1 回発生。7 月下旬から発生し，前種との混生地では，わずかに本種の方が早い。発生の遅い日高管内太平洋側でも 8 月 10 日ごろには盛期となる。盆を過ぎると多くの地域で見なくなる。永盛(俊)によると若齢幼虫が孵化した後，摂食せず越冬するとされる。

【食餌植物】イネ科のヒメノガリヤス，クサヨシ，カモジグサ属の 1 種が確認されている。

【成虫】草原の上を小刻みに飛びながら，ヒメジョオン，オカトラノオ，アザミ類などの花を訪れ吸蜜する。♂は前種同様ササなどの葉先に止まり占有行動を見せる。♂が見せる求愛行動は前種と同様なものである。前種との混生地(富良野市)で，占有行動を示していたスジグロチャバネセセリが，やや汚損した本種の♀に 30 分間に 4 回ほど近づいたが求愛行動を見せなかったという興味深い観察をした。本種の♀は何らかの理由により前種の♂には別種と認識されると考えられる。産卵は伊達市での観察では，2012 年 8 月 7 日，食草となると推定されるクサヨシの株の下に潜り込み，枯草を選び止まり，腹部を曲げながら移動し，クサヨシの枯れた葉の内部に押し込むように 3 個産み付けた。

【生活史】卵は乳白色で長円形の独特な形で，枯れた葉の溝に 1 列に 1 ～数個並ぶ形で産み付けられている。前種より精孔の穴の凹みは深く，少しくびれがある。孵化した幼虫は卵殻をほとんど食い尽くし，その位置に小さな白色の繭をつくりそのまま越冬する。翌春，5 月中旬に 1 齢は食草の先端部に長さ 17㎜程度の巣をつくっている。葉の先端部の巣の前後の葉の縁から食べ始める。1 齢の頭部は黒色だが 2 齢以降淡緑色となる。体の地色も白緑色となり，幅の広い背線は中心に白条のある緑色となり目立つようになる。幼虫の形態では前種と区別することは難しい。終齢になると造巣性は弱まり，体は葉の中に隠れることなく吐糸した台座に静止するようになる。蛹化は伊達市での観察では，2012 年 7 月 10 ～ 11 日にかけて，食草(クサヨシ)のやや下の方の葉の多量に吐糸した台座で行われた。頭を上にした帯蛹で，頭部の先端が尖っている。体の前後と側面に白い蠟状物質が付着している。蛹期間 12 日を経て羽化に至った。頭部の向きは飼育下では下になる場合もある。卵から蛹に至る全期間についての観察記録がきわめて乏しい種で調査が望まれる。

占有する♂ '06.7.30 千歳市(IG)
草地を飛翔する♀ '09.8.1 千歳市(IG)
クサフジを訪花した♀ '07.8.2 千歳市(IG)
求愛行動(下が♂)'92.8.3 占冠村(N)
交尾(結合直後)'92.8.3 占冠村(N)
若齢の巣と食痕 '12.6.9 安平町(N)
亜終齢と巣 '12.6.24 伊達市(N)
若齢と食痕 '12.6.9 安平町(N)
クサヨシの終齢 '12.7.5 伊達市(N)
前蛹 '12.7.11 同右(N)
蛹 '12.7.11 伊達市(N)
終齢と巣 '12.6.25 伊達市(N)

北海道特産種(移入)

カラフトセセリ

Thymelicus lineola lineola (Ochsenheimer, 1808)

2015年，稚内市で確認した。発生量や発生地域の広さから持ち込まれたのは最近と推定する。害虫の付いた飼料譲渡が行われたならわかる。懸念されるのは愚かな行為の模倣犯だ。

草原のタンポポを訪花した♀
'10.7.25 滝上町(IG)

個体数★★★☆
局地性★★★☆
観察難易度★☆☆☆
絶滅危険度★☆☆☆

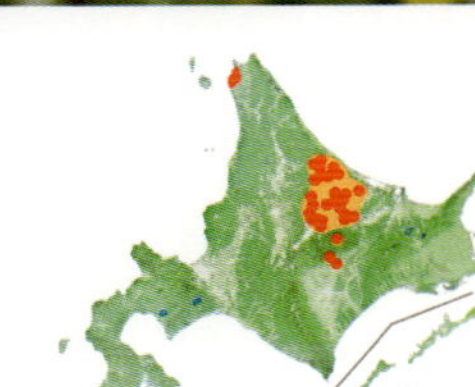

【分布・生息地】本道では1999年オホーツク管内滝上町で発見された。サハリン産と比べると若干黒っぽいことやDNA分析結果から，北米からの輸入牧草についていた移入種と考えられる。北限は稚内市で報告された。南限は上士幌町。本種の繁殖力は猛烈で，およそ滝上町の50km圏内の道端の雑草地に高密度に見られる。移動能力も高く天塩岳頂上や西クマネシリ岳山頂付近での報告もある。大雪山麓に放蝶したとブログで語る愚者の発信もある。これを裏づけるように，層雲峡～大雪湖周辺では，おびただしい本種が路傍や深山の砂防ダム貼り芝などで見られるようになった。不安が的中してとうとう酪農産業が盛んな十勝管内にまで進出した。発生抑制する寄生蝿や寄生蜂などとの，バランスが保たれるようになるのは何年後なのかわからない。

【周年経過】年1回発生。平年では6月末から見られ，7月10日前後に盛期となる。800m前後の山地でも7月中旬には発生する。8月になるとほとんど見られなくなる。越冬状態の確認は聞かない。おそらく卵内幼虫で越冬すると考える。

【食餌植物】イネ科の外来種のカモガヤ，オオアワガエリ。在来種のクサヨシからも幼虫を得ている。

【成虫】成虫は道端のアカツメクサ，シロツメクサ，クサフジなどの花に好んで集まり吸蜜する姿が見られる。奇妙な現象として，タンポポモドキやアカツメクサなどで吸蜜していて口吻が抜けなくなり，そのままぶら下がった状態で死亡している個体が多数観察されている。午前中など気温が低いときは翅を広げて日光浴する。日差しが強い日は地面で吸水する姿もよく見かける。♂同士は盛んに追飛行動を見せ，♀に対してはスジグロチャバネセセリなどと同じような求愛行動が観察される。産卵は日中，食草の根ぎわ付近を緩やかに飛び，地面に近い部位の葉鞘や枯れた葉の隙間に1～10個ずつ行われる。

【生活史】卵は扁平な長円形で乳白色。枯葉の内部に縦に並べて産付されているが，粘着力は弱く落下しやすい。翌春，孵化して成長するが，孵化から若齢幼虫の観察例はない。

5月下旬には，綴じ合わされた巣から体長7～8㎜の幼虫が見つかっている。幼虫の習性はスジグロチャバネ属共通のもので，葉の中脈に吐糸した座をつくり，葉の両端を吐糸で数か所結び，綴じ合わせた巣をつくる。6月中旬には終齢が見られ，頭部に2本の白い条線が目立つようになる。終齢の巣は綴じ合わされることはなく，幼虫は両端がゆるく反った葉の中央部にある台座に静止することが多い。普通は巣の中に隠れており，摂食は巣のある葉の前後を葉縁から食べ進める。終齢では葉の中央部に静止しているものもあり，このような幼虫からは寄生蝿が脱出することが多いという。発生地では，食草の種類を選ばず多くの株で複数の幼虫が見られた。蛹化は食草の葉に入念に吐糸した台座で行われる。飼育下では蛹期12日程度で羽化した。

訪花した集団 '14.7.8 上川町(KN)

ヒルガオを訪花した♀(右)とコキマダラセセリ '10.7.25 滝上町(IG)

産卵 '00.7.22 西興部村(KW)

羽化した♀ '15.7.2 遠軽町産(N)

交尾(下♂)'00.7.15 滝上町(K)

卵 '00.7.24 西興部村産(KW)

亜終齢と巣 '15.6.14 遠軽町(N)

終齢の巣 '15.6.14 遠軽町(N)

中脈に吐糸し台座をつくる終齢 '15.6.14 遠軽町(S)

終齢の巣 '15.6.14 遠軽町(N)

蛹 '15.7.2 遠軽町産(N)

コキマダラセセリ

Ochlodes venatus venatus (Bremer et Grey, 1852)

2化しないという。9月に入り新鮮個体が稀に出る。遅い捕獲は10月まで記録がある。越冬幼虫の齢数が定まらないとされる。若い齢数での越冬の場合，シワ寄せが来るのか？類似 P.057

水路沿いのクサフジを訪花した♀と求愛する♂
'09.8.16 江差町(S)

セセリチョウ科

個体数★★★☆　局地性☆☆☆☆　観察難易度☆☆☆☆　絶滅危険度☆☆☆☆

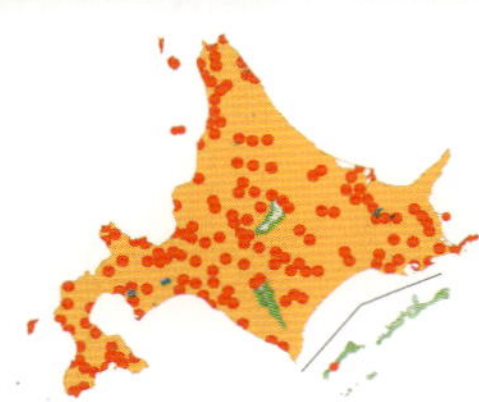

【分布・生息地】道内には広く分布し，北は稚内市宗谷岬～南は松前町白神岬。東は根室半島や野付半島など囲に生息する。離島も，利尻，礼文，天売，焼尻，奥尻に記録がある。垂直分布も広範囲で，海岸の防風林，市街地の公園，里山の耕作地，山地の林道，亜高山帯の峠でも多い。明るい環境を好むが高山帯お花畑では見た記憶がない。

【周年経過】年1回発生。道南では6月末から発生し，多くの地域で7月上旬に見られる。以降7月いっぱい見られるが，石狩地方より東側では8月には汚損個体を稀に見る程度となる。道南では比較的長期間発生し8月末まで見られる。道央や十勝などでは，2化しないのなら発生遅れと判断せざるを得ない，9月上中旬の新鮮個体の捕獲例がある。越冬は5齢の記録があるが，永盛(俊)は3～4齢と推定し定まっているとはいえない。

【食餌植物】イネ科のススキ，イワノガリヤス，クサヨシ，ヨシなどの在来種の他，オオアワガエリ，ナガハグサ，カモガヤなど多くの外来種，カヤツリグサ科のカサスゲ，時にはクマイザサなどのササ類も利用する。乾性草原では主にススキや外来種，湿性草原ではキタヨシやカサスゲなどを利用するが，食生はきわめて広く80種以上が記録されている。

【成虫】♂♀共に活発に飛び回り，多くの花を訪れ，口吻をせわしく動かして吸蜜する。晴天時に湿った地表に集まり吸水することもよく見られ，動物の糞にも集まる。♂は♀に後方から近づき盛んに翅をふるわせディスプレイを見せるが，♀は翅を同じようにふるわせ交尾を拒否するのをよく見る。母蝶は食草付近を低く飛びながら産卵場所を探し，葉に止まり翅を閉じたまま，腹を大きく曲げて葉裏に1個ずつ卵を産み付ける。

【生活史】卵はやや扁平な球形で白色。孵化した幼虫は葉の先端部に吐糸し筒状の巣をつくり中に隠れる。イワノガリヤスなどの細く薄い葉では1齢時から両縁が閉じられた巣をつくるが，葉が大きい場合は葉の両縁は離れ，結ばれた糸の内部に幼虫が見えることが多い。中齢以降は大きな巣をつくるようになり，巣から出て葉の両縁を食べていくが，葉がなくなると巣をつくり替える。越冬前にはススキなどの葉を長さ7㎝程度両側から折りたたみ，内部を入念に吐糸した巣をつくる。巣を切り落とすことはなくそのまま雪の下になる。富良野市では5月中旬に枯れ葉を綴った巣の中で亜終齢が見つかっており，札幌では芽生えた葉に巣をつくっていた3個体の幼虫は15mm程度の体長であった。これらのことから越冬幼虫は3～4齢と推定する。終齢では複数枚の葉，ときには隣の茎の葉を重ね合わせた乱雑な巣をつくる。蛹化は内部を多量に吐糸し入り口を閉じた巣をつくりその中で行なわれる。蛹の頭部や尾端付近には蝋状の白い粉が付着している。普通種で，観察は容易であるがその割に，若齢期から越冬幼虫の観察例は乏しく調査が望まれる。

ユウゼンギクを訪花した♂ '10.10.11 江別市(IG)

カセンソウを訪花した♂ '14.8.1 室蘭市(S)

クサフジを訪花した♀ '15.7.15 札幌市(H)

日光浴する♂ '10.7.16 大樹町(S)

産卵 '07.8.3 富良野市(N)

巣内の若齢 '15.8.9 標茶町(T)

蛹の巣 '15.6.20 富良野市(N)

卵 '07.8.3 富良野市(N)

枯葉を綴った越冬巣 '86.5.12 同下(N)

終齢の摂食 '15.5.18 上ノ国町(T)

越冬巣 '15.10.26 苫小牧市(T)

巣内の蛹 '15.6.20 富良野市(N)

キマダラセセリ

Potanthus flavus flavus (Murray, 1875)

先輩の知人から1956年小樽市の採集品を頂いた。古くから採れていたことが判明した。私は札幌近郊ではあまり見ないが氏はたまに見るという。年季の差か？類似 P.057

荒地のヒヨドリバナを訪花
'11.7.22 札幌市(IG)

個体数★★☆☆
局地性★★☆☆
観察難易度★☆☆☆
絶滅危険度★☆☆☆

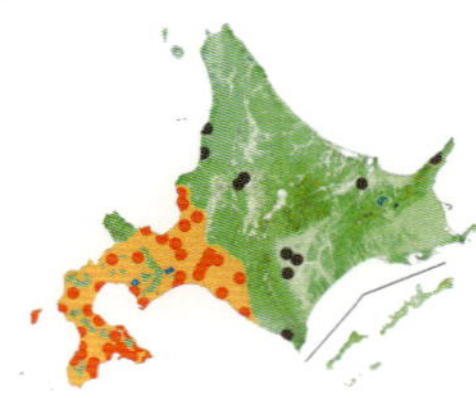

【分布・生息地】北では羽幌町，東では知床半島の斜里町岩尾別の記録がある。離島では奥尻。注目する採集例は，留萌管内の小平町，中央部の旭川市の他，道東の美幌町の個体(城生吉克，未発表)を確認した。十勝管内では3例の捕獲例しか知らない。道南では平野部～低山地の荒れ地や開けた林道沿いの草地など，乾燥した明るい草地で見ることが多い。函館市や江差町などは安定的に見られるので土着種と考える。旧早来町，由仁町，札幌市などで幼虫確認の記録もあるが，一時的な発生の可能性もある。

【周年経過】年1回発生と考える。道南では7月中旬から出始め，下旬に盛期を迎える。比較的発生期は長く，8月に入ると汚損個体に混じり新鮮個体も見ることがある。道内での越冬は，札幌市でススキの葉を丸めて越冬体制に入った4齢幼虫の観察報告がある。

【食餌植物】イネ科のススキ，コヌカグサ，チヂミザサ，奥尻島では8月にススキと，未同定のスゲ類(カヤツリグサ科)を夜間摂食しているのを確認している。飼育時に与えればスズメノカタビラやクマイザサも食べたが，ススキを好む印象があった。野外でも食草はある程度限定されているようだ。

【成虫】クサフジ，アカツメクサ，シロツメクサ，エゾヤマハギなどマメ科などを訪花する。♂は主に晴天時，葉上を占有する。地表で吸水することがあり，時に，鳥の糞で吸汁するのを見ている。情報がきわめて少なく記録の集積が望まれる。

【生活史】卵は半球形で乳白色。強拡大すれば皺状の模様がある。札幌市南区で草原の縁のススキに産まれた卵を観察した記録では1～2齢までは頭部は黒く，ススキの葉裏を内側にして葉の縁に巣をつくるが，3齢からは頭に写真のような黄色の模様が見られる。腹端にも黒斑があるが個体差がある。巣づくりの時，幼虫は葉の中央で頭を左右に振り葉の縁と縁を結んで吐糸を繰り返す。糸は縮み，葉は次第に丸まって筒状になっていく。30分以上かけて10本くらい吐糸すると，幼虫は見えなくなる。この筒状の巣は30 cm近い大きなものだが，摂食が進むとしだいに小さくなる。すると中脈を食い切って巣を切り落とし，1 mくらい歩いて別の葉に移動し，新しい巣をつくりなおすことを繰り返した。10月になって巣の両端を綴じた巣をつくり，地表に落下して越冬に入った。由仁町で5月に採集した幼虫はイネ科植物に中脈を残してぶら下がるような筒状の巣をつくっていた。これは亜終齢だったが，終齢になると11日で8枚の葉を食べ，蛹化前には新たな葉で巣をつくり，5 cmくらいの長さに食い進んだ後，両端を綴じて中央に多量に吐糸し中で前蛹になった。また札幌市でも次頁写真のようにキタヨシから6月上旬に蛹化直前の幼虫を発見しており，3～4齢幼虫で越冬すると考えられる。しかし，越冬をはさんだ記録はなく，巣の中の幼虫の齢も確認しづらいため観察記録はほとんどない。

葉上に静止する羽化後間もない個体 '12.7.21 苫小牧市(S)

占有する♂ '12.7.15 札幌市(H)

占有する♂ '06.8.6 札幌市(IG)

クサフジを訪花 '15.7.15 札幌市(H)

産卵 '09.8.15 上ノ国町(IG)

巣を切落とした中齢 '15.9.25 札幌市(H)

巣内の終齢 '15.6.21 苫小牧市(T)

卵殻を摂食する 1 齢 '15.7.23 札幌市(H)

摂食する 1 齢と巣 '15.7.25 札幌市(H)

巣から顔を出す終齢(キタヨシ)'12.6.7 札幌市(H)

越冬巣 '14.10.15 富良野市産(N)

吐糸する 3 齢 '15.9.27 札幌市産(H)

オオチャバネセセリ

Polytremis pellucida pellucida (Murray, 1875)

1978 年に 2 化の記録がある。秋に目にするのはイチモンジセセリだけだった。近年やっと追認したのは記録地と同じ江別市周辺だった。温暖な渡島地方では出ないのか。類似 P.057

渓谷沿いのアザミを訪花
'15.8.6 伊達市(S)

セセリチョウ科

個体数★★☆☆
局地性★★☆☆
観察難易度★☆☆☆
絶滅危険度★☆☆☆

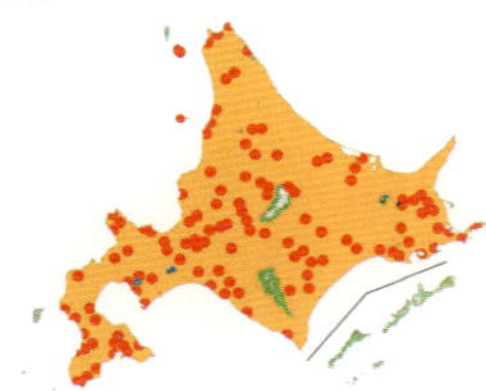

【分布・生息地】 北は稚内市宗谷岬～南は福島町白神岬，東は根室半島と道内に広く生息する。離島では利尻と天売に記録がある。各地に普通で道南，道央だけでなく，宗谷管内や根釧原野でも多い。ササ類のある環境なら平野部の荒れ地，耕作地脇の草地，低山地の明るい遊歩道，山道の林道沿いの狭い草地で，アザミ類やヒメジョオンなど，よく花で吸蜜する姿を見かける。

【周年経過】 年 1 回発生。稀に部分的に 2 化する時がある。平野部では 7 月中旬から現れ，7 月下旬に盛期となる。寒冷地では 8 月上旬が盛期となり汚損個体は下旬でも見られる。道央江別市で 2014 年と 2015 年 9 月に第 2 化と思われる個体を多数採集した。同時期の道南など，他の地域では未確認。越冬は 2 齢幼虫。

【食餌植物】 野外での食草は，クマイザサ，ミヤコザサを確認しておりスズタケの記録がある。イネ科のススキ，エノコログサを食うという記録もある。

【成虫】 ♂は明るい環境のササの葉上に止まることが多く，特に突出した葉に止まり，占有行動をとる。静止時は，後翅を全開，前翅を半開にした姿勢をとる。これは本書のスジグロチャバネセセリ以降のセセリチョウ亜科に共通した習性である。♂♀共アザミ類，セイヨウタンポポ，オカトラノオなど，林縁や明るい草原のいろいろな花を訪れ吸蜜する。母蝶はササの葉表に静止し少し歩いて，あまり腹を曲げずに葉の中央付近の葉表に 1 個ずつ産卵する。よく目立つ葉表に産卵する習性は特殊である。止まりやすいためか特定の葉に集中して産付することがあり，時に数十個が産み付けられている。この習性を知っていれば見つけやすい。

【生活史】 卵は半球形で産卵直後は橙赤白色だが，後に白粉に覆われたように見える。卵は 1 週間程度で孵化し，卵殻を食べてから葉の先端に近い部分を食べ，その葉の縁を 20 本前後の太い吐糸で結び付け内側に折りたたみ，長さ 20 ～ 25 mm の巣をつくる。越冬前に 1 度脱皮し 2 齢になり，巣の内部を吐糸で補強し越冬に入る。巣をあけると，越冬幼虫はずんぐりとした淡黄色になっており，近くに幼虫の脱皮した頭が残っていることもある(次頁写真)。越冬後の幼虫は，しばらく越冬巣を使い周囲の葉を食べ広げる。3 齢になると新しい巣につくり替えることが多い。この時の巣は葉の縁を折り返したものだが，6 月末，終齢になるころにはササの新葉が展開するが，この新しい葉には，次頁写真のような，今までとは違ったタイプの巣をつくる。中脈を食い残した葉巻形になっており，この時期に，このような巣をつくるのは本種だけで識別は容易である。ただし，このころから発見はなぜか難しくなる。前年に成虫が飛んでいた，林道沿いの日当たりのよい環境のササを丹念に探すしかない。珍しい蝶ではないが，蛹化場所の記録なども乏しく，生態上の未解明な点が多い。

クマイザサに産卵 '86.8.12 日高町(N)

白斑が縮小傾向にある♂ '10.7.16 大樹町(S)

葉のしずくを吸水する♂ '14.7.5 富良野市(N)

交尾(♂右)'10.7.26 大樹町(KN)

クサフジを訪花 '15.7.15 札幌市(H)

巣の中の 1 齢 '07.9.22 標茶町(N)

越冬する 2 齢(左に頭殻)'14.11.29 富良野市(N)

ササの葉の上の卵 '86.8.12 日高町(N)

巣内の幼虫 '14.5.19 富良野市(N)

1 齢の巣と食痕 '15.8.11 愛別町(N)

終齢の巣 '85.7.6 千歳市(H)

終齢 '85.7.6 千歳市(H)

1. 主な道外からの飛来種（一時的に発生が確認，またその可能性が高い種）

①アサギマダラ *Parantica sita* (Kollar, 1844)

タテハチョウ科に属し，以前は独立したマダラチョウ科とされた。幼虫が有毒な植物を食べ体内に蓄積する他，飛翔能力が高いなど独特な習性を持つ。

2000年以降，室蘭市や函館市周辺，松前町などでは，ほぼ毎年見られるようになったが，1980年以前はめったに見られなかった。近年は道内各地で記録され，日本海側離島では礼文島，利尻島，焼尻島，奥尻島，渡島大島。道北では稚内市，枝幸町（共に臼井ほか，2015），雄武町（竹内，2002），根釧地域では中標津町（山宮，2008），上川管内では上川町（高橋，2005）や，大雪山系（保田，2014），富良野市（黒田，2014年8月未発表）。日高山脈の西側では日高町，東側では中札内村や大樹町に記録が多い。日高えりも町では，道内で初めてガガイモ科イケマから卵や幼虫も確認された（対馬・中岡，2009）。この他，夏以降に道内各地で記録された2013年は，上ノ国町で5月下旬から多数が記録され，6月中旬には松前町でイケマから中齢幼虫，7月中旬には函館市，北斗市などで寄生された終齢幼虫や蛹が確認（対馬，2014）された。イケマでは葉を丸くくりぬくような食痕が目立ち，幼虫はそこを離れて葉縁に静止するという。終齢が近づくと光沢のある体表が黄色と水色のモザイク模様となり胸部から生じたきわめて長い肉質突起もあって非常に目立つ。

以前は北上して帰還しないのかと謎だったが，マーキングし追跡情報を集約する「アサギネット」などの記録の組織化が進み，2008年10月に松前町でマーキングした個体が，14日かけて約800km南下して愛知県幡豆町で捕獲された例（対馬，2009）や，札幌市のマーキング個体が室蘭市で捕獲されたり，道外では82日をかけて台湾との2,500kmも移動した記録がある。美しい姿を持つ大型種であり，津軽海峡を渡る姿が捉えられるなど，テレビ報道などもあって市民にも関心が高まり確認例も増え，移動の実態が解明されつつある。

②ウラナミシジミ *Lampides boeticus* (Linnaeus, 1767)

小さなゼフィルスのように活発に占有行動を行う藤色の翅表とさざ波模様の裏面が印象的な種。

渡島半島南部を中心に札幌市以西の記録が多い。石狩平野を越える地域では，日高平取町（猪子，1961），空知管内夕張市（油谷，1966），釧路・十勝地方では音更町（小野，1963）や釧路市（盤瀬，1966）の他，幕別町（2012年9月27日1♂樋口勝久・翌28日1♀笠井啓成，共に未発表）がある。宗谷管内では1975年9月14日利尻島鬼脇の1♂（矢崎・平元）の記録がある。たまに道内で一時的に発生することがあり，1999年には苫小牧市内のアズキ畑で多数発生した記録（神田，1999）がある。また，永盛（拓）は1990年9月に奥尻島で，同地で発生したと思われる新鮮な5個体を見つけ，2個体を採集した。周辺は，インゲンマメの植えられた家庭菜園であった。

早い記録は1962年8月19日音更町下音更の記録があるが，多くが9月初旬～11月に見られる。1999年苫小牧市での発生は9月初旬から確認されたことから，道内に盛夏に飛来した個体が，好条件に恵まれ発生地にたどりついた場合，世代を繰り返して道内各地に拡散すると考える。マメ科エンドウマメなどの農作物やクズ，ハマエンドウなどの野生種でも発生する。発生地になりそうな環境が多い割には，発生を確認した例は少ない。北海道への飛来は散発的であるが今後も注目すべき蝶といえる。

③イチモンジセセリ
Parnara guttata (Bremer & Grey, 1852)

北海道に秋の到来を知らせる南からの侵入種。花畑や人家付近にもよく来る。飛来してもオオチャバネセセリなどと誤認されること（P.057参照），人目を引かないことなど，非常に素早く視認さえ難しいことなどで見落とされることも多い。

石狩低地帯以東では利尻島（矢崎，1981）をはじめ，道北の豊富町（2014年9月，黒田未発表），幌延町（青山，1989），道東では，浜中町（2014，高野秀喜未発表），別海町（上春別，西春別，上風連，2014：遠藤雅廣，未発表）などで得られている。

永盛（拓）は1991年5月31日～6月2日に奥尻町青苗で3♀2♂を記録し，さらに1992年6月27～30日8♂12♀，2002年6月28～30日1♂9♀を記録しており，これらの個体は本州からの第一波の飛来と考えられる。また，同島で幼虫も確認しており，6月に休耕田の生き残ったイネで，9月には刈り取り後のひこ生えから幼虫を得た（以上未発表記録）。この他，増毛町（2008年6月8日，芝田翼，未発表）の記録も第一波の侵入であろう。

通常は道南～道央部では8月以降，多くの地域では9月に入ってから数を増すが，これはアサギマダラと同様，この時期の本州以南からの飛来を中心として，一部定着後の発生が混じると思われる。1980年代までは渡島地方以外では多くはなかったが，2005年以降は石狩管内，帯広市や中札内村など十勝平野でも場所によっては9月になると多く見られる年が多くなった。

イネの害虫として知られ，イネ科のススキ，マコモなど野生種も食べる。卵はイネでは株の下部の葉に産卵することが多い。孵化した幼虫は葉で筒状の巣をつくり，3齢ごろから複数の葉を集めて粗雑な巣をつくり，巣が白っぽく目立つ。蛹も巣の中で見つかるが，強く白粉に覆われている。本州では次頁の写真のように老熟幼虫で越冬するという。

①アサギマダラ 海岸のオオハンゴンソウを訪花した♀ '13.9.22 室蘭市(S)

③イチモンジセセリ 海岸草原のコウゾリナを訪花 '11.9.25 室蘭市(S)

①♀ 高温時には日陰の花を好む '09.9.22 室蘭市(S)

①♂ 表裏とも黒い性標を持つ '13.9.22 室蘭市(S)

②ウラナミシジミ '08.11.21 石垣島(S)

②ウラナミシジミ 幼虫 '15.9.9 函館市(SR)

終齢と食痕(左)，越冬幼虫 '15.12.25 静岡県(T)

①アサギマダラ 卵 '13.6.23 函館市(TM)

①アサギマダラ 若齢と食痕 '13.6.22 函館市(TM)

①放蝶前のマーキング個体 '15.8.13 七飯町(TM)

①アサギマダラ 終齢 '13.6.29 松前町(TM)

①アサギマダラ 蛹 '13.7.16 北斗市(TM)

④**チョウセンシロチョウ** *Pontia daplidice* (Linnaeus, 1758)

1953年9月29日に留萌市で初めて記録されて以来，1961年名寄市，1966年浜頓別町，1975年8月深川市多度志と9月には雄武町。1979年から80年にかけては旭川市，深川市，岩見沢市，北竜町，雨竜町の石狩川河畔。留萌管内の羽幌町，小平町。石狩管内の札幌市北区，後志管内の小樽市，蘭越町などで確認された。この中で1980年小樽市と札幌市北区の記録は春季の捕獲例であり越冬発生したと推測する。1984年，道内唯一の太平洋側である登別市の記録以降，本道での確認は途絶えている。生息地は食草のスカシタゴボウが生える裸地の目立つ河川敷や荒れ地などであった。

⑤**ツマグロヒョウモン** *Argyreus hyperbius* (Linnaeus, 1763)

道内での確認事例は，酒井氏が採集した1955年9月7日落部村(現・八雲町)での2♂1♀採集(棟方ほか，1956)の記録をはじめ，渡島管内では函館市(中嶋，1999)や上ノ国町(対馬，2000)の他，近年では石黒正輝氏が2005年9月に函館山で3♂(対馬，2007)，高野秀喜氏も2013年9月函館市や2011年9月松前町(共に高野，2014)で記録している。渡島管内以外では，札幌市円山(渡辺，1962)，1994年には阿寒湖畔で1♀が記録されている(小松，1996)。札幌市と阿寒湖の記録は7月末，8月初旬と早いが，これ以外では多くが9月に記録されている。国内での本種の北上は注目され，1990年代には愛知県や上信越，2000年に入ると関東でも定着し，2005年以降では北関東でも定着したと聞く。食草は他の大型ヒョウモン同様でスミレ類であるが，庭などに植えられているパンジーやビオラでも発生し，更なる都市温暖化による北限生息地の更新も考えられる事から，今後は道内の記録が増えていくことが予想される。

2.迷蝶の記録

季節風や台風などによって運ばれた偶産種や飛来種に加え，造園の植物移植や物資の運搬に紛れ込んだ可能性など，人による偶発的な運搬などで記録された，いわゆる迷蝶の主な記録である。

⑥**アオスジアゲハ** *Graphium sarpedon* (Linnaeus, 1758)

苫小牧市(神田，1982)。目撃報告は浜益村(外山，1967)。なお札幌市(佐藤，1963)の記録は，飼育逃亡個体の捕獲とされ，誤って逃したことは(故)館山氏を含む方々には,周知のことだったと聞く。「情報を知ったが，発表中止の進言は間に合わなかった」と黒田は，(故)小松剛氏から伺った。

⑦**モンキアゲハ** *Papilio helenus* (Linnaeus 1758)

乙部町1♂(角谷，2000)

⑧**キタキチョウ** *Eurema mandarina* (de1'Orza, 1869)

函館市(田川，1992)，八雲町(久保田・梶川，1961)，乙部町(堀・桜井，2015)，奥尻町(永盛拓行・1990年9月25日未発表)の捕獲例がある。

⑨**フィールドモンキチョウ**
Colias fieldii (Ménétriés, 1855)

せたな町(荒木，2012)

⑩**メスアカムラサキ** *Hypolimnas misippus* (Linnaeus, 1764)

新十津川町(萩原，1958)，江差町(坪内，1980)

⑪**リュウキュウムラサキ**
Hypolimnas bolina (Linnaeus, 1758)

江差町2♀(小林，1991)，松前町(対馬，2011)厚沢部町(野村，2011)

⑫**アサマイチモンジ** *Ladoga glorifica* (Fruhstorfer, 1909)

上ノ国町(坪内，1986)，知内町(林，1999)

⑬**モリシロジャノメ** *Melanargia epimede* (Staudinger, 1892)

東利尻町(加藤・逸見，1978)

⑭**ウスイロコノマチョウ** *Melantis leda* (Linnaeus, 1758)

旭川市(石川，1959)，函館市(井辻，1968)，松前町(伊藤，1975)，上富良野町(塩谷，1989)，小樽市(井上，1991)，江差町(原，1995)その他，富良野市(永盛俊行，1994年9月23日 未発表)の捕獲例がある。

⑮**クロコノマチョウ** *Melanitis phedima* (Cramer, 1780)

江差町1♂(対馬，2009)

⑯**ヒメキマダラセセリ** *Ochlodes ochraceus* (Bremer, 1861)

八雲町(斎藤，1982)，福島町(堀・桜井，2015)

3.その他の記録

道内の採集記録のうち，以下の種は，飼育個体が逃げ出した可能性が高いと判断したものや，真偽が疑わしいもの，誤同定の可能性が高いものなどである。記録されたが，自発的飛来や偶発的な迷蝶とは考えられないと判断し，種名の列記にとどめる。この中にはハマベシジミ(学名は一般的な *Aricia allous* ではなく，該当標本に添付されていた当時の同定種名)やアオバセセリなど，発表の後に記録訂正された種も含む。

⑰**オオアカボシウスバシロチョウ**
Parnassius nomion (Fischer de Waldheim, 1823)

⑱**アカボシウスバシロチョウ**
Parnassius bremeri (Bremer, 1864)

⑲**ナガサキアゲハ** *Papilio memnon* (Linnaeus, 1758)

⑳**シロオビアゲハ** *Papilio polytes* (Linnaeus, 1758)

㉑**クロミドリシジミ** *Favonius yuasai* (Shirozu, 1947)

㉒**ハマベシジミ** *Lycaena astranche allous* (Hübner)

㉓**ヤマトシジミ** *Zizeeria maha* (Kollar, 1844)

㉔**エゾウラギンヒョウモン**
Fabriciana niobe tsubouchii (Fujioka 2001)

㉕**オオウラギンヒョウモン**
Fabriciana nerippe (C. & R. Felder, 1862)

㉖**アカボシゴマダラ**
Hestina assimilis assimilis (Linnaeus, 1758)

㉗**オオゴマダラ** *Idea leuconoe* (Erichson, 1834)

㉘**クロヒカゲモドキ** *Lethe marginalis* (Motschulsky, 1860)

㉙**アオバセセリ**
Choaspes benjaminii (Guérin-Méneville, 1843)

④チョウセンシロチョウ '79.10.23 蘭越町(KW)

⑤ツマグロヒョウモン♀ '07.7.15 神奈川県(T)

⑧キタキチョウ '15.8.27 東京都(T)

⑥アオスジアゲハ '14.9.27 神奈川県(TI)

㉖アカボシゴマダラ '08.10.13 神奈川県(T)

⑭ウスイロコノマチョウ '12.10.07 神奈川県(KK)

⑪リュウキュウムラサキ '11.3.21 石垣島(S)

④チョウセンシロチョウ 終齢 '79.10.7 蘭越町(KW)

⑤ツマグロヒョウモン 終齢 '07.7.15 神奈川県(T)

⑯ヒメキマダラセセリ '15.8.27 東京都(T)

⑦モンキアゲハ '12.8.12 和歌山県(T)

㉖アカボシゴマダラ 終齢 '09.4.11 神奈川県(T)

4. 絶滅したと考える種

①テングチョウ

Libythea lepita matsumurae (Fruhstorfer, 1909)

国内では1種だけで，テングチョウ科とされたこともあるパルピ(下唇鬚)が頭部に長く突き出た特殊な小型タテハチョウ。

東北北部には少ないが日本のほぼ全土に分布する。北海道産は独立した亜種とされていただけに絶滅は非常に惜しまれる。

現在知ることのできる情報では最も古い標本の記録は1920年4月26日に長沼町～由仁町間で採集された1♀(堀，2008)。この他，札幌市では1930年・円山(北原，1989)，1956年・定山渓(2011，黒田)，1957年・円山(豊田，1961)，1962年・幌見峠(青山，1989)，1972年・円山(浅野，1977)など記録も多い。他の地域では1936年・函館市(中嶋，1974)，1957年・夕張市(斎藤，1979)，発表記録では最古の1957年・日高町(館山，1957)などがある。1950年代までは越冬個体も含まれていたことから，少なくともこの年代までは道内で生息していたと考える。これ以降では越冬個体の確認がされず，散見的な記録に留まることから，偶産個体を採集したとも考えられる。

館山氏の日高町岩内(日高竜門)は食餌植物のエゾエノキ分布圏外の記録であることから興味深い。直接お聞きしたところによると当時から注目していたが非常に少なかったとのことだった。同様に越冬個体である1956年定山渓の記録も，周辺にはエゾエノキの存在を聞かない。採集者の馬場俊六氏によると，残雪の残る滝の沢林道で，カワヤナギ群落の梢を越冬タテハ類に混じって飛んでいたという。この地域にもエゾエノキがない。あるいはエゾヤマザクラで発生していたのかもしれない。

北海道での幼生期の知見はないが，参考までに本州での永盛(拓)の観察に基づき生活史の概要を紹介する。成虫で越冬し，汚損した個体が4月から見られ，エノキの開芽時産卵したものが6月ころ新個体として発生する。この後夏には見られなくなり，秋に再び見るようになる。基本はこの年1化であるが年によっては2化が発生するという。路上によく止まり，敏感で近づくと先へ飛びまた止まる。時に特定の地域で大発生し，近年も2000年，2014年などに記録がある。卵は春，開ききっていない芽の付近などに産まれ見つけづらい。幼虫は緑色のアオムシ型で緑色で枝をゆすったりすると糸を引いて落下し発見しやすい。

②キタテハ

Polygonia c-aureun (Linnaeus, 1758)

ぼろぼろのような翅型が特徴的でシータテハと間違えられやすい。後翅表面の黒い斑点の中にわずかでも水色の点があれば本種と断定してよい。

日本本土のほぼ全域と一部の島～インドシナ半島の東アジアに分布する。

1950～60年代は八雲町以南の渡島地方では普通種だったが，函館市から本種が消えたのは1976年とされる(アイノ26，1992)。1960年代は比較的広範囲に見られたようで，札幌市や太平洋側の胆振・日高地方の他，飛び離れた市町村では芦別市(斎藤，1979)や留辺蘂町(中嶋，1965)でも記録があった。その後道央部では急激に姿を消した。道南では1980年以降でも，乙部町～江差町の範囲では安定して見られたが2001年の秋期幼虫確認(前田，2008)を最後に記録が途絶えた。苫小牧市での41年ぶりの記録となる2002年の芝田翼の捕獲例(神田，2004)が，今のところ北海道における最後の正式記録である。

食餌植物は史前帰化植物とされるアサ科のカナムグラが一般的でカラハナソウ，アサなどの記録が知られている。本道で記録された食草はカナムグラのみで，現在は江差方面以外ではまとまった群落をほとんど見ない。カナムグラ自体，本来北海道には稀な植物で，道南の人里に人為的に持ち込まれ繁茂していたものと考えられ，本種も明治時代以降侵入し戦後檜山地方から分布を拡大した種とする説もある。道南の人里的環境を象徴する蝶であったが，発生地になるのは人家付近の墓地などで，人手が入り草原が維持されていたのが，過疎化により草木が茂ってカナムグラ群落が激減してしまったために，絶滅した可能性は高い。

過去の観察では，発生は7月上旬～8月に第1化(高温期型)が，8月中旬～9月上旬に第2化(低温期型)が現れる。近似種のシータテハ同様低温期型の方が翅縁の凹凸が激しい。成虫は比較的ゆっくりと飛び，カナムグラの群落をあまり離れない。

卵は葉表に1卵ずつ産まれ，幼虫は孵化後葉裏に移動しカナムグラの葉の裂片を内側に折った巣をつくり，その天井でJ字型になって静止している。

非分布域である八重山地方での多数の散発的な採集例からも想像できるように，迷蝶になりやすい種と考える。このことから，しばらく記録が途絶えた本道だがカナムグラ群落が復活すれば，今後，道外からの飛来個体が発生，定着する可能性もある。

②キタテハ 日光浴 '85.8.3 乙部町(T)

①テングチョウ '08.11.21 石垣島(S)

①テングチョウ 4 齢 '14.5.3(KK)

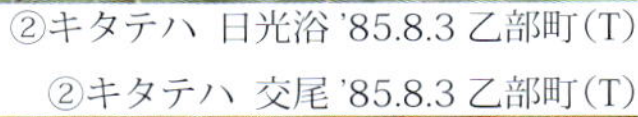
②キタテハ 交尾 '85.8.3 乙部町(T)

②キタテハ 巣の中の終齢 '85.8.3 乙部町(T)

①テングチョウ 終齢 '14.5.3 神奈川県(KK)

②キタテハ 卵 '85.8.2 乙部町(T)

ウマノスズクサ科・ケシ科

オクエゾサイシン

ウマノスズクサ科
Asarum heterotropoides
多年草で高さ 10 ～ 15cm
花期 5 ～ 6 月
低山や亜高山の林内

ヒメギフチョウの食草。若齢幼虫の時は葉にあいた穴を，亜終齢幼虫からは葉脈が少し残った食痕を探す。

卵は葉の裏につく

富良野市 5.4 ～ 10

エゾエンゴサク

ケシ科
Corydalis fumariifolia ssp. *azurea*
多年草で高さ 10 ～ 25cm
花期 4 ～ 5 月
低地や山地の湿った林内や草地

花の色，葉の形に変異が大きい。

富良野市 4.27

ヒメウスバシロチョウとウスバシロチョウの食草。葉に残された半円形の食痕（矢印）を頼りに幼虫を探す。

富良野市 4.13

安平町 5.11

ヒメウスバシロチョウの幼虫。

コマクサ

ケシ科
Dicentra peregrina
多年草で高さ 5 ～ 20cm
花期 7 ～ 8 月
高山のれき地

高山蝶ウスバキチョウの食草。花を食べる終齢幼虫や，近くの石の上で日光浴する黒っぽい幼虫が見つかる。卵を見つけるには産卵行動を追いかけるのが得策。

富良野岳 7.8

ムラサキケマン

ケシ科
Corydalis incisa
2 年草で高さ 20 ～ 50cm
花期 5 ～ 6 月
低地の林内

ウスバシロチョウの食草。食痕を頼りに枯葉の上下を丹念に探すと幼虫が見つかる。

千歳市 5.11

葉をつむと
セリのよい匂い。

富良野市 7.30

セリ
セリ科
Oenanthe javanica
多年草で高さ 20 ～ 60cm
花期 7 月下旬～ 9 月
低地の水辺

富良野市 7.12

ドクゼリ
セリ科
Cicuta virosa
多年草で高いものは 1m 以上
花期 7 ～ 8 月
沼や川などの水辺

全体に軟毛
あり。

葉は大きく 3 裂。

オオハナウド
セリ科
Heracleum lanatum
多年草で高いものは 2m
花期 5 ～ 7 月
低地や山地の明るいところ

富良野市
6.26

葉は三出複葉。
ミツバ独特の匂い。

富良野市
7.15

ミツバ
セリ科
Cryptotaenia canadensis ssp. *japonica*
多年草で高さ 30 ～ 80cm
花期 7 ～ 8 月
湿った林内

　セリ科はキアゲハが利用する。散形花序のつぼみに卵が，花に若齢幼虫が見つかる。
　葉の上の鳥糞状の幼虫も目立つ。産卵行動の観察も比較的容易。

エゾニュウ
セリ科
Angelica ursina
多年草で高いものは 2 ～ 3m
花期 7 ～ 8 月
海岸や山地の草地

幌延町 7.21

サンショウとキハダはアゲハチョウ科の主要な食樹。若い芽や葉についている卵や若齢幼虫が見つけやすい。

キハダは羽状複葉の高木で，葉をもむと柑橘系のにおいがする。コルク層の内側の内皮は和名の由来である特徴的な黄色。

春のつぼみにはルリシジミ，スギタニルリシジミが卵を産み付ける。

サンショウ

ミカン科
Zanthoxylum piperitum
落葉樹で高さ 3m
花期 5～6 月
日高以南の山地

キハダ

ミカン科
Phellodendron amurense
落葉樹で高さ 25m
花期 6～7 月
低地～山地

ツルシキミ

ミカン科
Skimmia japonica var. *intermedia* f. *repens*
常緑樹で茎は地を這う。高さ 50㎝
花期 5 月
山地の林内

オナガアゲハの食樹。湿性の肥沃な斜面にぽつぽつと生えている。若葉についた卵や若齢幼虫を探す。

アブラナ科・バラ科

ハルザキヤマガラシ
アブラナ科
Barbarea vulgaris
ヨーロッパ原産の多年草で高さ 50㎝
花期５〜７月上旬
空地や道端，河原

エゾスジグロシロチョウ，オオモンシロチョウなどの食草。夏以降によく利用される。

富良野市 5.6

コンロンソウ
アブラナ科
Cardamine leucantha
多年草で高さ 40 〜 70cm
花期５〜６月
低地〜山地の林の中

Pieris 属とツマキチョウの主要な食草。ツマキチョウの卵は花梗やつぼみを，幼虫は花や果実を探す。

富良野市 5.18

富良野市 6.22

キレハイヌガラシ
アブラナ科
Rorippa indica
ヨーロッパ原産の多年草で高さ 50㎝
花期６〜９月
空地や道端

モンシロチョウ，オオモンシロチョウ，スジグロシロチョウなど *Pieris* 属の食草。主に葉の裏に卵，食痕から幼虫が見つかる。

タネツケバナ，ミヤマハタザオはスジグロシロチョウ，エゾスジグロシロチョウ，ツマキチョウの食草。ツマキチョウは花や果実周辺を，スジグロシロチョウの仲間は食痕のついた葉を探すと幼虫が見つかる。

ミヤマハタザオ
アブラナ科
Arabidopsis kamchatica ssp. *kamchatica*
多年草で高さ 10 〜 30cm
花期５〜７月
山地の砂れき地や岩場

富良野市 5.18

富良野市 5.6

タネツケバナ
アブラナ科
Cardamine scutata
２年草で高さ 15 〜 30cm
花期４月下旬〜５月
道端や田畑のあぜ

キャベツ
アブラナ科
Brassica oleracea var. *capitata*
野菜として広く栽培される

富良野市
（植栽）
7.18

畑に飛び回るモンシロチョウの食草。食痕から幼虫が容易に見つかる。オオモンシロチョウもよく利用する。

シウリザクラ

バラ科
Prunus ssiori
落葉樹で高さ 20m
花期６月
山地

富良野市 5.28

若葉は赤褐色。

富良野市 4.27

冬芽

シウリザクラとエゾノウワミズザクラはリンゴシジミが利用する。
若葉についている食痕を目当てに幼虫を探す。孤立木をエゾシロチョウが食うこともある。

富良野市 5.6

富良野市 4.27

若葉とつぼみ。

エゾノウワミズザクラ

バラ科
Prunus padus
落葉樹で高さ 15m
花期５～６月
平地～山地のやや湿ったところ

冬芽

壮瞥町（植栽）5.1

離農した農家周辺のスモモの木がリンゴシジミの発生木となる。卵は枝の分岐点につく（矢印）。若葉や花を丹念に探すと幼虫がいる。
リンゴシジミの他，オオミスジ，カラスシジミ，エゾシロチョウも利用している。

富良野市（植栽）5.4

スモモ

バラ科
Prunus salicina
中国原産の落葉樹で高さ 10m
花期５月
栽培される

枝と冬芽

壮瞥町（植栽）6.2

ウメ

バラ科
Prunus mume
落葉樹で高さ５～８m
花期５月
栽培される

オオミスジの食樹。農薬で管理されていない木を探す。夏の終わりに若齢幼虫は特徴的な食痕を残すので見つけやすい。

バラ科

エゾヤマザクラ
バラ科
Prunus sargentii
落葉樹で高さ 20m
花期 5 月
山地

エゾヤマザクラとミヤマザクラはメスアカミドリシジミとエゾシロチョウの主要な食草。

メスアカミドリシジミの卵は低い枝の分岐点（矢印の位置）から，若齢幼虫は若葉の食痕から見つかる。

エゾノコリンゴ　サンナシ
バラ科
Malus baccata var. *mandshurica*
落葉樹で高さ 10m
花期 5 ～ 6 月
海岸～山地

エゾノコリンゴとズミはエゾシロチョウが好んで利用する。5 月下旬～6 月に群生した幼虫や蛹がつく。越冬巣も見つけやすい。

ミヤマザクラ　シロザクラ

バラ科
Prunus maximowiczii
落葉樹で高さ 15m
花期 5～6 月
山地

ズミ　コリンゴ

バラ科
Malus sieboldii
落葉樹で 2～10m
花期 5～6 月
山地や原野のやや湿ったところ

マメ科

シロツメクサ　オランダゲンゲ
マメ科
Trifolium repens
ヨーロッパ原産の多年草で高さ 15 ～ 30cm
花期 5 ～ 8 月
空地や道端

シロツメクサとムラサキツメクサのまわりをモンキチョウが飛び回っていたら，葉の上に卵が見つかる。ツバメシジミはつぼみや花に卵を産み付ける。

ムラサキツメクサ　アカツメクサ
マメ科
Trifolium pratense
ヨーロッパ原産の多年草で高さ 20 ～ 60cm
花期 5 ～ 10 月
空地や道端

クサフジ
マメ科
Vicia cracca
つる性の多年草で長さ 1.5m ほど
花期 6 月下旬～ 8 月
低地～山地の明るいところ

カバイロシジミ，エゾヒメシロチョウ，モンキチョウ，ツバメシジミなどの主要な食草。カバイロシジミの卵は株の先端部の芽や花についている。

ツルフジバカマ
マメ科
Vicia amoena
つる性の多年草で長さ 70 ～ 150cm
花期 8 ～ 9 月
草地や林縁

ヒメシロチョウの食草。クサフジに似るが花や葉はより大ぶり。母蝶の行動を追いながら卵や幼虫を丹念に探す。

コメツブウマゴヤシ

マメ科
Medicago lupulina
ヨーロッパや西アジア原産の1～2年草で高さ50㎝
花期6～7月
空地や道端

富良野市
6.22

コメツブウマゴヤシとムラサキウマゴヤシはモンキチョウが利用する牧草。初夏に目立つようになり，若葉の上にモンキチョウの幼虫が止まる。

ムラサキウマゴヤシ　アルファルファ

マメ科
Medicago sativa
地中海地方から西アジア原産の多年草で高さ30～100cm
花期6～8月
空地や道端

富良野市6.22

シナガワハギ

マメ科
Melilotus officinalis ssp. *suaveolens*
ユーラシア原産の1～2年草で高さ150cm
花期6～8月
空地や道端

富良野市
6.22

花の咲くころ，モンキチョウの幼虫が葉の上で見つかる。

ナンテンハギ

マメ科
Vicia unijuga
多年草で高さ40～100cm
花期6～9月
平地から低山地の草地

絶滅危惧種アサマシジミはこの種に強く依存。ツバメシジミなども利用する。アサマシジミは若葉の先端部を食い，アリがまとわりつくことが多い。

茎は直立～斜上し，小葉は2枚。

小樽市7.14

冬芽
イボタノキ
モクセイ科
Ligustrum obtusifolium
落葉樹で高さ 2～4m
花期 7 月
山野
富良野市 7.12
日高町
5.21
枝と冬芽
イボタノキとハシドイはウラゴマダラシジミの食樹。越冬卵は株の比較的低い位置の枝の分岐点(矢印)につく。幼虫は半円形の葉の食痕を目当てに探すと見つかる。
ハシドイ　ドスナラ
モクセイ科
Syringa reticulata
落葉樹で高さ 10～12m
花期 7 月
山地
枝と冬芽
つぼみと若葉
富良野市
6.26
富良野市 5.6
冬芽
モクセイ科・マンサク科

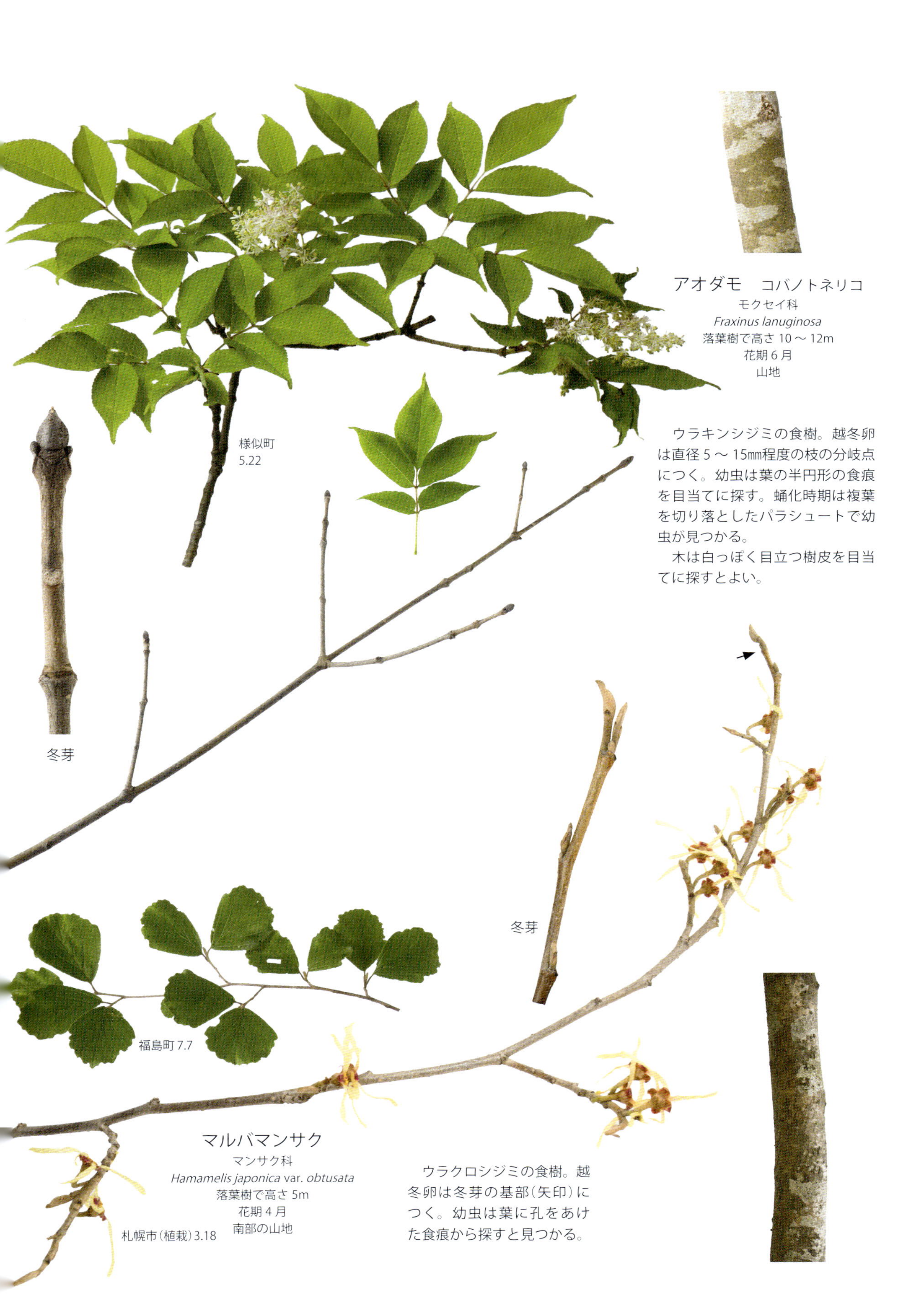

アオダモ　コバノトネリコ

モクセイ科
Fraxinus lanuginosa
落葉樹で高さ 10 ～ 12m
花期 6 月
山地

ウラキンシジミの食樹。越冬卵は直径 5 ～ 15㎜程度の枝の分岐点につく。幼虫は葉の半円形の食痕を目当てに探す。蛹化時期は複葉を切り落としたパラシュートで幼虫が見つかる。

木は白っぽく目立つ樹皮を目当てに探すとよい。

マルバマンサク

マンサク科
Hamamelis japonica var. *obtusata*
落葉樹で高さ 5m
花期 4 月
南部の山地

ウラクロシジミの食樹。越冬卵は冬芽の基部(矢印)につく。幼虫は葉に孔をあけた食痕から探すと見つかる。

ブナ科

ミズナラはムモンアカシジミ，ミズイロオナガシジミ，ウスイロオナガシジミ，ウラミスジシジミ，アカシジミ，アイノミドリシジミ，オオミドリシジミ，ジョウザンミドリシジミ，エゾミドリシジミのゼフィルス類が利用する。

枝先につく越冬卵の位置は下図のようにそれぞれ産付位置が変わる。下図以外では，ウスイロオナガシジミは太い枝から幹との分岐点に，オオミドリシジミは幼木の枝の分岐点，ムモンアカシジミは枝から幹のアリの通り道につく。

１齢幼虫は膨らんだ芽，若齢幼虫は若い葉や枝に鱗片を集めて隠れていることが多い。

ミヤマセセリも食樹として利用し，卵は伸び始めた芽の周辺に産み付けられる。若齢幼虫は葉を折り返した巣を，中〜終齢幼虫は夏ごろから葉を重ね合わせた巣を探すと見つかる。

コナラ

ブナ科
Quercus serrata
落葉樹で高さ 15m
花期 5～6 月
空知以南の日当たりのよい山野

コナラはミズナラを食するゼフィルスのほか，ウラナミアカシジミが選択的に利用する。ウラナミアカシジミの越冬卵は当年枝の分岐点から冬芽基部につく（矢印）。

幼虫探しは若葉を綴った巣を目当てにする。

ミヤマセセリも葉に巣をつくる。

若葉と雄花

富良野市 5.14

カシワ

ブナ科

Quercus dentata

落葉樹で高さ 20m

花期 5～6 月

海岸～山地の日当たりのよいところ

富良野市 6.1

冬芽

ゼフィルスの仲間のキタアカシジミ，ウラジロミドリシジミ，ハヤシミドリシジミがカシワを選択的に利用する。

ウラミスジシジミ，ウスイロオナガシジミはよく利用する。

越冬卵はキタアカシジミは当年枝，ウラジロミドリシジミとハヤシミドリシジミは横に伸びた枝の冬芽基部から枝の分岐点につく。

若齢幼虫は若葉の基部や鱗片の中に隠れている。ハヤシミドリシジミの終齢は夕方葉の上に出てくる。

ミヤマセセリも利用する。

富良野市（植栽）5.14

ブナ

ブナ科

Fagus crenata

落葉樹で高さ 20 ～ 30m

花期 5 月

黒松内低地帯以南の山地の肥沃地

ブナはフジミドリシジミの食樹

カバノキ科・クルミ科

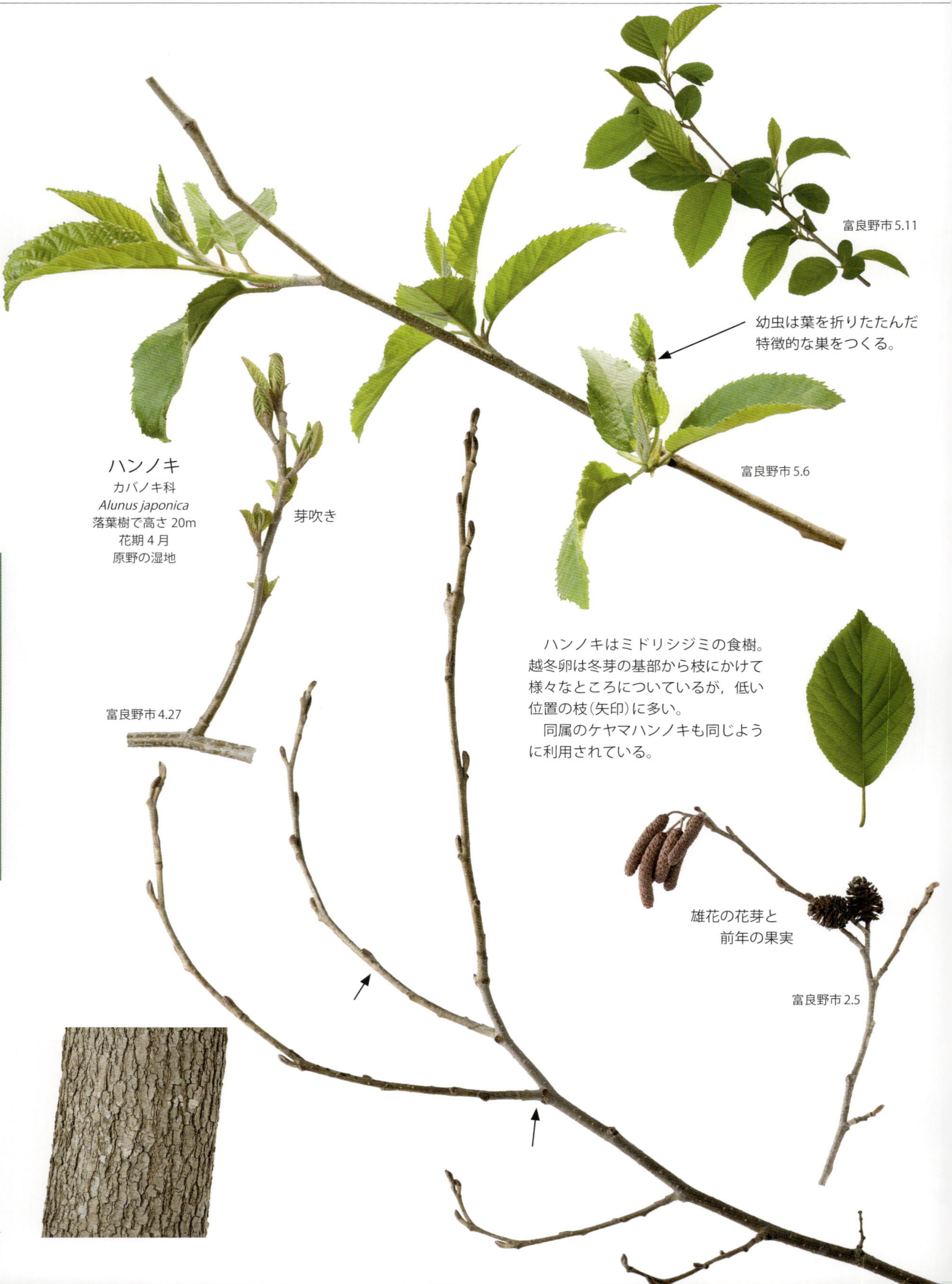

富良野市 5.11

幼虫は葉を折りたたんだ
特徴的な巣をつくる。

富良野市 5.6

ハンノキ

カバノキ科
Alunus japonica
落葉樹で高さ 20m
花期 4 月
原野の湿地

芽吹き

富良野市 4.27

　ハンノキはミドリシジミの食樹。越冬卵は冬芽の基部から枝にかけて様々なところについているが，低い位置の枝（矢印）に多い。
　同属のケヤマハンノキも同じように利用されている。

雄花の花芽と
前年の果実

富良野市 2.5

芽吹き，若葉を開く。

オニグルミ

クルミ科

Juglans ailanthifolia

落葉樹で高さ 20m

花期 5 〜 6 月

やや湿ったところ

富良野市 5.6

オニグルミはオナガシジミの食樹。越冬卵は冬芽付近から枝伝いに産み付けられる（矢印）。卵のついた枝先の，複葉の塊となった若葉に幼虫は潜り込むが，外に出た糞を目当てに探す。終齢幼虫は葉の裏についている。

冬芽

クロウメモドキ

クロウメモドキ科
Rhamnus japonica
落葉樹で高さ 3 ～ 7m
花期 4 ～ 6 月
山地や原野

ミヤマカラスシジミの食樹。越冬卵は横に張った枝に 1 ～数個ついている（矢印）。幼虫は枝の先端部の若葉につく。

トチノキ

トチノキ科
Aesculus turbinata
落葉樹で高さ 20 ～ 25m
花期 5 ～ 6 月
西南部以南の山の谷間

スギタニルリシジミの食樹。伸びてきた花芽のつぼみの間に卵がつく。幼虫は花を食するが発見は難しくなる。

富良野市 5.6

富良野市 5.28

富良野市 7.18

ミズキ

ミズキ科
Cornus controversa
落葉樹で高さ 15～20m
花期 6～7月
山地

スギタニルリシジミ，ルリシジミの食草。
早春の花芽に卵がついている。つぼみや花の中の幼虫は見つけづらい。

シナノキ

シナノキ科
Tilia japonica
落葉樹で高さ 20m
花期 6～7月
山地

トラフシジミの幼虫がつぼみや花を食べる。卵はつぼみの側面や若い枝先に産み付けられる。

オオバボダイジュ

シナノキ科
Tilia maximowicziana
落葉樹で高さ 20m
花期 6～7月
山地

バラ科・タデ科・シソ科・ベンケイソウ科

富良野市（植栽）
5.20

エゾシモツケ
バラ科
Spiraea media var. *sericea*
落葉樹で高さ 1 ～ 2m
花期 6 ～ 7 月
日当たりのよい高山や岩場

葉の先に
少数の鋸歯

明るい岩場に咲くエゾシモツケとマルバシモツケの花にコツバメが産卵に来る。フタスジチョウの幼虫は若齢時が見つけやすい。

富良野市（植栽）
5.28

マルバシモツケ
バラ科
Spiraea betulifolia
落葉樹で高さ 50 ～ 100cm
花期 6 ～ 7 月
日当たりのよい高山や山地の岩場

葉の下部以外は
鋸歯がある。

富良野市（植栽）5.6

ユキヤナギ
バラ科
Spiraea thunbergii
本州以南に分布する落葉樹で高さ 2m
花期 5 月
庭や公園に植えられる

フタスジチョウの食樹。細い葉を綴った越冬巣が探しやすい。

冬芽と枝

冬の枝先

ホザキシモツケ
バラ科
Spiraea salicifolia
落葉樹で高さ 1 ～ 2m
花期 7 ～ 8 月
日当たりのよい湿原や周辺

フタスジチョウの主要な食樹。花が咲く時期に産卵が見られる。葉が落ちた後に越冬巣が見つかる。

富良野市
7.12

様似町
5.22

若葉と
つぼみ

富良野市
5.10

エゾノシロバナシモツケ
バラ科
Spiraea miyabei
落葉樹で高さ 1m
花期 6 ～ 7 月
山地の岩場や急斜面

コツバメの主要な食樹。塊状の花芽に卵，房状の花に幼虫が見つかる。

エゾノギシギシ

タデ科

Rumex obtusifolius

多年草で高さ 50 〜 130cm

花期 7 〜 9 月

空地や道端

富良野市 5.11

エゾノギシギシとヒメスイバはベニシジミの食草。卵はヒメスイバの根元の小さな葉や茎でよく見つかる。幼虫はエゾノギシギシでは穴をあけた食痕を目当てに，葉を裏返しながら探すと見つかる。

富良野市 5.29

ヒメスイバ

タデ科

Rumex acetosella

ヨーロッパ原産の多年草で高さ 20 〜 50cm

花期 5 〜 6 月

空地や荒地

仁木町 7.30

クロバナヒキオコシ

シソ科

Isodon trichocarpus

多年草で高さ 50 〜 120cm

花期 8 〜 9 月

留萌地方以南の林縁や沢沿い

クロバナヒキオコシはオオゴマシジミの越冬前の食草。卵はつぼみや花の萼につく。若齢幼虫は花の周辺を丹念に探すと見つかる。

ナガボノシロワレモコウ

バラ科

Sanguisorba tenuifolia var. *alba*

多年草で高さ 80 〜 140cm

花期 8 〜 9 月

低地から山地の湿った草地

富良野市 8.14

ヒョウモンチョウは独特の食痕を頼りに根元周辺を探す。

ヒョウモンチョウとゴマシジミの食草。ゴマシジミの発生期の産卵行動は容易に観察できる。花穂をほぐすと若齢幼虫が見つかる。

千歳市 5.11

エゾノキリンソウ

ベンケイソウ科

Phedimus kamtschatics

多年草で高さ 20cm

花期 7 〜 8 月

山地の岩場

富良野市 6.26

ジョウザンシジミの食草。卵は茎や葉の表面基部（矢印）につく。幼虫は切り落とした葉を目当てにアリの集まっているところを探すと見つかる。

キク科・ガンコウラン科・ツツジ科・バラ科・スミレ科

富良野市 4.27

オオヨモギ　エゾヨモギ

キク科
Artemisia montana
多年草で高さ 1 〜 2m
花期 8 〜 10 月
低地〜山地の道端や草原

ヒメシジミ，ヒメアカタテハの食草。ヒメシジミは透けるようについた食痕とアリを目当てに探すと見つかる。ヒメアカタテハは葉先を丸めた巣にいる。

ゴボウ　ノラゴボウ

キク科
Arctium lappa
ヨーロッパ原産の 2 年草で高さ 50 〜 150cm
花期 7 〜 9 月
空地や道端

富良野市 7.26

ゴボウのヒメアカタテハはヨモギと同じく，葉の先の巣を探すと見つかる。

富良野岳 7.8

ガンコウラン

ガンコウラン科
Empetrum nigrum var. *japonicum*
常緑樹の低木
花期 5 〜 6 月
主に高山帯。湿原や海岸にも分布

カラフトルリシジミ，アサヒヒョウモンの食樹。カラフトルリシジミの卵と幼虫は若い葉の裏につくが，ガンコウランの広い群落の中で発見するのは困難。

富良野岳 7.8

コケモモ　フレップ

ツツジ科
Vaccinium vitis-idaea
常緑樹で高さ 10cm
花期 6 〜 7 月
主に高山帯。海岸近くにも分布

アサヒヒョウモン，カラフトルリシジミの食樹。卵は母蝶を追跡して見つけるのが早道。幼虫の発見は困難。

大雪山旭岳 7.12

キバナシャクナゲ

ツツジ科
Rhododendron aureum
常緑樹で高さ 30cm
花期 6 〜 7 月
高山

アサヒヒョウモンの食樹。幼虫は若い葉に円形の食痕を残す。葉の裏に隠れているが発見するのは困難。

富良野市（植栽）6.4

キンロバイ

バラ科
Potentilla fruticosa
落葉低木で高さ 1m
花期 6 〜 8 月
高山の岩場など

ヒメチャマダラセセリの食樹。卵はごく小さな株の石の上や地面に近いところの葉裏につく。幼虫は株の先端部の若葉を綴った巣を目当てに探すと見つかる。

アポイ岳 5.22

ヒメチャマダラセセリの卵

ミヤマスミレ
スミレ科
Viola selkirkii
多年草で高さ 3 ～ 10cm
花期 5 ～ 6 月
低地～山地の林内

地上茎はあるが
根元からも花柄が出る。

様似町 5.22

富良野市
5.18

花を食するミドリヒョウモン

蛾の幼虫

タチツボスミレ
スミレ科
Viola grypoceras
多年草で高さ 5 ～ 15cm
花期 5 ～ 6 月
低地～山地の林内

エゾノタチツボスミレ
スミレ科
Viola acuminata
多年草で高さ 20 ～ 40cm
花期 5 ～ 6 月
明るい林内や草地

花は白色

富良野市 5.6

ツボスミレ　ニョイスミレ
スミレ科
Viola verecunda
多年草で高さ 5 ～ 20cm
花期 5 月下旬～ 6 月
低地から山地の湿ったところ

スミレ科は各種ヒョウモン類(ホソバヒョウモン，カラフトヒョウモン，ウラギンスジヒョウモン，オオウラギンスジヒョウモン，ミドリヒョウモン，メスグロヒョウモン，クモガタヒョウモン，ウラギンヒョウモン，ギンボシヒョウモン)の食草となっている。

若齢幼虫は葉の縁につく小さな食痕(矢印)を目当てに根元周辺の枯葉を探す。

ミドリヒョウモン，メスグロヒョウモンの幼虫は日中，周辺の枯葉や葉の上に出ていることがあるので見つけやすい。

草原性のギンボシヒョウモンとウラギンヒョウモンは時々大発生し株を丸坊主に食べ尽くす。

オオタチツボスミレ
スミレ科
Viola kusanoana
多年草で高さ 15 ～ 25cm
花期 4 月下旬～ 6 月
低地～山地の林内

葉は 3 つに分かれる。

安平町 5.11

ミツバツチグリ
バラ科
Potentilla freyniana
多年草で高さ 25cm
花期 5 ～ 6 月
低地～山地の日当たりのよいところ

キジムシロとミツバツチグリはチャマダラセセリの食草。葉を重ねてつくった巣を目当てに幼虫を探す。発生地ではバラ科のオオダイコンソウやノイチゴ類からも見つかる。

キジムシロ
バラ科
Potentilla sprengeliana
多年草で高さ 15 ～ 25cm
花期 5 ～ 7 月
低地～山地の日当たりのよいところ

バラ科・イラクサ科・ヤマノイモ科・クワ科・ユリ科

オニシモツケ

バラ科
Filipendula camtschatica
多年草で高さ 1 ～ 2m
花期 7 ～ 8 月
山地のやや湿ったところ

葉の上に静止する
幼虫の発見は容易

食痕が目立つ

富良野市 5.28

コヒョウモンの食草。卵は枯れ始めた葉の裏，虫食い穴の周りにある。周辺の下草に下垂している蛹も比較的容易に発見される。

月形町 6.27

オニシモツケの花

コヒオドシの幼虫

葉や茎にふれると
チクチクと痛がゆくなる。

富良野市 5.28

富良野市 7.12

エゾイラクサの花

富良野市 4.27

エゾイラクサ

イラクサ科
Urtica platyphylla
多年草で高さ 20 ～ 200cm
花期 6 ～ 8 月
低地～亜高山の湿っぽいところ

エゾイラクサとホソバイラクサはクジャクチョウ，コヒオドシ，アカマダラ，サカハチチョウ，アカタテハの食草。
前 3 種は幼虫が若葉に群れているので発見は比較的容易。蛹も周辺の下草に下垂しているのが比較的に見つかりやすい。アカタテハも葉をとじ合わせた巣を目当てに探すと発見は容易。
イラクサ科のアオミズは似ているが利用しないので注意。

葉の先は
3 裂する。

葉柄は赤い

富良野市 7.15

アカソ

イラクサ科
Boehmeria silvestrii
多年草で高さ 50 ～ 80cm
花期 7 ～ 8 月
山野の湿ったところ

アカタテハはよく利用するが他の種はほとんど利用しない。

オニドコロ
ヤマノイモ科
Dioscorea tokoro
つる性の多年草で長さ 3m ほど
花期 7 月下旬〜 8 月
低地〜低山の林縁

江差町 8.8

ダイミョウセセリの食草。毛に覆われた卵は葉の中央部の表面につく。幼虫は円形に折りたたんだ独特の巣をつくるので発見は容易。

カラハナソウ
クワ科
Humulus lupulus ver. *cordifolius*
つる性の多年草で長く伸びる
花期 8 〜 9 月
道端や林縁

富良野市 8.19

クジャクチョウ，シータテハの食草。葉にクジャクチョウの幼虫が群がる。シータテハの若齢は葉に孔をあける。葉に下垂した蛹も時々見つかる。

カナムグラ
クワ科
Humulus scandens
つる性の 1 年草
花期 8 〜 9 月
渡島半島の林縁や道端

乙部町 7.7

キタテハの食草。掌状の葉を丸めた独特の巣をつくる。

江差町 5.19

サルトリイバラ
ユリ科
Smilax china
落葉するつる性の木本
花期 6 月
南部の山野

ルリタテハの食草。卵は葉の表面につく。若齢幼虫は葉に円形の食痕を残す。

富良野市 6.12

オオバタケシマラン
ユリ科
Streptopus amplexifolius ver. *papillatus*
多年草で高さ 50 〜 100cm
花期 6 〜 7 月
山地〜亜高山の湿ったところ

ルリタテハの食草。産卵が遅いため卵が見つかるのは 6 月以降。幼虫を発見するには食痕を目当てにする。

芽吹き

ヤマハギ　エゾヤマハギ
マメ科
Laspedeza bicolor
落葉樹で高さ 2m
花期 7 月下旬〜 9 月
山野の日当たりのよいところ

つぼみと花はルリシジミ，ツバメシジミの主要な食樹。産卵行動を見るチャンスも多い。夏の終わりにはコミスジの独特な食痕がつく。

富良野市（植栽）
7.24

ツバメシジミの卵

厚真町 5.24

ニセアカシア　ハリエンジュ
マメ科
Robinia pseudoacacia
北アメリカ原産の落葉樹で高さ 20m
花期 6 〜 7 月
市街地〜山地

ルリシジミ，コミスジがヤマハギと同じように利用する。稀にモンキチョウの幼虫が見つかる。

幹や枝に
刺が多い。

花はよい
香りがする。

富良野市 6.4

イタヤカエデ

カエデ科
Acer mono
落葉樹で高さ 20m
花期５月
平地～山地

イタヤカエデ，ハウチワカエデ，オオモミジはミスジチョウの食樹。卵は裂開した葉の先端部につく。若齢幼虫はカーテンをつった独特の巣をつくるので探しやすい。落葉後の枝先にぶら下がった越冬巣もよく目立つ。

ハウチワカエデ

カエデ科
Acer japonicum
落葉樹で高さ 12m
花期５月
山地

オオモミジ

カエデ科
Acer palmatum ver. amoenum
落葉樹で高さ 12m
花期５月
山地

芦別市6.5

タニウツギ
スイカズラ科
Weigela hortensis
落葉樹で高さ 2m
花期６月
日当たりのよい山野

大雪山旭岳7.12

ウコンウツギ
スイカズラ科
Weigela middendorffiana
落葉樹で高さ１～1.5m
花期６～７月
亜高山～高山

タニウツギ，ウコンウツギ，クロミノウグイスカグラはイチモンジチョウの食樹。卵は葉の表についたものが見つけやすい。幼虫は中脈を残した食痕を目当てに探すと見つけやすい。越冬巣は分岐した枝の根元付近の小さな葉を折り返してつくられている。

クロミノウグイスカグラ　ハスカップ

スイカズラ科
Lonicera caerulea ver. *emphyllocalyx*
落葉樹で高さ 2m
花期 5 ～ 6 月
湿原の周辺や亜高山

ミツバウツギ

ミツバウツギ科
Staphylea bumalda
落葉樹で高さ 4 ～ 5m
花期 5 ～ 6 月
中部以南の山地

コツバメ，トラフシジミがつぼみや花を食べるが利用度は低い。

ヤナギ科

オノエヤナギ
ヤナギ科
Salix sachalinensis
落葉樹で高さ 10 〜 15m
花期 5 月
河岸や湿地

各地の水辺にふつうに見られる。
葉は細長く 8 〜 16cm。鋸歯は波状。毛は少ないか無い。
6.1

冬芽は扁平で長さ 3 〜 6 mm。

326 〜 327 ページの撮影地はすべて富良野市。

エゾノキヌヤナギ
ヤナギ科
Salix pet-susu
落葉樹で高さ 6 〜 13m
花期 4 〜 5 月
河岸や湿地

裏面
形はオノエヤナギによく似るが裏面に絹毛を密生する。
6.1

冬芽にも絹毛がある。

4.15　雄花

ネコヤナギ
ヤナギ科
Salix gracilistyla
落葉樹で高さ 3m
花期 4 〜 5 月
山野の水辺近く

6.1　裏に絹毛が多い。

幹はつるりとしているものが多い。

冬芽や若枝にも絹毛が多い。毛深い印象。

4.15　雄花

エゾノバッコヤナギ
ヤナギ科
Salix hultenii var. *angustifolia*
落葉樹で高さ 15m
花期 4 〜 5 月
平地から山地

丘陵や山地に多い。
5.28　裏に絹毛が多い。

冬芽は卵形。

4.15　雄花

オオバヤナギ
ヤナギ科
Toisusu urbaniana
落葉樹で高さ 20m
花期 5 〜 6 月
河岸

6.1　葉は 20cm にもなり他のヤナギより大きい。細かな鋸歯がある。毛はない。

若枝や冬芽は赤っぽい。

5.18　雄花

オオイチモンジの越冬巣は枝先に葉を集めてつくるが発見は難しい。

ヤナギ類（左頁）はコムラサキの食樹。
卵は産卵する成虫から見つけるとよい。越冬幼虫は指くらいの太さの枝の分岐に張り付いている。越冬後の幼虫は葉の中央に静止しているが擬態効果で見つけづらい。
ヒオドシチョウ，キベリタテハも利用している。

ドロノキとヤマナラシはオオイチモンジ，コムラサキの食樹。
オオイチモンジの卵は枝の先端部（矢印）につく。若齢幼虫は中脈残しの特徴のある食痕と巣をつくるので見つけやすい。終齢幼虫は大きな食痕を残す。葉表に下垂する蛹を発見する可能性がある。

シラカンバ

カバノキ科
Betula platyphylla var. *japonica*
落葉樹で高さ 20 ～ 25m
花期 5 月
日当たりのよい山野

ダケカンバ

カバノキ科
Betula ermanii
落葉樹で高さ 15m
花期 5 ～ 6 月
亜高山～高山

樹皮は灰白色。ささくれ立っていることも多い。

328～329ページの撮影地はすべて富良野市。

ウダイカンバ　マカバ

カバノキ科

Betula maximowicziana

落葉樹で高さ 25m

花期 5 月

山地の適潤地

葉はシラカンバ，ダケカンバより大きく，基部は心形。

ニレ科・ウコギ科

ハルニレとオヒョウはカラスシジミ，シータテハ，エルタテハ，ヒオドシチョウときにアカタテハの食樹。

シータテハの越冬個体は若い芽や若葉に卵を産み付ける。

エルタテハ，ヒオドシチョウの幼虫は若葉に群生する。

カラスシジミの越冬卵は低い枝の分岐点（矢印）につく。幼虫は若齢〜終齢まで枝の先端部の葉の裏についている。

エゾエノキ

ニレ科
Celtis jessoensis
落葉樹で高さ 20m
花期 5 月
石狩低地帯以南の山すそ

オオムラサキ，ゴマダラチョウ，テングチョウの食樹。
ごく局地的に生える樹なのでまず葉の特徴から木を探す。遠くからは白っぽい平滑な樹皮が目立つ。
オオムラサキ，ゴマダラチョウを見つけるには落葉後，幹の周りに積もった枯葉の裏の越冬幼虫を探すのが効果的。
オオムラサキの卵は張り出した枝の先端部の細枝上や葉の裏に並ぶようについている。

葉の基部は左右不同

エゾエノキの枯葉

ハリギリ

ウコギ科
Kalopanax pictus
落葉樹で高さ 20m
花期 7 ～ 8 月
山地

キバネセセリの食樹。
大型の裂開した葉の先を三角形に折りたたんだ巣から幼虫を発見できる。
卵は幹の樹皮の隙間に産み付けられている。越冬幼虫は卵の近くのコルク層の内部に潜んでいる。

葉は全体で長さ
50 ～ 60cm にもなる。

富良野市 5.18

イネ科・カヤツリグサ科

ヒメノガリヤスはツマジロウラジャノメ，ベニヒカゲ，カラフトタカネキマダラセセリの主要な食草。カラフトタカネキマダラセセリは同属のイワノガリヤスやオニノガリヤスも利用する。円筒形の巣を目当てに幼虫を探す。他の２種は食痕を目当てに探すが発見は困難。

ヤマアワを含め同属の種はヒメウラナミジャノメなど他のジャノメチョウ亜科，セセリチョウ科の種も利用しているが同定が困難なため記録は少ない。

ヒメノガリヤス
イネ科
Calamagrostis hakonensis
多年草で 30 〜 60㎝
花期 8 〜 9 月
山地の岩場など

コメガヤ
イネ科
Melica nutans
多年草で高さ 20 〜 50㎝
花期 6 〜 7 月
明るい林内や山地の岩場

ヒメジャノメやヘリグロチャバネセセリの他，多くのジャノメチョウ亜科，セセリチョウ科が利用していると思われるが詳しい記録はない。

カサスゲ
カヤツリグサ科
Carex dispalata
多年草で高さ 50 〜 100㎝
花期 5 〜 6 月
平地の湿地に生える

カサスゲはオオヒカゲの主要な食草。若齢幼虫は葉の先端部に細長い台形状の食痕を残す。終齢幼虫は葉を斜めに切り落とす。

卵は葉の裏に列をなして産み付けられている。同属の近縁種も利用している。コキマダラセセリの巣も時々見つかる。

ショウジョウスゲ
カヤツリグサ科
Carex blepharicarpa
多年草で高さ 15 〜 40cm
花期 4 〜 6 月
低地〜高山の林縁や草地

ヒメウラナミジャノメ，ジャノメチョウの幼虫が見つかるが，他の種も利用する。

ススキ

イネ科
Miscanthus sinensis
多年草で高さ 1 ～ 2m
花期 7 月下旬～ 9 月
山野

ギンイチモンジセセリ，コキマダラセセリ，キマダラセセリの主要な食草。葉を両端からつづり合わせた筒状の巣を探す。

クサヨシ

イネ科
Phalaris arundinacea
多年草で高さ 70 ～ 180cm
花期 6 ～ 7 月
湿り気のある低地に群生

スジグロチャバネセセリ，ヘリグロチャバネセセリ，カラフトセセリの主要な食草。円筒～半円筒形の巣を探す。

移入牧草のオオアワガエリ，カモガヤ，土手や法面に多いスズメノカタビラやウシノケグサ属の移入種もセセリチョウ科，ジャノメチョウ亜科の各種が利用している。

クマイザサ，チシマザサ，ミヤコザサはジャノメチョウ亜科のクロヒカゲ，ヒメキマダラヒカゲ，ヤマキマダラヒカゲ，サトキマダラヒカゲ，セセリチョウ科のコチャバネセセリ，オオチャバネセセリが利用する。

オオチャバネセセリの越冬前後の若齢幼虫は葉の先端に近い縁を小さくたたんだ巣をつくり，近くに階段状の食痕を残す。
コチャバネセセリは葉の先端を折りたたんだ独特の巣をつくり，切り落としながら（矢印）食い進む。
富良野市
11.2
ヒメキマダラヒカゲの若齢幼虫は集団となり，食痕は葉脈がすだれ状になる。
富良野市 11.2
富良野市
5.10
クマイザサ
富良野市 11.3
ヒメキマダラヒカゲ
の亜終齢幼虫
クロヒカゲの幼虫
チシマザサ
イネ科
Sasa kurilensis
常緑の多年草で高さ 3m にもなる
花期 5 ～ 7 月
山地から亜高山
葉の裏は無毛。
茎の径は 1 ～ 2cm と
太く，上部で分枝をくり返す。
ミヤコザサ
イネ科
Sasa nipponica
常緑の多年草で 50 ～ 80cm
花期 5 ～ 7 月
太平洋側の低地～山地
秋～春，葉のふちが
白くなる。茎は分枝しない。
様似町 5.22
富良野市 6.3

イネ科・カヤツリグサ科の食痕から幼虫を探す

ササ類の食痕と巣

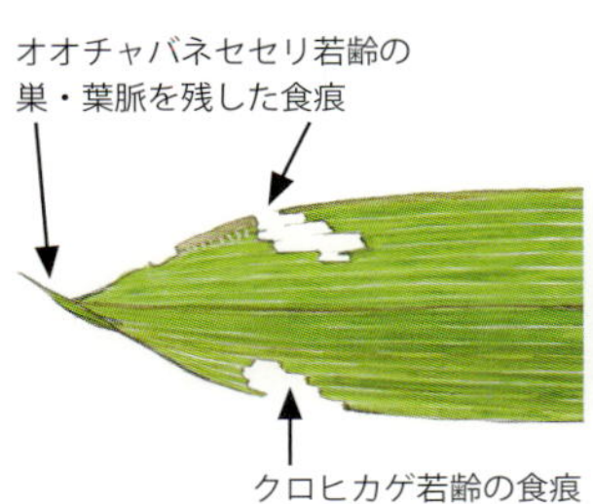

ヤマキマダラヒカゲ若齢
サトキマダラヒカゲ若齢
ヒメキマダラヒカゲ若齢の食痕

コチャバネセセリ中齢～終齢
オオチャバネセセリ終齢の巣

クロヒカゲ亜終齢～終齢
ヤマキマダラヒカゲ終齢
サトキマダラヒカゲ終齢
ヒメキマダラヒカゲ終齢の食痕

クロヒカゲ若齢
富良野市　10月（N）

クロヒカゲ4齢
富良野市　10月（N）

クロヒカゲ終齢
千歳市　6月（T）

オオチャバネセセリ若齢
標茶町　9月（N）

ヤマキマダラヒカゲ若齢
標茶町　8月（N）

サトキマダラヒカゲ中齢
標茶町　9月（N）

ヒメキマダラヒカゲ若齢
標茶町　9月（N）

ヒメキマダラヒカゲ2齢
札幌市　9月（H）

コチャバネセセリ1齢
富良野市　7月（N）

コチャバネセセリ若齢
富良野市　8月（N）

コチャバネセセリ越冬前食痕
標茶町　10月（N）

オオチャバネセセリ終齢
千歳市　6月（H）

ススキ・スゲ類の食痕と巣

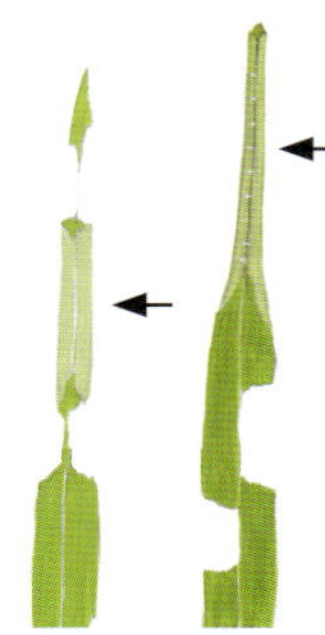

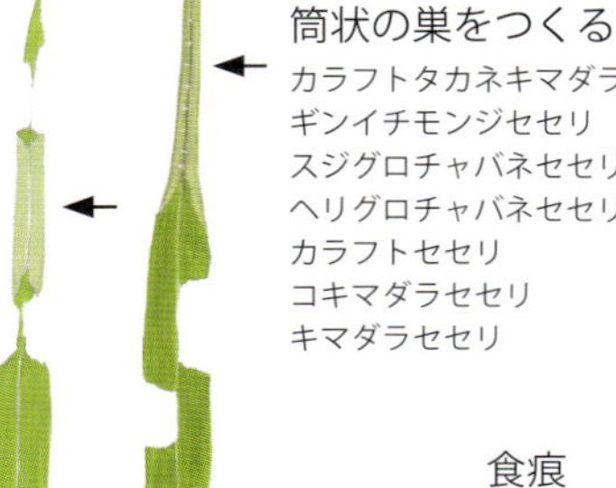

筒状の巣をつくる
カラフトタカネキマダラセセリ
ギンイチモンジセセリ
スジグロチャバネセセリ
ヘリグロチャバネセセリ
カラフトセセリ
コキマダラセセリ
キマダラセセリ

カラフトタカネキマダラセセリ若齢　日高町　8月（N）

ギンイチモンジセセリ若齢
苫小牧市　9月（N）

スジグロチャバネセセリ終齢
富良野市　6月（N）

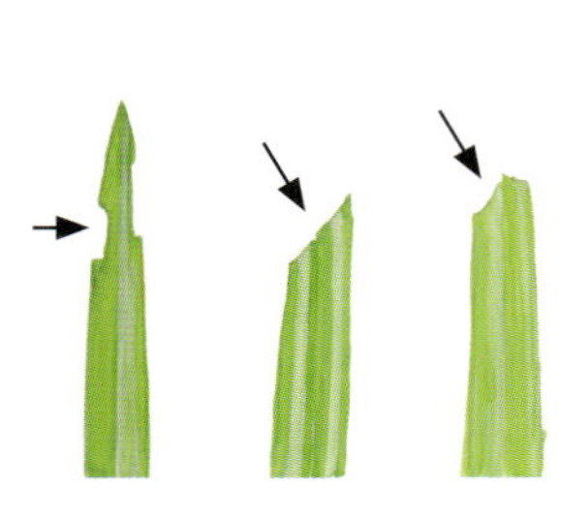

食痕
ヒメウラナミジャノメ
ベニヒカゲ
クモマベニヒカゲ
ジャノメチョウ
ダイセツタカネヒカゲ
シロオビヒメヒカゲ
ツマジロウラジャノメ
ウラジャノメ
ヒメジャノメ
キマダラモドキ
オオヒカゲ

ウラジャノメ若齢
標茶町　5月（N）

ヒメジャノメ若齢
乙部町　9月（N）

オオヒカゲ若齢
旭川市　9月（N）

Ⅳ
生態観察のすすめ

1. 観察を始める前に

(1) 服装・足回り

野外での調査は長そで，長ズボンが基本です。虫刺されや，棘のある枝から腕や足を守ります。ツタウルシなどに触れる恐れがあるときは手袋もあった方がよいでしょう。草むらで息を殺して撮影している時などはよく蚊やブヨに悩まされます。頭を防虫ネットで囲むとよいでしょう。上着はポケットがたくさんあるベストは小物を入れるのに便利です。また小物はウエストポーチに入れると出し入れに便利です。草むらを歩き回ることが多くなるので足元はしっかりする必要があります。トレッキングシューズなど履きやすく自由に動ける丈夫な靴はそれこそ基本です。慎重に選びたいものです。長靴も大変重宝します。朝露に濡れた草むらを歩くときはスパッツが効果的です。長い間の行動時は雨具の準備は欠かせません。カメラやリュックの防水対策も必要となります。

(2) 道　　具

観察の目的により必要な道具は変わりますが，フィールドノートと鉛筆は必需品なのですぐに手にとれるポケットなどに入れます。ルーペ，メジャーや物差し，ピンセット，小筆などもよく使います。小さなプラスケースやチャック付きポリ袋は卵や幼虫を持ち帰るに便利です。これらはポケットやウエストポーチなどすぐにとり出せるところに入れておきます。目立つ色の伸縮性のある標識テープも観察を続ける時の目印をつけるのに便利です。リュックには，行動食や水，タオル，雨具，携帯用捕虫網，三角紙を入れた三角缶，毒ビンなどを詰めています。虫よけスプレーや救急用品も準備しておくとよいでしょう。行動時間によって持ち運ぶ量や中身が変わりますが，なるべくフリーに動けるように重量を減らしておきます。カメラは首や肩からぶら下げますが，幼虫などを念入りに探索する時はリュックに入れて，両手をフリーにするとよいでしょう。

高い梢の先に止まっている蝶や葉に残された幼虫の食痕を確認するためには双眼鏡があると便利です。倍率は8～10倍くらいが使いやすいでしょう。

暗くなっての調査にはヘッドライトを使います。地形図は現在地を把握することはもちろん，蝶の生息環境を探るためにも必需品です。最近はGPSで細かな情報を得ることもできるので活用するとよいでしょう。

車を使った調査では，トランクに長めの捕虫網，幼虫・成虫などの持ち帰り用のクーラーボックスや飼育ケース，食草確保のための鍬（くわ）やスコップ，プラスチック製の栽培ポットなどを入れておくことができます。また食樹の高所を探るために脚立を積むこともあります。

(3) 記録のとり方

フィールドノートを携帯し，観察したことはなるべく現地でメモをとり，スケッチを描くようにします。場所や時間，天候などの基本情報の他，周囲の植生や地形，目印など些細なことでも書き留めておく習慣をつけたいものです。しかし現実はなかなか難しいものです。その時は家に帰ってからその場で書けなかったことをフィールドノートに改めて書き込み，加筆することになります。筆者は日付入りの日記帳をフィールドノート代わりに使っています。

図1　道具と服装（イラスト：永盛文生）　①ヘッドライト②ルーペ③メジャー④双眼鏡⑤ポリ袋⑥ピンセット⑦容器類⑧地形図⑨筆記用具⑩標識テープ⑪救急セット⑫虫よけスプレー⑬三角ケース⑭携帯用捕虫網⑮雨具類⑯タオル⑰水筒

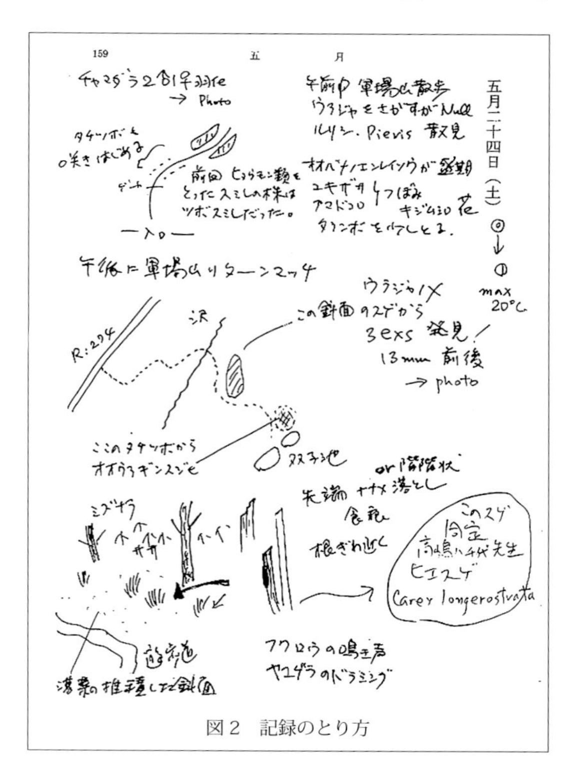

図2　記録のとり方

蝶の観察事項だけではなく草花の開花情報や，セミの鳴き声や渡り鳥の見聞きなど，また天候の情報なども書き留めておくと，後から発生状況の関連情報として役立つことがあります。図に示した記録を参考にしてください。

(4)カメラの活用

最近のデジタルカメラの性能と機能の向上は目を見張るものがあります。カメラによる記録なくして生態観察は成り立たないといっても過言ではないでしょう。美しい生態写真だけではなく，その状況をデジタルカメラや多くの人が利用しているスマートフォンのカメラに収めておくと，撮影時間が後から読みとることができるので便利です。デジタルカメラは高価なフィルムを使わないので，膨大な情報を記憶させることができ，いろいろな角度から多数のカットを撮影しておくと，後から付属の情報を読みとることで，その時には気がつかなかったことがわかることがあります。幼虫の摂食をたびたび撮影しているうちに，夕方食べることが多いのではないかと思い，過去の写真の撮影時間のデータを読み出し裏づけがとれたこともありました。また撮影地を確認するのに，周囲の景観を撮影すると，後で場所や天候などの情報も特定できます。いつも紙とペンを持っていて，気づいたことはメモしてそれを撮っておくのも便利です。撮影したものをデータとして活用するためにはコンピュータに記録するか，記録に限りがあるスマートフォンなら，コンピュータに送ったり，メモを残すといいでしょう。

カメラは高価な1眼レフからコンパクトカメラまで様々なものがありますが，最近の，いわゆるコンデジ(コンパクトデジタルカメラ)と呼ばれているものには，画質も十分で接写機能も充実したものがあり，大変使い勝手がいいもので私たちも多用しています。本格的な生態写真を撮るにはやはり1眼レフカメラがよいでしょう。詳しい撮影テクニックについては他書に譲りますが，私たちはそれぞれ対象に合わせてレンズやストロボやデフューザーを

写真1　撮影の様子(H)

使ったライティングを工夫しながら撮影しています。本書に掲載されている成虫写真は，被写体をしっかりとらえるものとしては90mm程度のマクロレンズを使用しています。また生息地の背景を写し込む場合は魚眼レンズから24mm相当の短焦点レンズを使用しています。卵や若齢幼虫などの小さな被写体には，50mm程度のマクロレンズを基本にクローズアップレンズや特殊な中間リングなどを組み合わせ使っています。飛翔写真はストロボを使用しながらシャッタースピードを速めて切っています。最近のデジタル1眼レフは高感度対応が可能となり，手振れを押さえピントをはずさないためにISO1600～3200で使うことも多いです。撮影したカットはパソコンで対象や撮影地をファイル名につけ保存しますが，必ずバックアップをとり貴重なデータを消失しないように注意しましょう。

写真2　ツマキチョウの飛翔写真を狙う(IG)

(5)フィールドを選びテーマを持つ

観察はすぐに行ける近くの公園など，身近なフィールドから始めましょう。北海道は都市近郊にも自然が残されたところが多く，多くの蝶に出会うことができます。自宅から近いところに自分のフィールドを持つことが大切です。何度も足を運ぶことができ継続的な観察が可能になります。まずはそのフィールドの蝶の種類を調べることから始めましょう。足しげく通い詰めると，それぞれの蝶がどのような環境に生息するのかが自然に見えてきます。この道の分かれ目の道端にはツマキチョウが多い。あのミズナラ林の縁にはトラフシジミが時々飛んでくる。この川の土手の斜面のハーブの花にはヒメアカタテハがよく来ているなど，いわゆる発生地のポイントを押さえることができます。そのようなところの近くには食草があるでしょう。食草を突き止めることができれば卵から幼生期の成長の様子を野外で継続的に調査することができるでしょう。こういうフィールドを定めた研究は非常に貴重なものです。

野外観察の大切なこととして，蝶の視線で環境を

見るということがあります。高いところを飛び回り，産卵などもする場合，そこに脚立を立てたり，斜面の上からのぞきこんだりできるといろいろなものが見えてきます。

たいていの蝶の卵や幼虫は低いところにいるので，姿勢を低くしてゆっくり歩いて捜します。座り込んで見た方がいい場合もあります。生態写真を撮る時には膝を立てて座ると安定するので有利です。視線を低くするということは簡単に見えて慣れがいるし疲れるものです。しかし上から見下ろすだけではわからないことがすごく多いのです。一度1時間くらい我慢して試してみると，今まで見つからなかったものがどんどん見えてきて驚かされるものです。

写真3　越冬幼虫を探す(IG)

ポイントでは♂と♀が出会うことがあるはずで，配偶行動も観察することができるかもしれません。近縁種がいた場合は，棲み分けや食い分けの実態に迫ることも可能となります。幼虫などは食草を知った上で食痕などを目あてに捜しますが，1匹目が見つかるまでには非常に長い時間がかかります。たいていの場合，ここにはいないのではないかという気になるはずです。でも1匹目を見つけた時は嬉しいものですし，そのあとは同じようなところを捜すとつぎつぎ見つかって，なぜはじめは見つからなかったのか不思議に思うはずです。

本書では，私たちのそれぞれのフィールドで観察した蝶の生態を紹介していますが，一読してわかるように各種の生態はまだまだ断片的なものです。都市でも地方でも，昆虫の生態観察の先駆者ファーブルのような，自分のフィールドでの腰を据えた観察からはたくさんの新発見，新記録が生まれるでしょう。種を絞った幼生期の記録や越冬の様子など興味を持ったテーマを決めると，より詳しい生態観察を進めることができます。

(6)バタフライガーデンでの観察

自宅を持っていれば，庭をフィールドにすることも面白い試みです。蝶の好む花を植え，食草・食樹を庭に植え込みいわゆるバタフライガーデンをつくってみるのです。そうすれば毎日の観察も可能になるかもしれません。本書の食草・食樹図版を参考に自分の庭を蝶の発生地につくり替えてみてはどうでしょう。周囲から意外に多くの蝶がやって来ることが知られています。

筆者の富良野の自宅でも徐々に蝶の好む花や食草を毎年植え込んでいきました。キリンソウやユリの花にはヒメウラナミジャノメ，スジグロチャバネセセリ，ヒョウモンの仲間やタテハ類，ミヤマカラスアゲハなどがやって来て盛んに蜜を吸って行きます。毎年次々に新顔がやってきて現在まで60種もの蝶が訪れています。富良野市で記録されている蝶の種類は約90種類なのでその3分の2の蝶を庭で観察することができました。その中の40種くらいは庭の食草に卵を産み付けており，毎年フタスジチョウやルリシジミ，シータテハなどの幼虫が育って羽化しています。ほぼ野外と同じ生態を間近で継続して観察することができました。

また時々思いがけない蝶がやって来ることもあります。庭をつくった翌年にはヒメギフチョウがやって来て植栽したオクエゾサイシンに卵をたくさん産み付けていきましたし，3～4mに育ったミズナラの梢にはジョウザンミドリシジミの卵がついていました。年によってはジョウザンシジミやゴマシジミの♀がやって来て卵を産付していきます。

富良野は自然林が近くにあるという好条件な環境ということもありますが，札幌などの都市近郊でも意外なものがやって来る可能性があるので試みてみるとよいでしょう。

庭はなくても方法はあります。一番手軽なのは，ベランダなどを利用し，植木鉢やプランターに，アゲハなどが産卵するミカン類を植えたり，パセリや，アシタバを植えてキアゲハを待つことです。また，花を咲かせてチョウを呼びましょう。アナベナ，ラ

写真4　ゴマシジミが家に来る(N)

ンタナ，コデマリはきれいですし蝶もよく来ます。

ただし，よその土地から卵や幼虫を持って来て放すことは止めましょう。自然状態での地域個体群の特性が，放蝶によって変わってしまう恐れがあるからです。あくまで「待ち」の姿勢で蝶たちの行動を見守るべきです。庭やベランダのバタフライガーデンで，毎年の蝶の飛来や発生記録をとることで，蝶たちの分布拡大能力や季節的な移動パターンなどの生態を探ることにつながり貴重な観察となるでしょう。

(7)注意すべきことなど

最後にフィールドに入るときに気をつけておくべきことを上げてみます。まず，危険を避けるという意味で，山歩きの基本的な注意点を押さえる必要があります。何かあったら連絡がとれるようにしておくことも大切です。

危険な生物の順番としては，今までのフィールド調査の経験からスズメバチとマダニが一二を争うと感じます。マダニの吸血はライム病という感染症を引き起こすことがあり重篤な症状が出ることがあります。マムシやヒグマも危険生物ですが攻撃性はあまり感じません。ヒグマは人間の存在を向こうに知らせることで，ヒグマ自身が遭遇を避けているといわれます。鈴などの携帯は有効といわれています。自分の存在はヒグマだけではなく他の人間にも知らせる必要があります。山の中でゆっくり動いている私たちをハンターが獲物と誤認することがあり，ヒヤッとしたことがありました。

さて調査の前には，まずそのフィールドに勝手に入っていいのか確認する必要があります。私有地ならばもちろん了解をもらわなければなりません。国有林や道有林などに入る場合は，事前に入林の許可を取りましょう。林道のゲートが施錠されているところでは各振興局の森林管理署に入林申請を出し許可を得ることが必要です。貴重な動植物が生息する地域では道の条例で「生息地等保護区管理地区」に指定され立ち入りが制限されているところもあります。

国立公園や国定公園内には，特別保護区域が指定され，動植物の採取や現状変更が禁止されています。採集はできませんし，登山ルートを外れることは慎まねばなりません。種が特別天然記念物指定されている高山蝶はもちろんいうまでもありません。

蛇足とは思いますがマナーについても付け加えておきます。以前，本州では珍しい蝶の卵や幼虫を採るために食樹を切り倒したことが報道され厳しい非難にあい，これを契機に昆虫採集自体に批判的な風潮が高まってしまいました。もちろん木を切り倒すなどは犯罪行為で弁解の余地はありません。しかし，昆虫採集＝自然破壊という論理はあやまりです。私たちは昆虫採集を通じて自然のしくみを知り，自然の大切さを日々感じています。マナーや常識を持てば非難されることはないはずです。胸を張って調査観察をしたいものです。

2. 成虫の行動を調べる

(1)訪花と吸汁

①訪　花

蝶といえば花が連想されるように，成虫の多くは花を訪れ，花蜜を栄養源としています。現在知られている陸上植物のうち８割は目立つ花が咲く被子植物といわれています。被子植物が繁栄しているのは昆虫が花粉媒介(送粉)をするようになったためです。蝶が花の蜜を効率的に吸蜜するように進化し，被子植物は魅力的な花へと進化してきました。このような進化を共進化といいます。生存競争は常に敵対的なわけではなく，花を巡って植物と動物に相利的な関係があります。

蝶が食餌のための花を選ぶことを「花種選択」と呼びます。一般的には蝶の花種選択はあまり固定的なものではないようです。単に発生環境に多く見られる花が選択される傾向もあります。しかし明らかに選択して飛来する花もあります。例えばカラスアゲハ類がツツジや，クサギ，アザミ類を訪花することは圧倒的に多いようです。クサギは道南以外では少なく，どこにでもある木ではありませんが，この大株があれば多数のカラスアゲハ類が来ることが多いのです。

オナガアゲハは明らかにタニウツギを選好します。タニウツギは日本海側の多雪地に多く，オナガアゲハの分布も日本海側に偏っています。ツルシキミという食樹の分布と共に，タニウツギがオナガアゲハの分布をある程度決めている可能性があります。また他のアゲハ類もこの花を好むようです。花種選択と分布の関係は未開拓の観察分野です。

また本来草原に生息する蝶は，基本的には草の花を選択します。樹林に多い種は樹木の花を選ぶことが多いようです。花種選択は発生環境と開花植物の偶然の一致と思われることも多いようですが，生殖にも連がる重要な資源ですから無視できない問題です。

人家周辺でも，お気に入りのフィールドでも，そこを定点として，時期によって咲く花と訪花する蝶を記録すると，おもしろい傾向がわかるでしょう。

また，吸蜜植物と食餌植物との関連を合わせて調べるのも面白いでしょう。

コンロンソウはスジグロシロチョウやエゾスジグロシロチョウが利用する食物です。この２種は春，コンロンソウの開花に合わせたように現れ，この花で盛んに吸蜜し産卵もします。これらの卵や幼虫を探す場合はコンロンソウを探すのが一番です。この場合は，吸蜜と産卵が結びついた非常に効率的な資源利用といえます。エゾスジグロシロチョウは北海道ではモンシロチョウの仲間では圧倒的に多い種ですが，本州以南では多くの場合珍しい種です。ところがこれが局地的に大変多いところもあります。そこでは食草として利用している植物が吸蜜源になっていることが多く，2つが一致していることが重要なのかもしれません。

写真5　アカタテハの吸蜜(S)

蝶はどのようにして花を見つけるのでしょう。その手がかりの1つは，色を中心とした視覚情報です。蝶が特定の色の花を繰り返し訪れることはよく見られる行動で，近年の研究からは，蝶は何種類もの違った色の光を受け取る光受容細胞を持っていて，細かく識別できることもわかっています。花の色と訪花する蝶の関係も面白い視点となるでしょう。

また花蜜は蝶の活動のエネルギー源となります。花蜜の糖濃度は非常に高く50％を越すような例もあります。果実の糖濃度は糖度として表示されていますが，たかだか15％くらいであることを考えると非常に高エネルギーの資源であることがわかります。

また，口吻(ストロー)の長さも吸蜜には重要な要素です。それぞれの蝶の口吻の長さと吸蜜植物の花の大きさや形状を調べると面白いでしょう。

②吸　　汁

樹液や腐果にやって来て吸汁する蝶は多種にわたり，特に多くの樹液の出る場所にはたくさんの蝶が集まることがあります。

樹液は視覚的に特徴がはっきりしないので，樹液に来る種は餌源からの匂い(エタノールや酢酸など)を主に利用して探索行動を行うと考えられます。樹液に到達した蝶は，それに含まれる主要な糖類を味覚として受容しそれを吸います。花蜜は糖濃度が15～70％にも達するのに，樹液や腐果は2～3％と低く，微生物による発酵生産物(主にエタノールや酢酸)を含んでいます。

エタノールと酢酸は蝶を引きつける力が強く，度数の高い酒と，食用の酢を混ぜて，樹木に塗ると蝶がやって来ることはよく知られています。また，バタフライトラップといって，発酵させたバナナなどを入れた容器の上に網を置き，上に逃げ込んで出られなくなった蝶を回収するという採集方法もあります。

樹液の出る場所でどのような蝶が利用するか継続して観察記録をとると面白いでしょう。たとえば，オオムラサキはおそらく，樹液の出るところを学習していると思われます。その証拠にやって来るオオムラサキは毎日同じ個体が見られました。

エタノールは当然毒性があり，高濃度の酒に引きつけられるのは，その分解能力が高いからで，蝶は酒に強いようです。

腐果に来る蝶は，かなり様々ですが，その特性はあまり注目されておらず，未開拓の分野と思われます。ジャノメチョウ亜科を含めタテハチョウ科は，腐果に来ることが多いのですが，そういった種は花にはあまり来ないように感じます。

③排泄物などでの吸汁

一方牛馬や，鳥類，野生獣の糞や尿にくる蝶は意外に多いようです。特にセセリチョウ科では，動物の糞に来ることが多く見られます。牧場の醱酵した牧草にもオオイチモンジ，イチモンジチョウ，モンシロチョウ属の蝶などがやって来ます。ヒトの汗にくる種もタテハチョウ科には多くいます。

この時，腹端から液を出して，糞にかけ，溶解させて吸い戻す行動が見られます。これらの吸汁ではナトリウム(を含む塩分)を必要とするものが多いことがわかってきています。

写真6　動物の糞に集まるコムラサキとシータテハ(右)(N)

台湾の埔里は蝶の標本や蝶画で有名で，吸水地での採集が，生業になっています。やって来るのは新鮮な♂が多いので採集しても蝶は減らなかったようです。かつて住民たちは，湿地に自分の尿や，時には糞まで残して集まる蝶の数を増やしていました。仕事のためとはいえ大変です。

さて，多くの蝶で，吸水中に吸った水を腹端から排泄していることがよく見られます。湿地に来るアゲハチョウやシロチョウ，シジミチョウが大集団をつくることをパドリング(Paddling)といいますが，水自体を求めているのではないことを示しています。湿地の同じ場所に毎日同じ個体が来ることが多く，何かが含まれた好適な場所を学習していると考えられます。

このような行動が新鮮な♂に集中して見られることは不思議に思われていました，最近交尾の時に精子と共に多量のナトリウムイオンを♀に渡すことが明らかになってきました。どうやら長時間の吸水でもこのナトリウムを得て交尾能力を上げているようです。また，アンモニアや微量のタンパク質も吸うようで，埔里の住民の知恵は科学的に証明されたといえそうです。

奇妙なものに，燃えた木などの灰に来る，スギタニルリシジミなどのシジミチョウ類，一部のシロチョウ科やタテハチョウがあります。

また，エルタテハやコヒオドシが乾いた石の上で口吻を盛んに伸ばしていることがあります。近づいてよく見ると，口吻が石に接触しているわずかなところに水がしみだす瞬間があります。蝶の方から水分を石の上に出して，石の表面の成分を何か溶かし込んで吸いもどすようです。

写真７　エルタテハが石の表面で水を吸い戻す（矢印）(N)

ゼフィルスなどが葉の上の水分を吸う行動も不思議な行動です。しばしば，どう見ても濡れていない葉でも見られ，葉面に残されたアブラムシなどの排泄物が目的ではないかと思われますが，表面に何がついているのかその成分も不明です。

これらの吸水・吸汁に関する研究は緒に就いたばかりで，未解明のことは多く残されています。

(2)生殖にかかわる行動

①探雌飛翔

羽化した成虫は，多くの種類は休む間もなく，種の存続のための生殖にかかわる行動を開始します。♂と♀の出会いから，交尾，産卵に至る行動は，それぞれの種にプログラミングされた行動様式にのって進みます。

ヒョウモンチョウとコヒョウモンの混生地で４日間６～19時まで行動を観察し続け，行動パターンを分けて記録してみました。♂は探雌飛翔と訪花行動，♀は食草探索飛翔，食草確認飛翔，吸蜜行動，吸水行動(葉上の露を吸う)，休息が多く見られました。

コヒョウモンの♂は午後４時ごろのねぐら探しまでの時間の７割くらいを，探雌飛翔に費やしました。この比率はヒョウモンチョウも同様です。他に多かったのはエネルギー補給の吸蜜ですから，いかに♂が♀探しに熱心なのかがわかります。それは，♀と出会って交尾しなければ子孫を残せず，自身の存在価値がないも同然になるから当然です。

写真８　ヒョウモンチョウの探雌飛翔(N)

飛び交っている蝶は♂が多いので，飛んでいる蝶を見たらまず，探雌飛翔を疑うべきかもしれません。

2015年は，札幌では珍しくエゾヒメシロチョウが大変多い年でした。９時から18時まで観察しましたが，１化世代２化世代共，♂は平均すると吸蜜に10%，残り90%を探雌飛翔に使っていました。

探雌飛翔は，このように交尾を目的としていて，♂は飛んでいる♀より羽化直後の個体を探しているので，発生地の特定の部分を繰り返し飛びます。これから♀が見つかり，発生植物も推定できることが多いのです。

②占有行動

ゼフィルスは梢の先にとまり，見張りをしながら近づいてくる他の蝶を激しく追い払います。♂同士は卍ともえに絡み合う激しい追飛飛翔をします。タテハチョウ科の多くの種にも占有行動がよく見られます。

オオムラサキも枝先などに位置どって，他の蝶や鳥までも追飛します。試みに，占有している♂を採集すると，別の♂がやって来て占有します。占有範囲をテリトリーといいます。

占有行動はタイプを変えた探雌行動ともとれ，前述の探雌飛翔は巡回型探雌行動，占有を待ち伏せ型探雌行動とに分ける考え方が行動生態学上は主流の

写真９　メスアカミドリシジミの卍ともえ飛翔(H)

ようです。探雌行動は，交尾可能な♀という相手を確保するために，♀の出現箇所が予測できる時に有利になると考えられます。テリトリーとは何かという定義から始まって，行動生態学上，非常に興味のある問題と捉えられ，プロによる数理モデルなどを使った分析もあります。詳細は参考文献などに譲ります。ただ，プロの立てた理論がアマチュアの長時間の観察により否定されることも多く，詳細な観察が理論の基盤であるべきことは当然です。理論より事実が上に来ることは当然のことですから。

③山頂占有性(ヒルトッピング)

山の頂上に蝶が集まることはよく見られ，山頂占有性(ヒルトッピング)と呼ばれています。岡と呼ぶべき小さな山でも見られ，平坦な地形が続くところではわずか数十ｍの高みでも見られ注目に値します。札幌市内の藻岩山や，円山の山頂はいろいろな蝶が飛んでくるので有名です。中学時代紋別市に住んでいた時には，大山と呼ぶ低山の山頂が絶好の採集地でした。遠軽の瞰望岩も80mに満たない岩の岡なのに蝶が多いところです。各地のランドマークになるような山であれば，どこでも見られると思います。登山がてらに行ってみませんか。飛来種はキアゲハが一番有名で，北海道ではミヤマカラスアゲハも多く見られます。集まった♂同士は地面や，草の上に止まり盛んに追いかけあいます。吸蜜するのは稀で，♀と♂が出会うための行動と考えられています。アゲハ以外にも，タテハチョウ科(特に大型ヒョウモンやコヒオドシ，早春の越冬タテハ)が多く，ルリシジミなどのシジミチョウ科，セセリチョウ科も含め頻度の差こそあれ多くの種で観察されます。

④信号刺激

配偶行動はまず♂が♀を見つけて接近することから始まります。この時，主に翅の色・斑紋が配偶行動を起こす信号刺激(リリーサー)となります。

ミドリヒョウモンの♂がオレンジと黒に塗った板を回転させるだけで引きつけられることや，アゲハの黄色と黒の縞模様が♀にアピールすることが，黄と黒の縞模様に塗ったドラムを回転させることで再現できることは有名です。ヤマキマダラヒカゲの解説の中でウインカーに飛来する蝶があることを述べました。カラフトヒョウモンではその有様の写真が載っています。

緑色に輝くゼフィルスの♂の翅が♀を引きつけることは容易に想像がつきます。筆者は，緑色の銀紙を回転させる装置をつくって実験を試みました。発生地で，手元のスイッチを入れ釣り竿の先の銀紙の♂モデルを回転させると，通りかかった♂が引きつけられるように飛んできました。ゼフィルスではまずこの輝きが♂同士のなわばり争いに機能していることがわかりました。モンシロチョウの♂同士が入り乱れて飛ぶ行動についてもこれを応用し，大学の卒論で扱いました。今も鮮明に印象に残っているのは，モンシロチョウの本物よりはるかに大きい16cm四方の白い紙が遠くから他の♂を引きつけることでした。紫外線の反射率が♂♀の判別に重要で，紫外線を強く反射する塩化リチウムを紙に塗って回転させると，普通の紙では♂と判断してアタックしてきた♂が，これにはまとわりついてしまいました。♀の翅表が紫外線を強く反射するため誤認されたのです。

スジグロシロチョウのようにヒトにも感じられる臭いを発して♀にアピールする種もいます。発香鱗という特殊な形の鱗粉があってフェロモン様物質を放出してこれが信号刺激になっているようです。配偶行動を引き起こす信号刺激の研究は，動物行動学の先駆的な研究でもあり，研究してみる価値は十分にあります。

⑤求愛行動

求愛行動はそれぞれの種がお互いに同種であることを確認しながら一定のパターンを踏んですすみます。２つの観察例を紹介します。

オオムラサキの求愛行動を札幌の森林総合研究所内で，樹液で観察したので写真とともに紹介します。樹液に吸汁に来たオオムラサキの♂を観察していると，１頭の♀がゆっくりと低いところを飛んできて，樹の根元付近の幹に止まり，ゆっくり幹を登って，吸汁を始めました(写真10①)。そのうち周囲をパトローリングしていた♂が気づき。♀の近くに止まり，翅を開いて青く光る面を見せた後，触角を前に突き出して近づいてきました。♀は吸汁していた口吻を縮め♂と向き合いました(写真10②)。さらに♂は腹端を強く♀の方に向けて触角は後ろに倒して歩きます。すると♀は逃げるように歩き(写真10③)，♂が追いかけると飛び立ち，樹幹を一周してまた吸汁に来ました。♂はこんどは翅を広げて，触角を前に向けて近づいてきました。近づくと触角を下げて向き合います，♀も触角を下げて向き合いました。♀はストローを半分伸ばしています(写真10④)さらに♂が近づき，こんどは向き合った後背後に回り，腹端を曲げて交尾器のバルバを広げ交尾しようとしましたが♀は飛去りました。この後も求愛が続き眼を離した瞬間，結合していました。

エゾヒメシロチョウは，2015年に多数が発生し，面白い求愛行動を見ることができました（P.79参照）。

写真10　オオムラサキの求愛行動（H）

8月30日12時30分ごろから求愛は始まり，はじめは♀が逃げてばかりでした。そのうち♂は♀の前に止まりどんどん近づき触角が触れ合います。すると，♂は♀の前で首を左右に振り始めました。それにつれて触角は左右に向きを変えます。これを2秒で1回くらいのペースで続けました。4分くらい後，突然♀がパッと翅を広げ腹端を上げました。これが交尾拒否行動のようです。それでも♂は首を振り続けます。今度は1分後に♀が翅を広げ4秒交尾拒否を続けました。まだ♂の首振りは続きます。こんどは5秒後に翅を広げました。こんな繰り返しが1時間ほど続き，ついに♀は飛び去り，草の深いところに逃げこみ睡眠に入りました。

交尾拒否の時♀が翅を広げて腹端を上げるのは，スジグロシロシロチョウや他のモンシロチョウ属やモンキチョウでほぼ同様の行動を観察でき共通性があります。

⑥交尾・交尾飛翔

♂の求愛行動を♀が受け入れ，交尾が成立します。

ヒメシジミについてこの過程の興味深い行動を観察しました。♂のディスプレイは，頭を低くしてでも自らの青い翅面を♀に示すことです。♀はこれで♂を認識するようです。その後，♂はしつこく追いかけて，♀の横に並ぶと腹端を曲げ♀の腹端を探るようにして結合しました。これは通常の交尾の流れですが，交尾中に結合部が露出して見えるのが奇妙でした。ところが，数十分の交尾を解いた後，♀は葉上で腹端を葉面に押し付けて一部露出した交尾器を押し込むようにしました。この行動は2つの発生地の3回の交尾の後見られ，本種としては一般的なようです。交尾で受け取った精包と呼ばれる袋を体内に押し込んでいるようです。過去に記録されたことのない行動です。

この他最近，交尾時腹端にある光を感じる細胞が，結合を確認したりすることが発見され注目を浴びました。さらに，交尾時♀に渡されるのは精子だけではなくナプシャルギフト（nuptial gift）と呼ばれる栄養物であることが明らかになりました。♂はただ損

写真11　腹端を曲げ交尾を迫るルリシジミの♂（N）

をするように感じますが，この栄養が♀に使われ正常な卵の形成に役立つなら戦略として成り立つわけです。

交尾後♂は♀の交尾口に，のり状接着剤のようなタンパクを塗り付けてふさぐことが知られていて，ヒメギフチョウや，ウスバシロチョウ属ではこれが大変大きな構造物(スフラギス shragis)になります。ところが最近，これを♂がはがして再度交尾する可能性が示唆されたり，♀と♂のこの関係はお互いの利益を巡る競争の理論として大きく発展しています。

交尾した後，危険を感じて結合したまま飛び立つことは珍しくありません。その時どちらかが羽ばたき，他方は脚を縮めてぶら下がります。この時，♂♀どちらが主導権を握るかが，科や属によっておおまかに決まっているようです。アゲハチョウ科，タテハチョウ科とも♀が主導する(←♀＋♂)ケースが多いようです。ただシジミチョウ科では交代飛翔が多く見られ，不明確な場合も多いようです。交尾はなかなか見られない行動ですが，出会った時はじっくり観察したいものです。

写真 12　モンシロチョウの交尾飛翔(←♂＋♀)(N)

⑦産卵行動

交尾をした母蝶は産卵に入ります。産卵行動もより多くの子孫を残すための様々な戦略を進化させています。成虫越冬するタテハチョウを除いて，羽化した母蝶は交尾し，花の蜜などで栄養分をとった後，産卵という大事な仕事を開始することになります。寿命が短いアゲハチョウなどの母蝶は交尾後ただちに産卵に入りますが，夏眠をするヒョウモンチョウの仲間やゼフィルスの仲間は数週間〜 1 か月ほど経って卵の成熟を待ち産卵を始めます。母蝶はたくさんある植物の中から寄主(ホスト)となる食草を見つけ出さねばなりません。母蝶は視覚と嗅覚を駆使して食草群落にたどり着きます。

モンシロチョウが集まっている家庭菜園や，モンキチョウが飛び回っている土手などで，すこし♀の飛ぶ様子を見ていると産卵行動を比較的容易に観察することができます。♀は食草の周りを，小刻みに翅を羽ばたかせながら飛んでいます。これは食草を見つけたことを意味します。驚かせないようにして見ていると，近づいた母蝶は食草に接触して最終確認しているのが見えます。前脚の跗節という先端部にある感覚器で食草の化学成分を見極めることになります。やがて適当な産卵部位を見極めて，止まり腹部を曲げて 1 卵産み付けます。この間およそ 4.5 秒でしょう。これが一連の産卵行動です。

一般に母蝶は，産卵した卵がすぐ孵化しいち早く成長させるためには，孵化した幼虫が食いつきやすい位置に産付します。アゲハチョウやシジミチョウでは若葉の芽や花芽に産み付けているのをよく見ます。ルリシジミなどは食草に近づく時は，花芽の形態を視覚で確認しているように見えます。花芽に止まると触角を上下に動かし歩き回るのが見えます。これも触角にある感覚器で食草の確認をしていると考えられます。

食草に産み付ける場合，パッチ状に分布する食草の縁に産み付けられることがよくあります。ここは目立ちやすい部位のためと考えられ，エッジ効果と呼ばれています。卵を探す時には気に留めておくとよいでしょう。しかしこれとは反対に群落の内部に潜りこんで産卵するものもいます。キマダラヒカゲの仲間はこの性質が強く産卵行動を見ることは容易ではありません。

とにかく，♀は短い生存期間になるべく多くの卵を産もうと必死に活動します。図 3 は，ヒメチャマダラセセリの産卵行動を示した図です。縦軸は時間の経過で，横軸に♂の行動パターンを分類し，45 分間追いかけた記録をまとめました。生息地のアポイ岳は霧がすぐかかり，産卵活動は停止してし

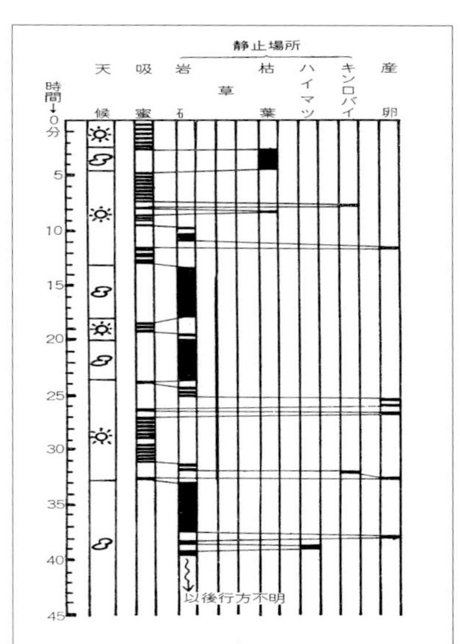

図 3　ヒメチャマダラセセリ♀の行動
(1975 年 5 月 18 日。北大昆虫研究会『北海道の高山蝶』「ヒメチャマダラセセリ〜」より)

まいます。日が差した短い時間に日光浴で体をあため，吸蜜し，すばやく産卵を続けていることがよくわかります。

⑧産卵位置と産卵数

ミドリシジミの仲間はミズナラに多くの種が越冬卵を産み付けます。この時には各種が1本の木の中で産卵する場所を微妙に変えていることが，越冬卵を探してみると気がつきます。母蝶の産卵行動域がミクロ的な「棲み分け」を起こしていると考えられます。食草図版のミズナラの部分に概略を示しましたので参考にしてください。

以上の場合とは違い食草に産み付けない種類もいます。ウスバシロチョウ属の仲間は食草付近の石や枯れ枝に産み付けます。大型のヒョウモン類も食草周辺の枯葉や樹皮に産み付けます。コヒョウモンは卵で越冬しますが，卵は決って食草のオニシモツケの枯れかけた葉の裏の縁や，虫食いの穴の周囲に産み付けられます。

ウラジャノメやジャノメチョウは食草付近に止まり卵を産み落とします。卵は転がり地面の窪みなどに入ることになります。このような行動にも何らかの適応的意義があると考えられますが詳しいことはわかっていません。

写真13　放卵するウラジャノメ(KW)

ダイミョウセセリは母蝶の毛で卵を覆い隠すという面白い産卵をします。

キタアカシジミも同じような行動をとります。伊達市のカシワ林で産卵について間近で観察するチャンスがありました。産卵位置を探し始めた枝を手前まで引き寄せても母蝶は逃げることなく産卵に没頭しました。当年枝の側芽の基部に腹端をつけ，1卵産み付けると母蝶は腹端で枝の周囲から微毛を寄せ集め卵に付着させます。この後，同じように続けて4卵産み付けました。産み始めから産み終わりまでカメラで記録した撮影時間を見たところ産み始めが2012年7月28日14：56で，産み終わりが15：15で29分間で4卵産んだことがわかりました(写真14)。

また，この年はキタアカシジミが大発生した年で，産卵の傾向を調べることができました。1か所のカシワ林で94個の卵塊を見つけ，卵数の合計は501

写真14　キタアカシジミの産卵(N)

個で1卵塊の平均個数は5.3個でした。また卵塊がどの場所についているかを調べたところ当年枝の冬芽から1～3cmの間が最も多く全体の8割近くを占めていました。さらにデータを取っていて気づいたのですが，キタアカシジミでは決まって当年枝の上の面に産み付けられています。ハヤシミドリシジミなども枝に産み付けますが，枝の下の面の方が多くついています。なぜ上の面にこだわって産むのでしょう？　枝の上の面は雨や雪と共に黒く汚れが付着していきますが，このことがさらに隠ぺい効果を高めているのではと考えています。

卵塊をつくる蝶は，ヒメギフチョウやエゾシロチョウ，オオモンシロチョウ，クジャクチョウやコヒオドシ，キマダラモドキなどがあげられます。いずれも孵化した幼虫は集団生活をするようになります。卵塊をつくる意義はこの幼虫の集団形成のためと考えられます。

卵塊の大きさは，蝶や食草の密度によって変わることが知られています。また，いくつ卵を産むかは，♀が栄養分をどう配分したら望ましいかという問題になります。大きな卵を少数産む種も，小さな卵を多数産む種もいて，その数の決定は重要な繁殖戦略になります。少し難しいテーマですが，取り組んでみる価値はあります。

写真15　卵塊を産み付けるクジャクチョウ(N)

(3)移動と拡散

ある場所で発生した蝶は，普通そこに留まりますが，コヒオドシが，真夏に高山に移動したり，ヒョウモンチョウ類が発生地でしばらく見られなくなったりするように，移動するものもあります。アサギマダラのように数千 km もの移動が知られている蝶もいます。また，これまで普通移動しないとされていた種の中にも，長距離移動する個体がいることもわかってきました。

発生地は食草や吸蜜植物などが揃っていて，普通そこに留まるのが安全ですが，いつ条件が変わるかわかりません。発生環境が一時に崩壊してしまうゴイシシジミなどは留まり続けることは，いつか絶滅することを意味します。この場合，移住は集団にとってはリスク回避策として必須です。ただ，条件が揃っているところを脱出する個体にとっては，あえて非常に大きなリスクをとることになります。

このように移動と定着とが矛盾する場合，どういう場合に移住するのか。または常に特定の移住する個体がいるのかなど解明されていないことだらけです。

移動する場合，自発的に飛び立ちますがアサギマダラなどの場合は，風に乗って「風まかせ移動」をする種が多いようです。台風や，強い低気圧に流れ込む風は強いので，それに乗れば短時間に長距離を移動します。風速 20m/ 秒の風に乗れば 1 時間で 20 × 60 × 60 ＝ 72,000，約 70km 移動できるはずです，1 日なら 70 × 24 ＝ 1,680km となります。フィリピンなどはるか南方からやって来る迷蝶は，台風が通過した後に多いことは経験的によく知られています。他方，移動方向を蝶が知っていて，太陽コンパスを使って決まった方向に移住を繰り返す例は，有名なオオカバマダラの移住で示唆されています。オオモンシロチョウもヨーロッパでは長距離の移動で知られているのですが，この時も太陽コンパスを使って方向を決めている可能性が示唆されています。

写真 16　飛来したアサギマダラ(6 月 1 日，神野泰彦氏撮影)

他方，個体が自発的に飛び立つのではない偶然に左右される移動もあるようです。

筆者は以前，奥尻島に足しげく通った時期がありそこで様々な興味深い生態観察をすることができました。ここでの経験を中心に「移動と拡散」について紹介することにします。

強風と雨の中，ゼフィルスを採集していた時，飛び立った個体が多数風に乗って海の方へ流されていくのを観察しました。その時この蝶たちがもし対岸にたどり着いたら，そこで定着するかもしれないと思いました。同時にどうしてこの島に多くのゼフィルスが生息するのかを考えたとき，逆に本土から風で流された個体が定着する可能性があります。ゼフィルスは樹冠を活発に飛び回る種ですが，奥尻島では本土でも珍しいムモンアカシジミも含め，奥尻島のミズナラ，ブナ，サクラ類などの食樹を利用する多くの種の生息が確認できました。同じ離島の焼尻島も食樹が豊かなところで同様なことがいえます。ゼフィルスはギリシャ語の「西風の精」の意味ですが，まさに風にのって(この場合は東風ですが)渡ってくるようなのです。

また島では，イチモンジセセリや，ヒメアカタテハの大発生にも遭遇しました。どちらも北海道には定着していない可能性が高い種です。毎年のように北海道では異例に早い時期から見つかります。日本海を風に乗ってやって来たものがたどり着く場所と考えれば納得がいきます。このように南からの蝶が早く採れるのは福島町の海岸や，他の日本海岸の離島などにも見られるようです。その方面の方は注目してくれればと思います。

オオモンシロチョウも北海道での記録が出た 1986 年に広域に渡るきわめて詳細な記録があり，侵入方法について広く検討されています。それによると奥尻島だけではなく天売島，利尻島，礼文島にも同年に記録があります。

オオモンシロチョウは，ヨーロッパではアフリカ北部から地中海や，ドーバー海峡を渡って多数が同時に侵入し，アブラナ科植物に被害を与えるのは，昔から有名でした。それが，ロシアで急速に分布を広げ極東にも 1980 年代では普通になっていて，それが日本海を渡って侵入したものと考えられます。

奥尻島に分布しない蝶の中でも注目すべきなのはエゾシロチョウです。離島では利尻島だけに定着していますが，奥尻島には分布しません。それどころかたかだか 15km の津軽海峡を越えることはなく青森県では定着していません。道南では無数に発生するのにです。これはおそらく幼虫が群れをつくる生態と関連しています。

わが家の庭という「離島」にはナシが植えられています。その付近を毎年エゾシロチョウは飛んでいます。ナシの葉に止まることもよくあります。しかし枝に巣をつくったのは，住み始めて約30年の間5回ほどありましたが，ことごとく越冬できず翌年には見られませんでした。それが，2014年に初めて越冬に成功し，翌年には，多くの幼虫が見つかり成虫も飛び回るようになりました。侵入しても多数が巣をつくって冬越しする生態の本種は，侵入は頻繁にあっても定着は難しい種のようです。

食餌があって，一時期発生しても消滅することもよくあります。奥尻島では，ウスバシロチョウは採石所の建設によって消え去ったのは確定的です。また，本土産とは異なった特徴があるとされていたキタテハも絶滅しました。本州ではどこにでもいる人里のチョウですが，それがあだになったのか，発生する草むらの消失と共に消え去ったのです。

移動と拡散はもちろん奥尻島だけの話ではなく各地で毎年行われている現象です。それぞれのフィールドを継続的に調査することで，それぞれの種の動態がわかってくると思います。それは各地で減少や絶滅が続く蝶の，保全のためのデータにもつながることでしょう。

3. 蝶の生活史を調べる

(1) 野外で卵や幼虫を探す

生活史の調査は，野外で卵や幼虫を見つけることから始めます。そのためには生態についての基本的な知識を持っておくことが大切です。蝶の生活を支えているのは幼虫が食べる食草です。まず本書の各種の記載と食草・食樹図版を参考に探してみましょう。ただし食草をやみくもに探しても卵や幼虫はそう簡単には見つかりません。成虫の行動から目ぼしい食草の群落を推定するのが近道です。フィールドで♀の産卵行動に出会うことがあればしめたものですが，♂の探雌行動からもそこが♀の羽化するポイントだということがわかり，周辺を探せば発生している食草群落を発見できることがよくあります。

食草群落が推定されたならば，母蝶の目になって，どこの辺りに産卵するのかを判断します。一般的には食草群落の縁の位置や，木であれば孤立した木や横に張り出した枝などによく産卵されています。

幼虫を探すコツはなんといっても食痕やその種独特の巣を探すことです。オオイチモンジやミスジチョウなどは葉に独特な食痕を残しますので，それを目当てに探します。食草には蛾や様々な植食性の昆虫の様々な食い跡や糞がついていることがあります。それを見分けることが大切です。食痕や巣も新しいものを探さないとその「犯人」にたどり着きません。この辺のコツは「習うより慣れろ」しかありません。

1か所をしばらく探して見つからない場合は，何かポイントをはずしていることがあります。別な環境に視点をずらしてみるとよいでしょう。卵でも幼虫でも一度発見すると，次々に見つかることがよくあります。母蝶の好むポイントを理解できたことになります。どのような環境なのか把握しておくと，別の場所でも通用することとなり，その特徴がその蝶の習性ということになります。

筆者たちは学生時代に，日本未記録種の蝶と出会うという幸運を得ることができました。アポイ岳で北大昆虫同好会の鈴木茂氏によって発見されたヒメチャマダラセセリです。筆者たちは大きな興奮の中で生態調査を開始しました。まず解明すべきは食餌植物でした。同じ属のチャマダラセセリの食性や外国での記録からバラ科のキジムシロやアポイキンバイに的を絞り，葉の裏に卵はないかと，まさにしらみつぶしに探しました。しかし全く発見できませんでした。調査の日程も押し詰まったころ，運よく当時のメンバーで本書でも力強い協力をもらっている辻規男氏が産卵を目撃し，食草がバラ科のキンロバイだということがわかりました。それから一挙に幼生期などの生態解明が進みました。幼虫は巣をつくります。キンロバイの小さな株の地面に近いところを選ぶという習性がわかると，次々に幼虫を発見することができました。キンロバイに依存する特殊な生態は，なぜヒメチャマダラセセリがアポイ岳にだけ生き残っていたのかという謎を解く有力な手がかりとなってきます。ヒメチャマダラセセリは筆者たちが生態について発表した後すぐに特別天然記念物に指定されました。

ヒメチャマダラセセリに関する一連のフィールドワークは，筆者たちにとって蝶の生態を調べることの面白さに目覚めさせた得難い経験でした。

写真17　ヒメチャマダラセセリの幼虫を探す(N)

さて，発生地と食草を特定できても，なかなか卵や幼虫が見つからないこともよくあります。まず発生時期がずれていることがあります。特に幼虫が育って蛹になった時期は，発見はきわめて難しくなります。一般にたくさんの卵が産まれても，幼生期にどんどん数が減ってしまうので，若齢期の，特に群れで行動するような幼虫の時期が発見のチャンスとなります。

さらにジャノメチョウ亜科の幼虫に多いのですが，日中に根際などに隠れる幼虫では，蛹同様，見つけることが難しくなります。夜間に株の葉に登って摂食する種では時間帯を変えて探すことが必要になります。

逆に周年経過の中で，特に発見が容易になる時期がある種もあります。エゾシロチョウは食樹の葉が落ちた後に，越冬巣がぶら下がるので，この時は発見が容易になります。オオムラサキやゴマダラチョウは越冬のためにエノキの木を降り根元の枯葉の中に隠れます。この時に発見されるチャンスが高まります。

まずその蝶の習性を把握しながら，ここにいるに違いないと信じて，根気よく，しらみつぶしに探すことが大切でしょう。ある種を狙っていて別な種が発見されることもあり，新たな食草や生態が記録できることもあります。卵や幼虫を探すことは，自分の経験を活かしながら，予想を立てて進む宝探しです。成果が上がれば充実感を得て，ますますその蝶に対する愛着と探究心が生まれてくることでしょう。

写真 18　崖でツマジロウラジャノメの幼虫を探す(T)

(2)幼虫と食草

①蝶と食餌植物

ほとんどの蝶は幼虫時代に植物を食べて成長します。生態系の構成要素とすれば第 1 次消費者に属することになります。それぞれの蝶の幼虫は被子植物のごく限られた特定のグループしか食べないという極端な偏食を示します。それは地球上の生物の歴史の中で蝶たちがその生活基盤を被子植物に求め昆虫の仲間から独立し，被子植物の進化を追いかけるように進化してきたことを意味します。蝶たちは被子植物の中の特定の科や属，中には 1 種のみを食餌植物として選択するという狭い食性を持つことが多いのですが，その食性は進化の歴史の中で形成されてきました。逆にいえば，新しい食餌植物を選ぶこと(食性転換)で新しい生息環境を生み出し新しい種が生まれてきたと考えられています。

例えばアゲハチョウ科の仲間では，祖先系はウマノスズクサ科を食べることから出発し，ケシ科などを食べるウスバシロチョウの仲間やミカン科を食べるカラスアゲハなどの仲間が，さらにその中からセリ科を食べるキアゲハが食性転換で進化してきたと考えられています。本道で最近新しい種として認識されるようになったキタアカシジミはミズナラを食べるアカシジミからカシワへの食性転換によって生まれた新しい種と考えられています。食性転換の引き金は母蝶の間違い産卵や生息環境の変化によって進んだと考えられていますが，詳しいことはわかっていません。

写真 19　マツヨイグサの仲間に誤産卵するゴマシジミ(S)

生活史の研究は，まず今生息している蝶たちが何を食べているかを調べることが大切です。日本の蝶の食草・食樹調査は戦後にアマチュアの手によって急速に進み，ほとんどすべてが解明されたといわれます。しかし本道では各地域で何が食草になっているか詳しい調査はまだまだ進んでいません。私たちも 1975 (昭和 50)年ころから少しずつ調査を始め，本書では新食草をいくつか報告することができましたが，調査の進捗は牛歩の歩みといえます。

食性調査では食草・植樹の同定が大切になります。樹木の場合はそれほど種類数も多くないので，樹木図鑑を熟読することで，ある程度の識別はできるようになりますが，草本，特にイネ科，カヤツリグサ科の場合はほとんど素人の手に負えなくなってきます。そこで植物，新食草の確認は基本的には専門家に同定を依頼することが必要になります。

それでも幼生期の食草探索を続けていくと，自然と植物知識も深まってきて，蝶とそれを支える植生環境のつながりが見えてきます。その蝶がどうしてここにいるのだろうという疑問に対し，食餌植物の情報から謎が解けて来ることも多いのです。是非，食草・食樹図版を参考にして新食草の発見にチャレンジしてみてください。

②肉食性の幼虫

蝶たちの食餌植物の重要性について書きましたが，もう１つ特殊な食性を忘れてはいけません。それは動物食の蝶についてです。本来の植物食からどのような経緯で肉食が始まったかは詳しくはわかっていません。本道ではゴイシシジミ，ムモンアカシジミ，ゴマシジミ，オオゴマシジミがアブラムシやアリの幼虫を食べて育ちます。ゴイシシジミ以外はいずれも植物食である程度育ってから，アリとの密接な関係を見せながら肉食へと転換していきます。ある程度の観察記録をそれぞれの解説で書きましたが，謎が多い不思議な生態といえます。

ゴマシジミとオオゴマシジミはアリが積極的に巣の中に幼虫を運び込んだ後に，アリの巣の中でアリの幼虫食いが始まります。この不思議な生態は本道では具体的な観察記録が皆無に等しい状態でしたが，今回その生態解明の突破口的な観察をすることができました。これら両種の不思議な生態は日本では 1952 年ごろに解明されました。特にオオゴマシジミの生態は，当時中学生３年生であった平賀壮太氏の精緻をきわめた観察記録が唯一無二のもので，それから 30 年以上もたった 1986 年ころから，本州で野外生態が少しずつ明らかになってきていました。今回私たちはその調査にもかかわった渡辺康之氏のアドバイスを得て調査したところ，本道で初めて野外幼虫を発見することができました。ゴマシジミについても，発生地でアリに運ばれる経緯やコロニーでの成長の記録を断片的に観察することができました。これらは生態解明の端緒についたところといえます。これを機に調査が進展することを期待しています。

ゴイシシジミ，ムモンアカシジミはそれぞれササとミズナラなどの樹木に寄生するアブラムシ類を捕食して育ちますが，非常に興味深い生態といえるでしょう。植物の生息地は人為的な改変がない限りそれほど大きな変動はないものです。しかし，アブラ

写真 20　アリの巣の中のオオゴマシジミ(S)

写真 21　アリに甘露を与えるゴマシジミ(N)

ムシ類の発生はそれを保護するアリの関係やアブラムシ類を捕食する別の昆虫などの関係が複雑に絡み合いっているため，不安定で発生地が移動することがわかってきました。

植物食，動物食のいずれにせよ，蝶の生息を保証するのはそのホスト(寄主)です。生態観察はこのことを抜きに進めることはできません。それぞれのフィールドでの生態調査・観察は食性調査を基本として進めていく必要があるのです。

③アリとの関係

ゴマシジミなど肉食性の蝶は，餌としてのアリの存在が欠かせませんが，その他にもアリとかかわりのある幼虫が見られます。シジミチョウ科のルリシジミ，ツバメシジミ，アサマシジミ，コツバメ，カバイロシジミ，ジョウザンシジミ，カラスシジミなどでは幼虫の周囲にトビイロケアリなどのアリがまとわりつき，盛んに触覚でアリの体に触れているのが見られます。近づいてよく観察すると，幼虫の腹部末端近くから毛のついた風船玉のようなものが飛び出してはまた引っ込んだりしています。この突起が出るとアリは興奮する様子が見てとれます。この突起は伸縮突起と呼ばれる構造物で，ここから何かアリの行動に影響を与える揮発性の化学物質が出ていると考えられています。信号刺激によりアリは幼虫への攻撃をなだめる効果があるのではと考えられ

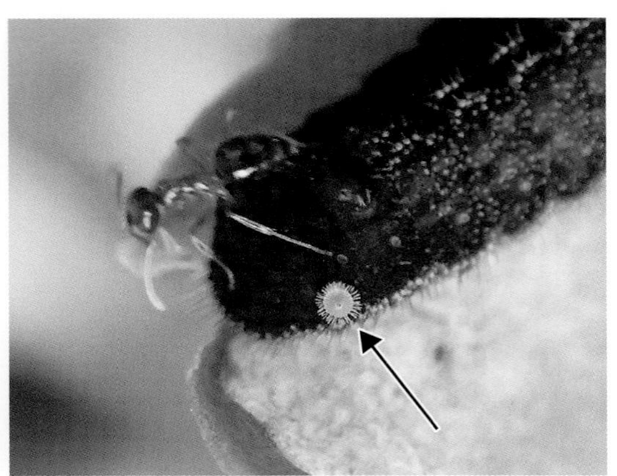

写真 22　ジョウザンシジミの伸縮突起(矢印)(N)

ていますが，詳しいところはよくわかりません。アリの刺激に対し，腹部第 7 節の蜜腺から栄養分のある液体を分泌する種もあります。これはラクティング(授乳)と呼ばれる行動です。明らかにアリに利益を与えているのですが，見返りとして何かあるのではないかと考えられています。おそらくはアリの存在による「天敵からの防衛」効果があると考えられています。このようなアリとの共生から，アリの巣の中でアリの幼虫や卵を食べる生態へと進化していったようです。

しかし，ある時まで共生していた相手の子孫を食べるという変化がどう起こったのかは，想像の域を出ていません。

(3)卵

孵　化

モンキチョウやモンシロチョウのように卵の色がどんどん変わってゆくものがあります。殻が薄い種類では，孵化前には中の幼虫がぼんやり見えるものもあります。一方ゼフィルスと呼ばれる蝶たちの卵は殻が厚く色が変わりませんが，孵化直前には卵の上の精孔に小さな穴が空きます。慣れると孵化のタイミングもわかります。

ゼフィルスの孵化は食樹の芽吹きにしっかり合わせる必要があます。ブナを食べるフジミドリシジミなどは特に大変です。ブナの芽吹きは早く，新葉はあっという間に硬くなってしまうからです。以前道南の調査で，ゴールデンウィークに雪が降り，孵化した弱々しい幼虫がまだ硬いブナの芽の上でじっとしているのを見ました。あの幼虫たちは開芽まで無事だったでしょうか。カシワの芽吹きはミズナラなどに比べ遅いのですが，これを食べるキタアカシジミが待ちきれず孵化のフライングをした幼虫を見ています。カシワを食べるアイノミドリシジミにも同じことが起こるようです。

この孵化のタイミングは，桜などの開花で知られるように，冬の寒さを経験したあと一定の積算温度に達した時に起こるというのが基本と思われます。しかしフジミドリシジミなどの例に見られるようにうまくいかないこともあり，幼虫がその試練に耐えるようフジミドリシジミの卵は大きくなっているのではないかと思われます。

卵殻のどこに穴をあけどうやって脱出するかも種類によって違います。近縁な種では似ていることも多いようです。

脱出した後，卵殻を食べる種類も多く，その意味も目立たなくするためとか，栄養を得るためなどの意見があります。

モンシロチョウの卵を 15 個採ってきて，翌日に容器の中を見たら一部の幼虫が孵化していました。でも卵が少なすぎます。よく見ていると，1 匹の孵化した幼虫が，他の卵にのしかかるようにして食べ始めました。共食いの発見でした。

結局，容器の中には 4 匹の幼虫しか残りませんでした。

一方オオモンシロチョウは，葉裏に 80 個以上の卵塊をつくりました。飼っているとある日一斉に孵化を始めました。ただ，幼虫は卵の数だけいて，共食いはせず集団で成長を続けました。ごく近縁な種でもこんなに違うことに驚かされます。

(4)幼　虫

①幼虫の摂食行動と食痕・巣

道内なら身の回りにササが生えているところはどこにでもあるでしょう。この葉をタテハチョウ科のジャノメチョウ亜科や，セセリチョウ科のチョウが食餌植物として選んでいます。雪の下になっている期間を除いてそこには何かしらササを食べている幼虫が見つかります。幼虫の行動をこのササ食いの幼虫から見てみましょう。

ササは小さなタケともいうべきイネ科の植物で，日本以外にはほとんど分布していません。英語でも Sasa といいます。イネ科の起源は新しく，温暖乾燥気候に適応・進化し，草原をつくりその環境が人類を誕生させたといわれています。人類の話はともかく，イネ科の中から極東で独自に分化したのがタケ，ササの仲間で，それに伴いこれを食べるジャノメチョウ亜科などの蝶も進化したと考えられます。

ササは，どう見ても食べやすくはない植物です。ササの葉で手を切ったことはありませんか，ササの葉にはガラスと同じ二酸化ケイ素の結晶が含まれています。動物の口を傷つけ食べられるのを防いでいます。

ササを食べるヒメキマダラヒカゲの糞を顕微鏡で見たことがあります(写真 23)。中味が抜けて透明化した葉片は幼虫がかじりとった形のまま残っていました。さらに，ヒメキマダラヒカゲの幼虫の口は，脱皮直後と，次の脱皮の前とを比べるとはっきりとすり減っています。

なぜササを食べるのかの背景には種間競争があります。双子葉植物の柔らかい葉を食べる祖先から，競争を避け，ササという食べづらい植物を敢えて選ぶ進化が起きたのでしょう。

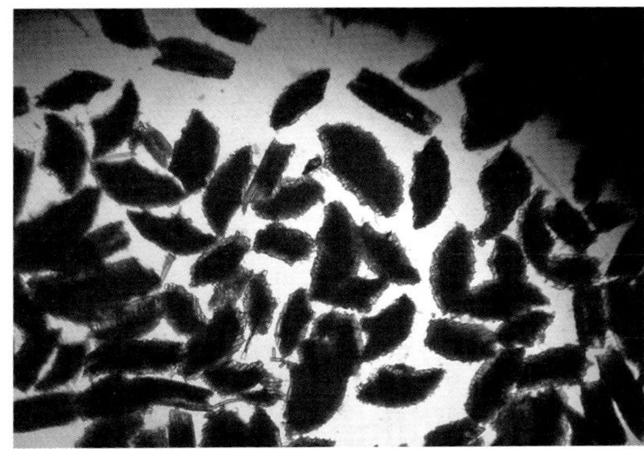

写真 23　ヒメキマダラヒカゲの糞(H)

では実際に野外でササ食いの幼虫を探してみましょう。まず，8月ごろのクロヒカゲが，一番見つけやすいのです。幼虫は，初めササの葉に階段状の非常に特徴のある食痕を残しますので，これを目当てに林沿いや林道脇のササを探します。これをクリアしたら9～11月と探してみると，食痕が丸みのある大きなものに変わり，株の下の方に移動し，しだいに発見しづらくなります。巧妙に隠れているのを見つけるとパズルを解けたように嬉しいものです。

探しているうちに奇妙な食痕に出会います。葉脈を避けて食べていて，北海道の路面電車に除雪用に取り付けるササラのようになっています。ヒメキマダラヒカゲです。253 頁の写真を参照して下さい。

この幼虫はとても振動に敏感ですぐに落ちてしまいます。食痕を見つけても慌てず静かに扱いましょう。たいてい集団で見つかり，秋遅くまで少しずつ大きくなった幼虫が見つかります。翌春は1匹ずつ見つかり，食痕は，縁から食べただけの特徴のないものになります。

ササ食い幼虫を探していて，褐色の幼虫が見つかったら幸運です。ていねいに観察しましょう。ヤマキマダラヒカゲかサトキマダラヒカゲの幼虫です。小さい時は集団で葉脈を残して食べますが，大きくなると分散して食痕も特徴が薄れます。これは前2種のように中齢幼虫ではなく蛹で越冬します。9月ごろにはずいぶん大きくなって地表の枯れ葉などで見つかりますが，発見例は非常に少ないのです。

セセリチョウの一部もササを食べます。

コチャバネセセリは，日の当たるササ原なら夏～紅葉の前まで，特徴的な三角の巣をつくります。真夏はササの葉先が小さく丸まっていて，付近に食痕があります。幼虫はずっとこの中で過ごし，葉を食べる時は入り口から身を乗り出して食べます。糞は葉の先の隙間から腹端を出して放出します。

秋には封筒をぶら下げたような巣をつくります。

種別解説に示した4つの写真はその様子の一部を抜き出したものです。巣づくりは1時間以上かかりましたが，経過を簡単に書いてみます。幼虫は，まず新しい葉の上を歩き先端を確認し中脈上に少し吐糸しました。そこから葉の両側の縁まではちょうど体を曲げて伸ばすと頭が届きます。片側に吐糸して反対側まで糸を伸ばし，ちょうど対称な位置につけます。逆向きにも繰り返し，だんだん糸を太くします。この弦のような糸を4か所張ると，糸はしだいに縮んできて葉は丸まり巣らしくなります。最終的には葉の両方の縁を結ぶ糸は10本以上になり，しっかりとした巣ができました。

コチャバネセセリは越冬前にはもっと丈夫な巣をつくり，幼虫は自分が入ったまま巣を切り落とします。入り口からのぞくと太った幼虫が入っています。

巣を開けてみると，幼虫の静止位置付近は，多量に吐糸され，銀色の光沢があります。縁は厳重に閉じられていますが1か所だけ出入口のような隙間があります。中の幼虫は少しアメ色を帯び，透明感があって生菓子のようです。この後，野外では幼虫が巣から身を乗りだして巣を引きずって動かします。遠くまで運ぶこともあり，どこにあるかわからなくなることも多くありました。

写真 24　巣の中のコチャバネセセリ(H)

翌年までこの状態で雪の下になり，春になって蛹化・羽化します。

以上，ササ食いの幼虫の食痕や巣づくりを紹介しましたが，巣をつくり中に隠れる蝶は，この他タテハチョウ科など多く見られます。それぞれ天敵を防ぐために進化してきた行動様式で，各種比較しながら観察するとよいでしょう。

②脱皮から蛹化

幼虫の体の一番外側にはクチクラ層があり，いわゆる外骨格を形成し体の形を保っています。幼虫が育ち体が大きくなると，この硬化したクチクラ層を一度脱ぎ捨てます。これが脱皮です。生物の教科書にも載っているように，脱皮の引き金はホルモンや神経系の働きによります。脱皮前になると幼虫は座を入念に吐糸し，しがみつくように静止します。これを眠と呼んでおり，1～2日の眠をあけ脱皮します。これを眠起といい1齢幼虫が脱皮し2齢になることを1眠起といいます。この脱皮により年齢のように齢数が増えていきますが，何齢(最後の齢を終齢という)で蛹になるのかは科によってほぼ決まっています。シジミチョウ科は4齢で，アゲハチョウ科，シロチョウ科(ヒメシロチョウ属は例外的に4齢)，タテハチョウ科は5齢で蛹化します。ジャノメチョウ亜科やセセリチョウ科では変異があり，その条件が食物なのか季節なのかなど調べると面白いでしょう。また幼虫で越冬する種類では何齢で越冬するのかは重要な生態情報です。脱皮の毎に頭も脱ぎ捨てられるのでこれを目当てに齢数を数えるとよいでしょう。

十分に成長した終齢幼虫は蛹化場所を探して移動します。蛹化のために他物につかまり静止している状態を前蛹といいます。前蛹～蛹の時代はかなり長時間になるので，天敵から身を隠すために蛹化場所は慎重に選ばれます。このため野外での蛹化場所の観察は非常に難しくなってしまいます。

写真25　葉の裏で蛹化するキタアカシジミ(N)

蛹の形式には2通りあります。尾端を他物に固定し，胸の辺りに1本の丈夫な糸をかける帯蛹というタイプは，アゲハチョウ科，シロチョウ科，シジミチョウ科，セセリチョウ科に見られます。もう1つはタテハチョウ科に見られる垂蛹というタイプで，尾端を他物に固定しぶらさがるタイプです。

老熟幼虫は蛹化位置を探して歩き回ることが多いのですが，樹上で生活するゼフィルスなどシジミチョウの仲間では，幹を伝って移動するのではなく，葉の上から落下して，地面の枯葉などの中で蛹化するものが意外に多いことがわかってきました。移動時のリスクとコストを避けていると思われます。リスクといえば落下したところも問題ですが，ウラキンシジミは切った葉にしがみついてパラシュートのように地面に落ちるという面白いことをします。アゲハやタテハ，セセリの幼虫にも樹上生活をしているものがあり，落下する可能性もありますがまだ調べられていません。

草本を食草とするタテハチョウ科の場合，周辺の植物へ数～10数m移動し垂蛹となる場合が多く，食痕が多数ついた食草周辺を探すと見つかることがあります。

しっかりとした巣をつくるセセリチョウの仲間では，巣の中で帯蛹となるケースが多いのですが，移動して蛹化のために新しい巣をつくることもあり，その場合は発見が難しくなります。ヒメチャマダラセセリもそのタイプのようで，いまだに蛹化位置は不明です。

ジャノメチョウ亜科のキマダラヒカゲの仲間も地面で巣をつくりその中で蛹になることが飼育の様子から推測できます。しかし野外ではまだ見つかっていません。標茶町で蛹の殻を見つけましたがヤマキマダラ，サトキマダラのどちらかはわかりませでした。

ウスバシロチョウの仲間は蛾の仲間によく見られる繭をつくります。カイコのような立派なものではありませんが，周囲の葉や枝を糸で寄せ集め，その内部を入念に吐糸して繭にします。これも野外ではまだ見つかっていません。

③天敵と防衛戦略

1匹の母蝶が産卵する数は数十～数百，多いものでは1,000を超えます。そのうち成虫になるのは，♂♀1～2ペア程度と考えられます。つまり，卵から幼虫，蛹を経て羽化するまで99％近くが死亡してしまうということです。各発育段階で生存数がどのように変わって(減って)いくのかを調べたものを生命表といいます。害虫では天敵や防除のために詳しく調べられていますが，蝶ではあまり調べられてはいないようです。筆者は指導する高校の科学部の生徒と，富良野市でハンノキ林のミドリシジミについて調べてみました。越冬卵222個をマークして，その後の幼虫の数を調べていきます。ミドリシジミは1匹ずつ巣をつくるのでカウントは比較的容易でした。その結果をグラフ(生存曲線)に示しました。

図4を見ると2齢幼虫になるまでに8割以上が死亡しています。1～終齢までグラフは直線的になっていますが，縦軸が対数目盛になっていますので，この間の死亡率がほぼ一定ということがわかります。終齢まで生き残ったのは実数ではわずか2頭ですが，この後の蛹の期間も寄生蜂などが脱出することが多いので，全てが死亡した可能性もあります。死亡の原因については，カメムシとハチが捕食しているところは見ましたが，詳しいところはわか

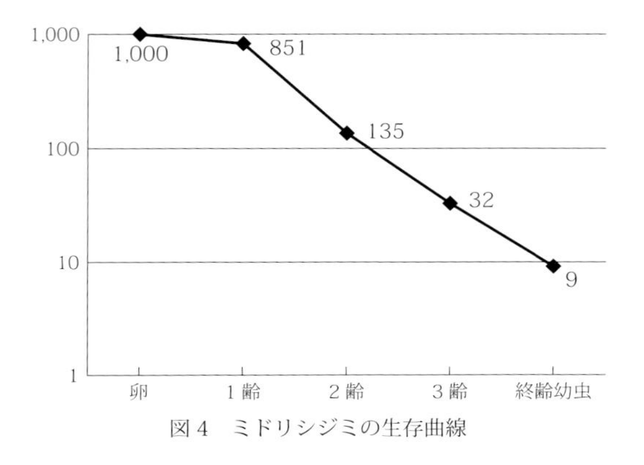

図4　ミドリシジミの生存曲線

りません。写真27に天敵に攻撃されている写真を集めてみました。このような捕食や寄生によるものの他に病死も死亡要因になります。

もう1つ，2013年のキタアカシジミの大発生の時に調査したものを紹介します。3本の小さなカシワの木を選び，そこについていた58卵塊336個の越冬卵を追跡調査しました。終齢まで育った個体は24個体で，蛹の時期に下草をくまなく探したところ17個の蛹を見つけました。蛹は他から移動して来たものもあるかもしれませんが，先ほどのミドリシジミの例と比べると圧倒的に生存率が高いといえます。この後，このカシワ林ではたくさんの成虫が群れ飛ぶのを見ることになりました。この年は全道的にも大発生したのですがその要因はわかりません。

さて幼虫の防衛戦略の話に戻りますが，幼虫たちは天敵にやられっぱなしでもありません。生き延びるための戦略を進化させてきているのも事実です。いくつか列記します。

まず多くの幼虫や蛹に見られるのが，擬態によるカムフラージュです。花や葉を食べる幼虫の色や形は見事に周囲に同化しています。例えば，クロヒカゲはササが枯れ始めると緑の体色を褐色に変えて枯れた部分に張り付きますが，枯葉のしみのような斑点もデザインされ非常に見分けづらくなります。

ミスジチョウの仲間は葉の先端にカーテンを吊り下げ，さらに食べ残した中脈に糞を積み上げその糞塔に糞の色に似せて止まります。人間にとってはかえって探しやすくなりますが鳥の眼には効果があるのでしょう。

オオミドリシジミ属の隠れ方を紹介しましょう。ジョウザンミドリシジミは冬芽の外側の鱗片を吐糸で落ちないように寄せ集めその中に身を埋めています。体色はその鱗片の色に合わせています。エゾミドリシジミは太い枝の方に隠れるので体色は全く異なります。オオミドリシジミは葉をしおらせ簡単な巣をつくってその中に隠れますが，葉が枯れて黒くなったところに止まるので体色は黒っぽくなっています。

アゲハチョウの若齢幼虫は葉の上にこれ見よがしに静止していますが，それは鳥の糞に擬態していると考えられています。リンゴシジミの蛹も同じような効果があるようです。コヒョウモンは食草のオニシモツケの葉の上に静止していますが，このころ同じように葉の上に落ちているヤナギ類の花柄に擬態しているのではないかと私たちは考えています。

コチャバネセセリで詳しく紹介した巣をつくる行動も，敵から隠れる自衛手段の1つです。

ほかにモンキチョウやジャノメチョウ亜科では，敵が近づいたり，刺激を与えると体を丸めてぽろっと落下する幼虫もいます。擬死といわれる行動でモンキチョウでは口から緑色の液を吐いたりします。

なお，擬死について，芝田はジョウザンシジミの成虫で観察しています。撮影で追いかけていた蝶が，突然草むらに落下したと思い近づいてみると，死んだふりをしているように横たわっていたそうです（写真26）。

写真26　脚を縮めて擬死をするジョウザンシジミ(S)

隠れたり逃げたりする行為の他に，積極的な防衛戦略を持つものもいます。

マダラチョウの仲間は有毒物質を含む植物を食べ体内に蓄積し天敵に対抗しています。自分が不味や不快であることを印象付けさせ，自らの姿を認識させるため幼虫に目立つ色彩をつけており，これは警告色と呼ばれています。本道では最近幼虫が発見されたアサギマダラがそれに当たります。

アゲハチョウ科の幼虫は，刺激を与えると突然体の前半をのけぞらせ，頭部後ろの方からオレンジ色の二股の角を飛び出させます。同時に刺激臭を発し敵を威嚇します。

クジャクチョウやコヒオドシ，ヒメギフチョウなどは卵塊から生れた幼虫がしばらく集団で生活しますが，この幼虫集団は脅かすと一斉に頭を左右に振って威嚇するので防衛効果があると考えられます。

卵〜蛹を経て羽化するまでにはさまざまな困難が

写真 27　天敵様々　①クモの巣にかかったヒメシロチョウ(S)　②クモに襲われたヤマキマダラヒカゲ(N)　③クモに襲われたトラフシジミ(H)　④アリの巣に運ばれるサトキマダラヒカゲ(N)　⑤オオムラサキの卵に産卵するヤドリバチ(H)　⑥様々な幼虫を食べる鳥(ハクセキレイ)(H)　⑦アオムシコマユバチとモンシロチョウ幼虫(N)　⑧アゲハの蛹に寄生するコバチの仲間(H)　⑨カメムシに捕食されたアゲハ幼虫(H)　⑩サシガメに襲われたオオムラサキ幼虫(H)　⑪コミスジの寄生バチ(N)　⑫ハチに捕食されたエゾシロチョウ幼虫(H)　⑬ヨツボシモンシデムシに捕食されるオオムラサキ幼虫(N)　⑭クモに捕食されるヒメキマダラヒカゲ(H)

⑦
⑧
⑨
⑩
⑪
⑫
⑬
⑭

あり，その生き残りの戦略が工夫されてきています。フィールドで観察する時には，その行動がどのような生態的な意義があるのかという視点を持つとよいでしょう。疑問が生まれたら理科研究のテーマなどに選び，調べてみるとよいでしょう。

そのためには飼育をしながら実験することになりますが，飼育方法については本書では割愛します。

④蛹～羽化

これ以降を野外で観察できることはほとんどないのですが，もし出会えればすごく幸運です。いくつかの種では写真で紹介できました。垂蛹が脱皮をする瞬間は特にスリルがあります。皮膚を全て脱ぎ捨てるのにどうして落ちないのでしょう。蛹化突起という構造がずっと見逃されていて，最近になって注目されています。また，蛹が固まってから（固まる前に触るとうまく羽化しませんから注意しましょう）尾端を見れば，非常に多くの小さなフックのような構造が見え，台座の吐糸に絡んでいます，これなら落ちません。

蛹から脱出する羽化は特に感動的です。幼虫を飼育しても羽化までこぎ着けるには食餌の確保など，細心の長時間の努力が必要です。努力の成果が報われる瞬間です。

羽化の前にはたいてい翅の模様が透けて見えますが，タテハチョウ科の一部など硬い殻の種はよく見ないと気づかないかもしれません。

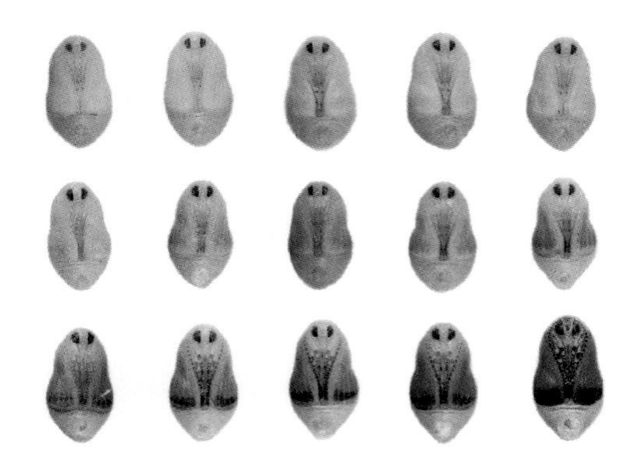

写真 28　羽化直前までの蛹の変化（キタアカシジミ）（N）

朝，羽化する種類が多いので観察には早起きが必要かもしれません。羽化したばかりの美しさには何度見ても，冴えないように見える蝶でも感動します。ゆっくり観察し，写真にも残しましょう。

野外では羽化後，成虫は捕まる場合も多いのですが，地表の蛹や，アリの巣の蛹では成虫の羽化場所への移動はスリリングです。ゴマシジミなどアリの巣の中で蛹化する蝶は，アリの巣の孔をどうやって脱出するのでしょう。それを撮影するのは不可能に近いですが，ムモンアカシジミの羽化直後の写真を見ると，体，特に脚はたくさんの毛で覆われています。そしてその脚にたくさんのアリが噛みついています。長い毛はそれでも羽化するために必要だったのです。

しかし今まで同居を許していたのに急に単なる餌になってしまったのでしょうか。大きな謎です。

筆者は初めてトラフシジミを羽化まで飼育しました。普通，アリがやって来て世話をする種ですが，飼育はアリと一緒にはできませんでした。それでも順調に成長しました。羽化の瞬間，地表の枯れ葉の間の蛹は素早く歩き回って，登るところをあちらこちら歩き回って捜しています。木の枝を 1 本出してやると登っていきました。その姿はムモンアカシジミほどではないにしても毛まみれです。きっと，自然状態でもアリが周囲にいて襲ってくるのでしょう。枝に登ってから，縮んでいた翅が急に伸び始めました。それまでは伸びるのを止めているようです。

写真 29　脚に毛がついたトラフシジミ（羽化）（H）

ミヤマカラスアゲハや，オオイチモンジなどでは大きい分だけたくさんの餌を与え長い時間注意して飼っても蛹にまでたどり着くまでは大変です。

羽化したチョウが自分が住んでいる付近にいない種の場合，そのまま放して誰かが採ると新記録になってしまいます。元いたところで放しましょう。

(5)周年経過と越冬

①周年経過と休眠

1 年のどの時期を卵，幼虫，蛹，成虫のどの状態で過ごすかを周年経過といいます。巻末にこれをまとめました。中でも越冬態は普通固定しています。冬の寒さに耐える低温耐性を持つのは特定のステージに限られます。この間，摂食を停止し，もちろん成長はせず，動くこともあまりできません。代謝が極端に落ちているのです。この状態を冬休眠といいます。蛹で越冬する場合，越冬蛹と非越冬蛹では体表の丈夫さや低温耐性が違い，見て区別できるものも多いのです。多化性で成虫で越冬する場合は，翅の色や模様が越冬型と非越冬型で違う場合もあります。

サカハチチョウやアカマダラなどでは第1化と第2化で極端に外見が違い，同種とは思えないような差があり季節型と呼ばれます。これは幼虫期の日長(日の長さ：正確には朝夕の薄暮・薄明期を含む)によって決まってくることが知られていますが，最終的にはホルモンが型の決定を支配しているようです。

シータテハはヨーロッパでは，幼虫期の日長が長いと非越冬型が羽化することが知られています。このように日長に反応する現象を光周性といいます。

ヒメギフチョウは春，成虫が産卵した卵から急速に育って蛹になったところで休眠に入り長い間変化がありません。この蛹の休眠のメカニズムは非常に複雑で夏と冬の2回の全く別の休眠が知られています。

キアゲハの越冬蛹と非越冬蛹の形成と日長との関係を調べた小学生による非常に優れた研究結果がインターネットにも公表されています。それによると「光を当てる時間を制限(2時間，5時間，10時間)した幼虫はいずれも羽化せず，休眠蛹になった。しかし全く光を当てなかった18匹のうち，5匹が羽化し，13匹が羽化せずに休眠蛹になった。光が当たらない場合は夏か冬か分からないので，光以外の他の条件によって，羽化するか休眠蛹になるかを決めているのではないか」というものです。全く光が当たらないという条件は，容器の遮光性が完全かとか，観察のため容器を開けたとき完全な暗黒かなど設定が難しいのですが興味深い研究結果です。このような実験は完全な暗黒の設定さえできれば誰にも可能です。他にも24時間周期ではなく36時間など自然界ではあり得ない設定で実験をした例もあります。

②休眠の解除

北海道の蝶には年に1回しか発生しないものと何回か発生するものも多くいます。幼虫が共にササを食すクロヒカゲとヒメキマダラヒカゲに関して，高校で指導した研究を紹介します。春の雪解けを待って一緒に捜し始めたのですが，残雪もあるのにいろいろの大きさの幼虫が同時に見つかるのは不思議だと気づき研究は始まりました。

夏を過ぎてからは実験室でたくさん飼い始めました。学校には暖房があるのでクロヒカゲは成長が早く真冬に羽化します。ところがヒメキマダラヒカゲは同じ温度の条件でも，順調に成長していた幼虫が終齢に入ると成長を止めてしまい，2か月近くそのままで葉も食べません。葉が枯れてくるためかと新鮮なものを与えても結果は変わらず，1匹だけ羽化しましたが他は蛹になれず死んでいきます。クロヒカゲは本道の南西部では野外でも2化が見られる上，本州の南部では3化する地域もあるのに対し，ヒメキマダラヒカゲは九州にまで分布しますがどこでも年1化です。ヒメキマダラヒカゲは，環境が変わっても1化の習性を守り抜くようです。

次に，部活動が暇な真冬になって，十数人の部員総動員で雪を掘って幼虫を捜してみました。持ち帰った幼虫にササを与えたのですが，クロヒカゲも，ヒメキマダラヒカゲも，すぐには食べ始めません。12月のデータではクロヒカゲは10日くらい，ヒメキマダラヒカゲは15日くらい経ってからやっと食べ始めました。どちらも休眠に入っていたのです。冬期の休眠は低温に対する耐性を高めた状態ですから，多少暖かくなっても解除されません。冬に異常気象で暖かい日が続いて，休眠が解除されて餌を食べ始めれば，再び寒冷になった時に死んでしまいます。ところがそのある一定の期間を過ぎると活発に食べて成長し羽化しました。こんどは3月に同じように試してみると5日くらいで，4月下旬にはすぐに餌を食べ始めました。それは春が来たのですから当然ですが，同じ期間冷蔵庫で保管したものも同じような反応をしました。つまり寒冷条件が長く続くことで休眠はだんだん解除されていくのです。

③化性と生存戦略

越冬態と発生期は密接に関連します。基本的に年1化で，条件を変えても2化しない「かたくなな年1化」という種では特にそうです。

春，真っ先に現れるのは越冬タテハと呼ばれる蝶たちです。しかし，産卵時期はそれぞれ異なります。クジャクチョウは，雪解け直後のエゾイラクサの芽に真っ先に産卵します。その後，早くも7月に新生個体が羽化し，次の世代は新芽を伸ばし続けるカラハナソウを食べて2化することが普通です。

一方キベリタテハは春先には産卵せず6月くらいに産卵します。食樹の中心のダケカンバは，5月末ごろ新芽を開きその後も芽を吹き続けます。それにタイミングを合わせているのでしょう。越冬タテハの中では一番遅く，新生個体は8月になって見られ「かたくなな年1化」です。8月に産卵しても間もなく紅葉の季節になってしまうからです。

スギタニルリシジミは年1回，ゴールデンウィークごろ羽化してトチノキやミズキの早い芽吹きに合わせています。そして，6月中に蛹にまで進みますが，そのまま長い休眠に入る「かたくなな年1化」です。九州でも2化はしません。食餌選択が狭いため真夏に羽化しても産卵植物は硬い葉だけです。特定の花にこだわる分,年1化しかできないのです。損なようですが確実に食餌に出会える戦略です。

一方，よく似たルリシジミは春，スギタニと同時期に見られ，幼虫はマメ科を中心にいろいろな花を食べて育ちます。スギタニと同時期に蛹になりますが，短期間で羽化し，次に咲く花を探して産卵します。2化するのは有利ですが食餌の夏の花の選択は広くする必要があります。スギタニとは生存戦略がまったく違うのです。

ゼフィルスの仲間はどれも「かたくなな年1化」です。芽吹きを待つように越冬卵が孵化し，若い葉を食べ成長します。食餌のナラ類の葉は硬くなり，害があるといわれるタンニンも増えます。7月に羽化し，休眠芽が形成される頃産卵し，そのまま越冬に入ります。落葉広葉樹のやわらかい葉しか食べないというこだわりから，年1化が定まってしまったのです。

このように，「食餌植物が利用しやすい状態」にある時期と発生期は一致しなければなりません。それに合わせて成長を止めて代謝を下げて耐寒性を持った休眠という状態に入ります。冬に寒さに耐える能力を持つことと，発生期に食餌があることを約束するのが決まった越冬態です。

④越冬戦略

本書に紹介した116種の蝶の越冬態(卵・幼虫・蛹・成虫)について分類してみると，割合としては図5のようになります。春に羽化するモンシロチョウやキアゲハを身近に感じているためか蛹越冬が多いと思うのですが，生活史の各段階まちまちで，意外にもすぐにも凍って死んでしまいそうな幼虫で越冬する蝶が多いのです。

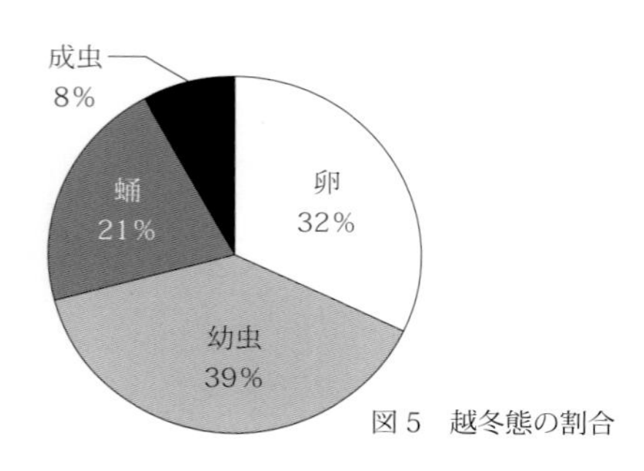

図5　越冬態の割合

越冬態の各タイプについて紹介することにします。

④-1 成虫越冬タイプ

シータテハからヒメアカタテハまで，タテハチョウ科のタテハチョウ族9種が成虫で越冬します。成虫の生存期間が最も長い部類となります。エルタテハ，シータテハ，ヒオドシチョウ，クジャクチョウは，時々人里の空き家や物置の中に侵入して越冬しているのが見つかります。人工物を利用しない本来の自然状態での越冬場所の観察例は意外に少なく，ヒオドシチョウが切り株の樹皮の間に，コヒオドシが石の隙間などで越冬していた観察例があるくらいです。飛翔力が強く移動能力も高い蝶たちで，勢力を拡大する能力に長けた，進化したグループと考えられます。

④-2 卵越冬タイプ

アゲハチョウ科のウスバシロチョウ属(3種)。シジミチョウ科のゼフィルス類(20種)，カラスシジミ属(3種)，ヒメシジミ，アサマシジミ，タテハチョウ科のヒョウモンチョウの仲間(9種)の合計37種が卵越冬タイプです。

木本を食樹とするシジミチョウの仲間は冬芽や枝先で冬を越しますが，その他の草本を食草とする蝶の卵は地面の枯葉などの雪の下で越冬します。それらの越冬場所がどのくらい寒いのか，冬の間(2014～2015年)自動的に温度を記録するボタン型のデーターロガーを枝先，雪の下，樹皮の間に設置し，厳寒で有名な富良野市で4か月間記録をとりました。最も冷え込んだ1月上旬には，枝先は外気温とほぼ同じで最低気温は－22℃を記録しました。しかし雪の下は厳冬期でも全く影響は受けず，冬期間機械が壊れたと思うくらい－1℃前後を維持していました。雪の保温効果は絶大であることを改めて知らされました(図6)。

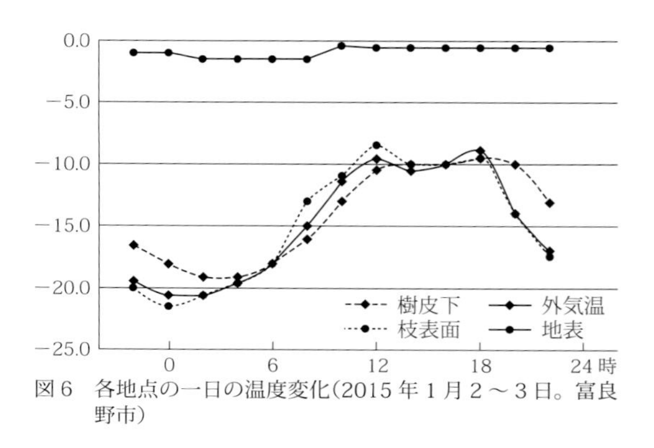

図6　各地点の一日の温度変化(2015年1月2～3日。富良野市)

卵でも幼虫でも雪の下で越冬するのが一番楽なはずですが，ゼフィルスなどの卵は，やはり春先に確実に食樹の芽にたどり着けるように，厳寒にさらされながらも，枝先で冬を越す戦略をとっているのでしょう。どうして－22℃でも凍死しないのかについては次に書きます。

④-3 蛹越冬タイプ

アゲハチョウ科のカラスアゲハなどのアゲハチョウ属(5種)とヒメギフチョウ。シロチョウ科のモンシロチョウ属(4種)，ヒメシロチョウ属(2種)とツマキチョウ。シジミチョウ科のコツバメ，トラフシジミ，ルリシジミ，スギタニルリシジミ，カバイロシジミ，ジョウザンシジミの6種。タテハチョウ科では少なくアカマダラとサカハチチョウの2種。ジャノメチョウ亜科ではヤマキマダラヒカゲとサトキマダラヒカゲの2種。セセリチョウ科ではヒメチャマダラセセリとチャマダラセセリの2種の合計25種です。

春が来て一番に飛び始めるスタートダッシュの早い蝶たちです。これらの蝶は，ヒメギフチョウがオクエゾサイシンの芽生えに産卵するように，卵越冬の次に早く，幼虫が若い葉や花芽を食べて育つという適応戦略をとっています。ただし，キマダラヒカゲ属の２種は蛹越冬後羽化する時期がずいぶん遅くなりますが，これはササの新葉の展開を待っているためと考えられます。

④-4 幼虫越冬タイプ

最も多くの蝶がこの戦略をとっています。アゲハチョウ科にはなく，シロチョウ科ではモンキチョウとエゾシロチョウ。シジミチョウ科も少なくゴイシシジミ，ベニシジミ，ツバメシジミ，ゴマシジミ，オオゴマシジミ，カラフトルリシジミの６種。タテハチョウ科ではホソバヒョウモンなどのカラフトヒョウモン属(３種)，イチモンジチョウ亜科に属するミスジチョウ，イチモンジチョウの仲間(６種)とコムラサキ亜科に属するオオムラサキ，コムラサキ，ゴマダラチョウの計 12 種。ジャノメチョウ亜科は多く 13 種。セセリチョウ科も多く 12 種。全ての合計が 45 種となります。モンキチョウ，シジミチョウ科のベニシジミ，ツバメシジミ，カラフトルリシジミは特に巣はつくらず雪の下で越冬します。ゴマシジミ，オオゴマシジミはアリの巣の中という特殊な戦略です。ゴマダラチョウとオオムラサキは枯葉の裏で雪をかぶり越冬します。その他は，食草を切り貼りしてそれぞれ工夫した巣をつくりその中で越冬します。エゾシロチョウとタテハチョウの越冬巣は枝先につくられ，雪の下にはなりません。またコムラサキは巣をつくらず枝先に張りつくので，次に述べる耐凍性が高くなっていると考えられます。

写真 30　越冬中体に霜がついたコムラサキ幼虫(N)

蝶のルーツについては後述しますが，それぞれの蝶が北海道という気候に合わせ，それぞれ工夫を凝らした越冬戦略を選び，改良を加えながら子孫をつないでいるといえるでしょう。

⑤耐 凍 性

越冬時どのくらいの低温に耐えられるかは種によって違い，雪の下で越冬する種より木の枝などで越冬する種はより低温に耐えます。ただ，どの程度で凍死するかの実験は意外に難しく，はっきりした結果が示されているものは多くはありません。また，耐寒性は耐凍性(凍結しても死なない能力)と非耐凍性(凍結を避ける能力)とがあって研究が進んでいますが，十分に解明されてはいません。ただエゾシロチョウではよく調べられていて越冬中の３齢幼虫は，－ 30℃にも耐える耐凍性を持っており，その能力は幼虫が摂食を止め巣が強化される８月には既にあるそうです。見方を変えるとエゾシロチョウの幼虫は８月には休眠に入っていることになります。耐凍性は体内に凍結予防物質，例えばグリセロース(いわゆるグリセリン)や，グリコーゲンなどが知られている一方，不凍タンパク質と呼ばれる物質が氷の結晶の成長を抑え完全な凍結に至るのを防止していることがわかってきました。

4. 種間関係を調べる

(1)近似種とニッチ

非常に近縁で，区別さえ難しい組み合わせがあることは図版を見てもわかります。外見と近縁度は必ずしも一致しませんが「ウスバシロチョウ属のヒメウスバシロチョウとウスバシロチョウ」「ヒメシロチョウ属のエゾヒメシロチョウとヒメシロチョウ」「モンシロチョウ属のエゾスジグロシロチョウとスジグロシロチョウ」「アカシジミ属のアカシジミとキタアカシジミ」「オオミドリシジミ属のエゾミドリシジミとハヤシミドリシジミ」「ヒョウモンチョウ属のコヒョウモンとヒョウモンチョウ」「キマダラヒカゲ属のサトキマダラヒカゲとヤマキマダラヒカゲ」などの組み合わせは非常に近縁で姉妹種といわれています。

これらの種は標本図版の中に近似種との区別点を載せましたが，例外的な個体も多く同定には非常に注意が必要です。

このような種が共存しているのは２種の間では生態的地位(ニッチ)が違うのです。ニッチという言葉はニッチ産業などという言葉が使われて一般的になったので本書ではニッチを使うことにします。基本的に１つのニッチを複数の種が共有することはできず，その環境に少しでも適応した種が生き残り，他方は排除されていくと考え方を競争排除といいます。

違った植物を食べていれば競争はほとんどなく，ニッチが違っているといえます。

一見同じ場所で同じものを食べている組み合わせでも，同じ樹木の枝先の芽とわき芽を選び分けるなど何かしら違ったやり方で食べたり(食い分け food segregation)，活動時間をずらしたりして，互いの活動が完全にぶつからないようにしています。この時，それぞれ少し異なるニッチを占めていると考えられます。この典型例がよく教科書にものっているヤマメとイワナの間に見られる棲み分けです。

ニッチの微妙な違いで，近縁な種が共存している場合,ニッチ分割が起こっているといいます。ただ,姉妹種は両種が共通の祖先(母種)から進化したことを前提にした考えです。

生態学ではニッチの問題は大きなテーマでいろいろな生物を対象に多数の研究者が専念している分野です。

(2)種間関係の例

①ウスバシロチョウとヒメウスバシロチョウ

原始の環境ではウスバがムラサキケマンを食べ,ヒメウスバがエゾエンゴサクを食べているのが普通で，両種のニッチははっきり違っていたのかもしれません。ただ，ヒメウスバがムラサキケマンを食べる産地が見つからないのに，ウスバがエゾエンゴサクを食べる産地はたくさんあります。このような非対称性はヒョウモンチョウ属にも認められます。もしかすると狭い食性を持つ種が，新たな植物に出会ってそれを食べるようになって次第に別種へと進化したのかもしれません。あるいはその逆に生棲環境に人手が入って，木が伐られてオープンな環境ができ，その環境へ適応する種と，そこには進出しない種とに分かれたのかもしれません。厚真町，むかわ町穂別地区，浜益村などの混生地では野外でかなり頻繁に交雑していて，雑種第一代(F_1)が20％にも及ぶ産地があることが報告されて，種の区別はどうあるべきかという問題にまでつながりました。

ただこれらの混生の多くが，その後変貌して，失われてしまいました。これからも両者の中間的な個体には注意が必要ですが，同定には十分な注意が必要です。特に雑種を認定するには交尾器の検証が必要となります。

②エゾヒメシロチョウとヒメシロチョウ

ヒメシロチョウ属は，シロチョウ科の中でも原始的で特殊なチョウです。その直接の種間関係は，日本では両方が分布する北海道でしか調べられません。

ただどちらも減って調査が難しくなりました。以前は札幌市内の産地ではどちらも分布していましたが，最近はごく限られた産地でエゾヒメシロチョウだけが記録されています。2015年は異例の大発生だったらしく，札幌のスキー場の草地で非常に多数見られ，多くの貴重な写真が撮れました。

生態には微妙な差があってクサフジとツルフジバカマで食べ分けが見られることが根本的な差のようです(食草・食樹図版参照)。

海外でもヒメシロはツルフジバカマ(ソラマメ属)を食べ，エゾヒメシロはレンリソウ(レンリソウ属)を食べるようです。この植物と同属のエゾノレンリソウは，エゾヒメシロの北海道で野外の食草となっています。食草を違えてニッチの重複を避ける「食い分け」が起こっているものと思われます。

ただ最近は，比較できるほど見つからなくなっているのが実態で，非常に残念なことです。

③エゾスジグロシロチョウとスジグロシロチョウ

エゾスジグロとスジグロは特に近縁な種で，同定の最も難しい部類になります。エゾスジグロとスジグロの関係ですが,エゾスジグロは山間部に優勢で,スジグロは低地の明るいオープンな環境に優勢のようです。また発生経過はエゾスジグロのほうが，常に早く進みます。詳しくは調べられていませんが,食餌植物であるアブラナ科植物の食い分けもあるでしょう。各地域によってその条件が変わりながらニッチ分割が起こっているようですが，本道での詳しい調査は行われていないのが実情です。同定に留意しながら，きわめて近縁である2種の細かな分布や生態調査が進むことが望まれます。

なお，エゾスジグロについては最近ミトコンドリアDNAの分析から，2種が混在していて，主に本州から道南に分布するヤマトスジグロと，石狩低地帯以東に分布するエゾスジグロに分けられるという説が発表され，主流になりつつあります。しかし,黒田は，本州を含めた各地のヤマトスジグロとエゾスジグロ間での交雑実験を繰り返し行い，本道では両種の生殖的隔離は不十分であることを示し，別種説に疑問を投じました。本書ではこれをもとに，エゾスジグロを1種として取り扱っています。

モンシロチョウ属は，この2種に史前帰化種のモンシロチョウ，1980年代に侵入したオオモンシロチョウが入り込んで非常に複雑な関係になったことは移動と拡散に書きました。

ただオオモンシロチョウは，侵入当初はどこにでも多く，在来のモンシロチョウ属の蝶はいなくなってしまうかと思われるほどでしたが，最近は山沿いの空き地や林道に分布を狭めて個体数も少なくむしろ珍しい蝶になってきました。モンシロチョウの幼虫の重要な寄生者アオムシコマユバチが，初め本種を攻撃しなかったのが，遺伝的に変化して攻撃するように進化したため，集団で生活する本種幼虫が寄生されて死亡率が高まったのが一因のようです。

また，アオムシコマユバチに寄生する高次寄生者もおり，個体数のコントロールにかかわっていて複雑な関係で個体数が調整されているようです。外来種が侵入した時に，寄生者を連れて来るわけではないので，新しい分布地で非常に多くなり，遅れて寄生者が現れて減少するというのはよく見られる現象のようです。今は,スジグロもエゾスジグロも多く,オオモンシロチョウがモンシロチョウ属を飲み込んでしまいそうな状態は長続きしませんでした。

④アカシジミとキタアカシジミ

キタアカシジミは別名カシワアカシジミと呼ばれ

るようにカシワに強く依存する蝶です。1980年代からカシワを食うアカシジミの幼虫や卵は，ミズナラを食うアカシジミとは違うのではという疑問がうまれ，1990年に新種としてデビューしたものです。詳しい経緯は省きますが，北海道の同好者が問題意識を持って観察した結果誕生したという，北海道にゆかりのある，象徴的な種といえます。

さてこのアカシジミ属の2種とウラナミアカシジミを加えた3種は，道内では食樹を重ならないように「食い分け」て見事な「棲み分け」を見せています。アカシジミは食樹の選択の幅が広い(本州では時に常緑のカシ類も食う)のですが基本的にはミズナラ食です。キタアカシジミはカシワ食で，ウラナミアカシジミは北海道では完全にコナラ食です。ミズナラ，カシワ，コナラという同属の近縁種が生育地の嗜好性から棲み分けを見せていて，それに並行してこれらの蝶が棲み分けているように見えます。カシワ林からミズナラ林へ移行する地域の他，純粋なカシワ林にも少数のミズナラが混在することは稀ではありません。またミズナラとコナラは普通混生します。永盛(俊)は伊達市から室蘭市周辺の，カシワとミズナラ，ミズナラとコナラの混在する地域で，越冬卵にもとづきアカシジミとキタアカシジミの混生の状況を調べてみましたが，越冬卵はキタアカシジミはカシワ，アカシジミはミズナラからだけ見つかりました。なお，調べてみるとカシワとミズナラの雑種が見つかり，それにはキタアカシジミがついていました。アカシジミは行動範囲も広いようですが，キタアカシジミやウラナミアカシジミの分布域には入りません。これらの間では食樹選択以外に行動様式など何らかの生殖隔離の機構が働いていると考えられ，興味深いテーマといえます。

なお，キタアカシジミとアカシジミの区別は翅の色彩などではできないものといっても過言ではありません。標本図版に示した♂の交尾器のエデアグスの形状という最も信頼のおける区別点を確認する必要があります。

⑤ヒョウモンチョウとコヒョウモン

私たちがたくさんのチョウの中でもコヒョウモンとヒョウモンチョウ(ナミヒョウモン)（以下コヒョウモンを「コヒ」ヒョウモンチョウを「ナミ」と略記します)のヒョウモンチョウ属を研究の中心にしたのは(拓)が教員になり北海道に戻ってきて，(俊)と一緒に調査を始めたころからです。この2種はすごく似ている上，道東に行くとますますそっくりの外見の個体が増えて，どちらかわからない個体が同じ産地で採れます。種間関係はどうなっているのかと採集してきては議論していました。その一端は(俊)が1976年に大学のガリ版刷りの同好会誌に書いた論文で「浸透性交雑」の可能性を提唱したものです。今は入手困難ですが時々引用されています。

写真31　ナミ(上)とコヒ(下)の幼虫　千歳市(H)

浸透性交雑は植物では研究例が多く，2つの種の分布地の間に広い混生地があると，種間交雑の結果，遺伝子が交換されて，中間的な性質を持った個体が生じることです。道東の混生地が多いところでは両種の外見が似ているというヒョウモン属の2種の実態を説明できる魅力的な仮説です。

そのあと(俊)も教員になりましたがいつも頭の片隅にこの両種のことがあって，転勤先で調査・採集し地図に記録していました。(拓)は札幌近郊を中心に，幼虫の行動の観察を始め，この2種に興味を持つ同好者から情報をもらいながら，全道を巡って分布図づくりに集中しました。今回の図鑑作成にあたって，今までの二人のデータと，さらに黒田氏のデータを加え，ほぼ全道をくまなく歩いたといえるほど多くの地点を網羅した分布図をつくりました。

そもそも，この2種は全国区の図鑑が北海道の両種を本州産の「コヒ」と「ナミ」を見分ける観点で見ているのが混乱の元で，今までの記録は不確かなものが多いことに気づきました。何と道東の「ナミ」と「コヒ」より「北海道のコヒと本州中部のコヒ」や，「北海道のナミと本州中部山地のナミ」の方が区別しやすいのです。本州産と北海道産は両種とも同一種かどうか疑わしいほど異質なのです。そこで私たちは，新たに北海道産の両種の特徴を検討して，標本図版で示した観点を見出し，同定をやり直しました。また，幼虫の長時間観察から，幼虫の生態の差が大きいことがわかり，形態も見慣れると幼虫の方が区別しやすいため，幼虫を採集し記録した地点も増えていきました。

分布図を一見すると低地にはナミが多く，山地にはコヒが多いことが見て取れます。ナミは草原の種，ナガボノシロワレモコウ(以下，ナガボと略記します)を主な食草として草原に広く分布しています。例えば道東の根釧原野や十勝平野では広い範囲がナミ優占域になります。コヒは渓谷の高茎草原のオニシモツケを食草にして山地の渓谷沿いに多く見られます。札幌の西の山群や大雪，日高の山並みの中はコヒョウモンのマークが並びます。コヒが野外でナガボを食べるのはオニシモツケを食べ尽した時だけです。一方ナミの幼虫は，広い草原ではナガボを食べていることが多いのですが，オニシモツケも多くの産地で食べています，そして小草原のオニシモツケの小型の株では，同じ株に両種の幼虫がいることもあります。まさに混生地です。

草原の蝶，ナミの幼虫は，昼間はいつも根元の枯れ葉層内にいます。夕食時も帰らず観察を続けると，夕方7時半～10時ごろと早暁3～5時に一斉に葉に登って食べていました。昼間見つからないわけです。ある日，丸1日観察しながら，食草群落の各地点にセンサーを設置して温度を測りました，すると日中陽に暖められた枯れ葉層内は，夜も温かく幼虫はそこでは体温を維持できます。深夜，外気温は下がり葉は4℃にもなり，葉を食べた幼虫は数分で冷えて枯れ葉層内に戻り，暖をとってまた食べます。このことから，草の根元が日中影になるところではナミは葉を食べられず生息できないことがわかってきました。

一方，コヒを調べてみると日中オニシモツケの大きな葉の中央にいて，葉を食べていると思われていました。観察を続けても日中は食べません。実は陽の当たる葉の上で体を温めているのです。そして夜と早朝，芽や若葉を食べることはナミと変わりませんでした。この日中の静止場所の差こそが成虫の生息環境の違いを決めているのです。

増毛山地を見てみてみましょう。暑寒別岳は古い火山で溶岩流上には，しっかりとした森林が発達し登山路周辺の渓流沿いにはオニシモツケが多く標高1,000m地点(コヒ分布地中最高標高点)までコヒが分布します。しかし溶岩流の窪みにできた雨竜湿原には，丈の低い草原の中にナガボがたくさん生えナミが飛んでいます(ここも850mとナミの最高標高点です)。

ナミが生息するのは「継続した草原」に限られます。自然状態では北海道の大部分は一面の森林で当然コヒが優勢です。しかし独特の環境により密な森林ができない地域があります。まず火山灰地です。道内の火山灰地の分布とナミの分布は非常によく一致します。火山灰地には貧栄養に強いカシワがまばらに生え，葉の展開が遅いため，初夏まで下草に光が当たりナミの幼虫には好都合になります。

札幌の石山の採石場には厚い火砕流が積もってい

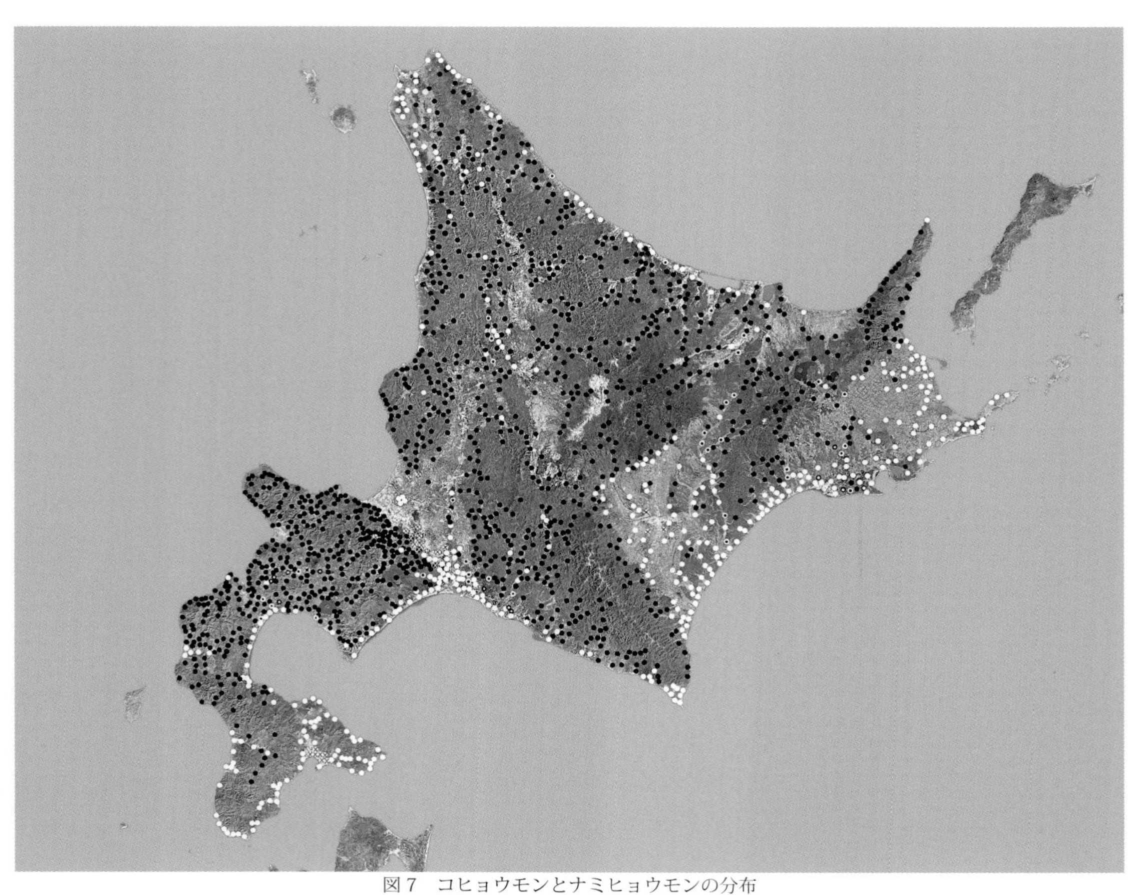

図7　コヒョウモンとナミヒョウモンの分布
●コヒョウモン分布地，○ナミヒョウモン分布地，⊗今は消滅した地点。
⦿(白丸の中心が黒いマーク)：コヒの多い混生地，◘(黒丸の中心が白いマーク)：ナミの多い混生地

ます。地質学の研究によると，約5万年前には支笏湖はなく，そこには大きな火山がありました。それが日本最大級の大噴火をして，多量の噴出物を放出し大火砕流となって道央南部一帯を飲みつくしました。火山灰は日高山脈を超えて帯広あたりまで厚い層をつくりました。その噴火の跡が支笏湖と周囲のカルデラになって残りました。千歳付近は噴火当時氷河期だったため，エゾマツなど針葉樹ばかりが生え，今はサハリンに分布するグイマツという樹も混じっていました。それは高温の火山灰に埋まって炭化木として残っています。

支笏山系ではその後恵庭岳も大きな噴火を繰り返し，火山灰は降り続けました。ただ，日高山脈は隆起を続けており険しい地形で積もった火山灰も流れ去ってしまい，基盤岩の上は豊かな森林となっています。

写真32　ナガボノシロワレモコウが多い苫小牧のナミ生息地(S)

札幌市内の清田区から北広島，さらには千歳苫小牧と続く丘陵も火砕流堆積地で10m以上の火山灰が覆っています。そこを川が浸食して谷と湿地になっています。川は西から東に流れているので36号線を南に進むと谷と丘が交互に現れそれをまたいで走ることになります。その谷沿いの湿地を中心にナミとコヒが入り交じって分布していました。一方豊平川以北の定山渓などは，火砕流の洗礼を免れたため，山地には木が茂りコヒしかいません。

地図をよく見ると苫小牧から支笏湖へナミのプロットが続きます。これは支笏湖線沿いの刈り込みで火山灰土が露出し，ナガボが生えナミの産地が続きます。周囲の樹林とは異質な環境です。この地域は支笏火砕流上に長い時間をかけて森林が復活しました。しかし，火山灰質の土壌で一度伐採すると，森林は長期間回復せず，草原性の蝶が侵入しています。

勇払原野には火砕流堆積物上にカシワが生え，草原・湿原にナミが広く分布しています。ウトナイ湖岸には湿原の中に小砂丘があり，疎らなナガボには陽が当たりナミが多数発生しています。ウトナイ湖の岸を見るとよく軽石が見つかります。これが支笏火山の噴出物です。火山灰地は東へ日高方面の海岸段丘に続きます。崩落が激しく風が強いこともあって，カシワの疎林が分布しておりそこのオニシモツケは十分成長できずこれがオニシモツケかと思うほど低い小さな株になり，日差しは根元にまで届きナミの幼虫は成長できます。

函館の東北の赤川などの緩斜面は広いナミ分布域でした。亀田半島では，地形的にはコヒがいそうでもナミだけです。駒ヶ岳などが繰り返し噴火し火山灰地帯をつくってナミ分布域になっています。反対に松前半島は豊かな林に覆われ，非常に深い谷にポツポツとコヒが見られ，確認した最南の産地は上ノ国町の天ノ川上流の深山の渓谷です。

写真33　林間にオニシモツケが生える遠軽町のコヒ生息地(S)

道央では旭川周辺は元々森林だったでしょう。しかし市内の自衛隊演習地で，1980年代許可を得て採集するとナミの大発生地で，ナガボと背の低いオニシモツケを利用していました。なぜここにナミがいるのか不思議でした。後に，鷹栖町など江丹別川に沿って露岩地でナミが採れ，これが蛇紋岩地帯と一致していることがわかりました。蛇紋岩も植物の生長を強く妨げ，その上は森林ができにくい地質です。蛇紋岩地帯のナミは江丹別から幌加内町の政和，ウツナイ川，道北の音威子府村上音威子府，中頓別町松音知まで伸びることがわかりました。

思い返してみると，私たちのチョウ研究の原点アポイ岳は，典型的な蛇紋岩の元となるカンラン岩地形のナミ分布地です。ヒメチャマダラセセリの幼虫を初めて見つけた時，山中に多数のナミが飛んでいるのに驚きました。カンラン岩の露岩地の小さなナガボが食草となっています。中腹の湿地で食草になっている赤花のワレモコウ類はミヤマワレモコウという日高山脈特産種だとわかりました。ナミの食草に1種類が追加されました。蛇紋岩地帯を地質図を見ながら探し，穂別町福山で採石場の崩落地でナミの多産地を見つけました。周囲の山地は深い森林で一面のコヒ分布域です。蛇紋岩地帯の産地を連ねると北海道を縦断します。蛇紋岩はマントルをつくるカンラン岩が変質した岩石です。古くオホーツクプレートとユーラシアプレートが衝突し日高山脈など北海道の中軸をつくったときにマントル物質が持ち上げられ蛇紋岩になったのです。

一方道東を見ると十勝平野から根釧原野中にナミ一色の地域が続きます。根釧原野には屈斜路カルデラの火山灰が多くなりなす。一方大雪山から東へ知床半島へと続く地域はまさに樹海で，コヒの分布地です。

しかし知床の先端のテッパンベツは海岸段丘上の明るい草原でナミが飛び離れて分布します。こんなところに移動能力が低いナミがなぜ侵入したかは謎です。

帯広周辺も耕地化が進みましたが，火山灰が厚く積もっているため樹林ができにくく，小さな谷にはカシワ林が残りナミが分布して，かつては広大なナミ分布地だったであろうと推定できます。ナミの分布は旧池北線沿いに本別，足寄，陸別を経て北見に続いていました。線路沿いの刈り込みにだけ分布し，周囲の山はコヒの一色です。草刈りという人手が入ってナミが侵入したと思います。

太平洋岸沿いの湧洞湖などの池塘群周辺の発生地はやはり火山灰堆積地の雄大な景観の中，ナミの本来の姿を見せてくれます。これは襟裳岬付近のナミの非常に多い地域にもいえます。おそらく強風が吹く段丘上には森林はできにくいのでしょう。このような火山灰の海岸段丘上には日本海側でもナミの分布地が散在します。

道東で複雑な分布をするのは豊頃丘陵と釧路町の海岸付近です。どちらも火山灰地が浸食を受けて残った丘です。平坦なところには火山灰が残り，ナミが分布しますが，谷があると基盤の岩石が現れ大きなオニシモツケがありコヒが分布します。特に釧路町では基盤岩が複雑に露出し50m離れるとコヒとナミが入れ換わるほど複雑です。網走地方の海岸の沼地や海岸段丘上にはナミの産地が多く，内陸に入ると森林になり，コヒに置き換わります。この辺りではどちらか区別できない個体が増え，幼虫にも中間的なのが増えます。この地域で浸透性交雑という不思議な現象が起こっているのかもしれません。

成虫を識別するのには♂のゲニタリアを比較するのが決定打になります。(俊)は浸透性交雑の疑いのある標茶町付近の両種のゲニタリアを多数比較しました。違いはありますが決定的な区別点がありません。世界的にヒョウモン類のゲニタリアは種間の違いは非常にわずかなのです。

さて，冒頭の浸透性交雑は起こっているのでしょうか。それを確認するには，交配実験と野外での種

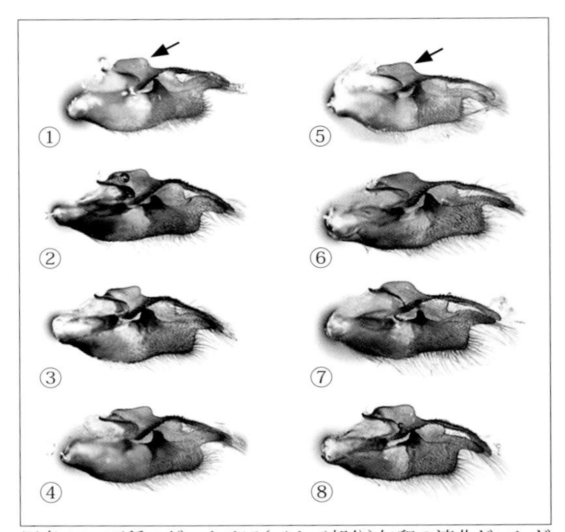

写真34　両種のゲニタリア(バルバ部分)矢印の湾曲がコヒが強く，ナミは緩やかな傾向がある。⑦⑧２個体は不明種。①コヒ紋別市,②コヒ月形町,③コヒ岩見沢市,④コヒ幌延町，⑤ナミ標茶町雷別，⑥ナミ標茶町阿歴内，⑦コヒ？標茶町多和，⑧ナミ？標茶町雷別

間雑種の発見，DNAを多くの産地で採集した個体から採取して比較するなどなど，アマチュアには超えがたい高いハードルがあります。野外で似たものが採れるというだけでは説明できないのです。結局，事態は謎のままです。

今は，詳しい交雑実験が行われ，ヒョウモンチョウ♀とコヒョウモン♂がケージの中で交尾し，F_1（雑種第一代）同士も交雑をしてF_2（雑種第二代）以降ができ浸透性交雑もあり得ることが示唆されています。ミトコンドリアDNAの比較もされています。これらの研究はアマチュアの限界を示してはいますが，逆に高度な研究をしている研究者が，フィールドを歩き回り，どこに種間雑種が多いかを知り，適切な時期に行って採集することは困難です。種間雑種の染色体数を調べている研究者から依頼され，蛹化直前の♂の幼虫の精巣のサンプルを提供したことがあります。プロの研究者にとっても，私たちアマチュアのフィールドワーカーの協力が必要になることがあると思います。この分布調査の結果は，浸透性交雑など両種の関係の研究には欠かすことのできない大きな情報になると思っています。

調査を進めると，大きな問題が持ち上がってきました，札幌など都市周辺の産地に「過去は」と書きました。特にナミの生息地は平坦な草原で開発しやすく，宅地，ゴルフ場になりどんどん減っています。1990年ごろには札幌の真栄には混生地があり，夕食後に調査できましたが，今は住宅街です。ナミは札幌ではほとんど絶滅状態です。石狩平野，十勝平野などのドットのない平野はナミの大発生地だったと思いますが，あくまで推測です。

石狩平野は平坦で火山灰も積もらず，石狩川の運

んだ大量の土砂で埋め尽くされ，平地になり石狩川はその中を大きく蛇行を繰り返して流れていました。そこには浅い三日月湖(河跡湖)が残り周辺は広大な湿地帯でした。しかし，石狩平野を調査してもヒョウモンチョウ属の分布地はほとんど見つかりません。調査を開始した時にはすでに分布地点が消失していたのです。

私たちが小学校の頃暮らした白石区には，ハンノキに囲まれた多くの湿地が残っていたのを覚えています。そこにはカラスガイの棲む沼もあり，ナガボが生えゴマシジミを採った記憶もあります。さすがにヒョウモン類は子供には見分けられませんでした。きっとナミヒョウモンも飛ぶ湿原が広がっていたでしょう。しかし石狩平野本体はごくわずかなナミ分布地が残されただけで，それも次々に消滅しています。

詳しい種間関係の研究には，混生地で両種がこれからも生き残って行くことが最低限必要です。特に開発の手が及びやすいナミの環境保全は必須です。いなくなってしまってからでは，蝶の研究はできません。

札幌市内では今は北区の一部の湿原にだけ産地が残り，風前の灯です。消滅した産地の⊗は，どんどん増えてきて，分布調査は開発との競争になってしまいました。残された時間は少ないのです。この2種の蝶に少しでも興味を持って，観察をしていただけたら幸いです。

⑥サトキマダラヒカゲとヤマキマダラヒカゲ

キマダラヒカゲ属については永盛(俊)が標茶方面

写真35　サトキマ，ヤマキマが生息する　標茶町軍馬山(N)

を中心に調査しました。標茶町では湿原周辺の疎林や丘陵地の林床はクマイザサが優占し，これを食草とする両種が多産しています。解説の中でも触れたように昔は同じ種類だと思われていたのですから，まず同定は慎重に行う必要がありました。たくさん採集し標本を並べ標本図版で示した区別点を総合的に判断すると，違いがわかってきました。次にその分布域を地図上に落としていくと，ヤマキマダラヒカゲは町の西部から北部，つまり阿寒の山地帯の山裾部分に多い傾向がありました。サトキマダラヒカゲはそれ以外の平地に分布します。それはヒメウスバとウスバシロやコヒョウモンとヒョウモンチョウの棲み分けのラインと平行するようになっています。さらに興味深いことに，上記ウスバシロ属とヒョウモンチョウ属，そしてこのキマダラヒカゲ属の近似種2種は同じ地域で混生しているのがわかりま

［サトキマダラヒカゲ］

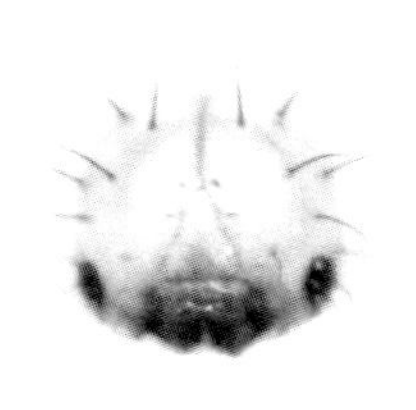

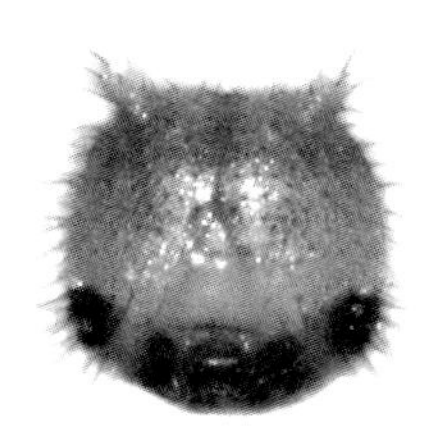

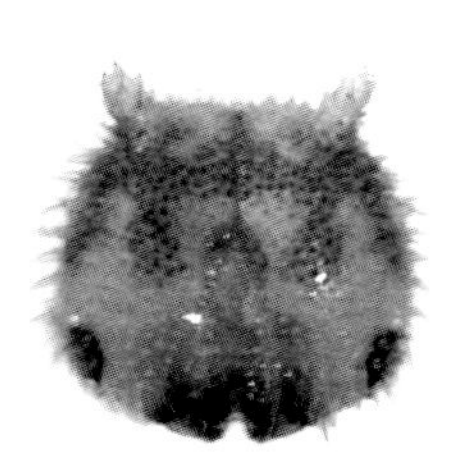

［ヤマキマダラヒカゲ］

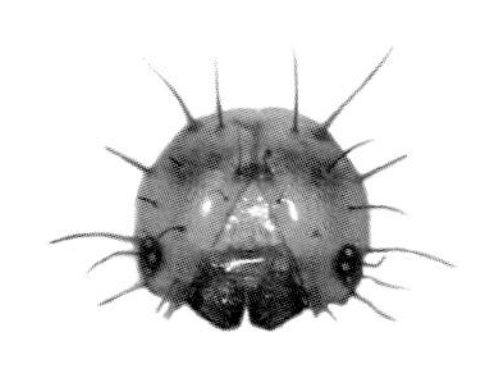

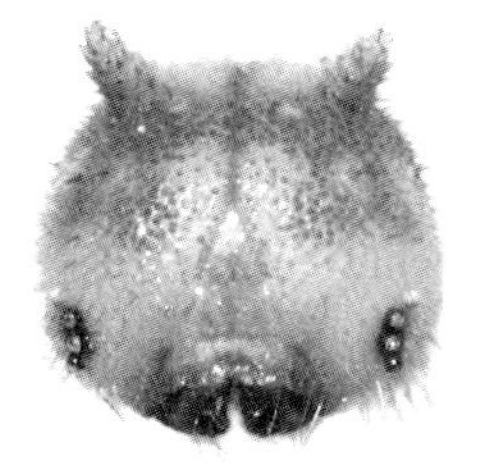

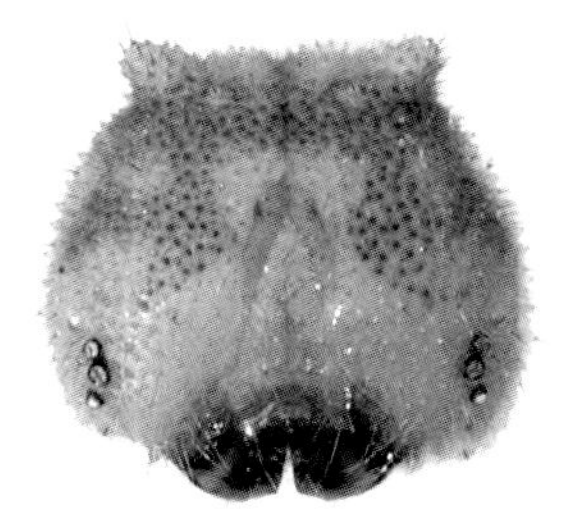

1齢　2齢　3齢　4齢

写真36　キマダラヒカゲ属2種の1～4齢幼虫の頭部(N)

した。その時に勤めていた高校の敷地内にある軍馬山はその1つで，3年間ですがこの混生地での調査を行うことができました。

ヤマキマもサトキマもミズナラの疎林内に延びている遊歩道沿いに飛んできますが，発生はヤマキマが6月上旬から，サトキマが6月中旬から発生し，しばらく混生しますが，サトキマは一気に発生し，またいなくなるのが早い傾向があり，だらだら8月にまで見られるのはヤマキマの方でした。またサトキマの方がヤマキマに比べやや明るいササ原に多い傾向もありました。ただ活動時間も含め棲み分けは見られませんでした。

両種の識別は幼生期にも明瞭に現れるということから2008年に両種から採卵飼育し，幼生期や蛹の形態を含めて記録してみました。幼虫では1～2齢時に大きな差異が見られ，頭の角や大きさに違いが見られました(写真36)。また，サトキマと違いヤマキマの1齢の頭部は黒色タイプを含め斑紋に様々なタイプが出ることも確認できました。4～5齢になると際立った差は見られなくなりますが，サトキマの方がずんぐりとした体形で脱皮後はその傾向がはっきりとわかりました。次に，幼虫の行動に違いがあるのか，飼育個体を敷地内に放し，摂食活動の様子を追いかけました。ヤマキマは明らかに夜間摂食性を持ち，日中は地面の枯れ葉の中に潜んでいて日没後一斉に葉の上に出て食べ始めました。なお野外での幼生の発見は難しく，2008年8月16日に地面のササの枯葉でサトキマダラヒカゲ2齢幼虫を，葉の上でヤマキマダラヒカゲ1齢幼虫を見つけました。同じ日の発見で，発生が遅れるサトキマの方が幼虫の生育が進んでいたことは興味深いことです。その後何度もササ原の中に分け入って幼虫を探しましたが9月5日に地面の枯葉にいたサトキマダラヒカゲ4齢幼虫を1頭見つけただけでした。混飛する2種でも，幼虫が利用する時間や空間でニッチの分割が行われているのでは，と期待した調査でしたが，転勤となりここまでの観察となってしまいました。

以上紹介した姉妹種は北海道にはペアのどちらも全部産します。研究のためには非常に恵まれた場所といえますので研究テーマにぜひ選ぶとよいでしょう。

5. 生息環境と分布

(1)蝶と生息環境

どういうところにどんな蝶が生息しているのでしょうか。また自分の住む地域やフィールドは蝶にとってどんな環境といえるのでしょうか。

子供のころの昆虫採集は，家の周りのせいぜい畑や草原で網を振り回していました。当然普通種しか

写真37　草原で蝶を探す(H)

採れません。自転車に乗って少し遠出ができるようになると，格段に成果が上がってきます。そのころからどのような林や草原にはどんな蝶がいるのかがわかってきます。筆者たちは子供のころに札幌の白石区で虫捕りを始めましたが，そのころの町はずれには湿性の草原とハンノキ林が残されており，そこがフィールドとなっていました。休日に親に連れられ藻岩山や定山渓に足を延ばすと森林の蝶が見られ大興奮で捕虫網を振り回したものです。大人になっても蝶の観察を続けている筆者たちは，車から窓の外に広がる風景を見ても，ああ，この辺はよさそうなところだなあと思い，そんなフィールドを少し歩くだけで，そこに棲んでいる蝶のメンバーがだいたいわかるようになりました。それは長年培われた勘のようなものでもありますが，冷静に分析してみると，それぞれの蝶の食草の存在を中心に，森林なのか疎林なのか，草原なのか荒地なのか，成虫たちが吸蜜植物や吸水できる湿地があるのかなどのありようを総合的に判断しているのだと思います。

つまるところ森林には森林の蝶，草原には草原の蝶と，環境によって生息する蝶たちの種構成が変わっています。先ほどの勘のようなものを説明するのはなかなか難しいものがありますが。蝶にとっての自然のありようを分類してみようと思います。試みてみましょう。

まず，蝶の生息を保証する食草がどのような植生帯に分布するのかを検討してみましょう。

写真38　ミズナラ主体の落葉樹林(S)

植生はその土地の気候に左右され，降水量の多いわが国では極相林といわれる森林的環境になるというのが教科書的なまとめです。その森林の分類からいえば本道の広い部分は冷温帯にあたるミズナラ・イタヤカエデ・シナノキ林などの落葉広葉樹に，針葉樹が混じる針広混交林という森林が主体になります。この他，黒松内低地帯以西は温帯のブナが優占する落葉広葉樹林で，道北，道東の山地は亜寒帯に属しトドマツ，エゾマツ主体の針葉樹林が広がります。植生帯は標高によって変化していきますが，このことを垂直分布といいます。道央では針葉樹林帯はおおよそ標高 1,000 ～ 1,500m 辺りで，この針葉樹林帯の上部はナナカマドやダケカンバの林に置き換わっているのが普通です。1,500m を越えると高い樹木は消え，ハイマツや矮性低木の，高山ツンドラの世界になります。それぞれの植生帯に応じた蝶の分布が見られます。この他何らかの条件で森林が成立できない植生帯もあります。湿原や草原，荒原と呼ばれる地域です。河川敷や海岸地帯，露岩地などの局所的な草原的荒原的環境もあります。さらに人為的な影響の強弱によっても，蝶の生息環境は変わっています。雑木林と呼ばれる半自然林や放牧が行われる人工草原，都市部に広がる草木の少ない荒原などもあり，それぞれの環境に適応した蝶が棲んでいます。このように多様な環境があるのが自然のありようで，そこに生育する植物も変わり，そこに生息する蝶たちの組み合わせも変わってくるのです。

さて，このような植生をベースに食餌植物と関連させ，本書で紹介した蝶の生息環境を次の①～④の 4 つに分けてみました。

(2) 生息環境による区分

①森林的環境

森林と一口にいっても，様々なものがあります。自然林と呼ばれるものでは，道南のブナ，道央のミズナラ・イタヤカエデを主体とした落葉広葉樹，それにトドマツを交える針広混交林，さらにその上部のダケカンバ林，火山性草原の中に生えるカシワの疎林などがあります。また，人手の入り方にも様々なものがありますが，伐採後に生える二次林も特徴的な林です。

ここでの分類は，あくまで森林を形成する樹木を食樹としている蝶たちを選び，森林的生息環境としました。主なものとして，ブナ科を食べるゼフィルスの仲間，キハダを食べるアゲハチョウの仲間，ヤナギやカバノキ科を食べるオオイチモンジ，コムラサキ，エルタテハ，キベリタテハなどのタテハチョウの仲間，ハリギリを食べるキバネセセリなどが当てはまります。この中の，リンゴシジミやアゲハ，オオミスジなどは食性拡大により森林からよりオープンな環境に進出していますが，本来は森林の蝶です。

森に棲む蝶はこれだけ多様なので，手つかずの天然林などにはさぞかしたくさんの蝶がいるだろうと思うかも知れません。筆者たちも学生時代に仲間たちとテントを担いで勇んで山奥に探検気分で出かけてみましたが，さっぱり成果が上がらないことが何度もありました。特に針広混交林の深い森では林道沿いにヒメキマダラヒカゲとクロヒカゲが飛んでいるくらいという散々な目にあいました。トドマツやカバノキ類，イタヤカエデ類などに樹冠が覆われ，林床はササ原でそこに薄暗い林道が延びているというような環境です。

森林に生息する蝶といっても，一面の林の中では生きていけず，林の縁にある樹を飛び回っており，吸蜜植物の咲く林間ギャップや林道わきのマント群落や小草原がなければ生息できない空間になってしまうようです。最も多様な蝶が生息する森林は伐採後に生える若い二次林の周辺や，草原の中に点在する疎林です。また河川や湿地の縁の林にも蝶の数は増えます。

針葉樹のトドマツやカラマツの植林地は植生の多様性が乏しくなり蝶の種類は激減します。食餌植物の存在だけではなく，成虫の採餌，休息，吸水，配偶行動などの空間の広がりが必要で，そのような環境が整っているところが蝶の採集，観察のポイントとなります。

②林縁（マント，そで群落）・林間小草原

森林や疎林の林縁は，つる植物や低木，背丈の高い草本などが覆っています。これを襟を覆うマントに例え「マント群落」，そのさらに外側を覆う草本を「そで群落」といいます。また林の間にも草原空間があります。日差しを遮る樹冠の高木が倒れた後にできるギャップといわれるところもそれに当たり，低木やスミレなどの草本が広がります。ここにはこれらを食餌植物とする蝶が生息します。アゲハチョウ科のヒメギフチョウやウスバシロチョウなど，シロチョウ科のエゾスジグロシロチョウ，ツマキチョウなど，シジミチョウ科のルリシジミ，トラフシジミなど，タテハチョウ科のクジャクチョウ，

写真 39　針広混広林の林縁(S)

写真 40　林間の草原(S)

写真 42　山間部の露岩地(S)

アカマダラなどです。イネ科植物を食草とするものでは，クロヒカゲ，ウラジャノメなどのジャノメチョウ亜科，スジグロチャバネセセリ，コチャバネセセリなどのセセリチョウ科の仲間が棲んでいます。

①のところで書きましたが，この林縁や林間小草原を，周囲のミズナラなどを食樹とする森林性のゼフィルスの仲間たちも，なわばりをつくるなど活動の場にします。アゲハチョウやタテハチョウも空き地の湿った地面に吸水にやって来ます。森の中の明るい空間こそ多様な蝶の活動場所となっているのです。

③自然草原・半自然草原・露岩地

降水量の多いわが国では，多くの地域では草原はいつかは森林に移行(遷移)するのですが草原が長い間安定しているところもあります。火山の周辺にはススキを主体とする火山性草原があり，低湿地はスゲなどが生える湿性草原が広がっています。また海岸や河原にも帯状に草地が広がることがあります。

また放牧地は，人が伐採をして切り開いた草地で定期的に刈り取りや火入れを行い群落の遷移を押さえた半自然草原といえます。

カラマツや落葉樹の森林伐採後にも一時的に明るい草原が広がります。植栽された樹木や切り株から萌芽が育つまで林床には明るい日差しが届きスミレの仲間やクサフジなどのマメ科植物，エゾエンゴサクやヨモギ，イネ科植物が広がります。このような遷移(伐採後に始まるものを二次遷移という)の早い段階の草原に急激に進出する蝶もいます。富良野のカラマツ林での観察では伐採後の２年目からカラフトヒョウモンとギンボシヒョウモンが増え始め，３～４年後にピークとなり通常の数倍から 10 倍以上の発生数となりました。しかし植えられたカラマツが２～3m の高さに育った６年後頃から両種とも急速に姿を見せなくなり８年後にはカラフトヒョウモンは全く姿を見せなくなりました。

道路の脇の法面には自然に生じたナガボノシロワレモコウやオオヨモギの群落の他，外来のイネ科植物の芝を張り付けた草地が見られます。この草地にもゴマシジミやシロオビヒメヒカゲが侵入し，道路の法面伝いに広がっていくことが最近特に目がつくようになりました。

このように草原は，自然草原も含め人為的な撹乱を受けやすいのですが，特有の蝶たちが生息する場となるのです。クサフジなどマメ科植物を食べるエゾヒメシロチョウやツバメシジミ。ススキなどイネ科植物を食べるジャノメチョウ，ギンイチモンジセセリなどの蝶が見られます。

これらの草原の蝶は全国的に激減している蝶で，本道も例外ではありません。半自然草原では手入れをしなくなったことにより遷移が進み，樹木が侵入することで失われることも多いのですが，それとは別に，昔から草原だった低平な草地は簡単に開発の手が伸び，都市近郊の低湿地帯の草原などはほとんど姿を消しています。最も象徴的なのはアサマシジミです。かつて勇払原野周辺にはイブリシジミの異名をもらうほど良好な生息地がパッチ状にありましたが，開発の手が拡がり，外来植物の侵入もありナンテンハギ群落は衰退し，次々と消えてしまいまし

写真 41　ススキが生える自然草原(S)

写真 43　草刈りされる草地(S)

表1　本道産蝶の生息環境と分布型による区分

植生型 / 分布型	森林周辺（食餌植物：木本）	林縁（マント，そで群落）・林間小草原		自然・半自然草原・露岩地	人工草原・人為環境
		食餌植物：低木・草本	食餌植物：イネ科等		
道南ブナ帯型	ウラクロシジミ フジミドリシジミ ミヤマカラスシジミ オオミスジ	ダイミョウセセリ オオゴマシジミ	スジグロチャバネセセリ	ヒメジャノメ	
南西部～太平洋岸型	アゲハ オナガアゲハ ウラナミアカシジミ ゴマダラチョウ オオムラサキ	ウスバシロチョウ	キマダラモドキ ヘリグロチャバネセセリ ゴイシシジミ	ヒメシロチョウ キマダラセセリ	
広範囲型	カラスアゲハ ミヤマカラスアゲハ エゾシロチョウ ウラキンシジミ ムモンアカシジミ オナガシジミ ミズイロオナガシジミ ウスイロオナガシジミ ウラミスジシジミ アカシジミ キタアカシジミ ミドリシジミ メスアカミドリシジミ アイノミドリシジミ ウラジロミドリシジミ オオミドリシジミ ジョウザンミドリシジミ エゾミドリシジミ ハヤシミドリシジミ カラスシジミ スギタニルリシジミ ミスジチョウ オオイチモンジ エルタテハ キベリタテハ ヒオドシチョウ コムラサキ キバネセセリ ミヤマセセリ	キアゲハ ヒメウスバシロチョウ ツマキチョウ エゾスジグロシロチョウ スジグロシロチョウ ウラゴマダラシジミ トラフシジミ コツバメ ルリシジミ コヒョウモン ウラギンスジヒョウモン オオウラギンスジヒョウモン ミドリヒョウモン メスグロヒョウモン クモガタヒョウモン イチモンジチョウ コミスジ アカマダラ サカハチチョウ シータテハ ルリタテハ クジャクチョウ コヒオドシ アカタテハ	コチャバネセセリ オオチャバネセセリ コキマダラセセリ クロヒカゲ ヒメキマダラヒカゲ ヤマキマダラヒカゲ サトキマダラヒカゲ ウラジャノメ	エゾヒメシロチョウ ツバメシジミ カバイロシジミ ゴマシジミ ヒメシジミ ジョウザンシジミ（露岩地） ヒョウモンチョウ ウラギンヒョウモン ギンボシヒョウモン フタスジチョウ ヒメウラナミジャノメ ベニヒカゲ ジャノメチョウ オオヒカゲ ギンイチモンジセセリ	モンキチョウ オオモンシロチョウ モンシロチョウ ベニシジミ ヒメアカタテハ
道東型	リンゴシジミ	ヒメギフチョウ アサマシジミ ホソバヒョウモン カラフトヒョウモン		シロオビヒメヒカゲ チャマダラセセリ カラフトタカネキマダラセセリ ツマジロウラジャノメ（露岩地）	カラフトセセリ
高山型		ウスバキチョウ カラフトルリシジミ アサヒヒョウモン ヒメチャマダラセセリ		クモマベニヒカゲ ダイセツタカネヒカゲ	

た。

特殊な草原として，大雪山などの高山帯があります。低木も生えないガレ場とも呼ばれる砂礫地が広がり，イネ科やカヤツリグサ科がまばらに生えコマクサも咲く環境が見られます。

高山のガレ場の草原にはウスバキチョウとダイセツタカネヒカゲが特徴的に見られます。

また河川の河原も砂礫地や渓谷部や山腹の露岩地では，エゾキリンソウやヒメノガリヤスなど特殊な植物群落を形成します。

このような露岩地にはジョウザンシジミやツマジロウラジャノメなどが生息します。また，草原の蝶といえるシロオビヒメヒカゲやベニヒカゲ，カラフトタカネキマダラセセリも崖部のイネ科を食べ局地的に分布することがあります。

④人工草原・人為環境

牧草地，ゴルフ場は緑豊かな草原に見えますが，目的以外の植物は雑草として除去され，単純な植生

写真 44　コマクサ平の高山帯(S)

の人工草原です。耕作地も管理が徹底されて蝶の生息には不向きな環境です。しかし，手入れがおろそかになれば「害虫」としての蝶が棲む環境となります。ムラサキウマゴヤシやクローバー類の牧草地にモンキチョウやツバメシジミが発生しますし，キャベツ畑にモンシロチョウが発生するのはよく知られたことです。また畑や水田の土手などには手入れが入る半自然的な草地が見られオオモンシロチョウやスジグロシロチョウ，コキマダラセセリなどが見られます。

市街地の公園や空き地の荒れ地にはヒメスイバを食べるベニシジミが発生します。またゴボウやオオヨモギには夏の終わりにヒメアカタテハが飛来します。

写真 45　用水路沿いの草原(S)

(3)分布による区分

①道南ブナ帯型

函館などに行くと，里山に杉の木や孟宗竹が生えているなど，東北地方の雰囲気に似てくると感じるでしょう。それは当然で，ブナを中心とする温帯落葉樹林が広がる，東北地方の植生帯に入っているのです。この植生帯の北東限は黒松内低地帯となり，歌才には北限のブナの保護林があります。フジミドリシジミ，ウラクロシジミのゼフィルス，ミヤマカラスシジミ，ダイミョウセセリ，ヒメジャノメなどが道南ブナ帯型の蝶の代表です。スジグロチャバネセセリは黒松内低地帯を飛び越えた富良野地方にも産地がありますが，この区分に入れました。またオオミスジは最近札幌の方まで進出してきていますが，基本的な分布からこの分布型に入れました。

②南西部〜太平洋岸型

ブナは黒松内低地帯で限定されますが，他の南方系の植物はこの境界線を越えてそれぞれ道央部にまで広がっています。樹木ではクリやコナラ，トチノキなどがそれに当たります。コナラをもっぱら食餌とするウラナミアカシジミはこの分布型の典型となりますが，ヘリグロチャバネセセリやキマダラモドキも似たような分布域を示します。エゾエノキの分布もクリの自然分布に近いものがあり，これを食樹とするオオムラサキ，ゴマダラチョウ，そして今は絶滅したと考えられるテングチョウもこの型に入れました。また，ウスバシロチョウやヒメシロチョウは太平洋側に分布が伸びていて，この型に含めました。

③広範囲型

北海道を特徴づける針広混交林と落葉広葉樹林は黒松内低地帯以東に広がっています。特にズナラを主体とする落葉広葉樹林やカシワ疎林には多様な蝶が生息しています。ゼフィルス類やタテハチョウの仲間，ササやイネ科を食べるジャノメチョウ亜科，セセリチョウ科，都市周辺の低地から低山地に多いアゲハチョウ科，シロチョウ科の多くの種が，全道に広く分布しています。

なお，クモガタヒョウモンは道南から道央にかけての暖かい地方に分布の中心があります。また反対に，オオイチモンジとウラジャノメ，ジョウザンシジミは道央から道北，道東に分布の中心がありますが，ここに入れました。

④道 東 型

日本では北海道特産となる種は，石狩低地帯以東の道東のみに分布する蝶が多くいます。リンゴシジミ，ホソバヒョウモン，カラフトヒョウモン，シロオビヒメヒカゲ，カラフトタカネキマダラセセリなどです。これらは日本では最も北にいる北方系の種類といえます。ヒメギフチョウやツマジロウラジャノメ，アサマシジミは本州にも分布しますが，北海道のものは亜種として取り扱われることもあります。本道のオリジナリティが最も発揮されたグループといえます。

⑤高 山 型

いわゆる「高山蝶」と呼ばれるグループで，垂直分布にしておおよそ 1,500m 以上に広がる高山帯のヒースと呼ばれる矮小植物群落やガレ場に生息する蝶たちです。氷河期の生き残りとよくいわれ，ウスバキチョウ，アサヒヒョウモンなど，その希少性から天然記念物に指定されているものがほとんどです。カラフトルリシジミだけは特殊で道東の低地のヒースにも生息しています。クモマベニヒカゲも高山蝶に入れましたが，やや分布域は下がり亜高山帯のダケカンバ帯にも多く生息します。これら高山蝶の分布については，このあとの地史との関連でまた述べることとします。

表1は(2)の生息環境の区分と(3)の分布による区分を組み合わせてまとめたものです。

(4)蝶たちのルーツを探る

さて，ここまでは蝶たちが食草を選びながら多様な環境に適応して分布しており，また，道南～道東，低地～高山帯へ，さまざまな分布パターンがあることを見てきました。それがそのフィールドにどんな蝶がいるのかという「勘」にもつながっているということがおわかりいただけたでしょうか。

しかし,私たちの「勘」が外れることもあります。例えば後志の名峰羊蹄山に登って蝶を探したとしましょう。頂上部はキバナシャクナゲやガンコウランなどのまさに高山蝶の棲むヒースが広がっています。これはカラフトルリシジミの生息環境だきっと飛んでくるのではという「勘」は見事に外れます。時おりキアゲハやコヒオドシが登ってくるくらいで，残念ながら高山蝶は全く生息していないことがわかります。

それはどうしてなのでしょうか。もともといなかったのか，絶滅したのかその蝶のルーツを調べることが必要になります。それはどうして自分が今北海道に住んでいるのだろうかという自分の祖先，自分のルーツを探すのと同じことといえるでしょう。

民族や人種のルーツを探る考古学では遺跡や人骨標本など様々な情報を駆使して科学的に探究されています。ところが蝶のルーツ探しでは石器のような客観的な証拠となる化石がほとんど見つかりません。ほとんど状況証拠から推測するしかないのが現状です。蝶の進化や移動の道すじは，化石や遺物という強い証拠から明らかになりつつある人類のそれに比べると情報は乏しく不確かなものといえます。

しかし，蝶の生態を深く探っていくと，どうしてあそこにいてここにいないのかという分布の謎を看過することはできず，あれこれと推理を始めます。それは謎解きでもあり科学のロマンでもあります。

ある蝶の分布について考えるときには，その蝶の世界的な分布に視野を広げる必要があります。そしてその蝶がどのようにして種として分化し生息地を広げてきたかという歴史を考えることになります。生物地理学という学問分野がありその立場で日本列島の蝶の分布論が提唱されています。

ブラキストンラインという生物地理上の境界線があります。津軽海峡がそれです。ツキノワグマとヒグマといった，本州と北海道の哺乳類の種の違いから提唱されたものです。簡単にいうと，哺乳類の種が分化し生息地を拡大した時に，津軽海峡をどうしても渡ることができず，それぞれの島である本州と北海道の哺乳類が異なってしまったり，別の進化の道を歩んで，生物の分布＝生物の地理が変わってしまったということになります。

蝶の生物地理を考える時にもこのブラキストンラインはかなり有力な境界線となっています。ブラキストンラインを越えていない，いわゆる北海道特産種は大雪山の高山蝶たちやカラフトルリシジミ，シロオビヒメヒカゲ，カラフトヒョウモン，ジョウザンシジミなどに新参のカラフトセセリを加え16種を数えることができます。これらの蝶はいずれも北方系の蝶です。そのルーツはサハリンや千島列島を経て沿海州，シベリアのユーラシア大陸にあると考えられます。

ではどのようにして大陸からやって来たのでしょう。北海道と一番近い大陸である沿海州の間には広い日本海があります。しかし急がば回れと島伝いに渡れそうなところを探ると，「大陸から朝鮮半島を伝って本州→北海道というルート」と，「大陸から北のサハリンを渡ってくるルート」が想定できるでしょう。しかし，現在はその島々の間には海峡が存在し地続きにはなっていません(図8)。

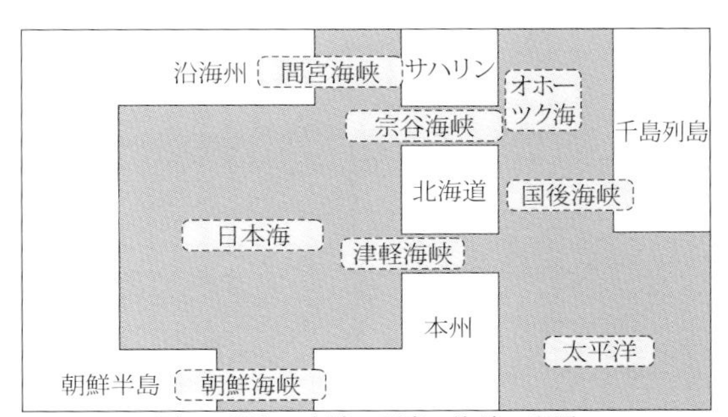

図8　現在の大陸・列島・海峡の配置

しかし，過去の地球の歴史を遡ると，これらの海峡が地続きになっていた時期があったことが想定されます。それは海水面の変動で，今世界でも注目されている気候変動で引き起こされると考えられます。今から160万年前から始まる第四紀という時代に起こった気候変動をもとに，この極東の大陸の縁に並ぶ日本列島で，周りの海峡の様子を想定して蝶たちの移動を考えることができます。

第四紀は氷河の時代ともいわれます。ヨーロッパアルプスでの調査から，古いものからギュンツ・ミンデル・リス・ウルム氷期と命名されています。この氷期は北半球全般に起こり日本でも同時期に起こったと考えられます。氷期と氷期の間の温暖な時期は間氷期と呼ばれます。北海道での氷期に発達した氷河の痕跡が日高山脈の山頂付近にカールという氷河地形として残されていることはよく知られてい

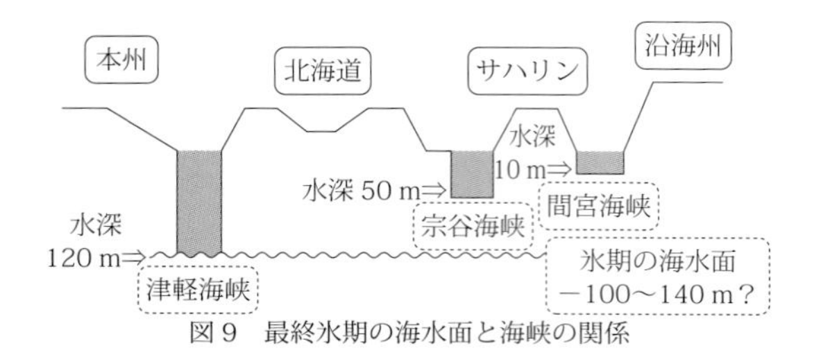

図 9　最終氷期の海水面と海峡の関係

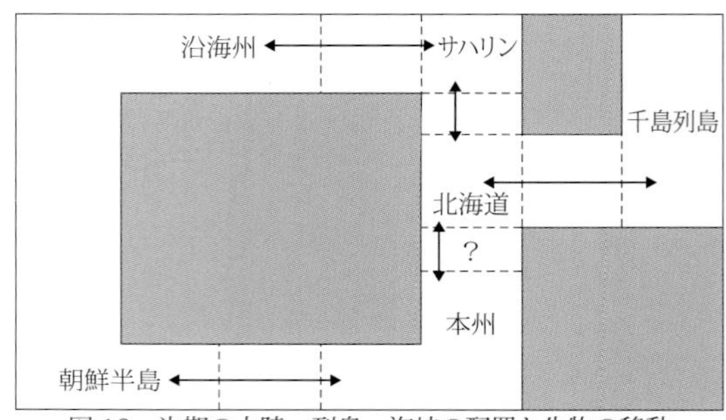

図 10　氷期の大陸・列島・海峡の配置と生物の移動

ます。日高山脈に氷河が張りついた時期は今から 7 ～ 1 万年前のウルム氷期とされ，これが最終の氷期で，その後は現在まで後氷期と呼ばれる温暖な時期に入っています。この最終氷期の年平均気温は現在より 10℃くらい低下していたとされ，大陸には氷床が発達し海水面が低下したと考えられます。その海退の標高差は諸説があり 100 ～ 140m とされています。仮に 120m の海面低下とすると，水深 50m の宗谷海峡や水深 10m の間宮海峡は，完全な陸となっていたはずです。いっぽう津軽海峡ではどうでしょう。海峡の最深部は 120 ～ 140m あり，陸は繋がったかどうかについては諸説あります(図 9)。

このころの陸と海の配置は大きく変わり，大陸と北海道は完全の陸続きになっていたはずです(図 10)。そしてこの時期には，大陸から北方系の生物の移動・交流が起こったと考えられています。

さてこの氷期の北海道はどのような環境だったのでしょうか。そしてどんな蝶たちが棲んでいたのでしょう。その謎を解くカギが土の中に眠っていました。

過去の植生の化石が地層(泥炭)の中に花粉として残っていたのです。剣淵盆地や富良野盆地など道内各地の低湿地に残る泥炭層をボーリングで抜き取り，そこに含まれる花粉化石を分析した結果，最終氷期から現在までの植生の変遷を歴史がわかってきました。図 11 は富良野盆地の 3 万 2,000 年前からの植生の変遷を示したものです。これを見ると最終氷期の時代はアカエゾマツ，ハイマツ，グイマツ(カラマツの仲間)などの針葉樹林にカバノキを交える森

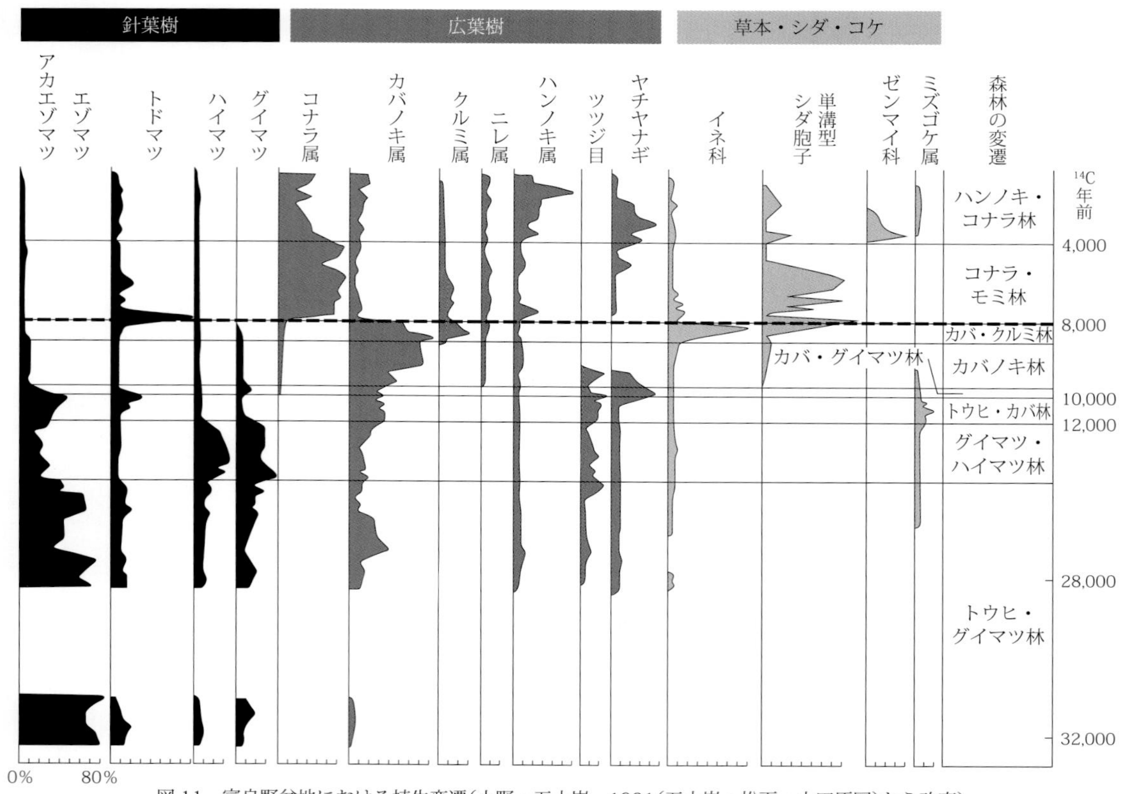

図 11　富良野盆地における植生変遷(小野・五十嵐，1991(五十嵐・松下・山田原図)から改変)

林であったものが，1万年前から針葉樹に変わってカバノキやツツジの低木からイネ科草原を経て8,000年前から急激にコナラ属(＝ミズナラ)やハンノキ属が増加していることがわかります。開拓のころの富良野盆地の森林は現在「鳥沼公園」という所にわずかに残されており，確かに低湿地にハンノキ，緩斜面にミズナラの大木が立っています。

これらの花粉分析データをもとに氷期の植生を推定すると，北海道の東部がグイマツ・ハイマツを主とする疎林と草原，南西部が亜寒帯針葉樹林であったと推定されています。その植生は現在のサハリンによく似ています。

サハリンの蝶相は近年，同好者の精力的な調査によって素晴らしい成果を上げ，分布については全容がほぼ解明されてきています。その内容は他書(朝日ほか『サハリンの蝶』)に譲りますが，永盛(俊)もあこがれのサハリンに一度調査に行って北海道の氷期の蝶のイメージを強く印象づけて帰ってきました。サハリンの南部から入り北緯52度を越えたノグリキという町まで駆け足で回ってきました。サハリンの南部は針広混交林が多く，そこから中部にかけては道東との共通種が多く，名前も由来を物語るカラフトルリシジミやカラフトヒョウモンたちがいました。シュミットラインという植物の境界線を越えて北部に入ると，グイマツに低木・湿地の世界になり，北海道には生息しないシベリア～沿海州の蝶たちが飛び回っていました。

写真46　氷期の北海道をイメージさせるサハリンの自然(N)

シベリアの蝶たちは，今から1万年前までの何回かの氷期に寒冷化で地続きになったサハリンや千島列島を南下して北海道に侵入し，暖かくなった間氷期には北へ移動するということを繰り返していたと想像できるのです。そして8,000年前から温暖化が進み，現在の北海道の植生に向かって急激に変化していき，シベリアの蝶たちは北方のサハリンの北部の方まで移動していったと考えられるのです。

その変遷の中でも，絶えることなく，よく似た環境の高山に適応して生き続けた蝶たちが「氷期の生き残り」といわれる大雪山の高山蝶たちです。また，何とか寒冷な道東地域に適応してきたのがカラフトヒョウモンなどの北海道特産種と考えられるのです。さて，北海道らしい北方系の蝶のルーツは氷期の移動で説明できそうですが，冒頭に記した疑問，カラフトルリシジミはどうして羊蹄山にはいない(残らなかった)のでしょう。それは，山の形成史に関係します。羊蹄山の形成は最終氷期にまでさかのぼりますが，山頂部を中心とした溶岩流を伴う火山活動は今から2,500年前まで断続的に続いていたことがわかっています。ということは温暖化が始まり噴火も起こって北方へ逃げ帰る間はとても蝶が棲める環境ではなかったということなのでしょう。

もう1つ氷期の生き残りの謎について紹介します。ヒメチャマダラセセリの分布です。蝶の食草の項でも触れましたが，日本では北海道のアポイ岳周辺のキンロバイを食草としてきわめて狭い範囲にだけ生き残っています。この蝶はシベリア型の蝶として朝鮮半島から中国東北部さらにヨーロッパまでに及ぶ旧北区に広く分布しています。世界的な分布から見ればアポイ岳のものはまさに針で空けた点のようなものです。なぜこのようにアポイ岳にだけ取り残されるように分布しているのかについて，私は以前，発見後仲間とともに上梓した『北海道の高山蝶―ヒメチャマダラセセリ』の中で，「近縁種のチャマダラセセリは氷河時代の古い時代に朝鮮半島経由で侵入し，ヒメチャマダラセセリはその後，サハリン経由で北方から渡ってきて，両種は本道で合流，その後お互いの競争が起こりヒメチャマダラがアポイ岳に追いやられた」という，持論を書きました。真相はわかりませんが，なぜアポイ岳という点は，チャマダラとの競争の中で，橄欖岩という特殊な地質からなる塩基性土壌に適応して，局所的に生えていたキンロバイに食性転換したことで，遺存できたのかもしれません。

最近，北海道大学の小泉逸郎さんから，大変興味深い研究を聞きました。その内容は，道内に生息するニホンザリガニのDNAの変異から道内には2つのグループがあり，氷期から現在に至るまで，札幌を中心として津軽海峡を越えて本州まで広がったグループと，日高南部から北海道東部に広がったグループの2つがあるというものです。とくに気になったのは東部グループです。氷期には道東の大部分では個体群が消失していて，日高南端に残っていた個体群が氷期が終わってから道東に広がっていったというのです。氷期に日高南端が避寒地になった可能性を示唆しています。チャマダラはそんなレフュージア(退避地)から道東に分布を広げ，ヒメチャマダラは生存競争に負けて分布を狭め，キンロバイと運命をともにして特殊な地質のアポイ岳にだけ生き残った。そんな考えも仮説の1つとしてあり得るのではないでしょうか。

以上蝶たちのルーツについて，気候変動を伴う地史や他種との関係など推定を交えて書いてきました。しかし，最近は分子に基づく情報から系統を分析する方法が発展してきています。特に遺伝子であるDNAの中に保存された塩基配列の変化の度合いから種分化の系統関係を調べていく方法は説得力があります。分布や種分化の推定・検証には種の定義という生物学の究極的な課題が必ず関連してきます。現在一般的に支持されているMayrの定義を紹介します。「同種は互いに交雑可能な自然の群であり，異種とは生殖的隔離されている」というものです。また阿江茂(1986)の『アゲハチョウの生物学』(たたら書房)にある「同種は互いに自由に交雑し，完全な生殖能力を持った子孫をつくり続けることのできる自然集団の群れ…」というのもわかりやすいもので，それを証明するための交雑実験が蝶でも行われています。

生態観察から離れてきたようですが現在の分布を考える上でも，その背後にある地史など様々な歴史を考える必要があるのです。その上でDNAなどの最新の研究成果も取り入れていくことで，種の分布という問題が語られなければなりません。

生態観察を進めれば進めるほど，どうしても「この蝶はなぜここにいるのだろう」「今の環境に適応するまでにはどういう歴史をたどってきたのだろう」という疑問が湧いてきます。

そして，そういう歴史の背景を持ったこの蝶はこれからどうなっていくのだろうと考えていかなければなりません。

(5)絶滅に瀕する蝶たち

日本列島という緑豊かな自然環境に生息する蝶の総数は約240種を数えることができます。蝶たちのルーツを探るの項で書いたように，それぞれの蝶は日本列島の形成から生息し始め，そのルーツの大陸からの種から，新たな種として独立し，第四紀の氷河時代の気候変動や火山活動，さらに旧石器時代から住み着いたとされる人類，特に縄文～弥生人による農耕という自然への介入が及ぼす自然環境の変化を乗り越え，あるいはうまく適応しながら命をつないできました。日本固有のフジミドリシジミやサトキマダラヒカゲは，島国日本の豊かな自然が生み出した誇るべき蝶といえるでしょう。しかし近代文明による自然への介入は，蝶たちとの共存を排除する方向で進んできました。その結果20世紀の末から，日本の蝶の生息は次第に息苦しいものと変わってしまいました。特に草原的環境に生息する蝶たちはその被害を最もこうむっているグループです。本州ではオオウラギンヒョウモン，ヒョウモンモドキ，オオルリシジミ，チャマダラセセリなど草原性蝶はまさに危機的な状況といえ，最後の砦となった小規模な生息地を人の手によってなんとか維持している状況にまでなってしまいました。240種の中で最新版レッドリストには69種の蝶が掲載されておりこれは全体の29％に及びます。

そんな異変の中でもしばらくは，本道では大丈夫だろうと傍観していたのですが，2000年前後から，本道にもその波は確実に押し寄せ楽観視できなくなりました。追加種のところで書きましたが，テングチョウ，キタテハは絶滅したといえますし，アサマシジミはほとんど本州の絶滅危惧種と同じ状態といえます。

天然記念物のヒメチャマダラセセリも気候の変動によるものか生息環境が急激に狭まり危機的状況といえるのです。

道南型のダイミョウセセリ，ゴマダラチョウも出会うことは非常に難しくなってしまいましたし，北海道特産種のアカマダラ，エゾヒメシロチョウ，草原性のカバイロシジミ，ヒメシジミ，チャマダラセセリなども急速に姿を消し始めました。

欧米では蝶類の絶滅が日本以上に深刻でそれを食い止めるための方策を探ろうと，保全生態学という学問分野が，たいへん注目されてきています。私たちの北海道でも科学的データに基づいた蝶の保全に乗り出さなければならない時期に来ていると考えています。本書で紹介した116種の蝶が次々に絶滅した蝶へと分類されてしまう可能性もあるのです。そんな意味で本書の各種の生態的な知見が少しでも役に立てばと思い筆をおくことにします。

各種の周年経過一覧

成虫 卵 幼虫 蛹 枠内は越冬幼虫の齢数

四季の移り変わりの中で，今何が観察できるかわかるように，各種の平均的な発生周期と発生時期(月ごとの生活史の様子)をまとめてあります。広い本道では，道南の温暖な地域～道東・道北の寒冷な地域にかけて 1 ～ 2 週間程度の差は出てきます。この表は広域分布種は道央の低山地を，道南，道東に分布が限られる種は，それぞれ渡島地方南部，十勝・北見地方を基準として作成しました。また現段階での最早，最遅の記録も示しましたので参考にしてください。

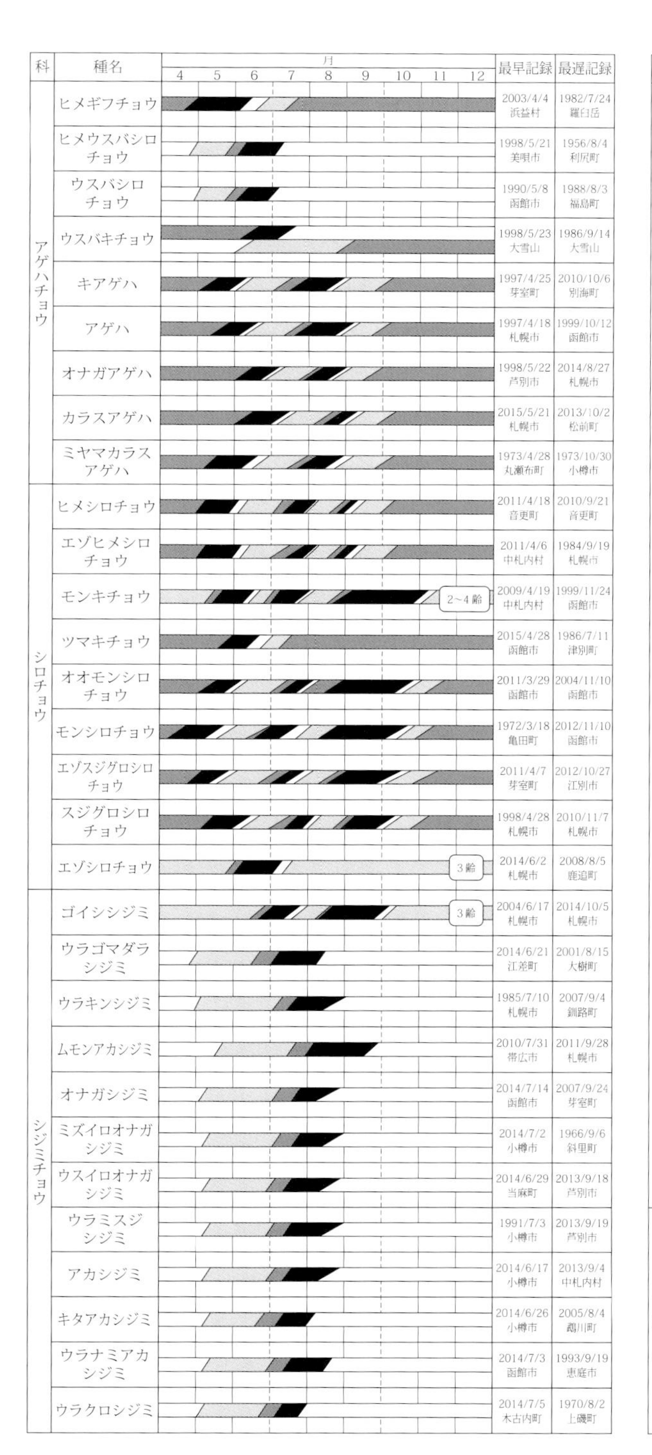

科	種名	月 4 5 6 7 8 9 10 11 12	最早記録	最遅記録
アゲハチョウ	ヒメギフチョウ		2003/4/4 浜益村	1982/7/24 羅臼岳
	ヒメウスバシロチョウ		1998/5/21 美唄市	1956/8/4 利尻町
	ウスバシロチョウ		1990/5/8 函館市	1988/8/3 福島町
	ウスバキチョウ		1998/5/23 大雪山	1986/9/14 大雪山
	キアゲハ		1997/4/25 芽室町	2010/10/6 別海町
	アゲハ		1997/4/18 札幌市	1999/10/12 函館市
	オナガアゲハ		1998/5/22 芦別市	2014/8/27 札幌市
	カラスアゲハ		2015/5/21 札幌市	2013/10/2 松前町
	ミヤマカラスアゲハ		1973/4/28 丸瀬布町	1973/10/30 小樽市
シロチョウ	ヒメシロチョウ		2011/4/18 音更町	2010/9/21 音更町
	エゾヒメシロチョウ		2011/4/6 中札内村	1984/9/19 札幌市
	モンキチョウ	2～4齢	2009/4/19 中札内村	1999/11/24 函館市
	ツマキチョウ		2015/4/28 函館市	1986/7/11 津別町
	オオモンシロチョウ		2011/3/29 函館市	2004/11/10 函館市
	モンシロチョウ		1972/3/18 亀田町	2012/11/10 函館市
	エゾスジグロシロチョウ		2011/4/7 芽室町	2012/10/27 江別市
	スジグロシロチョウ		1998/4/28 札幌市	2010/11/7 札幌市
	エゾシロチョウ	3齢	2014/6/2 札幌市	2008/8/5 鹿追町
シジミチョウ	ゴイシシジミ	3齢	2004/6/17 札幌市	2014/10/5 札幌市
	ウラゴマダラシジミ		2014/6/21 江差町	2001/8/15 大樹町
	ウラキンシジミ		1985/7/10 札幌市	2007/9/4 釧路町
	ムモンアカシジミ		2010/7/31 帯広市	2011/9/28 札幌市
	オナガシジミ		2014/7/14 函館市	2007/9/24 芽室町
	ミズイロオナガシジミ		2014/7/2 小樽市	1966/9/6 斜里町
	ウスイロオナガシジミ		2014/6/29 当麻町	2013/9/18 芦別市
	ウラミスジシジミ		1991/7/3 小樽市	2013/9/19 芦別市
	アカシジミ		2014/6/17 小樽市	2013/9/4 中札内村
	キタアカシジミ		2014/6/26 小樽市	2005/8/4 鵡川町
	ウラナミアカシジミ		2014/7/3 函館市	1993/9/19 恵庭市
	ウラクロシジミ		2014/7/5 木古内町	1970/8/2 上磯町

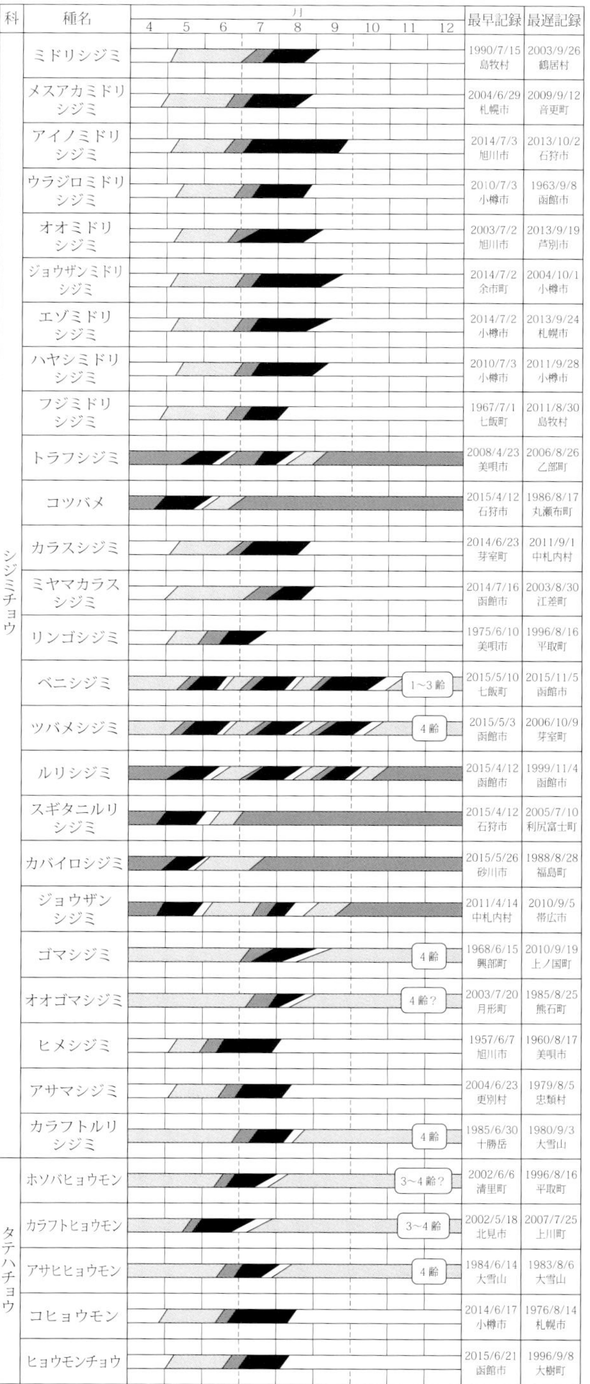

科	種名	月 4 5 6 7 8 9 10 11 12	最早記録	最遅記録
シジミチョウ	ミドリシジミ		1990/7/15 島牧村	2003/9/26 鶴居村
	メスアカミドリシジミ		2004/6/29 札幌市	2009/9/12 音更町
	アイノミドリシジミ		2014/7/3 旭川市	2013/10/2 石狩市
	ウラジロミドリシジミ		2010/7/3 小樽市	1963/9/8 函館市
	オオミドリシジミ		2003/7/2 旭川市	2013/9/19 芦別市
	ジョウザンミドリシジミ		2014/7/2 余市町	2004/10/1 小樽市
	エゾミドリシジミ		2014/7/2 小樽市	2013/9/24 札幌市
	ハヤシミドリシジミ		2010/7/3 小樽市	2011/9/28 小樽市
	フジミドリシジミ		1967/7/1 七飯町	2011/8/30 島牧村
	トラフシジミ		2008/4/23 美唄市	2006/8/26 乙部町
	コツバメ		2015/4/12 石狩市	1986/8/17 丸瀬布町
	カラスシジミ		2014/6/23 芽室町	2011/9/1 中札内村
	ミヤマカラスシジミ		2014/7/16 函館市	2003/8/30 江差町
	リンゴシジミ		1975/6/10 美唄市	1996/8/16 平取町
	ベニシジミ	1～3齢	2015/5/10 七飯町	2015/11/5 函館市
	ツバメシジミ	4齢	2015/5/3 函館市	2006/10/9 芽室町
	ルリシジミ		2015/4/12 函館市	1999/11/4 函館市
	スギタニルリシジミ		2015/4/12 石狩市	2005/7/10 利尻富士町
	カバイロシジミ		2015/5/26 砂川市	1988/8/28 福島町
	ジョウザンシジミ		2011/4/14 中札内村	2010/9/5 帯広市
	ゴマシジミ	4齢	1968/6/15 興部町	2010/9/19 上ノ国町
	オオゴマシジミ	4齢？	2003/7/20 月形町	1985/8/25 熊石町
	ヒメシジミ		1957/6/7 旭川市	1960/8/17 美唄市
	アサマシジミ		2004/6/23 更別村	1979/8/5 忠類村
	カラフトルリシジミ	4齢	1985/6/30 十勝岳	1980/9/3 大雪山
タテハチョウ	ホソバヒョウモン	3～4齢？	2002/6/6 清里町	1996/8/16 平取町
	カラフトヒョウモン	3～4齢	2002/5/18 北見市	2007/7/25 上川町
	アサヒヒョウモン	4齢	1984/6/14 大雪山	1983/8/6 大雪山
	コヒョウモン		2014/6/17 小樽市	1976/8/14 札幌市
	ヒョウモンチョウ		2015/6/21 函館市	1996/9/8 大樹町

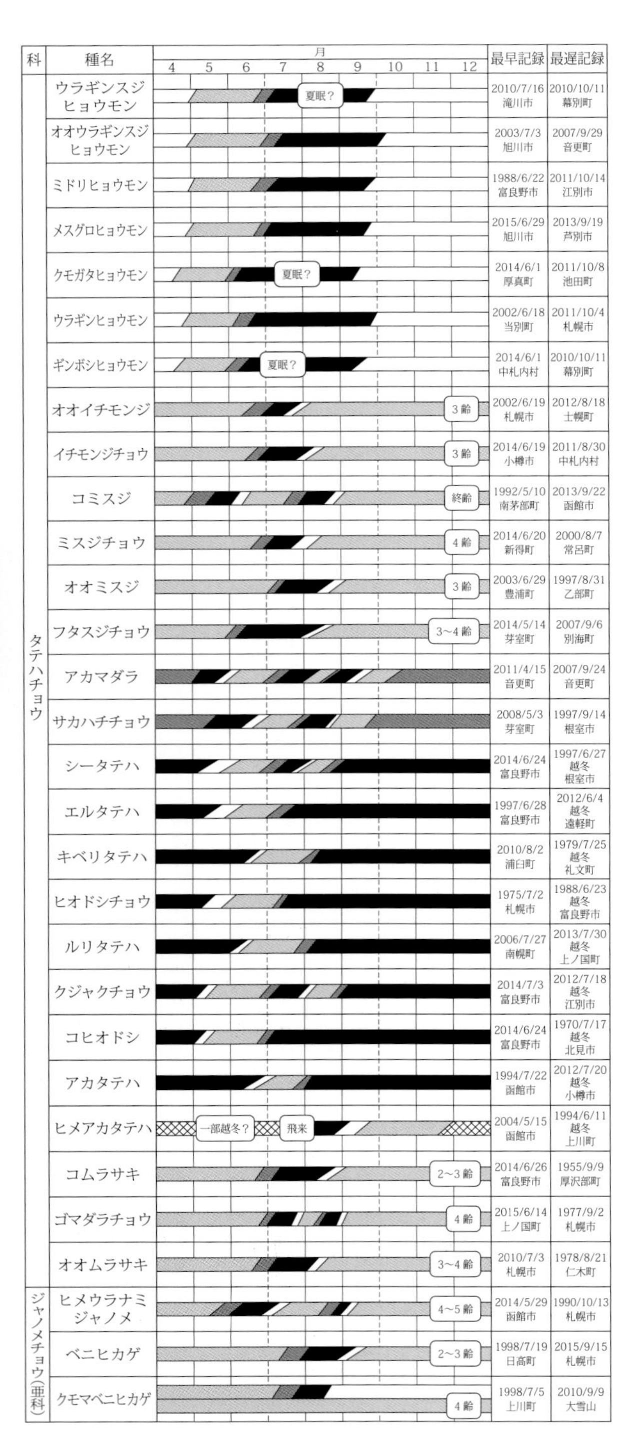

科	種名	月	最早記録	最遅記録
タテハチョウ	ウラギンスジヒョウモン	夏眠？	2010/7/16 滝川市	2010/10/11 幕別町
タテハチョウ	オオウラギンスジヒョウモン		2003/7/3 旭川市	2007/9/29 音更町
タテハチョウ	ミドリヒョウモン		1988/6/22 富良野市	2011/10/14 江別市
タテハチョウ	メスグロヒョウモン		2015/6/29 旭川市	2013/9/19 芦別市
タテハチョウ	クモガタヒョウモン	夏眠？	2014/6/1 厚真町	2011/10/8 池田町
タテハチョウ	ウラギンヒョウモン		2002/6/18 当別町	2011/10/4 札幌市
タテハチョウ	ギンボシヒョウモン	夏眠？	2014/6/1 中札内村	2010/10/11 幕別町
タテハチョウ	オオイチモンジ	3齢	2002/6/19 札幌市	2012/8/18 士幌町
タテハチョウ	イチモンジチョウ	3齢	2014/6/19 小樽市	2011/8/30 中札内村
タテハチョウ	コミスジ	終齢	1992/5/10 南茅部町	2013/9/22 函館市
タテハチョウ	ミスジチョウ	4齢	2014/6/20 新得町	2000/8/7 常呂町
タテハチョウ	オオミスジ	3齢	2003/6/29 豊浦町	1997/8/31 乙部町
タテハチョウ	フタスジチョウ	3～4齢	2014/5/14 芽室町	2007/9/6 別海町
タテハチョウ	アカマダラ		2011/4/15 音更町	2007/9/24 音更町
タテハチョウ	サカハチチョウ		2008/5/3 芽室町	1997/9/14 根室市
タテハチョウ	シータテハ		2014/6/24 富良野市	1997/6/27 越冬 根室市
タテハチョウ	エルタテハ		1997/6/28 富良野市	2012/6/4 越冬 遠軽町
タテハチョウ	キベリタテハ		2010/8/2 浦臼町	1979/7/25 越冬 礼文町
タテハチョウ	ヒオドシチョウ		1975/7/2 札幌市	1988/6/23 越冬 富良野市
タテハチョウ	ルリタテハ		2006/7/27 南幌町	2013/7/30 越冬 上ノ国町
タテハチョウ	クジャクチョウ		2014/7/3 富良野市	2012/7/18 越冬 江別市
タテハチョウ	コヒオドシ		2014/6/24 富良野市	1970/7/17 越冬 北見市
タテハチョウ	アカタテハ		1994/7/22 函館市	2012/7/20 越冬 小樽市
タテハチョウ	ヒメアカタテハ	一部越冬？ 飛来	2004/5/15 函館市	1994/6/11 越冬 上川町
タテハチョウ	コムラサキ	2～3齢	2014/6/26 富良野市	1955/9/9 厚沢部町
タテハチョウ	ゴマダラチョウ	4齢	2015/6/14 上ノ国町	1977/9/2 札幌市
タテハチョウ	オオムラサキ	3～4齢	2010/7/3 札幌市	1978/8/21 仁木町
ジャノメチョウ(亜科)	ヒメウラナミジャノメ	4～5齢	2014/5/29 函館市	1990/10/13 札幌市
ジャノメチョウ(亜科)	ベニヒカゲ	2～3齢	1998/7/19 日高町	2015/9/15 札幌市
ジャノメチョウ(亜科)	クモマベニヒカゲ	4齢	1998/7/5 上川町	2010/9/9 大雪山

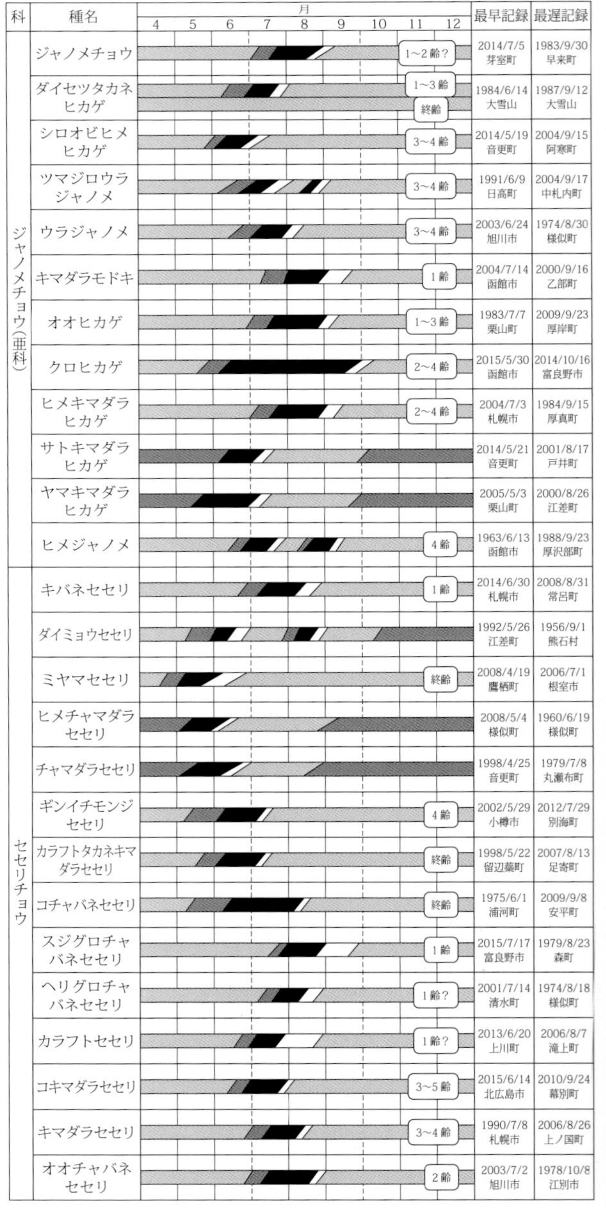

科	種名	月	最早記録	最遅記録
ジャノメチョウ(亜科)	ジャノメチョウ	1～2齢？	2014/7/5 芽室町	1983/9/30 早来町
ジャノメチョウ(亜科)	ダイセツタカネヒカゲ	1～3齢 終齢	1984/6/14 大雪山	1987/9/12 大雪山
ジャノメチョウ(亜科)	シロオビヒメヒカゲ	3～4齢	2014/5/19 音更町	2004/9/15 阿寒町
ジャノメチョウ(亜科)	ツマジロウラジャノメ	3～4齢	1991/6/9 日高町	2004/9/17 中札内町
ジャノメチョウ(亜科)	ウラジャノメ	3～4齢	2003/6/24 旭川市	1974/8/30 様似町
ジャノメチョウ(亜科)	キマダラモドキ	1齢	2004/7/14 函館市	2000/9/16 乙部町
ジャノメチョウ(亜科)	オオヒカゲ	1～3齢	1983/7/7 栗山町	2009/9/23 厚岸町
ジャノメチョウ(亜科)	クロヒカゲ	2～4齢	2015/5/30 函館市	2014/10/16 富良野市
ジャノメチョウ(亜科)	ヒメキマダラヒカゲ	2～4齢	2004/7/3 札幌市	1984/9/15 厚真町
ジャノメチョウ(亜科)	サトキマダラヒカゲ		2014/5/21 音更町	2001/8/17 戸井町
ジャノメチョウ(亜科)	ヤマキマダラヒカゲ		2005/5/3 栗山町	2000/8/26 江差町
ジャノメチョウ(亜科)	ヒメジャノメ	4齢	1963/6/13 函館市	1988/9/23 厚沢部町
セセリチョウ	キバネセセリ	1齢	2014/6/30 札幌市	2008/8/31 常呂町
セセリチョウ	ダイミョウセセリ		1992/5/26 江差町	1956/9/1 熊石村
セセリチョウ	ミヤマセセリ	終齢	2008/4/19 鷹栖町	2006/7/1 根室市
セセリチョウ	ヒメチャマダラセセリ		2008/5/4 様似町	1960/6/19 様似町
セセリチョウ	チャマダラセセリ		1998/4/25 音更町	1979/7/8 丸瀬布町
セセリチョウ	ギンイチモンジセセリ	4齢	2002/5/29 小樽市	2012/7/29 別海町
セセリチョウ	カラフトタカネキマダラセセリ	終齢	1998/5/22 留辺蘂町	2007/8/13 足寄町
セセリチョウ	コチャバネセセリ	終齢	1975/6/1 浦河町	2009/9/8 安平町
セセリチョウ	スジグロチャバネセセリ	1齢	2015/7/17 富良野市	1979/8/23 森町
セセリチョウ	ヘリグロチャバネセセリ	1齢？	2001/7/14 清水町	1974/8/18 様似町
セセリチョウ	カラフトセセリ	1齢？	2013/6/20 上川町	2006/8/7 滝上町
セセリチョウ	コキマダラセセリ	3～5齢	2015/6/14 北広島市	2010/9/24 幕別町
セセリチョウ	キマダラセセリ	3～4齢	1990/7/8 札幌市	2006/8/26 上ノ国町
セセリチョウ	オオチャバネセセリ	2齢	2003/7/2 旭川市	1978/10/8 江別市

最早，最遅記録は黒田哲（2015）「北海道産蝶類確認の最早・最遅記録 2014 年版」（jezoensis NO.41）をもとに 2016 年 1 月までに得た情報を加え作成しました。

用語解説

【亜科】 科の中をグループ分けするときの単位，同じ科でも特徴があるのをまとめている。

【亜種】 同じ種でも外見などがはっきり異なる個体群，特定の地域だけに見られることが多く，地域亜種ともいう。

【1化・2化】 その年に入って，最初に羽化した世代を1化，その次の世代を2化という。本書では世代を強調させるため第○化と表現した。→「季節型」も参照。

【遺存種】 有史以前には広く分布していたが，環境変化により高山など狭い地域にだけ生息する種。

【越冬態】 越冬する時の，卵，幼虫，蛹，成虫の各時期(ステージ)。本道ではほとんどの種は特定のステージで休眠に入る。

【遺伝型・異常型】 遺伝的に外見が違うタイプを遺伝型，遺伝的背景が不明な時は異常型。

【羽化】 蛹から成虫への脱皮。翅が急速に伸展する。一般に，早朝から午前中にかけて行なわれる。

【オープンランド】 人為的に開かれた土地。帰化植物などが生え，移動性が強く環境適応力の高い種の生息地になる。

【外来種(帰化種)】 古くは分布していなかったが主に人間の活動に伴って移り棲んだ種。

【夏眠】 成虫が真夏に活動を止める現象。その適応的な意味はわかっていない。

【眼状紋】 翅にある円い模様，そこを眼と思わせて体への攻撃を避けるという。

【寄生蝿(蜂)】 卵や幼虫，蛹に寄生する蝿や蜂。蛹化前後に幼虫や成虫が脱出する。蝶の発生数をコントロールする天敵として重要。

【季節型(春型・夏型・秋型)・高温期(低温期)型】 成虫の斑紋が季節による差異が顕著なもの。春に現れる春型，夏に現れる夏型，秋に現れる秋型がある。季節型の発現は，ある発育段階における日長や温度により決定される。季節よりも環境条件を強調し高温期型・低温期型と表現することもある。→「1化・2化」も参照。

【寄主選択】 蝶の幼虫の多くは植物を食べ，それが草本の場合は食草，木本の場合は食樹という。総称としては，食餌植物，少数の肉食も含めると寄主，その範囲は種によって決まっていて寄主選択という。

【ギャップ】 樹木などが途切れているところ。樹間ギャップには蝶が多い。林間草原や林道内など。

【擬態】 周囲に紛れる隠蔽的擬態と，鳥の糞など捕食者には無用なものに似せたり，特定の部分を目立たせて捕食を免れると考えられる標識的擬態の総称。

【気門】 昆虫の体の側面にあり，空気を取り入れ，体中に伸びる気管で体に酸素を送る入り口。

【棘】 →「刺毛」を参照。

【求愛行動(ディスプレイ)】 ♂が♀と交尾するために示す一連の行動。翅を見せたり振るわせたりする。

【吸汁(吸水)】 口吻を使って液体を吸うこと，水だけでなく自分の排泄物や，樹液などを吸汁する。多数が集まり集団をつくることもある。

【休眠】 成長や発生が止まっている状態。狭義には環境が好適になってもすぐには成長しない自発的休眠をいう。

【系統・近縁】 種が祖先から分かれていく，進化の道すじの上でのまとまり。近縁とは系統が別れてから近いこと。

【交雑・種間交雑】 交配のうち，形質の異なるもの同士の場合を交雑，別の種との場合を種間交雑という。その子孫が続けば同種と認定する。

【交尾拒否(行動)】 すでに交尾した♀が求愛する♂を避ける行動。それでも求愛を続ける♂は多い。

【交尾付属物(スフラギス)】 ♂が交尾時，♀の腹端につくる再交尾を妨げるための小さな栓のような構造。ヒメギフチョウなど一部の種では大きく目立つ。

【固有種】 世界でも特定の地域だけに生息する種。

【口吻】 頭部にある。1対の半管が組み合わさり，普通ぜんまい状に巻き込まれている器官。吸水，吸蜜の時は伸ばす。

【座(台座)】 →「吐糸」を参照。

【種間雑種】 異種間の交雑で生まれた個体。両者の中間的な外見となる。ウスバシロチョウとヒメウスバシロチョウのように野外で種間雑種(F_1)が採集される場合もあるが，別種の間では雑種第一代(F_1)はできてもその子孫はできない。

【種分化・分化】 1つの種が別れて進化し，もとの種との間では子孫が続かない程度まで変化すること。生物多様性の起源。種の性質は遺伝子に組み込まれている。

【翅脈・翅室・第○室】 本書では前翅第何室と表現した。翅は下から順に第1脈，第2脈と呼ばれる翅脈で区切られている。その間を(翅)室という。→表紙見返し図を参照。

【刺毛】 幼虫の体に生えている毛の総称。特に太くて丈夫なものは棘と呼ぶ。

【食痕】 幼虫の食べた痕。種により特徴があり幼虫の探索の指標となる。

【食餌植物(食草・食樹)】 →「寄主選択」を参照。

【触角】 幼虫成虫の頭部には，多数の節のある1対の触角があり，臭い，振動，接触などを感じる。

【吸いもどし行動】 鳥の糞などに，排泄した液体をつけて吸いなおす行動。塩類などを得る。

【成熟卵】 受精すれば発生が可能になった卵。卵巣内で卵が成熟していなければ未生熟卵。

【性標】 ♂の翅の一部にあり発香鱗を伴なう模様。♀を引きつける働きを持つとされる。♂♀の識別にも役立つ。

【占有・占有行動・山頂占有性】 ♂が空間を通過する他個体を追飛し排除する行動。そこに♀が通りかかれば求愛行動へと移ることが多い。山頂でその行動をとる場合を**山頂占有性**という。

【体液】 蝶は幼虫を含め心臓から送り出された体液が体の組織内を流れる。体を傷つけると流れ出る。

【姉妹種】 非常に近縁で外見的にごく似ており，系統上もきわめて近い関係にある種。「すみわけ・食いわけ」などで競争を回避していることが多い。

【種間競争】 自然環境内で，異なる種の生息空間や食餌が競合することで生じる種と種の間の競争関係。

【スプリングエフェメラル】 ヒメギフチョウのように，樹々の葉が広がって上空を覆う前の早春だけ現れる生物。食草の開花，葉の展開に同調している。

【すみわけ・食いわけ】 種間競争は，両者に不利益なので，生息場所を違えることを**すみわけ**，食餌を違えることを**食いわけ**という。

【生活環(生活史)・ステージ・変態】
蝶の一生を**生活環**，その過ごし方を**生活史**，各々の時期を**ステージ**，あるステージから次のステージへの脱皮は姿が大きく変わるので**変態**と呼ぶ。四季の変化に応じたそれぞれの種の生活史は，進化の過程で獲得されたもので，この解明がその蝶の理解の基本となる。

【生殖器(ゲニタリア)】 交尾のための腹端の構造。♂♀がかみ合うような構造をしていて種間交雑を妨げる。同定に利用される。

【ゼフィルス】 シジミチョウ科のミドリシジミ類の複数の属をまとめ，親しまれているグループ名。語源はギリシャ神話の「西風の精」。本書では，ウラゴマダラシジミからフジミドリシジミまでの 20 種が該当する。

【前蛹・蛹化】 幼虫から蛹への変化は，幼虫が台座をつくって静止し，透明感が出て**前蛹**となる。この間に体の内部では成虫への劇的な変化が進む。成虫への体制が整い脱皮して蛹になる(**蛹化**)。

【帯蛹・垂蛹】 蛹は，胸部の糸(帯糸)で固定される**帯蛹**と，尾端が突起(懸垂器)となって，吐糸にぶら下がる**垂蛹**とに分けられる。

【脱皮・眠起・齢(亜終齢・終齢)】
幼虫が成長するために皮膚(外骨格)を脱ぎ捨てることを**脱皮**，脱皮を完了し活動を始めることを**眠起**という。脱皮するごとに**齢**が進む(1 齢が脱皮し 2 齢になる)。蛹になる前の時期を**終齢**，終齢の前を**亜終齢**と呼ぶ。

【探雌飛翔】 ♂が寄主植物を目あてに♀を探して飛ぶ行動。♂の日中の飛翔はこの可能性が高い。

【蝶道】 同じ蝶が次々とやって来るルート。日照条件や高さなど種によって決まっていることが多い。

【吐糸・台座】 幼虫が口器の吐糸線から出す絹糸と同様の糸。幼虫は食草などから落下しないよう吐糸し**台座**と呼ばれる薄い膜をつくる。

【土着・偶産・迷蝶】 採集地が発生地とは限らない。毎年世代を繰り返していれば**土着**種。多くても越冬できない場合は**偶産**と呼び，特に風などによって飛来し一時的に見られるものを**迷蝶**という。

【配偶行動】 ♂は♀を見つけ，一連の求愛行動をとる。これを♀が受け入れ交尾が成立するまでの一連の行動→求愛行動。

【変異】 同じ種でも斑紋など外見が違えば**変異**があるという。特定の地域のものが違っていれば地域変異と呼び，遺伝的背景がある場合が多い。1 個体だけ変わっていれば個体変異と呼ぶ。

【なわばり(テリトリー)】 ♂が，♀を待って特定の範囲に入る他個体を追い出す範囲。

【肉角】 アゲハチョウ科の幼虫が，脅かされると頭部と胸部の間から伸ばす強い臭いを発する突起。臭角ともいう。

【卵殻】 卵の表面を覆うタンパクからなる多層膜。突起や隆起があって，その形から種がわかるものも多い。

【繭】 蛹化前に多量に吐糸して糸が組み合った**繭**をつくる種がいる。しかしカイコのようにしっかり綴じたものではない。

【卍どもえ飛翔】 ゼフィルスなどの♂が互いを追いかけて飛び，ぐるぐる回っているように見える飛翔。占有行動中に見られる。

【林縁・マント群落・そで群落・林間ギャップ】
林の辺縁部の**林縁**には低木やツル植物(**マント群落**)などが生えマントを被っているように見え，付近には高い草などのそで状の草むら(**そで群落**)ができる。ここは植生も多様となりチョウの種も多い。また森林の間にできた明るい草地(**林間ギャップ**)も同様に蝶の集まる場となる。

【卵寄生・寄生卵】 蝶の卵の中に産卵するハチがいる。成長すると卵殻を破って脱出する。

【鱗粉・発香鱗】 翅の表面を覆う鱗粉は顕微鏡などで見ると，様々な形や色の**鱗粉**が観察できる。♂では**発香鱗**という特殊な鱗粉から臭物質を放出して♀に認識させる信号刺激となる。

【ワンダリング】 蛹化前，幼虫が長い時間歩き回ること。羽化時，翅を伸ばす空間がなければ羽化は完成しないので慎重に場所を探す。

参考文献

【単行本(五十音順)】
青木典司 他．2005．日本産幼虫図鑑．学習研究社．
朝日純一・神田正五・川田光政・小原洋一．1999．原色図鑑サハリンの蝶．北海道新聞社．
朝比奈英三．1991．虫たちの越冬戦略—昆虫はどうやって寒さに耐えるか．北海道大学図書刊行会．
東正剛・阿部永・辻井達一(編)．1993．生態学からみた北海道．北海道大学図書刊行会．
石城謙吉・福田正巳(編)．1994．北海道・自然のなりたち．北海道大学図書刊行会．
井上寛・白水隆．1959．原色昆虫大図鑑Ⅰ 蝶蛾編．北隆館．
猪又敏男．1990．原色蝶類検索図鑑．北隆館．
梅沢俊．2007．新北海道の花．北海道大学出版会．
大崎直太(編著)．2000．蝶の自然史—行動と生態の進化学．北海道大学図書刊行会．
大場裕一・大澤省三・昆虫 DNA 研究会(編)．2015．遺伝子から解き明かす昆虫の不思議な世界．悠書館．
小暮翠．1981．アルタイから来た蝶ベニヒカゲ．築地書館．
小野有五・五十嵐八枝子．1991．北海道の自然史—氷期の森林を旅する．北海道大学図書刊行会．
川副昭人・若林守男．1976．原色日本蝶類図鑑．保育社．
木野田君公．2006．札幌の昆虫．北海道大学出版会．
木村辰正．1994．北見の蝶．北見市教育委員会．
久保田修．2013．生きもの出会い図鑑 日本のチョウ．学術教育出版．
小疇尚 他(編)．1994．日本の自然地域編〈1〉北海道．岩波書店．
佐竹義輔 他(編)．1981，1982．日本の野生植物 草本Ⅰ～Ⅲ．平凡社．
佐竹義輔 他(編)．1989．日本の野生植物 木本Ⅰ・Ⅱ．平凡社．
札幌市教育委員会(編)．1990．札幌昆虫記(さっぽろ文庫 52)．北海道新聞社．
佐藤孝夫．2002．新版北海道樹木図鑑．亜璃西社．
小路嘉明．2010．小路嘉明の蝶を楽しむ．新田敦子編集・発行．
白水隆．1985．白水隆著作集Ⅰ・Ⅱ．白水隆先生退官記念事業会．
白水隆．2006．日本産蝶類標準図鑑．学習研究社．
白水隆・原章．1960・1962．原色日本蝶類幼虫大図鑑Ⅰ，Ⅱ．保育社．
清邦彦．1988．富士山にすめなかった蝶たち．築地書館．
高橋真弓．1979．チョウ—富士川から日本列島へ．築地書館．
竹田真木生・田中誠二(編)．1993．昆虫の季節適応と休眠．文一総合出版．
田中誠二・檜垣守男・小滝豊美(編著)．2004．休眠の昆虫学—季節適応の謎．東海大学出版会．
田中蕃．1980．森の蝶・ゼフィルス．築地書館．
田淵行男．1959．高山蝶．朋文堂．
田淵行男．1978．大雪の蝶．朝日新聞社．
手代木求．1990．日本産蝶類幼虫・成虫図鑑Ⅰ．タテハチョウ科．東海大学出版会．
手代木求．1997．日本産蝶類幼虫・成虫図鑑Ⅱ．シジミチョウ科．東海大学出版会．
手代木求．2016．世界のタテハチョウ図鑑—卵・幼虫・蛹・成虫・食草．北海道大学出版会．
寺山守・江口克之・久保田敏．2014．日本産アリ類図鑑．朝倉書店．
永盛拓行・永盛俊行・坪内純・辻規男．1986．北海道の蝶．北海道新聞社．
西口親雄．2001．森と樹と蝶と．八坂書房．
西口親雄．2006．小さな蝶たち．八坂書房．
日本環境動物昆虫学会(編)．1998．チョウの調べ方．文教出版．
日本チョウ類保全協会(編)．2012．フィールドガイド日本のチョウ．誠文堂新光社．
日浦勇．1978．蝶のきた道．蒼樹書房．
日浦勇．2005．海をわたる蝶 新版(講談社学術文庫 2005)．講談社．
日高敏隆．1998．チョウはなぜ飛ぶか(高校生に贈る生物学 3)．岩波書店．
蛭川憲男．2013．日本のチョウ成虫・幼虫図鑑．メイツ出版．
平賀壮太．2007．蝶・サナギの謎．トンボ出版．
平野千里．1971．昆虫と寄主植物．共立出版．
福田晴夫．1975．チョウの履歴書．誠文堂新光社．
福田晴夫．1976．チョウの生態観察法(グリーンブックス〈19〉)．ニューサイエンス社．
福田晴夫・高橋真弓．1988．蝶の生態と観察．築地書館．
福田晴夫 他．1972．原色日本昆虫生態図鑑Ⅲ チョウ編．保育社．
福田晴夫 他．1982～1984．原色日本蝶類生態図鑑Ⅰ～Ⅳ．保育社．
藤岡知夫．1975．日本産蝶類大図鑑．講談社．
藤崎憲治 他(編)．2009．昆虫科学が拓く未来．京都大学学術出版会．
フツイマ，D.J. 1991．(岸由仁 他訳)．1991．進化生物学．蒼樹書房．
北大昆虫研究会．1975．北海道の高山蝶ヒメチャマダラセセリ．北海道新聞社．

堀繁久・櫻井正俊．2015．昆虫図鑑 北海道の蝶と蛾．北海道新聞社．
本田計一・加藤義臣(編)．2005．チョウの生物学．東京大学出版会．
正木進三．1974．昆虫の生活史と進化―コオロギはなぜ秋に鳴くか．中央公論社．
安田守．2010～2014．イモムシハンドブック 1～3．文一総合出版．
山口進．1988．五麗蝶譜．講談社．
マイア，E．(八杉貞雄 他訳)．1994．進化論と生物哲学――進化学者の思索．東京化学同人．
渡辺康之．1985．写真集日本の高山蝶．保育社．
渡辺康之．1986．高山蝶．築地書館．
Gorbunov, P, Y. 2001. The butterflies of Russia: classification, genitalia, keys for identification (Hesperioidea & Papilionoidea).
Settele, J, Tim G. Shreeve, M. Konvicka and H. Van Dyck. ed. 2009. Ecology of butterflies in europe

【学術専門誌など(1986 年以降．五十音順，欧文はアルファベット順)】
相澤和男．1997．ミヤマカラスアゲハ春季休眠蛹の羽化個体．蝶研フィールド，12(6)，6-10．
青山慎一．1986．札幌市郊外でアサギマダラ採集．*Jezoensis*，13，40．
青山慎一．1986．キアゲハ幼虫の異常成熟について．*Jezoensis*，14，29-31．
青山慎一．1986．コヒオドシの蛹の色について．*Jezoensis*，14，43．
青山慎一．1988．キアゲハの新食草について．*Jezoensis*，15，47．
青山慎一．1989．テングチョウの古い記録について．*Jezoensis*，16，89．
青山慎一．1995．エゾシロチョウの新食樹について．*Jezoensis*，22，13．
青山慎一．1997．オオモンシロチョウの新食草について．*Jezoensis*，24，24．
青山慎一．1998．オオモンシロチョウの交尾拒否行動．*Jezoensis*，25，67．
青山慎一 他．1991．北海道のキタアカシジミ．蝶研フィールド，6(4)，22-31．
畔原一夫．2000．北見地方のオオモンシロチョウの記録．*Jezoensis*，27，118．
畔原一夫．2000．滝上町のカラフトセセリについて．*Jezoensis*，27，130-132．
麻生紀章．2000．北海道で採集されたカラフトセセリのルーツを探る．季刊ゆずりは，41-44．
麻生紀章・関口正幸．2002．カラフトセセリ(Lepidoptera Hesperiidae)の分子系統解析．蝶と蛾，53(2)，103-109．
安達正．2000．アサギマダラの記録．アイノ，37，14．
有田斉・前田善広．2013～2015．珠玉の標本箱(1)(2)(3)(5)(6)(8)(10)(12)．NRC 出版．
石井実．1984．蝶の吸水行動の謎．インセクタリュウム，21(19)．
石川佳宏．2008．2007 年北海道に於ける採集記録．*Jezoensis*，34，34．
石渡禎一．1991．ウスバシロチョウとヒメウスバシロチョウの雑交個体？を採集．蝶研フィールド，6(8)，30．
伊藤邦昭．1997．オオモンシロチョウの寄生蜂について．蝶研フィールド，12(4)，26．
伊藤昇．1998．ヤマハギに産卵するツバメシジミ．蝶研フィールド，13(9)，9．
伊東秀晃．2000．カラフトセセリの分布状況 2000 年の発生記録．蝶研フィールド，15(9)，10．
伊東秀晃．2000．ミドリシジミの亜種間交雑の記録．*Jezoensis*，27，101-103．
伊東秀晃．2000．カラフトセセリの寄生蝿ヨトウクロヤドリバエ．*Jezoensis*，27，104．
伊藤正博．2014．アサギマダラの目撃について．*Jezoensis*，40，101．
稲岡茂．1988．十勝連峰のウスバキチョウ続報．蝶研フィールド，3(2)，32-33．
稲岡茂．1990．奥尻島・夏の蝶 1989．Celastrina，25，5-10．
井上昭雄．1989．カラフトヒョウモンの北海道西限付近の新産地．蝶研フィールド，4(5)，32-33．
井上昭雄．1991．北海道小樽市でウスイロコノマチョウを採集．蝶研フィールド，6(3)，27-28．
井上昭雄．1994．アカシジミの幼虫と区別のつかないキタアカシジミの幼虫．蝶研フィールド，9(3)，29-30．
井上昭雄．1994．北限のオオミスジ，採集と目撃の記録．蝶研フィールド，9(11)，25-26．
井上昭雄．1995．仁木町でアサギマダラを採集．蝶研フィールド，10(11)，23．
井上昭雄．1998．ジョウザンミドリシジミ♀ OAB 型．蝶研フィールド，13(4)，21．
井上昭雄．2007．北海道・後志のオオゴマシジミ．蝶研フィールド，22(8)，6-8．
猪子龍夫 他．1999．渡島半島におけるアサギマダラの記録．*Jezoensis*，26，183-184．
井本暢正．2004．静内町・新冠町の蝶．*Jezoensis*，30，49-63．
井本暢正．2008．いざ日本最大の無人島 渡島大島へ．道南虫の会会報，14．
岩淵幹学・水林則幸・原俊二．1991．札幌付近におけるルリタテハの生態 第 1 報．*Jezoensis*，18，25-30．
岩淵幹学・水林則幸．1992．エゾスカシユリからルリタテハの幼虫を採集．*Jezoensis*，19，107．
植田俊一．2013．安平町でキマダラモドキを採集．*Jezoensis*，39，59．
植田俊一．2013．札幌市観音沢でシロオビヒメヒカゲを採集．*Jezoensis*，39，60．
上野雅史．2013．ヒメジャノメの北限記録の更新について．*Jezoensis*，39，20．
上野雅史．2013．キマダラモドキの北限記録の目撃について．*Jezoensis*，39，21．
上野雅史 他．1997．大雪湖周辺のオオイチモンジ黒化型．蝶研フィールド，12(11)，4．
上原一恭．1997．宗谷岬でオオモンシロチョウを採集．蝶研フィールド，12(11)，22．
臼井平・今田悠哉・佐藤千明．2015．枝幸町および稚内市で採集されたアサギマダラについて．枝幸研究 6．
薄羽貴重．2000．ウスバキ物語．自刊．
宇野誠一．1989．1988 年奥尻島採集記．蝶研フィールド，4(4)，32-35．
宇野正紘．1997．速報 1997 年オオモンシロチョウの発生状況．蝶研フィールド，12(8)，21．

梅村三千夫．2008．大雪山の高山蝶．季刊ゆずりは，2(7)，64-66．
江口栄治．1999．北海道におけるオオモンシロチョウの記録．蝶研フィールド，14(4)，24．
遠藤雅廣．1987．針葉樹の樹液(松脂)を吸汁するカラフトヒョウモン．Sylvicola，5，57-58．
遠藤雅廣．1987．ナミアゲハは寒いのが嫌い．翔虫，22，38-39．
遠藤雅廣．1991．ヒメシジミの変異．翔虫，48，36-37．
遠藤雅廣．2000．別海町でイチモンジセセリを採集．*Jezoensis*，27，103．
遠藤雅廣．2000．別海町におけるオオモンシロチョウの記録．*Jezoensis*，27，108．
大井伸一．1996．タイツリオウギ *Astragalus membranaceus* の蕾にカバイロシジミ産卵．*Jezoensis*，23，44．
大橋賢由・横倉明．1989．低温処理による蝶の斑紋変異について．蝶研フィールド，4(7)，6-12．
大橋拓也．1988．ミズイロオナガシジミの異常産卵．蝶研フィールド，3(4)，36．
大宮不二雄・大井伸一．1987．ムモンアカシジミ幼虫をハリギリ(センノキ)より採集す．*Jezoensis*，14，7．
大宮不二雄・大井伸一・大宮克法．1986．伊達市の蝶類．*Jezoensis*，13，1-6．
大宮不二雄・大宮克法．1986．洞爺村・壮瞥町の蝶採集記録 第1報．*Jezoensis*，13，14．
大宮不二雄・大宮克法．1988．アサギマダラの胆振管内における採集記録．*Jezoensis*，25，30-31．
小川浩太．2013．北大キャンパス内で採集されたナガサキアゲハとゴマダラチョウ．*Jezoensis*，39，27．
小川浩太・村野宏樹・森一弘．2014．石狩地方のキタアカシジミの大発生と蛹化場所に関する一知見．*Jezoensis*，40，32-36．
小野克巳．2003．北海道のウスバシロチョウ．蝶研フィールド，18(5)，12-21．
学習研究社．2007．日本蝶類標準図鑑初刷の正誤表．蝶研フィールド，22(4)，23-29．
笠井啓成．1987．十勝のヒメギフ．すていやんぐ，40，3-4．
笠井啓成．1988．北海道知床半島岩尾別温泉のヒメギフチョウ．蝶研フィールド，3(5)，23-24．
笠井啓成．1989．十勝のジョウザンシジミ．すていやんぐ，55，3-7．
笠井啓成．1991．ウスバとヒメウスバの混生地．すていやんぐ，78，2-3．
笠井啓成．1993．キマダラセセリ 11 年ぶりに再確認．すていやんぐ，96，2．
笠井啓成．1996．オオモンシロ奮戦記．すていやんぐ，121，2-4．
笠井啓成．2000．カラフトセセリ騒動記．すていやんぐ，185，1-7．
笠井啓成．2002．滝上町でアサマシジミを採集．*Jezoensis*，28，16．
葛目靖．1995．ジョウザンシジミ上川町での採集例．蝶研フィールド，10(9)，19．
角谷聡明．2000．北海道でモンキアゲハを採集．*Jezoensis*，27，7．
神垣健司．1994．キタアカシジミの人工交配．蝶研フィールド，9(8)，23．
川田光政．1987．モンキチョウの越冬について．*Jezoensis*，14，32-40．
川田光政．1989．北海道産ベニヒカゲの累代飼育 4 化まで．*Jezoensis*，16，17-37．
川田光政．1992．アサギマダラ奥尻町での採集記録．*Jezoensis*，19，124．
川田光政．1994．クジャクチョウの同時二重産卵．*Jezoensis*，21，51．
川田光政．1995．カラスシジミ幼虫の観察記録．*Jezoensis*，22，91-94．
川田光政．1999．オオムラサキ 2 化の記録―夕張郡栗山町産―．*Jezoensis*，26，177-181．
川田光政．1999．99 暑い夏に見られた蝶数種について．*Jezoensis*，26，195-198．
川田光政．2004．ベニヒカゲ 2 化(眼状紋消失型)羽化の記録．*Jezoensis*，30，40．
川田光政．2008．ヒメウスバシロチョウ♀の興味深い斑紋について．*Jezoensis*，34，43．
川田光政．2014．リンゴシジミの覚書．やどりが，241，19-30．
川田光政．2015．ウスバシロチョウの奥尻島での記録．*Jezoensis*，41，18-20．
川田光政．2015．エゾシロチョウの観察記録．*Jezoensis*，41，21-27．
川田光政・北原曜．1986．シロオビヒメヒカゲの飼育による 2 化の記録．*Jezoensis*，13，57．
川田光政・北原曜．1990．ベニヒカゲの食草と分布拡大．蝶研フィールド，5(8)，28-30．
川田光政・津久井不二雄．1987．ギンイチモンジセセリの札幌市藻岩山における記録．*Jezoensis*，14，41．
神田正五．1987．モンシロチョウとエゾスジグロシロチョウの交尾．インセクタリウム，24(8)，23．
神田正五．1988．ベニヒカゲの産卵行動．*Jezoensis*，15，45．
神田正五．1992．利尻島でアサギマダラを採集．*Jezoensis*，19，94．
神田正五．2000．ナナカマドはエゾシロチョウの食樹．*Jezoensis*，27，72．
神田正五．2004．苫小牧のキタテハ．郷土の研究，第 8 号．
神田正五．2007．天売・焼尻両島で得た蝶 2 種．*Jezoensis*，33，23．
神田正五．2010．北海道産蝶類 2 種の交尾行動．*Jezoensis*，36，8．
神田正五．2012．胆振支庁におけるシロオビヒメヒカゲの分布拡大について．*Jezoensis*，38，3-14．
神田正五．2012．2011 年・奥尻島 6 月中旬の蝶．キキリ報．第 1 巻．
神田正五．2015．北海道産ヤマキマダラヒカゲ 2 化の記録．バタフライ・サイエンス，1，22．
神田正五．2015．交尾中のヒメギフチョウに割り込んだ♂の行動．バタフライ・サイエンス，3，44．
神田正五・上原征司．1988．北海道登別市のチョウセンシロチョウ．昆虫と自然，23(12)，14-16．
神田正五・広田良二．1999．苫小牧市で発生したウラナミシジミの記録．*Jezoensis*，26，2-9．
神田正五・三島直行・山本直樹．2003．北海道のオオゴマシジミ．*Jezoensis*，29，5-12．
菅野寿恵．1992．亀田郡七飯町大川の蝶．函館昆蟲同好会会報，5，40-45．
菅野寿恵．2000．函館市湯の沢ウラナミアカシジミ調査．アイノ，37，12-13．

菅野寿恵．2000．クロヒカゲ *Lethe diana* の幼虫．アイノ，37，16．
菅野寿恵．2001．エゾヒメシロチョウの遅い記録．アイノ，38，12．
北原曜．1986．渡島大島の蝶．*Jezoensis*，13，46-47．
北原曜．1986．コキマダラセセリの食草について（Ⅱ）．*Jezoensis*，13，48．
北原曜．1987．エゾリンゴシジミ大倉山に確実に産す．*Jezoensis*，14，20．
北原曜．1987．シロオビヒメヒカゲの越冬態及び分布拡大についてⅡ．*Jezoensis*，14，64-69．
北原曜．1987．ミズイロオナガシジミ卵をブナより採集．*Jezoensis*，14，69．
北原曜．1987．キマダラセセリの食草および越冬態の観察例．*Jezoensis*，14，71．
北原曜．1988．エルタテハ，クジャクチョウ，ヒオドシチョウの越冬場所の観察例．*Jezoensis*，15，36-40．
北原曜．1988．北海道におけるオオチャバネセセリの産卵位置と越冬態．*Jezoensis*，15，41-43．
北原曜．1990．*Parnassius* 属２種の混棲地における自然雑種雄交尾器の比較．蝶と蛾，41（2），45-51．
北原曜．1991．エゾシロチョウの擬態．昆虫と自然，26（4），44．
北原曜．1993．札幌市大倉山のエゾリンゴシジミの再確認．*Jezoensis*，20，191．
北原曜．1993．ゼフィルス数種の食性試験の結果．*Jezoensis*，20，201-203．
北原曜．2008．ヒョウモンチョウとコヒョウモンの種間雑種．蝶と蛾，59（2），144-148．
北原曜．2009．スジグロシロチョウとエゾスジグロシロチョウの種間関係（Ⅰ）．蝶と蛾，60（1），81-91．
北原曜．2012．ヒョウモンチョウとコヒョウモンの人工雑種と混棲地における自然雑種．蝶と蛾，63（3），142-150．
北原曜・伊藤建夫．2015．分子系統により分割された日本産ウラギンヒョウモン２型のケージペアリング実験―２型は別種である―．蝶と蛾，66（3/4），83-89．
北原曜・川田光政．1986．シロオビヒメヒカゲの越冬態及び分布拡大について（Ⅰ）．*Jezoensis*，13，7-13．
北原曜・川田光政．1991．ウスバシロチョウとヒメウスバシロチョウの人工雑種自然雑種と混生地における雑種の生殖能力．蝶と蛾，42（2），53-62．
北原曜・川田光政．1993．ウスバシロチョウとヒメウスバシロチョウの種間関係についての観察結果．蝶と蛾，44（3），120-126．
北原曜・川田光政．1993．キタアカシジミの人工採卵法とその結果．*Jezoensis*，20，198-200．
北原曜・川田光政・木村辰正．1991．ウスバシロチョウとヒメウスバシロチョウ幼虫の最終齢数．昆虫と自然，26（3），22-23．
木村匡孝．1996．丸瀬布町におけるオナガアゲハの採集例．*Jezoensis*，23，66．
釧路昆虫同好会．1993．霧多布湿原の昆虫．Sylvicola 別冊．
釧路昆虫同好会．1999．根室半島の昆虫．Sylvicola 別冊 Ⅲ．
国兼正明．1991．北海道南部松前半島上磯町・知内町・福島町にカバイロシジミを観察して．Celastrina，26，23-26．
国兼正明．1992．北海道におけるベニヒカゲの南限記録．Celastrina，27，126．
国兼正明・国兼信之．1993～97．北海道南部の蝶資料（1）～（4）．Celastrina，28～32．
倉田宏司．2014．アサギマダラの採集記録．*Jezoensis*，40，100．
黒田哲．2003．鱗粉発達の悪いヒメギフチョウを採集．*Jezoensis*，29，3-4．
黒田哲．2003．ヒメギフチョウの早い記録．*Jezoensis*，29，4．
黒田哲．2003．北海道産ジョウザンシジミの地理的変異について．*Jezoensis*，29，31-40．
黒田哲．2004．ベニヒカゲの裏面紅紋拡大異常型を採集．*Jezoensis*，30，38．
黒田哲．2004．夕張・日高山系のジョウザンシジミの地理的変異について．*Jezoensis*，30，173-174．
黒田哲．2005．ヒメギフチョウのいくつかの産地．*Jezoensis*，31，39-40．
黒田哲．2005．ジョウザンシジミのいくつかの産地．*Jezoensis*，31，63-64．
黒田哲．2006．北海道産ジョウザンシジミの市町村分布．*Jezoensis*，32，1-14．
黒田哲．2006．北海道産ジョウザンシジミの覚書き．Butterflies（F），43，26-33．
黒田哲．2008．北海道産エゾスジグロシロチョウの道南と道東の交配結果．やどりが，217，5-11．
黒田哲．2010．北海道産エゾスジグロシロチョウの道南地域と道東・道北地域の交配結果Ⅱ．やどりが，224，23-28．
黒田哲．2010．北海道日本海側沿岸におけるサトキマダラヒカゲの分布状況．Butterflies（F），52，16-21．
黒田哲．2010．日本産エゾスジグロシロチョウ群（napi 群）の地域個体群の交配．昆虫と自然，45，15-19．
黒田哲．2010．４種類のチョウの道内北限を更新．*Jezoensis*，36，3-4．
黒田哲．2011．北海道の蝶よもやま話．やどりが，229，8-19．
黒田哲．2012．北海道のウラナミアカシジミ．やどりが，233，10-15．
黒田哲．2012．エゾスジグロシロチョウの道南地方と津軽地方の交配結果．やどりが，235，6-13．
黒田哲．2012．北海道産蝶類確認の最早・最遅記録．*Jezoensis*，38，19-28．
黒田哲．2013．札幌市内の記録更新が望まれる蝶類．*Jezoensis*，39，47-54．
黒田哲．2013．北海道産蝶類確認の最早・最遅記録 2012 年更新種．*Jezoensis*，39，54-58．
黒田哲．2014．ツチハンミョウ科幼虫がついたエゾヒメギフチョウ．*Jezoensis*，40，50-51．
黒田哲．2015．北海道札幌市における蝶類古墳発掘調査報告．Citrina 通信，479．
黒田哲．2015．函館市内におけるウラナミアカシジミの新産地．*Jezoensis*，41，119．
黒田哲．2015．函館市内でエルタテハを採集．*Jezoensis*，41，120．
黒田哲．2015．北海道産蝶類確認の最早・最遅記録 2014 年版．*Jezoensis*，41，125-132．
黒田哲・井上大成．2015．羊が丘で撮影したシロオビヒメヒカゲと道東亜種の札幌市侵入の考察．*Jezoensis*，41，121-122．

黒田哲・川田光政．2014．定山渓方面で採れたパルナシウスのハイブリッド．*Jezoensis*，40，52-55．
黒田哲・北原曜．2010．日本産エゾスジグロシロチョウの北海道亜種と本州亜種の交配結果．蝶と蛾，61(4)，263-271．
黒田哲・桜井正俊．2007．北海道産アカシジミ及びキタアカシジミの変異．Butterflies (F)，6，9-16．
神戸崇．2001．札幌市でアサギマダラを採集．蝦夷白蝶，17，45．
木暮翠．1988．キタベニヒカゲの新産地等の記録 86 年以降．*Jezoensis*，15，1-6．
小林隆彦．1991．北海道におけるリュウキュウムラサキの記録．蝶研フィールド，6(5)，27-28．
小林隆彦．1991．道南におけるゴマダラチョウの記録．*Jezoensis*，18，43-48．
小林英男．2005．厚田村におけるアサギマダラの複数採集例．*Jezoensis*，31，132．
小松清弘．1996．北海道阿寒湖でツマグロヒョウモンを採集．蝶研フィールド，11(2)，29．
小松利民・荒木哲．2006．松前小島の昆虫Ⅱ．*Jezoensis*，32，57-64．
小松利民・国兼信之・井本暢正．2009．渡島大島の昆虫．*Jezoensis*，35，79-83．
小山和雄．1996．クモマベニヒカゲを管野温泉で採集．*Jezoensis*，23，43．
小山弘昭．1998．オオモンシロチョウの越冬に関する報告．やどりが，178，29．
昆野安彦．1998．大雪山系カラフトルリシジミの幼虫．月刊むし，323，13-14．
昆野安彦．2000．アポイ岳．蝶研フィールド，15(6)，4．
斎藤和夫 他．1989．日本のコヒョウモン属(*Brenthis*)の染色体Ⅱ 北海道産．蝶と蛾，40(4)，253-257．
斎藤和夫・阿部東・熊谷義則．1997．日本のコヒョウモン属の雄の染色体．やどりが，171，52．
斎藤龍司．1998．北限のオオゴマシジミ 1998 年の採集記録．*Jezoensis*，25，80．
三枝豊平．1993．日本列島のアカシジミ属の分類と進化．月刊むし，267，2-14．
三枝豊平．1993．最近発見されたゼフィルス類の新亜属・新亜種，および既知属の再検討の紹介(下)．蝶研フィールド，8(7)，4-21．
寒沢正明．1995．芦別市崖山山頂付近で採集したシロオビヒメヒカゲ．*Jezoensis*，22，105．
寒沢正明．1999．日高支庁におけるキマダラモドキの記録．*Jezoensis*，26，17-18．
寒沢正明．2000．胆振西部及び日高東部地域でのキマダラモドキの調査記録．*Jezoensis*，27，9-12．
寒沢正明．2005．北海道産ヒメギフチョウの市町村分布．*Jezoensis*，31，3-32．
寒沢正明．2012．2009・2010・2011 年 ヒメギフチョウ分布調査記録．*Jezoensis*，38，35-38．
芝田翼．2015．長万部町でキタアカシジミを採集．*Jezoensis*，41，118．
島谷光二．2014．カラフトセセリの分布拡大についてⅡ．Ⅲ．*Jezoensis*，40，106-119．
島谷光二．2015．カラフトセセリの分布拡大についてⅣ．*Jezoensis*，41，64-66．
志村進．1998．十勝におけるウラキンシジミのパラシュート採幼報告．*Jezoensis*，25，77-78．
志村進．2008．宗谷地方で採集した北限の蝶 3 種．*Jezoensis*，34，47．
志村進．2010．別海町産アサマシジミにおける雌雄同体型(ギナンドロモルフ)個体の飼育羽化事例．*Jezoensis*，36，7．
小路嘉明．1996．日本に現れたオオモンシロチョウ．蝶研フィールド，11(9)，2．
小路嘉明・米谷敦子．1996．オオモンシロチョウの飼育経過の一例．蝶研フィールド，11(10)，29．
白井和伸．1990．シジミチョウ類の幼虫を訪れるアリについて．*Jezoensis*，17，62-65．
白井和伸．2001．フジミドリシジミのマンサクへの産卵の記録．蝶研フィールド，16(8)，30．
白井和伸．2005．北海道本島及び利尻島のヤマキマダラヒカゲの地理的変異について．蝦夷白蝶，18，39-43．
白井和伸．2005．道南の蝶，やり残したこといくつか．蝦夷白蝶，18，44-46．
白水隆．1997．沿海州のオオモンシロチョウはどこからきたか．蝶研フィールド，12(1)，18-19．
白水隆．1999．1998 年の蝶界をふりかえって．月刊むし，339，2-12．
関哲夫．1999．1997 年丸瀬布町におけるオオモンシロチョウの記録．*Jezoensis*，26，112．
関哲夫．1999．札幌市でオオミスジを採集．*Jezoensis*，26，193．
大雪高嶺．2012．ダイタカ物語．自刊．
高木秀了．2000．札幌市でのオオミスジの採集記録．*Jezoensis*，27，120．
高木秀了．2005．島牧村でキマダラモドキを採集．*Jezoensis*，31，44．
高木秀了・倉谷重輝・上野雅史 他．2013．日高町東部地域でのキマダラモドキの新産地．*Jezoensis*，39，68．
高木秀了・菱川法之・倉谷重輝．2013．エゾツマジロウラジャノメ 2 化を含む採集記録．*Jezoensis*，39，65．
高野秀喜．2006．函館市のウラナミアカシジミの追認記録．*Jezoensis*，32，42．
高野秀喜．2006．イチモンジセセリの記録．*Jezoensis*，32，42．
高野秀喜．2014．北海道でツマグロヒョウモンを採集．*Jezoensis*，40，79．
田川眞熙．1995．クジャクチョウの越冬態の一例．アイノ，32，11．
田川眞熙．1998．フジミドリシジミの新産地．アイノ，35，12．
田川眞熙．1998．函館市内でウラナミアカシジミを採集．*Jezoensis*，25，96．
田川眞熙．2008．2008 年それなりの報告事項．道南虫の会会報，14，23-26．
田川眞熙．2009．アサギマダラ日記 2009．道南虫の会会報，15，59-66．
田川眞熙．2010．2009 年函館のウラナミアカシジミ状況．*Jezoensis*，36，9-10．
竹内剛．2010．ゼフィルスの縄張り闘争．やどりが，225，52-57．
竹内尚徳．1996．エゾミドリシジミの産卵行動を観察．蝶研フィールド，11(10)，28-30．
竹内尚徳．1997．蝶数種の交尾拒否行動．蝶研フィールド，12(9)，26-28．
竹内尚徳．1999．メスグロヒョウモンの交尾拒否行動．蝶研フィールド，12(9)，26-28．

竹内尚徳．1997．真夏のメスグロヒョウモンの一生態．蝶研フィールド，12(12)，25-26.
竹内尚徳．1999．エゾスジグロシロチョウの観察 その 1，その 2．蝶研フィールド，14(3)，11-14.
竹内尚徳．2001．キベリタテハの生態断片と成虫の分布記録．蝶研フィールド，16(8)，18-22.
竹内尚徳．2002．カバイロシジミの生態観察．蝶研フィールド，17(8)，2-7.
竹内尚徳．2002．北海道北部におけるアサギマダラの記録．蝶研フィールド，17(9)，25.
竹内尚徳．2002．キベリタテハの生態断片(続報)．蝶研フィールド，17(9)，27-29.
竹内尚徳．2003．花で吸蜜することのあるタテハチョウ２種．蝶研フィールド，18(6)，29.
竹内尚徳．2003．北海道ベニヒカゲの分布・変異・生態調査(1)～(4)．蝶研フィールド，18(7)，9-17.
竹内尚徳．2003．北海道ベニヒカゲの分布・変異・生態調査(4)行動．蝶研フィールド，18(10)，6-14.
竹内尚徳．2004．キベリタテハ生態断片(続々報)．蝶研フィールド，19(8)，9-11.
竹内尚徳．2004．北海道におけるヒメアカタテハの記録と土着可能性について．蝶研フィールド，19(9)，22-25.
竹内尚徳．2004．北海道におけるゴマシジミの生態観察．蝶研フィールド，19(10)，2.
竹内尚徳．2005．ウラキンシジミ成虫の天敵．蝶研フィールド，20(5)，36-37.
竹内尚徳．2005．カバイロシジミのちょっとした観察．蝶研フィールド，20(10)，20-22.
竹内尚徳．2006．北海道でのアサギマダラの記録．蝶研フィールド，20(8)，31.
竹内尚徳．2006．ミドリヒョウモンの交尾時期とその回数について．蝶研フィールド，21(7)，31-32.
竹内尚徳．2006．メスグロヒョウモンとミドリヒョウモンの樹木高所での産卵(第２報)．蝶研フィールド，21(8)，11-13.
竹内尚徳．2006．ヤマキマダラヒカゲとヒメキマダラヒカゲの自然状態での交尾例．蝶研フィールド，21(9)，24-25.
竹内尚徳．2008．北海道の北部地域におけるカラスアゲハ２化とミヤマカラスアゲハの第３化の発生？可能性．蝶研フィールド，23(1,2)，95.
竹上敦之．2000．カラフトセセリの採集記録．蝶研フィールド，15(9)，23.
立石宇貴秀．1994．札幌・観音沢でツマジロウラジャノメを採集．*Jezoensis*，21，84.
田中啓之．1990．カラフトタカネキマダラセセリの奇妙な行動．蝶研フィールド，5(4)，28-29.
千葉公三．2007．キアゲハ♀×ミヤマカラスアゲハ♂の自然交雑体について．*Jezoensis*，33，9-10.
蝶研編集部．1989．定山渓温泉とジョウザンシジミ．蝶研フィールド，4(5)，6-7.
蝶研編集部．1991．キタアカシジミ物語．蝶研フィールド，6(4)，2.
津久井不二雄．1987．アイノミドリシジミの焼尻島における採集記録．*Jezoensis*，14，28.
津久井不二雄．1987．アサギマダラの日高山地及び利尻島における採集記録．*Jezoensis*，14，51.
津久井不二雄．1988．アサギマダラの恵庭市における採集記録．*Jezoensis*，15，31.
津久井不二雄．1988．キベリタテハの訪花例．*Jezoensis*，15，46.
津久井不二雄．1990．ナガボノシロワレモコウを食すコヒョウモンの幼虫．*Jezoensis*，17，54.
津久井不二雄．1991．利尻岳に於けるオナガアゲハの食草の記録．*Jezoensis*，18，65.
対馬誠．1988．道南で採集した蝶３種について．*Jezoensis*，15，28-29.
対馬誠．1997．ウラナミシジミの採集記録．*Jezoensis*，24，20.
対馬誠．1999．ウラナミシジミの採集記録．*Jezoensis*，26，10.
対馬誠．2000～14．道南におけるアサギマダラの記録．*Jezoensis*，27～40.
対馬誠．2011．函館市内で採集されたシロオビアゲハの記録．*Jezoensis*，37.
対馬誠．2015．函館市におけるオオモンシロチョウの観察記録(2014年)．*Jezoensis*，41，46-48.
対馬誠・石黒正輝．2000．ツマグロヒョウモンとウラナミシジミの記録．*Jezoensis*，27，71.
対馬誠・石黒正輝．2007．函館山におけるツマグロヒョウモンの記録．*Jezoensis*，33，7.
対馬誠・堀繁久・中岡利泰．2009．北海道におけるアサギマダラの幼虫と食草の確認について．*Jezoensis*，35.
対馬誠・安井徹．2011．松前町でリュウキュウムラサキを採集．*Jezoensis*，37，68.
対馬誠 他．1997．北海道渡島支庁のオオモンシロチョウの記録．蝶研フィールド，12(4)，29.
対馬誠 他．1997．渡島管内におけるオオモンシロチョウの記録．*Jezoensis*，24，17-20.
常谷典久．2012．ウラジロミドリシジミの日本における北限更新および食樹について．Butterflies（テング），35-39.
坪内純．1986．北海道南部の蝶．蝶研フィールド，1(3)，18-25.
坪内純．1998．北海道産蝶類の早期発生の記録．*Jezoensis*，25，79.
坪内純．1999．北海道で得られたウラナミシジミの記録．*Jezoensis*，26，11.
坪内純．1999．イチモンジチョウの一知見(1)．*Jezoensis*，26，74-75.
坪内純．2002．謎のウラギンヒョウモン採集記．月刊 むし，372，2.
坪内純・山本直樹．1999．北海道南部産ゴマダラチョウの一知見．*Jezoensis*，26，12-16.
坪内純 他．1996．北海道西部のオオモンシロチョウ採集記録．蝶研フィールド，11(12)，20.
戸苅哲郎．1987．風穴のサカハチチョウ．蝶研フィールド，2(12)，6-7.
土肥隆・川田光政．1987．ゼフィルス類の誤産卵について．*Jezoensis*，14，59.
豊島健太郎．1987．ウラジロミドリシジミの鱗粉異常型．蝶研フィールド，2(11)，27.
永井信．1997．札幌市羊ケ丘の蝶 補遺Ⅱ．*Jezoensis*，24，33-34.
永井信．2000．カラフトセセリの分布調査．*Jezoensis*，27，8.
永井信．2000．花に釣られたカラフトセセリ．*Jezoensis*，27，143.
長岡久人．1991．北海道のベニヒカゲについて考える．蝶研フィールド，6(3)，6-14.
長岡久人．2013．ヒメジャノメの太平洋側北限記録．*Jezoensis*，39，74.
中川忠則．1997．オオイチモンジ♂とヤマキマダラヒカゲ♀の異常配偶行動の観察例．*Jezoensis*，24，88.

中川忠則．1999．北海道産蝶の異常型２種の記録．*Jezoensis*，26，194．
中川忠則．2007．カラフトセセリの採集記録．*Jezoensis*，33，8．
中川利勝．1996．北の大地・蝶の記 前．蝶研フィールド，11(10)，14-18．
中川利勝．1996．北の大地・蝶の記 後．蝶研フィールド，11(11)，16-22．
中川利勝．1999．ジョウザンシジミをツルマンネングサで飼育．蝶研フィールド，14(4)，30．
中澤康史．1991．北海道で４月にヒメアカタテハを観察．蝶研フィールド，6(10)，25-26．
中澤康史．1992．早春のエルタテハ吸汁とクジャクチョウ日光浴の観察２題．蝶研フィールド，7(9)，25-26．
中島和典．1994．ヒメアカタテハの春期採集記録．蝦夷白蝶，15，188．
中島和典．2001．北海道におけるアサギマダラ採集記録２例．蝦夷白蝶，17，11．
中島和典．2001．えりも町におけるウスバシロチョウの採集記録．蝦夷白蝶，17，12．
中嶋康二．1995．アカタテハの越冬場所について．アイノ，32，11．
中嶋康二．1995．キアゲハの一食草．アイノ，32，14．
中嶋康二．1999．熊石町でアサギマダラを採集．エゾシロ，49，22．
中嶋康二．1999．ゴマシジミは２化するか？．エゾシロ，49，23．
中嶋康二．1999．渡島半島から記録された不思議な蝶．エゾシロ，49，16-20．
中嶋康二．1999．函館市でツマグロヒョウモンを採集．エゾシロ，49，21．
中嶋康二．2003．春山昌夫氏が記録した砂原町のウラジロミドリシジミを50年振りに確認する．アイノ，40，18．
中嶋康二．2006．種の問題(27)．エゾシロ，51，1-3．
中嶋康二・菅野寿恵．1995．驚異の記録11月30日．アイノ，30，13．
中嶋康二・菅野寿恵．1999．1999年ウラナミシジミの記録と一考察．エゾシロ，49，8-14．
中嶋康二・菅野寿恵．2000．渡島半島の*Parnassius*調査．アイノ，37，7-9．
中嶋康二・菅野寿恵．2000．ウラナミアカシジミ2000年の記録．アイノ，37，14．
中嶋康二・菅野寿恵．2000．オオモンシロチョウの一食草．アイノ，37，15-16．
中嶋康二・菅野寿恵・佐藤誠．1992．北海道南部のオオゴマシジミの北限記録．アイノ，24，13．
中嶋亮太．1995．初雪後にみつけたベニシジミ．アイノ，30，12．
中筋房夫．1988．チョウの移動と進化的適応．日本鱗翅学会特別報告．
中谷正彦．1999．根室半島の昆虫第４章特徴ある昆虫類Ⅰ カラフトルリシジミ．SYLVICOLA別冊．
中谷貴壽・竹内尚徳．2015．北海道産ベニヒカゲについて(1)．バタフライ・サイエンス，No.2，32-41．
中谷貴壽・竹内尚徳．2015．北海道産ベニヒカゲについて(2)．バタフライ・サイエンス，No.3，42-62．
長沼二郎．1999．日本産カラフトセセリの発見記．季刊ゆずりは，3，9-11．
中野善敏．1996．奥尻島でもオオモンシロチョウを採集．蝶研フィールド，11(9)，5．
中野善敏．2000．カラフトセセリレポート．蝶研フィールド，15(9)，15．
中村英夫．1994．札幌市産ウラジャノメの古い記録．*Jezoensis*，21，79．
中村英夫．2015．小樽市産キタアカシジミから羽化した北海道新記録の寄生蜂．*Jezoensis*，41，133．
永盛俊行．1987．北海道におけるオナガアゲハの食樹について．*Jezoensis*，14，42-43．
永盛俊行．1994．北海道富良野市周辺のスジグロチャバネセセリ．Butterflies，7，39-44．
永盛俊行．2005．庭に蝶を呼ぶ．うすばき，98，27-33．
永盛拓行．1987．札幌市豊平区南半部の蝶相．*Jezoensis*，14，1-7．
永盛拓行．1987．札幌市真栄に於るギンボシヒョウモン大発生とArgynnini族数種の幼虫の動態．*Jezoensis*，14，8-20．
永盛拓行．1987．ギンボシヒョウモンの蛹化状態．*Jezoensis*，14，47-49．
永盛拓行．1987．札幌市真栄でのムモンアカシジミの産卵位置と発生樹種．*Jezoensis*，14，60-61．
永盛拓行．1987．留萌支庁２地点からのキマダラセセリの記録．*Jezoensis*，14，118．
永盛拓行．1988．1987年９月下旬 奥尻島の蝶．*Jezoensis*，15，24-27．
永盛拓行．1989．オナガシジミの産卵位置についての記録．*Jezoensis*，16，47-48．
永盛拓行．1989．オオミスジの高い高度に舞い上がる習性の観察例と分布上の意味．*Jezoensis*，16，54-55．
永盛拓行・永盛俊行．1988．渡島支庁・檜山支庁・後志支庁・胆振支庁管内のコヒョウモンとヒョウモンチョウの分布．*Jezoensis*，15，24-27．
永盛拓行・永盛俊行．2015．「北海道の蝶」における記述の訂正．うすばき，108，37．
長山人三．2008．オオイチモンジ♂の吸蜜行動．フィールドサロン，1，30．
新川勉・石川統．2005．分子系統による日本産ウラギンヒョウモン３種の形態．昆虫と自然，40．
西海正彦．2000．エゾスジグロシロチョウとスジグロシロチョウ 分別法の再評価(前)．蝶研フィールド，15(8)，15-20．
西口修次．1999．アサギマダラの採集記録．*Jezoensis*，26，10．
西村正賢・城間建治．2006．関東地方南部におけるオオムラサキ生息実態調査および基礎資料．蝶研フィールド，21(10)，11-23．
新田敦子．2002．北海道３島めぐり(天売・焼尻・奥尻)．蝶研フィールド，17(10)，20．
根塚幹雄．1993．天売島．蝶研フィールド，8(7)，31-33．
延栄一．1998．ヒメチャマダラセセリの新産地を探せ．蝶研フィールド，13(5)，12．
延栄一．1999．トムラウシ山．蝶研フィールド，14(2)，22．
延栄一．1999．ニペソツ山塊と稜線の蝶．蝶研フィールド，14(6)，8．
延栄一．2000．カラフトセセリをビデオで撮影．蝶研フィールド，15(9)，6．
延栄一．2002．ウラギンヒョウモン属の飼育記録．蝶研フィールド，17(10)，2-6．

延栄一．2009．路上で吸水するヒメギフチョウ．フィールドサロン，9，2．
延栄一．2009．カバイロシジミの寄生率．フィールドサロン，10，13．
延栄一・延智子．2008．オオモンシロチョウの早い記録．フィールドサロン，1，33．
野田佳之．1992．士別周辺の珍しい蝶の記録について．士別市立博物館研究報告，10，49-51．
野田佳之．1994．大雪山系のクモマベニヒカゲ 1 石狩川源流地域における分布．層雲峡博物館研究報告，15，21-32．
野田佳之．1998．雄武町で採集した蝶について．*Jezoensis*，25，95．
野田佳之．2006．富良野市でウスバシロチョウを採集．*Jezoensis*，32，95．
野田佳之 他．2003．増毛山系南部のオオゴマシジミの新産地．*Jezoensis*，29，13-14．
野村昭英．2011．厚沢部町におけるリュウキュウムラサキの採集記録．*Jezoensis*，37，73．
橋本説朗．2007．日本のヒメシジミの変異．蝶研フィールド，22(6)，15-30．
林康一．1999．アサマイチモンジを知内町で採集．*Jezoensis*，26，20．
林康一．2002．札幌市におけるオオミスジの記録．*Jezoensis*，28，14．
林康一．2005．アサギマダラ，当別町・穂別町の 6 月の記録．*Jezoensis*，31，122．
林康一．2007．オオイチモンジの訪花．*Jezoensis*，33，28．
林康一．2008．月形町でウスバシロチョウを採集．*Jezoensis*，34，49．
原俊二．1999．江差町でウスイロコノマチョウを採集．*Jezoensis*，26，191-192．
原俊二．2000．栗沢町におけるアサギマダラの採集記録．*Jezoensis*，27，144．
原俊二・岩淵幹学．1990．ヒメアカタテハ 5 月の採集記録 2 題．*Jezoensis*，17，42-43．
樋口勝久．2011．野外でエゾヒメシロチョウ♂×ヒメシロチョウ♀の交尾写真を撮影．*Jezoensis*，37，63．
樋口勝久．2011．アカシジミの卵にも小孔があるものがある事を確認．*Jezoensis*，37，64．
樋口勝久．2013．アカシジミとキタアカシジミの幼虫気門褐色斑の検証．*Jezoensis*，39，29-42．
樋口勝久・前田和信．1992．キタアカシジミ蛹化場所新知見．Butterflies，3，54．
菱川法之．2002．北限のオオイチモンジ．*Jezoensis*，28，20．
菱川法之・有賀昭俊・倉谷重輝．2003．ウェンシリ岳のヒメギフチョウ．Butterflies，35，47-49．
菱川法之・高木秀了．2000．北限のエゾツマジロウラジャノメ．*Jezoensis*，27，6．
雛倉正人．1990．手稲山でゴマシジミを採集．蝦夷白蝶，14，53．
日比野米昭．1991．ダイセツタカネヒカゲの雌同士による擬交尾．蝶研フィールド，6(6)，26．
日比野米昭．2000．エゾヒメギフチョウの 4 令蛹化．月刊 むし，358，16．
平岩康男．1999．根室国中標津町産蝶類目録(74 ～ 78 年 83 種)．*Jezoensis*，26，164-172．
平岩康男．1999．札幌市北区屯田に於けるチョウセンシロチョウの記録．*Jezoensis*，26，172．
平岩康男．2000．大豆の葉を食すヒメアカタテハの幼虫．*Jezoensis*，27，118．
平岩康男．2005．札幌市北区でアサギマダラを採集．*Jezoensis*，31，132．
平野和典．1986．室蘭市における蝶類の採集記録(85 種)．*Jezoensis*，13，15-35．
平林照雄．2013．カラフトセセリの新記録地について．*Jezoensis*，39，73．
蛭川憲男．1997．エゾシロチョウ 8 月の交尾例．蝶研フィールド，12(1)，31．
福田晴夫．2000．アサギマダラの生態とマーキング調査．インセクタリュウム．
福本昭男・岡田信三．2014．北海道奥尻島の *Parnassius citrinarius*．*Jezoensis*，40，92-95．
藤岡知夫．1994．世界の秘蝶(6) ヒメチャマダラセセリ．Butterflies，8，3-8．
藤岡知夫・山本直樹．2006．東北・北海道産ゴマシジミの地理的変異．Butterflies (F)，42，9-21．
藤森信一．2012．発香鱗．自刊．
無記名．1992．幻の昆虫―キタテハ．アイノ，24，24．
逸見裕敏．1997．赤井川村でのオオイチモンジの記録．*Jezoensis*，24，31．
北条善一・朝日純一．2013．知床半島でのキマダラセセリ採集記録．*Jezoensis*，39，118．
北海道昆虫同好会編集部．1999．北海道におけるオオモンシロチョウの発生状況(1999)．*Jezoensis*，26，185-188．
北海道昆虫同好会編集部．2000．北海道で発見されたカラフトセセリ．*Jezoensis*，27，1-3．
細井正史．2000．利尻山と十勝岳採集観察日記 1・Ⅱ・Ⅲ．Came 虫，104-106．
堀繁久．1990．野幌森林公園でアサギマダラ採れる．*Jezoensis*，17，90．
堀繁久．2009．ミドリシジミ類の孵化と食樹の芽吹きの関係．*Jezoensis*，35，49-52．
堀繁久．2013．野幌森林公園で観察したウラキンシジミ幼虫の落下傘降下について．*Jezoensis*，39，77-86．
堀繁久．2014．札幌市南区で確認されたウラナミアカシジミ．*Jezoensis*，40，90-91．
本田一彦．2000．カラフトセセリの吸蜜植物．蝶研フィールド，15(9)，23．
本田知秋．1994．北海道・新北限のオオゴマシジミ．蝶研フィールド，9(11)，26．
本間定利．1986．小樽市近郊のスギタニルリシジミ(幼虫)の食樹調査 1 報．*Jezoensis*，14，21-27．
本間定利．1988．クロヒカゲの斑紋バリエーションについて．*Jezoensis*，15，48-68．
本間定利．1997．オオモンシロチョウの一考察．*Jezoensis*，24，25-31．
本間定利．1998．積丹半島でのオオミスジの記録．*Jezoensis*，25，95．
本間定利．2006．北海道に於けるサトキマダラヒカゲの分布．Butterflies (F)，43，34-36．
本間定利 他．1996．日本未記録種のオオモンシロチョウの発生を確認．*Jezoensis*，23，1-26．
本間定利 他．1996．北海道でオオモンシロチョウを発見．蝶研フィールド，11(9)，4．
本間定利 他．1997．道におけるオオモンシロチョウの発生状況 1997 年．*Jezoensis*，24，21-23．
本間定利 他．1998．北海道におけるオオモンシロチョウの発生状況 1998 年．*Jezoensis*，25，63-66．

前田和信．2008．リンゴシジミの吸汁．フィールドサロン，7，14．
前田俊信．1999．乙部町でウラナミシジミを採集．*Jezoensis*，26，9．
前田俊信．2000．角谷氏，乙部町でモンキアゲハを採集．あすはわがあみ，45，1-2．
前田俊信．2008．キタテハが消えた日．道南虫の会会報，14，39-40．
前田俊信．2015．乙部の蝶(土着種90種，迷蝶6種の発生状況)．道南虫の会会報，21，9-12．
前田俊信 他．1996．道南地区のオオモンシロチョウ発生状況．蝶研フィールド，11(9)，12．
前田俊信 他．1996．桧山支庁のオオモンシロチョウその後の記録．蝶研フィールド，11(10)，28．
牧林功．2006．蝶と訪花植物との関係について．やどりが，211，39-47．
松島正浩．2014．利尻島でのアサギマダラの採集記録．*Jezoensis*，40，100．
松田真平．1995．英国人による日本の蝶の研究史(後編)．蝶研フィールド，10(2)，12-19．
松野宏．2002．ヒョウモンチョウとコヒョウモンの新しい区別点について．蝶研フィールド，17(8)，8-10．
松本侑三．1997．国後島での蝶の観察．*Coenonympha*，42，887-888．
松本侑三．2013．シロオビヒメヒカゲを手稲山で採集．*Jezoensis*，39，72．
松本侑三・黒田哲．2015．札幌市定山渓の古いパルナシウス野外雑交個体を確認．*Jezoensis*，41，123-124．
松本侑三・黒田哲．2015．北大博物館に収納された館山コレクション．*Jezoensis*，41，134-139．
三上秀彦．1988．十勝連峰のウスバキチョウ．蝶研フィールド，3(1)，32-33．
三上秀彦．1990．十勝連峰 境山にウスバキチョウを求めて．蝶研フィールド，5(8)，6-27．
三上秀彦．1990．十勝連峰におけるアサヒヒョウモンの分布．蝶研フィールド，5(9)，14-18．
三上秀彦．1993．アサヒヒョウモンの分布に関する追加記録．蝶研フィールド，7(12)，30．
三島直行．1998．ヒメギフチョウの赤帯型の記録．*Jezoensis*，25，37-38．
三島直行．2003．旭川周辺のウラジャノメについて．*Jezoensis*，29，1-2．
溝口賢治．1998．オオモンシロチョウの新食草について．*Jezoensis*，25，68．
宮敏雄・青山慎一．2009．札幌市内でシロオビヒメヒカゲを採集．*Jezoensis*，35，11．
村野宏樹．2015．キタアカシジミの札幌市手稲区における採集例．*Jezoensis*，41，146-147．
森正光．1999．札幌市におけるアサギマダラの採集記録．*Jezoensis*，26，182．
森正光．1999．札幌市におけるオオミスジの採集記録．*Jezoensis*，26，182．
森正光．2014．弟子屈町で採集された蝶のリスト．*Jezoensis*，40，80-85．
森谷武男．1998．翅を折り曲げて飛ぶセセリたち．Butterflies，19，2-3．
矢崎康幸．1991．オホーツクのエゾヒメギフチョウ．昆虫と自然，26(4)，37-43．
矢崎康幸．2003．旭川産ウラジャノメに見られる眼状紋退縮個体．蝶研フィールド，18(3)，4-7．
矢崎康幸・菱川法之．1994．北海道芦別市崖山のエゾツマジロウラジャノメとカラフトタカネキマダラセセリ．月刊むし，283，12-13．
谷澤久．2002．白老町 虎杖浜にてキマダラモドキを採集．*Jezoensis*，28，14．
谷澤久・矢澤光子．1995．蝶の異常型7種(低温処理)．*Jezoensis*，22，3-5．
安井徹．2011．ヒメジャノメ3化発生について．*Jezoensis*，37，69．
安井徹・対馬誠．2010．函館市でウラナミシジミを採集．*Jezoensis*，36，7．
保田信紀．1989．クモマベニヒカゲを富良野岳で記録．上川町の自然，14，30．
保田信紀．2014．大雪山系のアサギマダラの記録4例．*Jezoensis*，40，62．
矢田脩．1996．日本から発見されたオオモンシロチョウ *Pieris brassicae* (Linnaeus)の由来について．蝶研フィールド，11(9)，6．
山口友宏．1996．オオモンシロチョウの採集記録．蝶研フィールド，11(10)，29．
山宮克彦．2000．中標津町における蝶類の新規確認種について．Sylvicola，18，5-10．
山宮克彦．2008．中標津町内から得られた蝶3種．*Jezoensis*，34，50．
山本直樹．1998．海別岳のカラフトルリシジミ．蝶研フィールド，13(2)，4-8．
山本直樹．1998．1998年蝶数例の初見記録について．*Jezoensis*，25，79．
山本直樹．1998．ゴイシシジミの採集記録．*Jezoensis*，25，80．
山本直樹．1998．ヒメアカタテハの道東における5月の採集例．*Jezoensis*，25，81．
山本直樹．1999．北海道のゴマシジミ その2 高層湿原．蝶研フィールド，14(1)，12-16．
山本直樹．1999．北海道のゴマシジミについて．*Jezoensis*，26，78-86．
山本直樹．2000．楽しい採集地案内北海道南部のゴマシジミ．季刊ゆずりは，6，23-25．
山本直樹．2001．楽しい採集地案内北海道旭川周辺の黒いゴマシジミ．季刊ゆずりは，10，25-27．
山本直樹．2002．イドンナップ岳昆虫調査．*Jezoensis*，28，95-96．
山本直樹．2007．クモマベニヒカゲの低地での記録．*Jezoensis*，33，14．
山本直樹．2012．ゴマダラチョウの馬追丘陵での採集記録．*Jezoensis*，38，34．
山本直樹・寒沢正明．2004．2002-2003年 ヒメギフチョウ分布調査記録．*Jezoensis*，30，41-47．
山本直樹・寒沢正明．2007．2006年ヒメギフチョウ分布調査報告．*Jezoensis*，33，16-18．
山本直樹・西田貞二．2013．スジグロチャバネセセリを東川町で採集．*Jezoensis*，39，43．
山本直樹・三島直行・前田義広．2003．サロベツ原野ゼフイルス調査報告．*Jezoensis*，29，41-44．
山本直樹・三島直行・寒沢正明．2006．2005年ヒメギフチョウ分布報告．*Jezoensis*，32，93-95．
山本直樹 他．2002．2001年ヒメギフチョウ分布調査報告．*Jezoensis*，28，97-100．
山本直樹 他．2009．2007-2008年 ヒメギフチョウ分布調査報告．*Jezoensis*，35，17-20．

杠隆史．1987．雌阿寒温泉のオオイチモンジとホソバヒョウモン．蝶研フィールド，2(7)，6-7．
横倉明．1991．岩手県産のキタアカシジミについて．蝶研フィールド，6(4)，13-20．
横地隆．1986．根室支庁(野付)でウスイロオナガシジミを採集．蝶研フィールド，1(9)．
吉原利之．1999．ヤマキマダラヒカゲの２化を道東で採集．*Jezoensis*，26，77．
渡辺康之．1986．アポイヌプリの驚異．蝶研フィールド，1(2)，6-13．
渡辺康之．1986．ゴマシジミの生活史 第１報．蝶研フィールド，1(4)，8-12．
渡辺康之．1987．ウスバキチョウの遅い発生例．蝶研フィールド，2(1)，13．
渡辺康之．1987．オオゴマシジミの生態 第１報．蝶研フィールド，2(4)，22-26．
渡辺康之．1987．エルタテハとコヒオドシの越冬場所．蝶研フィールド，2(4)，36．
渡辺康之．1987．大雪山系のクモマベニヒカゲの生態について．蝶研フィールド，2(10)，6-10．
渡辺康之．1989．エゾミドリシジミにアリが来訪．蝶研フィールド，4(9)，17．
渡辺康之．1992．キハダからアゲハの幼虫を見出す．蝶研フィールド，7(9)，25．
渡辺康之．2002．コマクサ平におけるウスバキチョウの生息状況．蝶研フィールド，17(8)．
渡辺康之．2002．玉の雫―ゴマシジミとアリの関係．*Butterflies*，31，2-3．
渡辺康之．2003．大雪山におけるウスバキチョウの年２回目の羽化．月刊むし，393，20-24．
渡辺康之．2006．大雪山高山帯でのゼフィルス類の観察記録．季刊ゆずりは，29，26．
渡辺康之．2006．天塩岳でカラフトセセリを採集．月刊 むし，430，27．
渡辺康之．2007．大雪山系の高山帯と層雲峡周辺のミドリシジミ類．月刊むし，437，29-33．
渡辺康之．2010．温暖化と北海道の高山蝶．月刊むし，473，30-37．
渡辺康之．2011．大雪山系黒岳でアサギマダラを目撃．*Jezoensis*，37，70．
渡辺康之．2011．ヒメチャマダラセセリの生態と保護の現状．季刊ゆずりは，49，60-71．
渡辺康之．2014．大雪山系忠別岳でアサギマダラを目撃．*Jezoensis*，40，37．
渡辺康之．2014．北海道大雪山系のクモマベニヒカゲの変異と分布・棲息環境．月刊むし，516，2-13．
Monteiro, A. and N. E. Pierce. 2001. Phylogeny of Bicyclus (Lepidoptera; Nymphalidae) inferred from CO1, CO Ⅱ , and EFL-alpha gene sequences. Molec, phyl. evol.
Saigusa, T. and S. Murayama. 1994. Rwdescription of the holotype of Japonica lutea onoi and its taxonomic status. Tyo to Ga.
Simon, C., F. Frati, Abeckenbach, B. B. Crespi, H. Liu and P. Flook. 1994. Evolution, Weighting, and phylogenicunitility of mitochondrial gene sequences and a compliation of conserved polymerase chain reaction primers. Ann. Entomol. Soc. am.

【電子版参考文献】

猪又敏男・植村好延・矢後勝也・上田恭一郎・神保宇嗣．2013．日本産蝶類和名学名便覧．http://binran.lepimages.jp/
松香宏隆．2003．日本産蝶類全種リスト．http://uxol.so.net.ne.jp/~jamides/jplist/jplist-j.hyml
財団法人リバーフロント法人．2012．河川水辺の国勢調査のための生物リスト 2012 年版．http://mizukoku.nilim.go.jp/ksnkakyo/mizukokuweb/system/seibutsulistfile.htm

和名索引

[ア]
アイノミドリシジミ　22,29,122
アオスジアゲハ　292
アオバセセリ　292
アカシジミ　21,27,110
アカタテハ　42,222
アカボシウスバシロチョウ　292
アカボシゴマダラ　292
アカマダラ　38,47,204
アゲハ　5,12,68
アサギマダラ　290
アサヒヒョウモン　30,45,172
アサマイチモンジ　292
アサマシジミ　27,29,164

[イ]
イチモンジセセリ　57,290
イチモンジチョウ　36,194

[ウ]
ウスイロオナガシジミ　21,106
ウスイロコノマチョウ　292
ウスバキチョウ(キイロウスバアゲハ)　2,64
ウスバシロチョウ(ウスバアゲハ)　3,12,62
ウラキンシジミ　20,98
ウラギンスジヒョウモン　32,46,178
ウラギンヒョウモン　34,47,188
ウラクロシジミ　21,116
ウラゴマダラシジミ　20,96
ウラジャノメ　50,246
ウラジロミドリシジミ　22,124
ウラナミアカシジミ　21,114
ウラナミシジミ　290
ウラミスジシジミ(ダイセンシジミ)　21,108

[エ]
エゾウラギンヒョウモン　292
エゾシロチョウ　18,92
エゾスジグロシロチョウ　17,19,88
エゾヒメシロチョウ　13,18,78
エゾミドリシジミ　23,28,130
エルタテハ　39,210

[オ]
オオアカボシウスバシロチョウ　292
オオイチモンジ　35,192
オオウラギンスジヒョウモン　32,46,180
オオウラギンヒョウモン　292
オオゴマシジミ　26,160
オオゴマダラ　292
オオチャバネセセリ　57,288
オオヒカゲ　51,250
オオミスジ　37,47,200
オオミドリシジミ　22,28,126
オオムラサキ　44,230
オオモンシロチョウ　15,84
オナガアゲハ　6,7,70
オナガシジミ　20,102

[カ]
カバイロシジミ　25,154
カラスアゲハ　8,9,12,72
カラスシジミ　24,140
カラフトセセリ　56,282
カラフトタカネキマダラセセリ　56,274
カラフトヒョウモン　30,45,170
カラフトルリシジミ　27,166

[キ]
キアゲハ　4,12,66
キタアカシジミ(カシワアカシジミ)　21,27,112
キタキチョウ　292
キタテハ　294
キバネセセリ　55,262
キベリタテハ　40,212
キマダラセセリ　57,286
キマダラモドキ　51,248
ギンイチモンジセセリ　56,272
ギンボシヒョウモン　35,47,190

[ク]
クジャクチョウ　41,218
クモガタヒョウモン　34,186
クモマベニヒカゲ　48,236
クロコノマチョウ　292
クロヒカゲ　52,252
クロヒカゲモドキ　292
クロミドリシジミ　292

[コ]
ゴイシシジミ　20,94
コキマダラセセリ　57,284
コチャバネセセリ　56,276
コツバメ　24,138
コヒオドシ　42,220
コヒョウモン　31,46,174
ゴマシジミ　26,158
ゴマダラチョウ　45,228
コミスジ　36,47,196
コムラサキ　43,226

[サ]
サカハチチョウ　38,47,206
サトキマダラヒカゲ　53,54,256

[シ]
シータテハ　39,208
ジャノメチョウ　49,238
ジョウザンシジミ　26,156
ジョウザンミドリシジミ　23,28,128
シロオビアゲハ　292
シロオビヒメヒカゲ　49,242

[ス]
スギタニルリシジミ　25,29,152
スジグロシロチョウ　17,19,90
スジグロチャバネセセリ　56,57,278

[タ]
ダイセツタカネヒカゲ　49,240
ダイミョウセセリ　55,264

[チ]
チャマダラセセリ　55,270
チョウセンシロチョウ　292

[ツ]
ツバメシジミ　25,148
ツマキチョウ　14,82
ツマグロヒョウモン　292
ツマジロウラジャノメ　50,244

[テ]
テングチョウ　294

[ト]
トラフシジミ　23,136

[ナ]
ナガサキアゲハ　292

[ハ]
ハマベシジミ　292
ハヤシミドリシジミ　23,28,132

[ヒ]
ヒオドシチョウ　40,214
ヒメアカタテハ　43,224
ヒメウスバシロチョウ(ヒメウスバアゲハ)　3,12,60
ヒメウラナミジャノメ　48,232
ヒメギフチョウ　2,58
ヒメキマダラセセリ　292
ヒメキマダラヒカゲ　52,254
ヒメシジミ　27,29,162
ヒメジャノメ　54,260
ヒメシロチョウ　13,18,76
ヒメチャマダラセセリ　55,268
ヒョウモンチョウ(ナミヒョウモン)　31,46,176

[フ]
フィールドモンキチョウ　292
フジミドリシジミ　23,134
フタスジチョウ　38,202

[ヘ]
ベニシジミ　24,146
ベニヒカゲ　48,234
ヘリグロチャバネセセリ　56,57,280

[ホ]
ホソバヒョウモン　30,45,168

[ミ]
ミズイロオナガシジミ　20,104
ミスジチョウ　37,47,198
ミドリシジミ　22,118
ミドリヒョウモン　33,182
ミヤマカラスアゲハ　10,11,12,74
ミヤマカラスシジミ　24,29,142
ミヤマセセリ　55,266

[ム]
ムモンアカシジミ　20,100

[メ]
メスアカミドリシジミ　22,29,120
メスアカムラサキ　292
メスグロヒョウモン　33,184

[モ]
モリシロジャノメ　292
モンキアゲハ　292
モンキチョウ　14,80
モンシロチョウ　16,86

[ヤ]
ヤマキマダラヒカゲ　53,54,258
ヤマトシジミ　292

[リ]
リュウキュウムラサキ　292
リンゴシジミ　24,144

[ル]
ルリシジミ　25,29,150
ルリタテハ　41,216

学名索引

[A]
Aglais urticae connexa 42, 220
Anthocharis scolymus scolymus 14, 82
Antigius attilia attilia 20, 104
Antigius butleri butleri 21, 106
Apatura metis substituta 43, 226
Aporia crataegi adherbal 18, 92
Araragi enthea enthea 20, 102
Araschnia burejana burejana 38, 47, 206
Araschnia levana obscura 38, 47, 204
Argynnis paphia tsushimana 33, 182
Argyreus hyperbius 292
Argyronome laodice japonica 32, 46, 178
Argyronome ruslana 32, 46, 180
Artopoetes pryeri pryeri 20, 96

[B]
Brenthis daphne iwatensis 31, 46, 176
Brenthis ino mashuensis 31, 46, 174
Burara aquilina aquilina 55, 262

[C]
Callophrys ferrea ferrea 24, 138
Carterocephalus silvicola 56, 274
Celastrina argiolus ladonides 25, 29, 150
Celastrina sugitanii ainonica 25, 29, 152
Choaspes benjaminii 292
Chrysozephyrus brillantinus 22, 29, 122
Chrysozephyrus smaragdinus smaragdinus 22, 29, 120
Clossiana freija asahidakeana 30, 45, 172
Clossiana iphigenia 30, 45, 170
Clossiana thore jezoensis 30, 45, 168
Coenonympha hero latifasciata（北海道東部亜種） 49, 242
Coenonympha hero neoperseis（定山渓亜種） 49, 242
Colias erate poliographa 14, 80
Colias fieldii 292

[D]
Daimio tethys 55, 264
Damora sagana liane 33, 184

[E]
Erebia ligea rishirizana 48, 236
Erebia neriene scoparia 48, 234
Erynnis montana montana 55, 266
Eurema mandarina 292
Everes argiades argiades 25, 148

[F]
Fabriciana adippe pallescens 34, 47, 188
Fabriciana nerippe 292
Fabriciana niobe tsubouchii 292
Favonius jezoensis 23, 28, 130
Favonius orientalis 22, 28, 126
Favonius saphirinus saphirinus 22, 124
Favonius taxila taxila 23, 28, 128
Favonius ultramarinus ultramarinus 23, 28, 132
Favonius yuasai 292
Fixsenia mera 24, 29, 142
Fixsenia pruni jezoensis 24, 144
Fixsenia w-album fentoni 24, 140

[G]
Glaucopsyche lycormas lycormas 25, 154
Graphium sarpedon 292

[H]
Hestina assimilis assimilis 292
Hestina persimilis japonica 45, 228
Hypolimnas bolina 292
Hypolimnas misippus 292

[I]
Idea leuconoe 292
Inachis io geisha 41, 218
Iratsume orsedice orsedice 21, 116

[J]
Japonica lutea lutea 21, 27, 110
Japonica onoi onoi 21, 27, 112
Japonica saepestriata saepestriata 21, 114

[K]
Kaniska canace nojaponicum 41, 216
Kirinia fentoni 51, 248

[L]
Ladoga camilla japonica 36, 194
Ladoga glorifica 292
Lampides boeticus 290
Lasiommata deidamia deidamia 50, 244
Leptalina unicolor 56, 272
Leptidea amurensis vibilia 13, 18, 76
Leptidea morsei morsei 13, 18, 78
Lethe diana diana 52, 252
Lethe marginalis 292
Libythea lepita matsumurae 294
Limenitis populi jezoensis 35, 192
Lopinga achine jezoensis（北海道亜種） 50, 246
Lopinga achine oniwakiensis（利尻島亜種） 50, 246
Luehdorfia puziloi yessoensis 2, 58
Lycaena astranche allous 292
Lycaena phlaeas chinensis 24, 146

[M]
Maculinea arionides takamukui 26,160
Maculinea teleius ogumae 26,158
Melanargia epimede 292
Melanitis phedima 292
Melantis leda 292
Minois dryas bipunctata 49,238
Mycalesis gotama fulginia 54,260

[N]
Neope goschkevitschii 53,54,256
Neope niphonica niphonica 53,54,258
Neozephyrus japonicus japonicus 22,118
Nephargynnis anadyomene ella 34,186
Neptis alwina 37,200
Neptis philyra philyra 37,198
Neptis rivularis bergmanni 38,202
Neptis sappho intermedia 36,196
Ninguta schrenckii schrenckii 51,250
Nymphalis antiopa 40,212
Nymphalis vaualbum samurai 39,210
Nymphalis xanthomelas japonica 40,214

[O]
Ochlodes ochraceus 292
Ochlodes venatus venatus 57,284
Oeneis melissa daisetsuzana（大雪山亜種） 49,240
Oeneis melissa hidakaensis（日高山脈亜種） 49,240

[P]
Papilio bianor dehaanii 8,9,12,72
Papilio helenus 292
Papilio maackii 10,11,12,74
Papilio machaon hippocrates 4,12,66
Papilio macilentus macilentus 6,7,70
Papilio memnon 292
Papilio polytes 292
Papilio xuthus 5,12,68
Parantica sita 290
Parnara guttata 57,290
Parnassius bremeri 292
Parnassius citrinarius citrinarius 3,12,62
Parnassius eversmanni daisetsuzanus 2,64
Parnassius nomion 292
Parnassius stubbendorfii hoenei 3,12,60
Pieris brassicae brassicae 15,84
Pieris melete melete 17,19,90
Pieris napi nesis 17,19,88
Pieris rapae crucivora 16,86
Plebejus argus pseudaegon 27,29,162
Plebejus subsolanus iburiensis 27,29,164
Polygonia c-album hamigera 39,208
Polygonia c-aureun 294
Polytremis pellucida pellucida 57,288
Pontia daplidice 292
Potanthus flavus flavus 57,286
Pyrgus maculatus maculatus 55,270
Pyrgus malvae 55,268

[R]
Rapala arata 23,136

[S]
Sasakia charonda charonda 44,230
Scolitantides orion jezoensis 26,156
Shirozua jonasi 20,100
Sibataniozephyrus fujisanus fujisanus 23,134
Speyeria aglaja basalis 35,47,190

[T]
Taraka hamada hamada 20,94
Thoressa varia 56,276
Thymelicus leoninus leoninus 56,57,278
Thymelicus lineola lineola 56,282
Thymelicus sylvaticus sylvaticus 56,57,280

[U]
Ussuriana stygiana 20,98

[V]
Vacciniina optilete daisetsuzana 27,166
Vanessa cardui 43,224
Vanessa indica indica 42,222

[W]
Wagimo signatus 21,108

[Y]
Ypthima argus 48,232

[Z]
Zizeeria maha 292
Zophoessa callipteris 52,254

食草・食樹索引

[ア]
アオダモ　307
アカソ　320
アカツメクサ　304
アブラナ科　300
アルファルファ　305

[イ]
イタヤカエデ　323
イネ科　332,334
イボタノキ　306
イラクサ科　320

[ウ]
ウコギ科　330
ウコンウツギ　324
ウダイカンバ　329
ウマノスズクサ科　296
ウメ　301

[エ]
エゾイラクサ　320
エゾエノキ　331
エゾエンゴサク　296
エゾシモツケ　316
エゾニュウ　298
エゾノウワミズザクラ　301
エゾノギシギシ　317
エゾノキヌヤナギ　326
エゾノキリンソウ　317
エゾノコリンゴ　302
エゾノシロバナシモツケ　316
エゾノタチツボスミレ　319
エゾノバッコヤナギ　326
エゾヤマザクラ　302
エゾヤマハギ　322
エゾヨモギ　318

[オ]
オオタチツボスミレ　319
オオバタケシマラン　321
オオハナウド　298
オオバボダイジュ　315
オオバヤナギ　326
オオモミジ　323
オオヨモギ　318
オクエゾサイシン　296
オニグルミ　313
オニシモツケ　320
オニドコロ　321
オノエヤナギ　326
オヒョウ　330
オランダゲンゲ　304

[カ]
カエデ科　322
カシワ　310
カナムグラ　321
カバノキ科　312,328
カヤツリグサ科　332
カラハナソウ　321
ガンコウラン　318
ガンコウラン科　318

[キ]
キク科　318
キジムシロ　319
キハダ　299
キバナシャクナゲ　318
キャベツ　300
キレハイヌガラシ　300
キンロバイ　318

[ク]
クサフジ　304
クサヨシ　333
クマイザサ　334,335
クルミ科　312
クロウメモドキ　314
クロウメモドキ科　314
クロバナヒキオコシ　317
クロミノウグイスカグラ　325
クワ科　320

[コ]
コケモモ　318
コナラ　309
コバノトネリコ　307
ゴボウ　318
コマクサ　297
コメガヤ　332
コメツブウマゴヤシ　305
コリンゴ　303
コンロンソウ　300

[サ]
サルトリイバラ　321
サンショウ　299
サンナシ　302

[シ]
シウリザクラ　301
シソ科　316
シナガワハギ　305
シナノキ　315
シナノキ科　314
ショウジョウスゲ　332

シラカンバ　328
シロザクラ　303
シロツメクサ　304

[ス]
スイカズラ科　324
ススキ　333
ズミ　303
スミレ科　318
スモモ　301

[セ]
セリ　298
セリ科　298

[タ]
ダケカンバ　328
タチツボスミレ　319
タデ科　316
タニウツギ　324
タネツケバナ　300

[チ]
チシマザサ　335

[ツ]
ツツジ科　318
ツボスミレ　319
ツルシキミ　299
ツルフジバカマ　304

[ト]
ドクゼリ　298
ドスナラ　306
トチノキ　314
トチノキ科　314
ドロノキ　327

[ナ]
ナガボノシロワレモコウ　317
ナンテンハギ　305

[ニ]
ニセアカシア　322
ニョイスミレ　319
ニレ科　330

[ネ]
ネコヤナギ　326

[ノ]
ノラゴボウ　318

[ハ]
ハウチワカエデ　323
ハコヤナギ　327
ハシドイ　306
バラ科　300,302,316,318,320
ハリエンジュ　322
ハリギリ　331
ハルザキヤマガラシ　300
ハルニレ　330
ハンノキ　312

[ヒ]
ヒメスイバ　317
ヒメノガリヤス　332

[フ]
ブナ　311
ブナ科　308,310
フレップ　318

[ヘ]
ベンケイソウ科　316

[ホ]
ホザキシモツケ　316

[マ]
マカバ　329
マメ科　304,322
マルバシモツケ　316
マルバマンサク　307
マンサク科　306

[ミ]
ミカン科　298
ミズキ　315
ミズキ科　314
ミズナラ　308
ミツバ　298
ミツバウツギ　325
ミツバウツギ科　324
ミツバツチグリ　319
ミヤコザサ　335
ミヤマザクラ　303
ミヤマスミレ　319
ミヤマハタザオ　300

[ム]
ムラサキウマゴヤシ　305
ムラサキケマン　297
ムラサキツメクサ　304

[モ]
モクセイ科　306

[ヤ]
ヤナギ科　326
ヤマナラシ　327
ヤマノイモ科　320
ヤマハギ　322

[ユ]
ユキヤナギ　316
ユリ科　320

永盛 俊行(ながもり としゆき)

1953年 札幌市生まれ．富良野市在住
道立高校教頭退職後フリー
本書では，生態解説と写真を担当し全体を編纂

永盛 拓行(ながもり ひろゆき)

1951年 札幌市生まれ．
2018年 逝去
本書では，主に生態解説と写真を担当

芝田 翼(しばた つばさ)

1987年 苫小牧市生まれ．苫小牧市在住
環境調査業(鳥・昆虫など)
本書では，主に生態写真と紙面構成を担当

黒田 哲(くろだ さとし)

1956年 室蘭市生まれ．札幌市在住
環境調査業(昆虫)
本書では，主に分布図，分布解説，周年経過を担当

石黒 誠(いしぐろ まこと)

1973年 南富良野町生まれ．富良野市在住
写真家
本書では，主に食草と標本の撮影を担当

完本 北海道蝶類図鑑
The Complete Guide to Butterflies of Hokkaido, Japan

2016年5月10日 第1刷発行
2018年9月25日 第2刷発行

著 者 永盛俊行・永盛拓行・
芝田 翼・黒田 哲・
石黒 誠

発行者 櫻井義秀

発行所 北海道大学出版会
札幌市北区北9条西8丁目 北海道大学構内(〒060-0809)
Tel. 011(747)2308・Fax. 011(736)8605・http://www.hup.gr.jp

㈱アイワード／石田製本㈱

ISBN 978-4-8329-1401-8

稚内市
礼文島
利尻島
幌延町
焼尻島
天売島
日本海
滝上町
紋別市
遠軽町
比布町
愛別町
上川町
旭川市
増毛町
大雪山
当麻町
東川町
訓子府
石狩市
芦別市
上士幌町
月形町
富良野市
足寄町
小樽市
当別町
鹿追町
仁木町
新十津川町
南富良野町
新得町
音更町
札幌市
栗山町
占冠村
芽室町
共和町
夕張市
日高町
ニセコ町
北広島市
千歳市
安平町
帯広市
島牧村
更別村
壮瞥町
苫小牧市
長万部町
白老町
厚真町
伊達市
夕張岳
せたな町
八雲町
室蘭市
様似町
戸蔦別岳
アポイ岳
奥尻島
七飯町
乙部町
江差町
函館市
上ノ国町
津軽海峡
太平
福島町
渡島大島
小島